变电站计算机监控系统技术丛书

变电站计算机监控系统及其应用

浙江省电力公司　组　编

朱松林　主　编

张　劲　吴国威　副主编

中国电力出版社
CHINA ELECTRIC POWER PRESS

内 容 提 要

本书系统介绍了变电站计算机监控系统的发展、功能、结构及各硬件设备的工作原理。其内容主要围绕分层分布式计算机监控系统展开，包括间隔层设备的组成及测控装置的工作原理、站控层的组成及其各部分功能的实现、变电站计算机监控系统数据通信的相关知识及其通信的实现、变电站计算机监控系统的基本结构及其电磁兼容，以及基于 IEC 61850 的变电站自动化。第八章还介绍了四套变电站计算机监控系统的产品及其应用。

本书论述严谨、内容新颖、图文并茂。既重视基本原理，又重视系统化和实用化。章后附有思考题，便于读者理解和掌握本章重点内容。

本书适用于从事变电站计算机监控系统安装、调试、维护的工程技术人员和变电运行人员，也可作为大中专学生和电力系统相关专业员工的培训教材。

图书在版编目（CIP）数据

变电站计算机监控系统及其应用／朱松林主编；浙江省电力公司组编. —北京：中国电力出版社，2008.6（2022.6 重印）
（变电站计算机监控系统技术丛书）
ISBN 978 – 7 – 5083 – 7006 – 4

Ⅰ. 变… Ⅱ. ①朱…②浙… Ⅲ. 变电所 – 计算机监控 – 研究 Ⅳ. TM63

中国版本图书馆 CIP 数据核字（2008）第 070934 号

中国电力出版社出版、发行
（北京市东城区北京站西街 19 号 100005 http://www.cepp.sgcc.com.cn）
三河市航远印刷有限公司印刷
各地新华书店经售

*

2008 年 6 月第一版 2022 年 6 月北京第五次印刷
787 毫米×1092 毫米 16 开本 19.25 印张 470 千字
印数 8501—9000 册 定价 80.00 元

编 委 会

序

由浙江省电力公司组织编写的《变电站计算机监控系统技术丛书》即将出版，这是一件很有意义的事情。

这套技术丛书，是十几年来浙江电网变电站计算机监控系统技术和应用的总结。20世纪90年代初，我国开始自主研发、应用变电站计算机监控系统并逐步引进国外产品。1997年年底，随着浙江省金华500kV双龙变电站计算机监控系统的成功投运，标志着我国变电站计算机监控系统的应用和开发达到了一个新的高度，基本确定了我国超高压变电站计算机监控系统的发展方向和技术标准。在以后的岁月里，我国变电站计算机监控系统的应用迅速步入高潮。在促进电网技术进步，不断提高电网自动化水平的同时，也有力地促进和提高了我国变电站计算机监控系统的开发能力和技术水平。

变电站计算机监控系统涉及多个学科，包括测量、监视和控制技术，计算机及网络通信、继电保护及安全自动控制、全球卫星定位系统和对时等技术，是现代科技在电力系统综合应用的体现，并已发展成一个相对独立的电力系统技术领域。变电站计算机监控系统的应用更是涉及电网、变电一次设备和二次回路、变电运行、调度自动化等专业，成为一个比较复杂的系统工程，对传统的二次系统观念形成强大的冲击，使二次系统发生了深刻的变革。随着科学技术的不断发展，这种变革将会进一步深入和拓展。

变电站计算机监控系统的应用，一方面提高了变电站的自动化水平，在给电网安全稳定经济运行提供保障的同时，也减少了运行人员的劳动强度；另一方面，由于变电站计算机监控系统是一门综合性的新技术，对管理、运行和检修人员的整体技术水平和管理水平要求很高，所以需要培养一批与该新技术的应用相适应的高素质人才。

浙江省电力公司一直高度重视变电站计算机监控系统的应用和发展，更是高度重视高技能人才的培养。为此，在原有技术培训教材的基础上，组织编写这套融理论、实践、应用于一体的《变电站计算机监控系统技术丛书》。本丛书分为《变电站计算机监控系统及其应用》、《变电站计算机监控系统相关技术》及《变电站计算机监控系统运行维护》三册，顾及了不同专业、不同岗位人员培训的需求，是一套技术全面、实用性很强的技术丛书。

在丛书的编写过程中，各位编写人员不辞辛苦，以高度负责的精神和严谨的治学态度，反复讨论和修改，灌注了满腔的热情。在丛书即将出版之际，我谨代表浙江省电力公司对所有参与和支持本书撰写、审阅、编辑出版的同志表示衷心的感谢！

前 言

变电站计算机监控系统是现代变电站的重要组成部分，其技术水平、安全可靠性及其运行维护水平对电网的安全稳定与经济运行密切相关。20世纪90年代中期以来，变电站计算机监控系统在我国电网中得到广泛应用，总体水平不断提高。随着现代电网的快速发展，变电站计算机监控系统作为电网安全稳定运行的基础技术支撑和监视控制平台的作用和地位更加突出。

目前，我国变电站计算机监控系统主要采用面向对象的分层分布式技术，本书即以此为中心内容进行编写。本书是在原培训教材的基础上，充分吸取学员的意见和建议，进行了较大的修改和重新编排而成。与目前已经出版的同类书籍相比，本书重视变电站计算机监控系统特点的有机连接，在对变电站计算机监控系统做概述的基础上，分别就分层分布式中的间隔层、站控层、数据通信及系统结构展开讨论，以数据流为主线，从系统的最底层逐渐往上阐述，将变电站计算机监控系统组成分解又有机结合，总体结构清晰，力求在每一层、每一部分将其讲细、讲透，不囿于理论，重视理论与工程实践密切结合以及新技术的应用和发展。考虑到电磁兼容在变电站计算机监控系统中的重要性，专门用一章来对其进行介绍。结合新技术的发展，第七章对基于IEC61850的变电站自动化作了较详尽的介绍。最后一章介绍了四套常用的典型的变电站计算机监控系统产品。每章后面附有思考题以供学员思考、检查用。

变电站计算机监控系统技术繁杂，涉及自动化、继电保护、测量和控制以及通信等多个专业，管理应用有变电运行、检修、调度等多个部门。对于在电力一线从事变电站计算机监控系统安装、维护与检修的生产技术人员和变电站运行人员而言，限于所学的传统专业知识和所从事的专业工作，很难全面掌握现代变电站计算机监控系统的技术与要求，因此本书很适合现场工作人员学习。

本书由浙江省电力公司组织编写，副总工程师朱松林担任主编，浙江省电力公司生产部张劲、吴国威担任副主编，由具有丰富现场经验的技术人员、丰富教学经验的专业教师共同编写。其中，第一章由浙江省电力教育培训中心蒋吉荪、浙江省电力公司生产部乐全明编写，第二章由浙江省电力试验研究院吴栋其编写，第三章由衢州电力局王岳忠、浙江省电力公司生产部吴国威编写，第四章由浙江省电力教育培训中心宋勤编写，第五章由嘉兴电力局徐明编写，第六章由浙江省电力教育培训中心宋勤、浙江省电力试验研究院黄晓明编写，第七章由绍兴电力局许伟国编写，第八章由浙江电力调通中心彭宝永、金华电业局钱肖、湖州电力局楼平、绍兴电力局许伟国编写。浙江省电力公司钟晖、朱炳铨、黄文涛、吴志力、叶海明、潘泉、曹文杰、姚集新等对有关章节进行审核。全书由朱松林、吴国威、乐全明、宋勤统稿。

本书在编写过程中得到许多同仁的支持和帮助，得到了国电南瑞科技股份有限公司、南瑞继保电气有限公司、北京四方继保自动化股份有限公司、西门子公司、浙江创维公司专家的大力支持和帮助，在此一并致以衷心的感谢！在本书的写作过程中，引用了参考文献所列论著和论文的有关部分，在此谨向以上作者表示衷心的感谢！

　　由于编写人员水平有限，书中的错误与缺点在所难免，恳请读者指正。

编者
2008 年 4 月

目　录

序
前言

第一章

变电站计算机监控系统概述

本章主要介绍了变电站计算机监控系统的形成和发展过程，变电站计算机监控系统的基本概念与特点，变电站计算机监控系统的主要功能，变电站集中式和分层分布式计算机监控系统的基本结构、功能与特点。

第一节 变电站计算机监控系统的基本概念

一、变电站监控系统的形成和发展

为保证变电站的安全与经济运行，须建立变电站的监视、测量、控制和保护系统，以实现对变电站电气一次设备和电网运行状况的监视，以及对电气一次设备的控制，并在电气一次设备及电网发生故障时能使故障设备迅速退出运行，同时为运行值班人员提供信号，以便采取有效措施及时处理。

1. 变电站计算机监控系统主要发展阶段

变电站监视、测量和控制系统的形成和发展主要经历了以下三个阶段。

（1）变电站传统的监视、测量和控制系统阶段

由各种继电器、测量仪表、控制开关、光字牌、信号灯、警铃、喇叭及相关一次设备的辅助触点通过导线，并根据特定逻辑关系连接，构成变电站的二次回路，实现变电站的监视、测量、告警和控制功能。变电站值班人员定时记录盘表测量值，并用电话告知远方调度值班人员。

（2）变电站传统的监视、测量和控制系统的改进阶段

随着电网的发展，变电站传统的监视、测量和控制系统已经不能满足安全稳定运行的要求。远方传输系统（简称远动系统）应运而生。除传统的监视、测量和控制系统外，变电站增加了一套远动终端装置（RTU）。变电站端RTU自动采集相关的测量量、主要设备的状态量和信号量，通过电力通信网将这些量传送给远方调度端的远动装置，并在调度屏上显示，实现对变电站的遥测和遥信功能。远方调度值班人员也可通过远动系统，将控制和调节命令传送给变电站端RTU，实现对断路器和变压器有载分接开关的"遥控"和"遥调"。

随着远动技术的发展，远动装置的技术性能不断提高，应用功能不断扩展，出现了以RTU设备为中心的监控系统。它是在增强型RTU设备基础上增设了后台监视、测量显示和控制功能。其优点是功能简单，造价较低；缺点是控制和高级应用功能较弱，扩展性能较差。

（3）变电站计算机监视、测量和控制系统阶段

随着计算机技术、通信网络技术和现代控制技术的快速发展，变电站计算机监视、测量

和控制系统（简称计算机监控系统）异军突起。计算机监控系统应用计算机技术、自动控制技术、信息处理和传输等技术，对变电站监控系统功能进行重新组合和优化设计，取代了传统的监控系统，而且与变电站端 RTU 合二为一，实现了软硬件和信息资源共享。

根据设计思想的不同，变电站计算机监控系统分为两种模式：面向功能设计的计算机监控系统和面向对象的分层分布式监控系统。

1）面向功能设计的分布式监控系统。该系统曾在国内电网广泛应用，其系统结构由后台机、总控单元及遥测、遥信和遥控装置组成，集中组屏安装。该系统的电压互感器、电流互感器二次电压和电流的测量采用交流采样技术；其相关测量量，如有功功率、无功功率、功率因数及频率等模拟量均采用数值计算方式，减少了变送器数量及变送器的种类。该系统具备较完善的监视、测量功能，其高级应用功能有所增强。缺点是可扩展性和控制功能不强，主要用于 110kV 及以下电压等级变电站。

2）面向间隔和面向对象的分层分布式监控系统。该系统由站控层和间隔层两部分组成，并用分层分布、开放式网络实现连接。间隔层集测量、监视和控制功能于一体，由若干按间隔配置的测控装置等设备组成，并采用面向对象设计。各测控装置对应于本间隔设备的电量采集和测量、状态量采集和判别、相关设备的监测及对开关设备的控制等功能。站控层由主机、操作员站和各种功能站构成，提供站内运行的人机联系界面，通过计算机网络与间隔层通信，实现管理控制间隔层设备等功能，形成全站监控、管理中心，并通过远动通信设备和远方调度实现遥测、遥信、遥控和遥调功能，具有配置清晰、灵活、可扩展性好等优点。

该类系统的国外产品有西门子的 LSA 和 SICAM、ABB 的 SCS 等，国内有 RCS9000、NS2000、CSC2000、CBZ8000 等。其间隔层测控装置可以分散安装，也可集中组屏；单个装置的缺陷不会影响到整个系统的运行，可靠性高；系统控制功能强；可以灵活嵌入高级应用软件，增加系统的应用功能。目前，新建 110kV 及以上电压等级变电站基本采用该类系统。

2. 变电站计算机监控系统发展趋势

随着智能化开关、光电式电流互感器、光电式电压互感器、一次运行设备在线状态检测和变电站运行操作仿真等技术日趋成熟，以及计算机高速网络在实时系统中的开发应用，变电站自动化系统正在逐步向全数字化方向发展。

为适应未来数字化变电站发展的趋势，国际电工委员会 TC57 制定了 IEC 61850《变电站通信网络和系统》系列标准。该标准是基于网络通信平台的变电站自动化系统唯一国际标准，也是国家电力行业相关标准的基础。

IEC 61850 按通信体系及设备功能，将变电站自动化系统分为 3 层：变电站层、间隔层和过程层。变电站层设备由带数据库的计算机、操作员工作台、远方通信接口等组成；间隔层设备由每个间隔的控制、保护或监视单元组成；过程层设备为远方 I/O（input/output）、智能传感器和执行器等。IEC 61850 的发展方向是实现面向对象、自我描述、即插即用和无缝通信连接，在工业控制通信上最终实现"一个世界、一种技术、一个标准"。

二、变电站计算机监控系统的基本概念及特点

1. 变电站计算机监控系统的基本概念

变电站自动化系统包括计算机监控系统、继电保护及自动装置和通信装置等设备。其中，计算机监控系统作为自动化系统的重要组成部分，通过网络接口设备与变电站各自动化

设备（包括继电保护及自动装置等其他智能装置）相连接，以完成变电站运行与管理的各项工作。

变电站计算机监控系统是指在变电站内应用自动控制技术、信息处理、传输技术和计算机软硬件等技术实现对变电站二次设备（包括测量仪表、控制系统、信号系统及远动装置等）的功能进行重新组合和优化设计，对变电站内主要电气设备的运行情况进行监视、测量、控制和协调，部分代替或取代变电站常规二次系统，减少或代替运行值班员对变电站运行情况的监视和控制操作，使变电站更加安全、稳定、可靠运行的一种综合性的自动化系统。

2. 变电站计算机监控系统的主要特点

变电站计算机监控系统以较高测量精度采集到相对完整的电力系统有关数据和信息；利用计算机的高速计算能力和逻辑判断功能，不仅可以完成对变电站设备和电网运行状态的监视、测量和控制任务，而且进一步扩大了监视的覆盖面和应用功能；可使变电运行人员和系统调度员把握安全控制、事故处理的主动性，减少或避免误操作、误判断，缩短事故停电时间，最终提高运行人员的工作效率和变电站安全稳定运行水平。

变电站计算机监控系统具有以下基本特点：

1）变电站计算机监控系统的输入回路将各类信息转换为数字量，并通过计算机通信网络进行数据交换，实现信息共享。各种功能在微机硬件支持下，由软件和人机接口设备、输入和输出等设备协调完成。

2）采用模数变换、数字滤波和处理技术，能保证各种量值的测量精度要求。采用防抖技术、冗余技术以及在线自检、自诊断等技术，提高了监视、控制的准确度和可靠性。

3）变电站设备和电网运行状态、故障信息、设备操作等采用屏幕显示，值班员可通过计算机进行全面监视与操作，取代了常规中央信号屏、控制屏等有关设备，为值班人员提供了方便直观的监控条件。

4）计算机监控系统可提供电压无功自动调节控制、电气操作防误闭锁及统计报表自动生成等高级应用功能。

5）能减少重复性硬件设备，节约大量控制电缆，缩小控制室建筑面积，具有较好的经济性。

6）站内温度、湿度、污染、振动，特别是强电磁干扰都对计算机监控系统的正常运行带来不利影响，必须采用有效技术措施，使监控系统满足现场运行环境和电磁兼容技术标准的相关要求。

总之，变电站计算机监控系统是提高变电站安全稳定运行水平、降低运行维护成本、提高经济效益、向用户提供高质量电能的重要技术措施之一，具有功能综合化、结构微机化、操作监视屏幕化、运行管理智能化的基本特征，为电网调度自动化、配电自动化和电网的现代化管理奠定了良好的基础。

第二节　变电站计算机监控系统的主要功能

分层分布式变电站计算机监控系统是多专业性的综合技术系统，它以计算机、通信、网络等技术为基础，实现对变电站的监视和控制。监控系统的主要功能可分为以下几类：① 数据采集与处理功能；② 控制操作功能；③ 报警及处理功能；④ 事件顺序记录及事故追忆功能；⑤ 远动功能；⑥ 时钟同步功能；⑦ 人机联系与运行管理功能；⑧ 与其他设备接口功能等。

一、数据采集与处理功能

该功能主要是对模拟量、开关量、电能量以及来自其他智能电子装置数据的采集与处理，是变电站计算机监控系统得以执行其他功能的前提和基础。

数据采集有两种方式。一种是通过测控装置获取数据，即面向一次设备采集模拟量和开关量（如电压互感器、电流互感器的电压和电流信号，变压器油温及断路器辅助触点，一次设备状态信号等），经间隔层设备处理后，最终导入实时数据库；另一种是通过通信接口获取数据，即面向其他智能装置直接获取计算机数据（如电能量数据、直流母线电压信号、保护动作信号等），经统一处理后导入数据库。

1. 模拟量采集与处理

计算机监控系统通过对相关模拟量的采集、处理、显示和远方传输，完成对变电站设备和电网的测量功能。其采集信号包括电流、电压、有功功率、无功功率、功率因数、频率以及油温等。

模拟量采集分交流和直流两种形式。交流采样是将交流电压、交流电流信号直接接入数据采集单元，而未经过变送器；直流采样是将温度、气体压力、交流电压、交流电流等外部信号，经变送器转换成适合数据采集单元处理的直流电压信号后，再接入数据采集单元。

对模拟量的输出处理功能主要有"零漂"抑制、"越死区"传送和"全遥测"三种。

2. 开关量采集与处理

计算机监控系统通过对相关设备开关量的采集、处理、判别、显示或触发相应的告警声光信号，实现对设备运行状态的显示及异常状态的告警和记录功能。

开关量包括断路器、隔离开关以及接地开关的位置信号、继电保护装置和安全自动装置动作及报警信号、运行监视信号、有载调压变压器分接头位置信号等。这些信号都以开关量的形式，通过光隔离电路输入至计算机。

考虑到变压器分接头位置信号的重要性，一般采用硬接线点对点采集方式，可采用二 – 十进制码（即 BCD 码），它用固定长度二进制所对应的十进制来表示变压器分接头位置，用代码形式输入到间隔层的测控装置。

开关量的输出处理功能主要有"变位"传送和"全遥信"传送两种。

3. 电能量采集与处理

电能量的采集与处理是指获取有功、无功电能量数据，并实现分时累加、电能量平衡统计等功能。

计算机监控系统可处理不同方式采集的电能量数据，并可对电能量进行分时段统计计算。电能表测量量的输出有脉冲量输出和串口通信输出两种方式；监控系统对电能量的采集方式也有两种：直接脉冲计数和通过与 ERTU 通信方式间接采集。

随着电能量采集精度及管理要求的提高，专用的电能量采集系统已投入实际应用，而计算机监控系统的电能量采集和统计功能有被弱化或取消的趋势。

4. 通过通信接口采集

通过数据通信接口采集到的各类智能设备的信息，由计算机监控系统分别对这些数据进行处理。如来自电能量远方传输装置（ERTU）的电能量、直流监测装置的直流系统绝缘电阻、微机保护装置及自动装置的信息等。

二、控制操作功能

变电站计算机监控系统控制操作对象一般包括各电压等级的断路器、可电动操作的隔离开关和接地开关、主变压器及站用变压器有载分接开关、站内其他相关设备的启动/停止、保护和自动装置的复归等。除此之外，还可通过运行自动控制应用软件实现对相关设备的自动控制，如电压无功自动控制（AVQC）等。为保证操作控制的正确可靠，计算机监控系统同时只能对一个对象进行控制操作。

控制操作分为手动控制和自动控制两种方式。

手动控制包括调度通信中心控制、站内主控制室控制和就地控制，并具备调度通信中心/站内主控室、站内主控室/就地手动的控制切换功能。控制级别由高到低顺序为就地、站内主控、远程调度中心。三种控制级别之间应相互闭锁，同一时刻只允许一级控制。当计算机监控系统站控层及网络停运时，能在间隔层对断路器进行一对一操作。

自动控制包括顺序控制和调节控制。顺序控制是指按设定步骤顺序进行操作，即将旁路代、倒母线等成组的操作在操作员站（或调度通信中心）上预先选择、组合，经校验正确后，按要求发令自动执行。调节控制是指对电压、无功的控制目标值等进行设定后，计算机监控系统自动按要求对"电压—无功"进行联合调节，其中包括自动投切无功补偿设备和调节主变压器分接头位置。

三、报警及处理功能

当电网及变电站设备发生各种类型故障，且断路器、继电保护及安全自动装置动作时，应立即启动相应的报警和显示事故信息，即报"事故信号"。而反映站内一、二次设备的各类缺陷或障碍的"预告信号"也应及时正确地告警和显示，使运行值班人员能够查明原因并进行相应处理，或采取有效措施防止事件的扩大。

根据告警信号紧急程度和信号来源的不同，计算机监控系统报警内容可分为设备状态异常或故障、测量值越限、计算机监控系统的软/硬件自诊断告警、通信接口及网络故障信号等。

报警处理一方面是通过对各种采集方式获取的相关数据进行逻辑组合，并对组合结果进行判别，然后输出异常报警信息；另一方面是对报警信息的分类和分层管理，以利于查阅和检索。海量报警信息会导致运行人员无法有效识别和处理，以致重要信息被淹没。查阅和检索功能方便了运行人员监视和事后故障分析。

报警输出信息直观、醒目，并伴有声、光、色效果，信息组合方式根据需要设定，报警条文用语规范符合变电运行习惯，报警信息的处理格式满足调度通信中心、站控层主机、操作员工作站等方面的要求。报警信息输出一般在屏幕上设一固定报警区域，以便专门显示，并对当前信息做颜色改变、闪烁等处理。操作员工作站具备声音报警功能，当前报警的输出一直持续到操作员进行确认操作后为止。

四、事件顺序记录（SOE）及事故追忆功能

计算机监控系统的 SOE 是以带时标信息的方式记录重要状态信息的变化，为分析电网故障提供依据。当电网发生复杂故障和变电站设备发生异常时，会引起断路器多台或多次跳闸，并产生大量的保护动作信息，如果不能掌握相关设备的动作顺序和次数，则往往因为故障的复杂性使原因分析面临很大的困难，有时甚至无法正确分析和判断。SOE 记录了重要信息动作的变化时间，并按发生时间的先后进行排序，这样可以掌握相关设备的动作顺序和次数，有利于故障分析，排查原因，消除隐患。

SOE 的内容主要包括断路器跳、合闸记录，保护及自动装置的动作顺序记录。变电站断路器、继电保护及自动装置的动作速度都非常快，通常均在毫秒级水平，所以要求 SOE 具有很高的时间分辨率，一般要求不大于 2ms。SOE 信息保存在站控层的主机，可随时调用和显示在计算机屏幕上或进行打印输出。为了方便快速查询 SOE 信息，一般在站控层主机中专门设立 SOE 信息区，以便与其他监视、告警信息分开。通过对 SOE 信息的查询，也可及时核对断路器、继电保护及安全自动装置的动作是否正确。

事故追忆功能则是当电网发生长时间持续异常运行或故障时（如长时间未能切除故障、失去同步、电压或频率崩溃等），要求监控系统能够完整的记录相关事故信息，便于事后查询和分析。事故追忆范围为事故前 1min 至事故后 2min 时段内的所有相关模拟量值，其采样周期与实时系统采样周期一致。为实现较好的事故追忆，则应准确选择事故记忆功能触发量和相应被记录的事故信息，同时应限定事故追忆时间范围。

五、远动（RTU）功能

远动是调度自动化系统的重要组成部分之一，该功能为电力调度中心提供电网的相关运行数据和设备状态，为调度中心实时掌握电网的运行状况，并根据电网负荷的需求和电力设备的容量合理分配各发电机组的功率，控制负荷在可供电力容量以内，以保持发用电平衡，科学调整电力潮流，确保电力设备不过载，及时发现和处理电网的异常现象和故障，为电网安全、稳定和经济运行提供可靠保证。

变电站计算机监控系统的信息采集覆盖面广，拥有的电网运行数据完整。远动通信工作站可以从实时数据库或直接从间隔层的测控装置上获取相关信息并远传至电力调度中心，满足调度值班员及时掌握电网运行状况的需求。

对于无人值班变电站而言，远动工作站直接与集控中心建立数据传输，实现数据远传和遥控命令的执行；而集控中心要求传输的信息更完整，对控制的可靠性要求更高。

六、时钟同步功能

变电站甚至电网时钟的准确同步是保证设备及电网安全、可靠运行的基本前提，全电网的自动调节控制和运行事件记录都需要有一个统一的、精确的时钟。监控系统主机负责系统设备的时钟同步，不仅要向其他操作站发出校时信号，还需向各继电小室的子系统发送校时信号。远动通信工作站具备接收调度时钟同步的能力，但传统的远方对时方式难以满足全电网各变电站统一时钟精度的要求。目前，变电站计算机监控系统一般采用全球定位系统（GPS）标准授时信号进行时钟校正。GPS 自身的授时精度为纳秒级，可以满足变电站各间隔层子系统标准时钟误差不大于 1ms 的要求。

七、人—机联系与运行管理功能

1. 人—机联系功能

变电站采用计算机监控系统后，运行值班人员通过操作员工作站上的鼠标或键盘可了解全站运行工况和参数，同时可对全站断路器和隔离开关进行分、合操作，彻底改变了传统依靠指针式仪表和模拟屏或操作屏进行操作的格局。操作员工作站和工程师工作站分别为运行人员和专职维护人员提供人—机联系功能。

操作员工作站是运行人员与变电站计算机监控系统联系的主界面。操作员工作站为运行人员所提供的人—机联系包括：调用、显示和拷贝各种图形、曲线、报表；发出操作控制命令；查看历史数值及各项定值；图形及报表的生成、修改；报警确认，报警点的退出/恢复；操作票的显示、在线编辑和打印；运行文件的编辑、制作等。

工程师工作站是专职维护人员与变电站计算机监控系统联系的主界面，它提供的人—机联系包括：数据库定义和修改，各种应用程序的参数定义和修改，必要时的二次开发，以及操作员站上的其他功能。

2. 运行管理功能

对变电站内设备运行状况的管理是采用计算机监控系统，提高运行水平的一个重要方面。计算机监控系统可根据运行要求，实现各种管理功能。

计算机监控系统将已获得的各种数据进行二次加工，挖掘出大量高端应用信息，以满足运行要求的各种管理功能。这是计算机监控系统区别于传统电气监控的一个重要方面。而如何有效利用计算机监控系统已拥有的资源，实现对电网运行状况的高效管理，需要一个不断探索、不断完善、不断创新的实践过程。

运行管理功能一般包括运行操作指导、事故记录检索、在线设备管理、操作票开列、模拟操作、运行记录及交接班记录等。该功能在操作员工作站得以实现，且直接与生产过程密切相关。管理功能也包括各种数据的存储、检索、编辑、显示和打印。管理功能的数据来自实时数据库和其他输入，数据类型多，重复量大，其数据存储要求有一定的特点，通常从实时数据和历史数据两个方面考虑，在转入历史数据库或写入光盘时做适当的选择、处理。

八、与其他设备接口功能

计算机监控系统通过通信接口与其他智能设备（如微机保护及安全自动装置、变电站直流系统监测装置、ERTU 等）建立数据通信连接，获取更多详实的信息。为实现该功能，通常需配置专用公共信息管理机。变电站智能设备首先与公共信息管理机进行通信，由公共信息管理机通过站控层局域网（如以太网等）与主机进行信息交换。下面介绍几种主要通信接口功能。

1. 与继电保护及安全自动装置通信接口功能

其主要功能包括：读取继电保护及安全自动装置的启动、动作、重合闸、测距等记录报告，供专业人员分析；读取继电保护及安全自动装置的定值，供检查核对；读取继电保护及安全自动装置的实时测量值，供检查核对；远方修改继电保护及安全自动装置的定值等。

2. 与变电站直流系统绝缘检测装置的通信接口

该接口用于读取和显示直流系统的电源电压，直流电源正、负极对地电压，直流系统绝缘告警，直流接地选线结果显示等。

3. 变电站直流蓄电池巡检装置的通信接口

该接口主要用于读取和显示直流电池巡检装置的监测结果。

4. ERTU 的通信接口

读取 ERTU 采集到的电能量，供变电站电能量统计和平衡率计算。

此外，变电站计算机监控系统还具备与小电流接地选线装置及消弧线圈自动调谐装置、微机"五防"等智能设备的通信接口。除上述功能外，计算机监控系统还具有画面生成及显示、在线计算及制表、系统自诊断与恢复等功能。不同电压等级、不同规模变电站对自动化水平的要求不尽相同，因此各变电站监控系统在具备各项基本功能的同时又各具特色。

第三节　变电站计算机监控系统的基本结构

变电站计算机监控系统随着电子技术、计算机技术、通信技术和网络技术的发展，其体系结构在不断发生变化，其性能、功能及可靠性得以不断提升。根据变电站计算机监控系统目前的应用情况，其基本结构可分为集中式和分层分布式。其中，分层分布式计算机监控系统已成为变电站计算机监控技术发展的主流。

一、集中式计算机监控系统的结构及特点

1. 集中式计算机监控系统的基本概念

以变电站为对象，面向功能设计的计算机监控系统，称之为集中式计算机监控系统。即各系统功能都以整个变电站为一个对象相对集中设计，而不是以变电站内部的某元件或间隔为对象独立配置的方式。

2. 集中式计算机监控系统的基本结构与特点

（1）基本结构及组成

集中式计算机监控系统的基本架构如图 1-1 所示。集中式结构并非指由一台计算机完成保护、监控等全部功能。多数集中式结构的微机保护、计算机监控和远动通信的功能也由不同的计算机来完成，例如，数据采集、数据处理、远动、开关操作和人机联系功能可分别由不同计算机完成。该结构形式主要出现在变电站计算机监控系统问世初期。

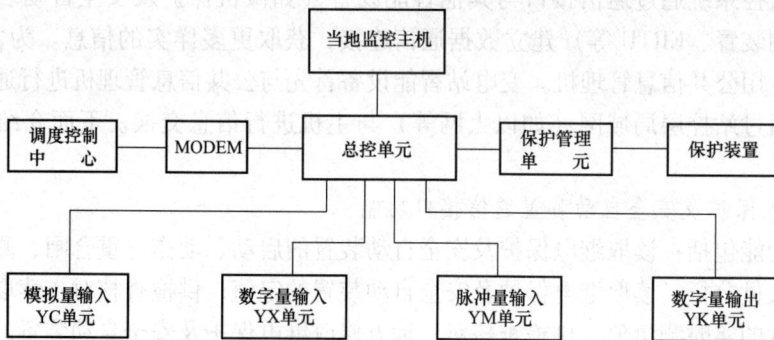

图 1-1　集中式变电站计算机监控系统架构

集中式变电站计算机监控系统构成如下：

1）模拟量输入单元。根据输入方式的不同，又分为直流采样和交流采样两种模式。直流采样是把来自电流互感器（TA）、电压互感器（TV）的输入信号经过变送器变换为小信号的直流电压或电流之后，再输入监控系统的模拟量输入模件；交流采样则是把 TA、TV 输入信号直接接入监控系统中的交流模拟量输入模件进行采样，通过模/数转换将其转换为数字量，并通过计算获得相应的电气量，省去了直流模拟量输入所需的电量变送器的中间环节。无论采用哪种模式，均需在模拟量输入模件中进行模/数转换，把模拟量变成计算机可以处理的数字量，并需满足一定的精度要求。

2）数字量输入单元。亦称状态量输入或开关量输入，它是把来自一、二次设备的各种无源接点信号经过光电耦合器隔离之后变为二进制信号。判定数字量输入性能的优劣，主要视其容量大小、SOE 分辨率的高低以及准确性三个方面。

3）脉冲量输入单元。专门针对脉冲式电能表的输出而研发的一种接口，原理上同数字量输入相同，也采用光电耦合方式，但对电能表输出脉冲有一定要求，并将逐步被智能电子电能表和专用读表系统所取代。

4）数字量输出单元。亦称控制命令输出或开关量输出，它是把来自人机界面所下发的命令或来自外部（本地或远方）所下发的命令"翻译"成为一种开关量的输出，即继电器触点的输出以控制一次设备的断开或闭合，主变压器分接头挡位的上升与下降等。

5）总控单元。即主单元。作为中央通信控制器，是整个系统核心，主要负责与各数据采集单元及当地监控之间的信息交互，接收并处理各数据采集单元送来的信息，并转发至当地监控主机和远方调度。同时，将当地监控主机和远方调度下发的命令下达给各数据采集单元。此外，它用于完成与微机保护、自动装置等智能电子设备的通信。

6）人机联系。即当地监控主机。完成当地显示、告警、控制和制表打印等功能，彻底取代了传统的仪器、盘表等。运行人员只需面对显示器通过键盘或鼠标，即可观察和了解全站的运行状况，并可对全站的断路器等设备进行分、合闸操作。

这种集中式的结构是根据变电站的规模，配置相应容量的集中式监控主机及数据采集单元，它们安装在变电站的主控制室内。主变压器和各进出线及站内所有电气设备的运行状态，由电压互感器、电流互感器的二次侧回路经过控制电缆传送到主控制室的保护装置和监控装置，再送入监控主机。继电保护的动作信息往往是取自保护装置的信号继电器触点，同样通过电缆送到数据采集单元。

（2）主要特点

主要优点：功能单元间相互独立，互不影响；具有较为完善的人机接口功能，综合性能强；结构紧凑，体积小，可大大减少占地面积；造价低，尤其对 110kV 或规模较小的变电站更为合适。

主要缺点：运行可靠性较差，每台计算机的功能较集中，如果一台计算机出故障，影响面较大，因此必须采用双机并联运行的结构才能提高可靠性；软件复杂，修改工作量大，系统调试麻烦；组态不灵活，对不同主接线或不同规模的变电站，软硬件都必须另行设计，可移植性差，不利于批量推广。

二、分层分布式计算机监控系统的结构及特点

1. 分层分布式计算机监控系统的基本概念

分层分布式计算机监控系统是以变电站内的电气间隔和元件（变压器、电抗器、电容器等）为对象开发、生产、应用的计算机监控系统。

分层分布式变电站控制系统可分为三层结构，即站控层、间隔层和过程层，每层由不同的设备或子系统组成，完成相应的功能。通常，变电站计算机监控系统由站控层和间隔层两个基本部分组成。

所谓分层是指一种将元素按不同级别组织起来的方式，其上下级元素具有控制和被控制

9

关系。对于变电站计算机监控系统的设计与配置，按分层的原则可分为站控层和间隔层的物理层次。

所谓分布是指变电站计算机监控系统的构成在资源逻辑或拓扑结构上的分布，主要强调从系统结构的角度来研究和处理功能上的分布问题。分布式计算机系统是由多个分散的计算机经互联网络构成的统一计算机系统，是多计算机系统的一种新形式，它强调资源、任务、功能和控制的全面分布。其中，各物理和逻辑资源既相互配合又高度自治，可在全系统范围内实现资源管理，动态分配任务或功能，且能并行地运行分布式程序。

随着计算机、网络及通信技术的飞速发展，以间隔为对象的设计保护测控装置采用分层分布式结构，真正意义上的分层分布式变电站计算机监控系正逐步走向成熟，并获得了广泛的应用。

2. 分层分布式计算机监控系统基本结构、功能与特点

（1）基本架构

变电站计算机监控系统由站控层与间隔层两个基本部分构成，并用分层分布、开放式网络实现系统连接。站控层为全站设备监视、测量、控制和管理的中心，站控层与间隔层可通过光缆或双绞线与间隔层直接连接，也可通过前置设备连接。间隔层按照不同的电压等级和电气间隔单元，以相对独立的方式分散在各个继电小室中，能独立完成间隔层设备的就地监控功能。其基本架构如图 1-2 所示。其中，站控层包括主机、操作员工作站、远动工作站、工程师工作站、GPS 对时装置及站控层网络设备等设备，形成全站监控、管理中心。能提供站内运行人机界面，实现间隔层设备的管理控制等功能，并可通过远动工作站和数据网与调度通信中心通信。

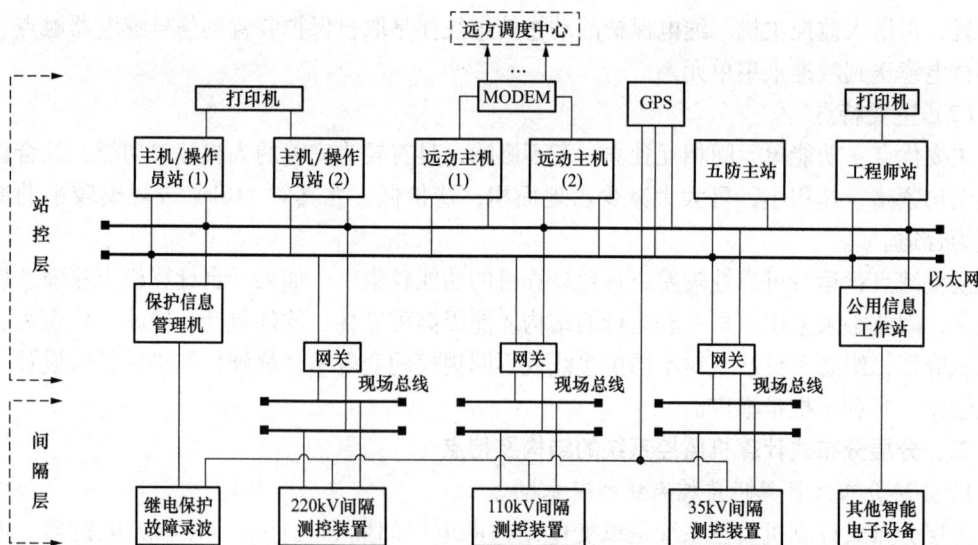

图 1-2　分层分布式计算机监控系统基本架构

间隔层由工控网络/计算机网络连接的测控装置、通信接口单元及间隔层网络设备等若干个监控子系统组成。各个监控子系统具有独立运行能力，即应具有一定的数据处理、逻辑判断、安全检测等功能，其设置数量依变电站规模而定，且在站控层或网络失效时，仍能独

立完成对间隔设备的就地监控。

目前，站内分层分布式计算机监控系统的设备布置主要有三种类型：集中组屏结构、分散与集中相结合（局部分散）结构和全分散结构。

（2）主要硬件设备及其功能

1）站控层设备。主要包括主机、操作员站、工程师站、远动通信设备、与电能量计费系统的接口以及公用接口等，其通常安放在主控室和主控楼机房。

——主机。主机具有主处理器及服务器的功能，为站控层数据收集、处理、存储及发送的中心，同时主机也可兼作操作员工作站。

——操作员工作站。操作员工作站是站内计算机监控系统的主要人机界面，用于图形及报表显示、事件记录、报警状态显示和查询、设备状态和参数的查询、操作指导、操作控制命令的解释和下达等。通过操作员站，运行人员能实现对全站电气设备的运行监测和操作控制。

——远动工作站。远动工作站具有远动数据处理及通信功能，远动信息可通过以太网和远动工作站传送至远方各级调度部门；也可直采直送，即直接接收来自间隔层测控装置数据，进行必要处理，按照调度端所要求的远动通信规约，完成与调度端的数据交换。

——工程师工作站。工程师工作站主要供计算机监控系统维护管理员进行系统维护使用，可完成数据库的定义和修改，系统参数的定义和修改，报表的制作和修改，以及网络维护、系统论断等工作。

——GPS 对时系统。全站设置卫星时钟同步系统，接收全球卫星定位系统 GPS 的标准授时信号，对站内计算机监控系统和继电保护装置等有关设备的时钟进行校正，保证全站时钟的一致性。

2）间隔层设备。主要包括测控装置、间隔层网络、与站控层网络的接口和继电保护通信接口装置等。间隔层设备直接采集和处理现场的原始数据，通过网络传送给站级计算机，同时接收站控层发出的控制操作命令，经过有效性判断、闭锁检测和同步检测后，实现对设备的操作控制。间隔层也可独立完成对断路器和隔离开关的控制操作。间隔层设备通常安装在各继电器小室，测控装置按电气设备间隔配置，各测控装置相对独立，通过通信网互联。

3）网络设备。包括站控层网络设备和间隔层网络设备，通常由网络集线器、交换机、光/电转换器、接口设备和传输介质等组成。

——站控层网络设备。站控层网络设备主要有集线器或网络交换等设备，负责站控层设备间以及站控层与间隔层网络设备间的通信功能。

——间隔层网络设备。间隔层网络设备通常由集线器或网络交换设备等组成，实现间隔层设备与站控层网络设备及间隔层设备之间的通信。

——网络传输介质。网络传输介质可采用屏蔽双绞线、同轴电缆、光缆或以上几种方式的组合。若用于户外长距离通信，则应采用铠装光缆。

根据站控层和间隔层设备之间不同的通信方式，也对应不同的网络拓扑结构。目前，变电站计算机监控系统主要采用串行数据总线、现场总线和工业以太网系统等。

（3）信息流程

分层分布式变电站计算机监控系统的信息上传流程为：反映电网运行状态的各个电气量、非电气量通过不同的变换器或传感器转换成一定幅值范围内的模拟电信号；模拟量通过

11

测控装置的 A/D 变换电路转换为数字信号,状态量通过开入量采集电路变换成数字信号,测控装置将获取的数字量进行编码并以一定的通信协议传送到站控层的通信网络;通过站内通信网络实现间隔层设备与站控层设备信息共享,通过远动工作站和专用远动通道向远方控制中心及调度中心传输信息。信号下传则按相反的流程传输,控制命令的执行通过测控装置的开出单元输出,作用到对应设备的控制回路。

(4) 主要特点

分层分布式变电站计算机监控系统具有以下主要特点:

1) 结构分层分布。按分层分布式设计,即系统框架由间隔层的各种测控装置和站控层计算机设备构成。

2) 面向对象设计。以站内各电气间隔(如变压器、线路、电容器)为对象开发、设计、生产和应用的计算机监控系统,将站内每个断路器间隔对应的数据采集、保护和控制等功能集中由一个或几个智能测控装置完成。监控系统的配置规模须以变电站的一次主接线图为依据。

3) 功能独立。面向间隔层的各种线路、元件设备,无论是测控、保护独立单元还是保护测控合一装置,它们都是一个智能电子装置(IED),即每个 IED 都拥有自己的 CPU、输入输出设备、电源、通信口、外接端子以及机箱、面板等,并完全可以加电独立运行,完成对某个电气间隔的测量、控制或保护等功能。即每个 IED 与电气间隔形成一一对应关系,这是区分集中式与分散式监控系统的一个重要依据。

4) 多 CPU,可靠性高。为了提高监控系统的可靠性,系统采用按功能划分的分布式多 CPU 结构。各功能单元基本上由一个 CPU 组成,如线路保护单元、电容器保护单元、备自投控制单元、低频减载控制单元等。也有一个功能单元由多个 CPU 完成,如变压器保护包括主保护和后备保护,其保护功能由 2 个或 2 个以上的 CPU 完成。这种按功能设计的分散模块化结构具有软件相对简单、组态灵活、调试维护方便、可靠性高等特点。

5) 继电保护相对独立。继电保护装置在电力系统中对可靠性要求比较高,在常规的变电站自动化系统中继电保护单元相对独立,其功能不依赖于通信网络或其他设备。各保护单元具有独立的工作电源,保护用的模拟量由电流互感器和电压互感器的二次回路通过电缆输入,输出的跳、合闸命令也要通过控制电缆送至断路器的跳、合闸线圈,能独立实现保护的测量、启动和逻辑判断功能,不依赖通信网络交换信息。保护装置通过通信网络与保护管理机传输的只是保护动作信息或记录数据。

按照 IEC 61850 标准建设的数字化变电站,继电保护单元的功能实现与通信网络有关。

6) 模块化结构,运行维护方便。由于各功能模块都由独立电源供电,输入、输出回路相互独立。单个模块故障只影响局部功能,不一定影响全部功能。由于各功能模块面向对象设计,其软件结构相对集中式的简单,因此调试简单方便,便于扩充。

7) 安装布置灵活。测控装置可直接安装在断路器柜上或安装在断路器间隔附近,相互之间用光缆或其他通信电缆连接,同时也可在控制室或继电小室内按保护、测控等功能组屏。

总之,分层分布式计算机监控系统可大幅度减少连接电缆,有效抑制电缆传送信息的电磁干扰,其可靠性高,便于维护和扩展,大量现场工作可在设备制造厂家一次性完成,该系统代表了现代变电站计算机监控系统应用主流及发展方向。

思 考 题

1. 传统变电站监视、测量和控制系统主要存在哪些问题？
2. 简述变电站计算机监控系统的基本概念。
3. 变电站计算机监控系统具有哪些基本特点？
4. 简述变电站计算机监控系统的发展历程。
5. 变电站计算机监控系统有哪些主要功能？
6. 集中式变电站计算机监控系统有哪些基本特征？
7. 分层分布式计算机监控系统中，站控层和间隔层主要由哪些硬件设备组成？
8. 分层分布式计算机监控系统的设备布置类型主要有哪几种？
9. 分层分布式计算机监控系统有哪些主要特点？

变电站计算机监控系统间隔层 ▪▪▪▪

本章主要介绍了间隔层设备定义，明确间隔层设备的范围，重点讲述测控装置的工作原理，结合工作电路介绍测控装置各主要工作模块的实现方式。考虑理论与实际的相结合，最后举例介绍典型测控装置的工作机制。

第一节 概 述

一、间隔层设备概述

1. 间隔层设备定义

间隔层设备在设计和配置原则上与电气间隔之间存在密切关系。电气间隔是一个强电即一次接线系统的概念，通常把断路器或电气元件（如主变压器、母线等）作为电气间隔划分的依据。一个典型高压变电站内主要包括线路间隔、母联（分段）间隔、主变压器间隔、电容（电抗）间隔、站用变压器间隔、母线间隔等。其中，主变压器按其绕组涉及的电压等级可分为高、中、低压间隔和本体间隔。

一般认为，间隔层设备是指按变电站内电气间隔配置，实现对相应电气间隔的测量、监视、控制、保护及其他一些辅助功能的自动化装置。间隔层装置具有以下优点：按电气间隔配置的原则使得因间隔层装置故障产生的影响被限定在本间隔范围内，不会波及其他电气间隔；监控对象由整个变电站缩小为某个电气间隔，单个装置所需配备的 I/O 点数量较少，减小了装置体积的同时也使装置安装方式更加灵活；间隔层装置除具备传统的输入输出功能外，还集成了同期合闸、防误联锁等高级功能，测控保护综合装置更是把监控功能和微机保护功能合而为一，降低了设备成本。

2. 间隔层设备分类

根据是否集成继电保护功能来划分，间隔层设备可分为仅具备测控功能的 I/O 测控装置（简称 I/O 测控装置）和集成微机保护功能的保护测控合一装置两大类。I/O 测控装置和微机保护装置实现的功能虽然各不相同，但在输入/输出接口电路和 CPU 逻辑运算模块等硬件回路设计上存在很多共同点，两者的差异更多体现在软件层面。随着 CPU 运算能力和超大规模集成电路制造水平的不断提高，在保证可靠性的前提下将保护和测控功能合二为一在技术上已完全可行。目前，国内变电站的 35kV 和 10kV 电气间隔已广泛采用了保护测控合一装置，降低了装置成本并减少了二次电缆使用数量。对于 110kV 及以上电压等级的高压和超高压间隔，为避免可能受到的干扰，保证保护功能的可靠性，目前仍采用保护和测控功能各自独立配置的模式。但保护和测控功能相互融合是大势所趋，随着技术的进步，将来保护测控合一装置也会逐步在高压、超高压电气间隔得到应用。

二、间隔层设备典型配置

根据间隔层装置按电气间隔配置的原则和站内一次设备规模，可以方便地确定变电站监控系统所需间隔层装置的数量。表2-1是500kV变电站计算机监控系统间隔层设备典型配置表，具有一定的代表性。由于国内500kV一次设备多采用3/2接线方式，每个完整串包括3个断路器和2条出线（或主变压器500kV侧），因此间隔层装置的配置可以采用两种不同的方案。其中，第一种方案配备3个间隔层装置，每个边断路器与对应出线（或主变压器500kV侧）共用一个装置，中间断路器单独配备一个装置；第二种方案配备5个间隔层装置，3个断路器和2条出线（或主变压器500kV侧）均独立分配1个装置。两种方案中所需I/O点的总数量相同，不同的只是每个间隔层装置应提供的I/O点容量。两种方案均能满足要求，在500kV变电站也都有实际应用，但相对而言方案二的界面划分更加清晰合理。

表2-1　　　　　　500kV变电站典型电气间隔计算机监控系统间隔层装置配置

序号	电气间隔名	信号输入						开关量输出			
		模拟量			状态量			控制输出	合后/分后	信号复归	闭锁接点
		电流	电压	温度	双位置	告警量	BCD码				
1	500kV 线路	3I	3U			40				2	
2	500kV 主变压器	3I	3U			15				2	
3	500kV 断路器	3I	2U		16	25		11	3	1	4
4	500kV 母线		1U		4	18		8		2	2
5	220kV 线路	3I	4U（或5U）		18	33		9	2	2	6
6	220kV 主变压器	3I	3U		18	16		9	2		6
7	220kV 母联断路器	3I	2U		18	19		7	2	1	4
8	220kV 分段断路器	3I	2U		18	19		7	2	1	4
9	220kV 母线		3U		6	5		4		1	2
10	主变压器本体			12（变送器）		50	5	2			
11	35kV 主变压器	3I	3U		8	24		6		2	3
12	35kV 电抗器	3I	3U		6	14		2		1	2
13	35kV 电容	3I	3U		6	14		2		1	2
14	35kV 母线		3U		6	4		2			3
15	直流系统	2I	2U（变送器）			14				1	
16	站用电系统	9I	9U		8	30		6		1	
17	公用单元	10I	10U	5（变送器）		72		14			3

图2-1是某500kV变电站的一个完整串，从图中可以看到出线1没有线路隔离开关，出线2带有50136出线隔离开关。出于安全考虑，某些地区的调度运规要求当监控系统间隔层装置出现严重故障时，相应电气间隔一次设备须陪停。当出线2所属间隔层装置出现严重故障时，如果采用方案二，只需出线2陪停即可，站内仍可按完整串方式运行；而方案一中

出线 2 和 5013 间隔共用同一个间隔层装置，因此必须出线 2 和 5013 断路器都陪停，造成该串单母线运行。显然方案二的运行可靠性更高。此外，在制订监控系统检修计划时可以将出线 2 和 5013 断路器间隔各自独立考虑，比较灵活。不过运行方式的灵活性带来了二次接线的复杂化：由于不同运行方式下断路器两侧的同期电压对象各不相同，因此需要通过一定的方式来实现输入测控装置同期电压的自动选择和切换，通常是利用断路器和隔离开关辅助触点的串、并联二次回路来实现。当然，对于不带线路隔离开关的出线 1，无论方案 1 还是方案 2，在间隔层装置故障时出线 1 和 5011 断路器间隔都要陪停。

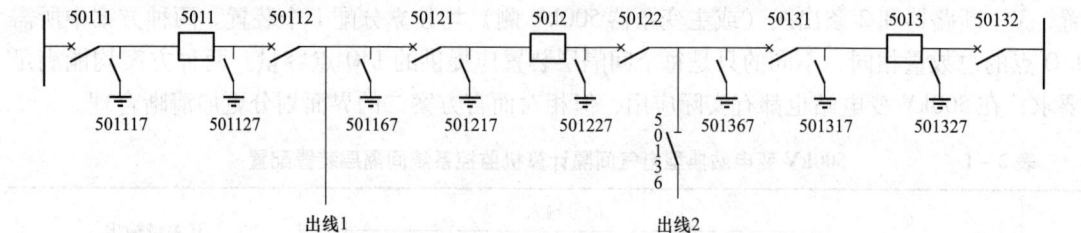

图 2-1　500kV 变电站的一个完整 3/2 接线

　　220kV 及以下电压等级变电站间隔层装置的配置方式可以参考表 2-1 中 220kV 和 35kV 部分内容，只是随着电压等级的降低，所需 I/O 点数量也有所减少。

第二节　测控装置工作原理

一、I/O 测控单元的硬件结构

　　出于可靠性、通用性、经济性和可维护性等诸多因素的考虑，I/O 测控单元均按模块化原则设计。装置内部各插件做成模块化，相互之间通过内部总线连接，可根据实际工程需要简单地进行积木式插接。同时软件功能也可灵活配置，理论上只需对装置参数化配置文件进行修改和下装后，宽度尺寸相同的 I/O 模件之间就可以互换，以满足用户的不同需求。但出于管理规范化的考虑，大多数监控设备厂家对测控装置模件的型号和位置顺序仍采用固定方式，仅有部分厂家采用积木自由组合方式。图 2-2 是 I/O 测控单元典型硬件原理图，图 2-3 是某 I/O 装置内部结构图。从图中可以看出测控装置主要由主 CPU 模件（含通信接口模件）、模拟量输入模件、开关量输入模件，开关量输出模件、人机接口模件（MMI）、电源模件及机箱模件（图中以母板模件表示）组成。

二、测控装置的组成及功能实现

（一）机箱模件

　　为保证机械强度，提高电磁屏蔽能力和装置散热效果，I/O 测控装置机箱一般都采用金属材质。由于铝合金具有重量轻、机械强度高、热传导效率高、成本低等优点，因此成为制造机箱的首选材料。机箱高度通常采用 6U 或 4U（1U＝44.3mm）标准，机箱宽度由装置配置模件的数量多少来决定，一般有 1/3、1/2 及 1/1 全宽度（全宽度＝19inch，即 482.5mm）三种规格。机箱正面面板上安装有液晶显示屏、状态信号指示灯和操作键盘等人机交互界面，如图 2-4 所示。机箱内部通常采用前部插拔组合结构设计，强、弱电回路彼此分开，

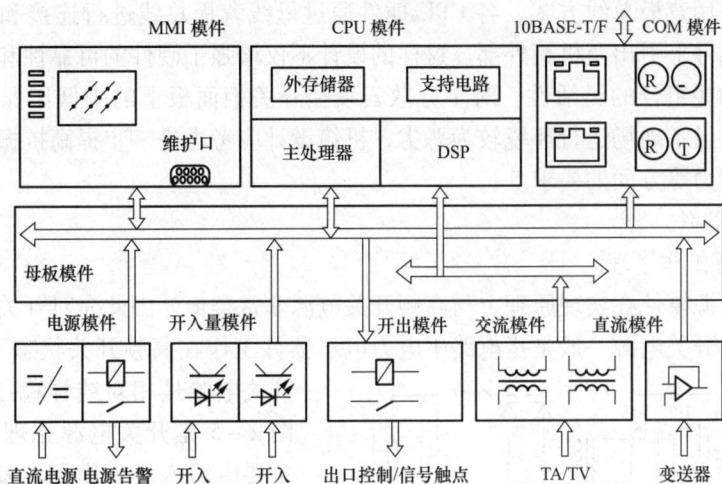

图 2-2 I/O 测控单元硬件原理

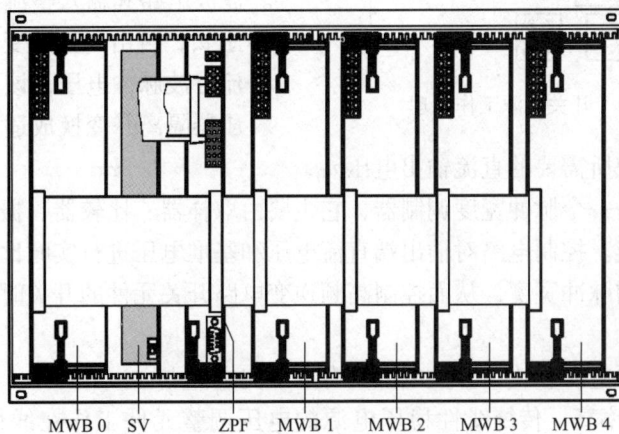

图 2-3 测控装置机箱内部结构

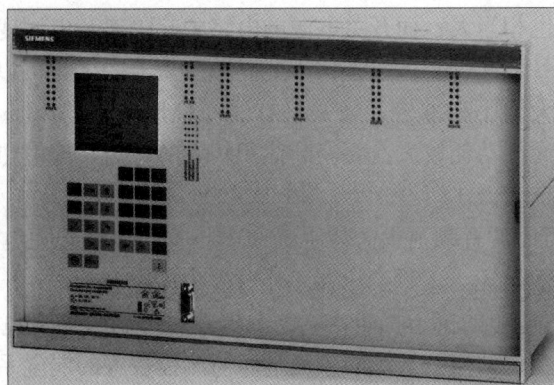

图 2-4 测控装置机箱模件

其中弱电回路采用背板总线方式，各 CPU 插件通过母线背板总线进行连接和通信，而强电回路则直接从插件上引出至机箱外部。这样的设计不仅增强了硬件的可靠性和抗干扰性，而且提高了装置功能组合的灵活性。对于分散安装在开关柜面板上的中低压保护测控合一装置，考虑到一次设备现场运行环境较为恶劣，机箱设计应考虑进一步提高抗振、防尘、耐腐蚀及电磁屏蔽能力等方面的要求。

（二）电源模件

1. 开关电源工作原理

测控装置电源模件在实现原理上与高频开关电源非常类似，因此先对开关电源的基本原理做一些介绍。开关电源一般是指电路中电力电子器件工作在高频开关状态下的直流电源。开关电源是相对线性稳压电源而言的。

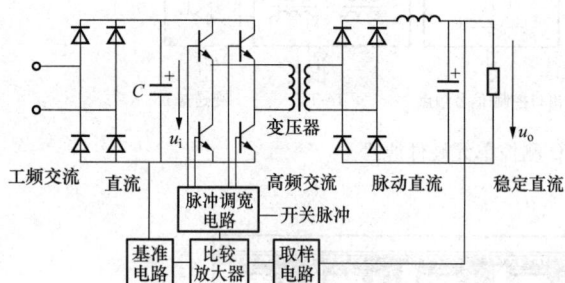

图 2-5 开关电源工作原理

图 2-5 是开关电源原理图。开关电源主要由输入滤波电路、输入整流电路、高频逆变电路、输出整流电路、控制电路及保护电路等组成。交流电源经输入滤波电路和输入整流电路后得到直流电压 u_i，再由高频逆变电路逆变成高频交流方波脉冲电压，该方波电压经高频变压器隔离并变换成适当的交流电压，最后经整流和滤波变成所需要的直流输出电压 u_0。

控制电路实质是一个脉冲宽度调制器，它主要由取样器、比较器、振荡器、脉宽调制及基准电压等电路构成。控制电路对输出端直流电压和基准电压进行实时比较，并根据比较结果动态调节振荡器的脉冲宽度，从而控制高频逆变电路开关元件的开关时间比例，以达到稳定输出电压的目的。

与传统线性稳压电源相比，开关电源具有以下突出优点：

1）功耗小、效率高。传统线性稳压电源的电压调整元件工作在线性放大状态，功耗大、转换效率低，通常只有 30% ~ 40% 左右；而开关电源高频逆变电路中的电力电子器件都工作在开关状态，损耗很小，电源转换效率可达到 90% ~ 95% 甚至更高。

2）体积小、重量轻。传统线性稳压电源不仅包括庞大笨重的工频变压器，而且所需的滤波电容的体积和重量也相当大；而开关电源的电路中起隔离和电压变换作用的变压器是高频变压器，其工作频率一般在 20kHz 以上，因此高频变压器的体积可以做得很小，从而使整个电源的体积和重量大大缩小和减轻，通常只有线性稳压电源的 20% ~ 25%。此外，线性稳压电源由于电压调整元件功耗较大，要安装体积较大的散热片或散热风扇，而开关电源产生的热量较少，散热要求较低。

3）噪声低。人耳可闻的音频范围大体上为 20Hz ~ 20kHz，开关电源的高频变压器工作频率在 20kHz 以上，有效避免了工频变压器工作时发出的噪声。

4）有效增强了装置电源的抗干扰能力。电源模件通过高频逆变电路、高频变压器及整流滤波电路等环节，把变电站强电系统的直流电源与测控装置的弱电系统电源完全隔离，有效消除了变电站中因短路跳、合闸等原因产生的强干扰对测控装置的影响。

当然开关电源也存在自身的缺点，如直流输出电压纹波系数指标尚不能完全达到线性稳压电源的水平，但对于测控装置而言已完全能够满足要求。此外，逆变电路中产生的高频电压也会对周围设备产生一定的高频干扰，但目前除了极少数对直流电源质量要求非常高的场合以外，开关电源已经全面取代了线性稳压电源。不仅是测控装置，变电站内包括微机保护装置、故障录波器及各种电子仪器和装置的电源几乎都采用了开关电源方式。

2. 测控装置直流电源模块

测控装置电源模件典型结构如图 2-6 所示。由于变电站测控装置通常采用直流电源输入，因此其电源模件省略了高频开关电源中的交流输入整流电路。但是，为消除外接直流电源纹波，保证输入直流电压的纯净度，仍保留了输入滤波回路。直流 110V/220V 电源经高频逆变电路输出高频脉宽调制方波电压后利用高频变压器得到所需的四组直流电压，即 +5V、±15V（或 ±12V，根据模拟量输入模件中 A/D 转换用运算放大器工作电压而定）、24V（I）和 24V（II）。其中，+5V 为装置数字处理系统的工作电源，±15V（或 ±12V）用作模拟量采集模件和面板人机 RS-232 串口通信的工作电源，2 组 24V 中的一组作为外部开关量信号的内部遥信电源，另一组作为装置内部命令开出继电器的驱动电源。四组电压均不共地，采用浮地方式，同外壳不相连。

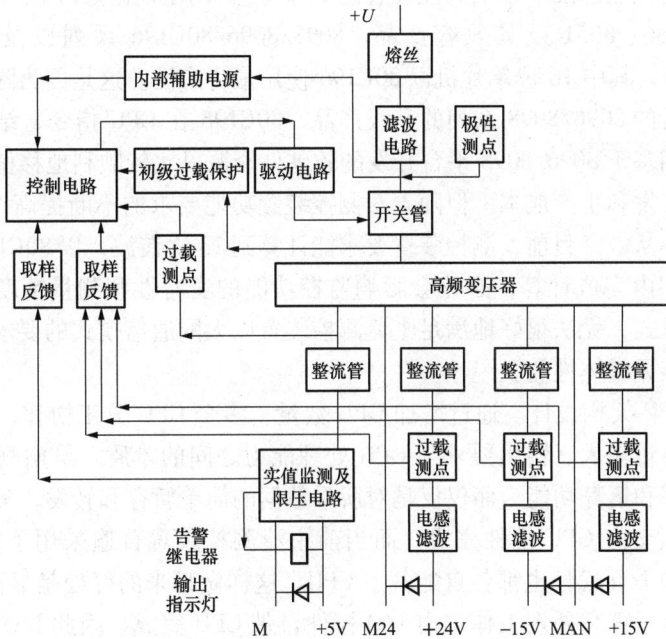

图 2-6　测控装置直流电源模件结构

为保证自身的工作可靠性，并防止因电源故障对其他模件造成损坏，电源模件都配备有欠压、过压、短路、过载等保护电路，并设计了故障自检电路和告警输出空触点，可以在电源异常时及时告警。为防止装置中任意一个模件短路故障对其他模件的电源输入产生影响，很多型号测控装置还采用了二级逆变隔离技术，即除了电源模件外，每个功能模件自身也配备了逆变电路与装置电源总线进行二次隔离。装置电源模板的一次逆变过滤了来自其他装置的电源干扰，每个功能模板的二次逆变则过滤了装置内部其他模板产生的电源干扰，进一步提高了电源工作的可靠性。此外，国外某些型号测控装置设计有双电源冗余配置方式，两块电源模件均可带电热插拔，故障时能在线无间断更换，最大限度地降低了电源故障对测控装置的影响。

（三）CPU 模件

CPU 模件是测控装置的核心部分，由 CPU、外存储器、外围支持电路、输入输出控制电路组成，如图 2-7 所示。主要完成功能有遥测数据采集及计算、遥信数据处理、遥控命令的接收与执行、检同期合闸、逻辑闭锁、GPS 对时、MMI 接口通信、通过网络或串口将信息读入或发出。

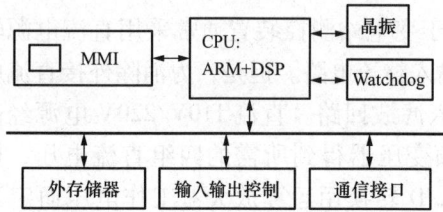

图 2-7 CPU 模块组成示意图

1. CPU

这里所说的 CPU 是对单片机/DSP 芯片的总称，实际包括了中央处理单元（CPU）、内存储器、定时器/存储器和输入输出接口电路，只不过为了突出单片机的数字运算功能而习惯性地用 CPU 称谓来代替。根据 CPU 处理字长的不同，单片机/DSP 可以分为 8 位/16 位/32 位等类型，位数越高性能越强。早期测控装置的 CPU 板多采用 8 位或 16 位 CPU，如 Intel 公司的 8088/8086/80186、8051 及其兼容产品、8098/8096/80C196 系列以及 Motorola 公司的 M68/MC68 系列等，其中 16 位单片机以 80C196 使用最为广泛。这是因为除了其性价比较高外，作为之前流行的 8096/8098 系列的升级产品，80C196 在 CPU 指令、结构、寻址方式等都向下兼容，早期基于 8096/8098 平台开发的软硬件资源可比较顺利地移植到新装置上，很大程度上降低了开发和生产成本。但随着对测控装置功能要求的不断提高，80C196 等 16 位单片机平台已力不从心。目前，测控装置要求能计算到 13 次谐波，以 80C196 的处理能力很难在一个工频周期内完成计算，必然会影响监控功能的实时性和测量精度。此外，80C196 只支持串口通信方式，无法很好地满足主流测控装置以太网通信模式的要求。目前主要通过以下措施来提升装置整体性能：

1）采用多 CPU 架构设计。通过增加 CPU 数量，多个 CPU 分工协作，各司其职，从根本上解决高速大容量输入、输出要求与 CPU 处理能力之间的矛盾。早期测控装置的 I/O 模件不具备数据处理和运算功能，而仅仅是对所采数据的简单暂存和转发，整个装置的所有数据运算工作都必须交由 CPU 模件完成。而当前主流测控装置普遍采用了多 CPU 架构，除 CPU 模件外，每块 I/O 模件也都各自配备了 CPU。这样做带来的好处是显而易见的。首先，所采数据的大部分运算和处理工作均由 I/O 模件自带 CPU 完成，因此 I/O 模件数量的增减对主 CPU 模件的运算负荷不会产生影响或影响很小，非常有利于测控装置的模块化设计；其次，模拟量和开关量信号的采集和预处理工作均由 I/O 模件完成，主 CPU 模件只需接收各 I/O 模件处理完毕后的最终结果信息，而无需接收大量未经处理的原始信息数据，极大减轻了装置内部数据总线的数据流量和通信压力；第三，解放了主 CPU 模件的 CPU 资源，使之有余力来实现一些高级监控功能。事实上，主 CPU 模件本身也采用了多 CPU 结构设计：除常规监控功能外，测控装置的通信功能也集成在 CPU 模件中，监控和通信功能分别由不同的 CPU 独立完成。对于保护测控合一装置，其微机保护功能通常由主 CPU 模件上的独立 CPU 来实现，以保证保护功能的可靠性、快速性和独立性。

2）主处理器+协处理器的构架设计。常用的有 ARM+DSP 芯片。可编程 DSP 芯片是一种具有特殊结构的微处理器，为了达到快速数字信号处理的目的，DSP 芯片一般都具有程序和数据分开的哈佛结构，具有多组独立总线、流水线操作功能、单周期完成乘法的硬件乘法器以及一套适合数字信号处理的指令集。根据 DSP 的用途不同，可分为通用型 DSP 芯片和专用型 DSP 芯片。专用 DSP 芯片是为特定的 DSP 运算而设计的，更适合特殊的运算，如数字滤波、卷积和 FFT，如 Motorola 公司的 DSP56200，Zoran 公司的 ZR34881，Inmos 公司的 IMSA100 等就属于专用型 DSP 芯片，常被国产测控装置选用。DSP 芯片的通用功能较弱，往往作为协处理器的角色和通用 CPU 协同工作完成复杂的数据处理。ATEML 公司的 ARM7 是 32 位单片机，与 16 位单片机相比，32 位单片机不仅运算速度快，而且无需采用桥接芯片就能原生支持以太网通信方式，简化了硬件电路。ARM + DSP 的模式能很好地满足高速高精度数据采集和复杂算法的要求。

2. 外存储器

外存储器是相对于单片机/DSP 的内存储器而言的。测控装置中常见的存储器类型包括 EEPROM（电擦除可编程只读存储器）、DRAM（动态随机存储器）、SRAM（静态随机存储器）及 NVRAM（非易失性随机存储器）等。其中 SRAM 属于内存储器范畴，集成在单片机/DSP 芯片内部，特点是容量较小但运算速度非常快，主要作为程序运行中的数据缓冲 CACHE。EEPROM 中存储了系统上电自引导模块、嵌入式操作系统模块及监控功能模块执行代码，DRAM 用于程序的加载运行及信息数据的暂存。NVRAM 具有掉电后数据不丢失、读写简单方便等优势，通常用来保存参数配置文件和相关定值。

3. 外围支持电路

外围支持电路主要包括有源晶振电路、分频电路和硬件 Watchdog。其中，石英晶振用于产生系统时钟脉冲，分频电路对晶振频率进行分频以产生 CPU 所需工作频率。尽管某些型号单片机或 DSP 内部也集成有晶振，但精度相对较差，实际仍使用外接晶振方式。

硬件 Watchdog 的作用是监视装置程序运行状态，若因干扰等原因导致程序"走飞"，Watchdog 立即动作使装置复位重启。Watchdog 的工作原理如图 2 - 8 所示。

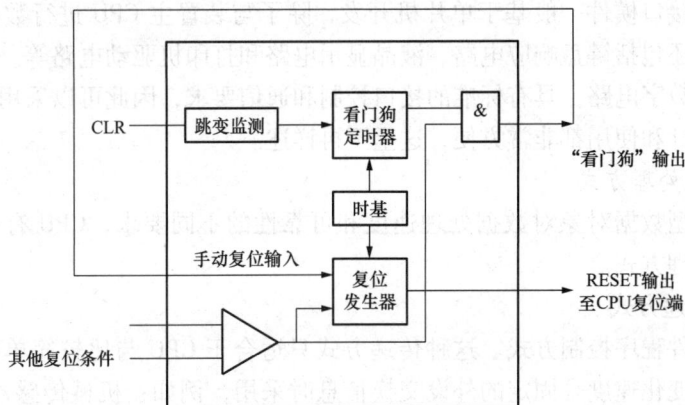

图 2 - 8　"看门狗"工作原理

图 2 - 8 中"看门狗"定时器通常由单触发器或计数器构成。如果没有 CLR 清除脉冲信号，则定时器累计一定的时间后输出复位脉冲，该输出脉冲一般通过公用的复位电路引到装

置 CPU 的复位端。当程序正常运行时，程序不断发出 CLR 清除脉冲信号，使定时器的计时不断被复位归零。当程序因干扰等原因导致故障或失控时，由于程序无法再按时发出 CLR 清除脉冲信号，因此定时器累计一定的时间后产生复位脉冲输出，使装置复位重启。由于每个 I/O 模件都自带 CPU，因此每块 I/O 板都有独立的 Watchdog。厂家在装置设计时可以设定当某个 I/O 模件 Watchdog 动作时是整个装置还是仅该 I/O 板复位重启。

4. 通信接口

通信接口模件用于将测控装置采集和运算得出的各种信息上送至主单元或站控层，并且接收主单元或站控层下达的查询和控制命令。不同间隔之间的防误联锁信息交换、软对时广播报文等也通过通信接口模件实现。大多数测控装置不设单独的通信接口模件，而是将通信功能集成到主 CPU 模件中。测控装置的通信接口类型通常根据测控装置与主单元或站控层之间的拓扑关系而定。对于星型耦合连接方式，一般采用串口点对点通信方式。这种通信方式的优点是各测控装置之间界面清晰，不存在物理联系，彼此之间几乎没有干扰和相互影响，有利于现场调试时故障分析和查找，缺点是传输介质数量和长度要求很大。对于总线型连接方式，主要采用 Lonworks、PROFIBUS 等现场总线。目前比较流行工业以太网连接方式，通信接口为 RJ-45 以太网接口。应用这种方式可以取消主单元，所有的信息传输，包括间隔层与站控层之间以及间隔层装置之间的通信和数据交换都通过以太网实现。

5. 人机接口

人机接口（MMI）用于人机交互及状态信息显示，通常安装在 I/O 测控装置正面面板上，主要包括液晶显示屏、LED 状态指示灯、操作键盘和 RS-232 串行调试端口等。对于保护测控合一装置，还带有打印机接口。严格来说，人机接口并不属于 CPU 模件范畴，其软硬件设计可以脱离 CPU 模件而单独进行，但因为人机接口主要是与主 CPU 模件进行信息交互，所以在此一并介绍。其中，RS-232 串口主要用于本装置调试过程中的参数配置文件下装、历史/实时信息数据读取及故障在线诊断等操作。液晶显示屏显示内容和 LED 指示灯定义通常是可编程的，可通过参数组态软件灵活设置，并经 RS-232 串口调试端口下装重启后生效。人机接口模件一般基于单片机开发，除了与装置主 CPU 进行数据交换的串行通信接口电路外，还包括键盘响应电路、液晶显示电路和打印机驱动电路等。由于人机接口模件的很多电路为数字电路，具有标准的接口控制和通信要求，因此可以采用通用的接口集成芯片设计，其设计和使用都非常方便，这里不再详述。

6. CPU 数据处理方式

根据各种类型数据对象对数据处理速度和可靠性的不同要求，CPU 有针对性地采用了以下几种数据处理方式。

（1）同步传递方式

又称为无条件程序控制方式。这种传递方式只适合于 CPU 与比较简单而且其数据状态变化速度缓慢或变化速度是固定的外设交换信息时采用，例如：机械传感器、数码显示管、发光二极管等，都属于数据状态变化缓慢的外设。这类设备作输入时，其数据保持时间相对于 CPU 的处理速度慢得多，因此可以认为其数据是准备好的，CPU 要读其状态数据时，只要随时对它执行输入指令，就可以把状态数据读入，不必事先查询其工作状态。

如果 CPU 要输出数据给数据状态变化缓慢的外设时，由于 CPU 数据总线变化速度快，因此要求输出的数据应该在接口电路的输出端保持一段时间，外设才能接受到稳定的数据，保持时间的长短应该与外部接受设备的动作时间相适应。因此，同步传递输出的接口电路往往需要通过锁存器。

（2）定时扫查方式

上述同步传递方式程序和硬件接口简单、可节省端口，但必须确保执行输入指令时，外设一定是准备好的；而且执行输出操作时，外设一定是空的，即 CPU 与外设传递数据时必须保证同步。这对于许多外设来说，是比较难实现的，尤其是一些数据状态变化不规则的外设。如果传递数据时，CPU 不与外设同步，传递数据就会出错。为了解决此问题，使 CPU 能与各种速度的外设配合工作，可以采用查询传递方式。

查询传递方式的特点是 CPU 在输入/输出传递数据前，先输入外设当前状态，测试其是否"准备好"，只有测试到输入/输出设备已准备就绪后，CPU 才对输入/输出设备进行数据传递。所谓输入输出设备"准备好"，对输入设备来说，即输入寄存器已满——已准备好新数据供 CPU 读取；对输出设备而言，即输出寄存器已空（原有数据已被取走），可以接收 CPU 发送新的数据。

查询方式传递数据的优点在于简化硬件接口情况下，比无条件程序传递更容易实现数据的准确传递，控制程序也比较容易编制；其缺点是 CPU 需要不断查询外设的状态，占用了 CPU 的工作时间，尤其是在与中、慢速外设交换信息时，CPU 真正用于传递数据的时间相对很少，大部分时间消耗在查询上。所以，这种查询方式大多数用于 CPU 与单个或较少个数外设交换信息的情况。

由于查询方式是在查询条件满足时再传递，其传递也是靠输入输出程序进行的，因此也称条件传递方式。

（3）中断响应方式

中断是通过硬件来改变 CPU 程序运行的方向。微机系统在执行程序的过程中，由于 CPU 以外的某种原因，有必要中断当前程序的执行，转而执行优先级更高的程序；待高优先级程序执行完毕后，再回来继续执行被中断的当前程序。这种程序在执行过程中由于外界原因而被中间打断的情况称为中断。

前面介绍的同步传输方式虽然简单，但只适合于变化速度缓慢的外设，应用范围有限。查询传递方式虽然解决了 CPU 与各种速度外设配合工作的问题，但 CPU 必须不断查询外设的状态，占用了 CPU 大量的时间。在查询方式中，CPU 一直处于主动地位，而外设是被动待查。如果有多个外设同时工作，都要等待 CPU 去查询，势必造成有些已准备好的外设或有紧急情况需要 CPU 立刻处理时，由于 CPU 还没查询到而得不到及时处理。另一方面，当 CPU 查询到的外设没准备好时，CPU 必须花时间去等待它而不能干别的工作，降低了 CPU 的工作效率。为了提高 CPU 的工作效率并及时处理外设请求，可采用中断控制方式，即 CPU 需要与外设交换信息时，若外设要输入 CPU 的数据已准备好并存放于输入寄存器中，或者在 CPU 要输出时外设已把数据取走，输出寄存器已空，则由外设向 CPU 发出中断申请；CPU 接到外设的申请后，如果没有更重要的处理，CPU 就暂停当前执行的程序（即实现中断），转去执行输入或输出操作（称中断服务），待输入或输出操作完成后再返回继续执行原来的程序。这样就大大提高了 CPU 效率，并使外设发生的事件能及时得到处理。采用中断控制方式后，CPU 就可以与多个外设同时工作。

（4）直接存储器存取方式

虽然中断控制方式可以在一定程度上实现 CPU 与外设并行工作，但是在外设与内存之间、或外设与外设之间并行数据传送时，还是要经过 CPU 中转（即经过 CPU 的累加器读进和送出）。这样做会造成中断次数过于频繁（如高速外设的大批量数据存取操作），不仅传送速度上不去，而且耗费大量 CPU 资源。直接存储器存取方式中 CPU 不参加数据的传送工作，由直接存储器存取 DMA（Direct Memory Access）控制器来实现内存与外设、或外设与外设之间的直接数据传输，提高了传送速度，减轻了 CPU 负担。这种方式使微机系统的硬件结构发生了变化，数据传输从以 CPU 为中心变为以内存为中心。若采用高速存储器，则可使外设与 CPU 分时访问内存得以实现。

上述四种传输方式中，测控装置仅采用中断响应方式和定时扫查方式。同步传递方式由于方式落后早就摒弃不用，而 DMA 方式实际上是把输入/输出过程中外设与内存交换信息的那部分操作及控制交给 DMA 控制器，简化了 CPU 对输入/输出的控制。这对高速度大批量数据传送（如磁盘数据读取/写入）特别有用。但这种方式要求设置 DMA 控制器，电路结构复杂，硬件开销大，目前多用于微型计算机系统中。测控装置没有大容量数据存储操作，因此 DMA 方式也不会出现在测控装置中。

早期测控装置由于 CPU 处理能力及外围采集电路元件速度响应指标较低，并且所有信号的采集处理都要由 CPU 板来完成，负荷较重，为提高 CPU 工作效率，中断响应方式使用较为频繁。目前，主流测控装置中每块 I/O 板自带 CPU 的频率高、功能强，运算负荷相对较低，对 I/O 板上所有信号（包括开关量信号和模拟量信号）定时扫查一遍所需时间周期非常短，一般能达到 0.1ms 以下，已经能完全满足性能指标要求。因此对信号的采集一般不再使用中断响应方式，而只采用定时扫查方式。当然要做到这些，需要外围采集电路元件性能指标的同步提高与配合，例如 A/D 转换器转换速率指标的大幅提高。

（四）模拟量输入模件

变电站的模拟量主要有三种类型：① 工频变化的交流电气量，如交流电压、交流电流等；② 变化缓慢的直流电气量，如直流系统电压、电流等；③ 变化缓慢的非电气量，如温度等。这些模拟量都是随时间连续变化的物理量。由于 CPU 只能识别数字量，因此模拟量信号必须通过模拟量输入模件转换成相应的数字量信号后才能输入到 CPU 中进行处理。模拟量采样方式可分为直流采样和交流采样两种。

1. 直流采样方式

直流采样方式就是将交流模拟量经相应的变送器，如电压、电流、功率、频率变送器等，先转换成相应的模拟直流电压信号，再经 A/D 转换成相应的数字量。图 2-9 为直流采

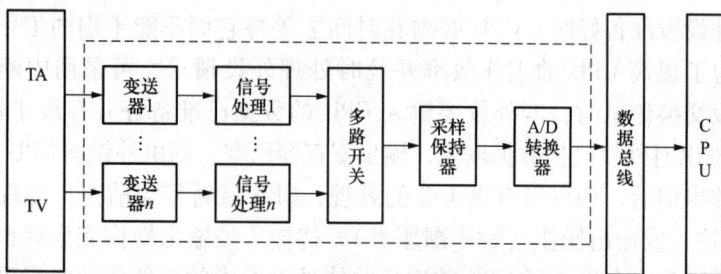

图 2-9　直流采样结构流程

样结构框图，图中输入通道主要由传感器、信号处理、多路开关、采样保持、A/D 转换等环节组成。直流采样方式的传感器主要是变送器，变送器输出直流电压或电流信号，经多路开关分时逐路输出，由采样保持器和 A/D 转换电路完成模数转换，转换结果送 CPU 处理。

（1）变送器

变送器是一种物理量变换器件，用于将输入的某种形式物理量按比例地变换为同一种形式或另外一种形式的物理量。根据所变换物理量的性质，变送器可分为电量变送器和非电量变送器两大类。变电站常用的电量变送器有电流变送器、电压变送器、有功功率变送器、无功功率变送器、直流电压变送器、直流电流变送器、频率变送器等，非电量变送器有温度变送器、压力变送器、流量变送器、水位变送器等。

变送器一般采用 0~5V 直流恒压源或 4~20mA 直流恒流源输出方式。采用 0~5V 直流电压输出是为了与 A/D 转换器的输入电压范围相匹配，但由于恒压源输出方式存在传输距离短、传输线缆分压导致误差以及无法及时发现变送器及传输回路的异常等缺点，因此逐渐被 4~20mA 恒流源输出方式取代。当输出电流小于 4mA 时，可判断变送器或传输回路异常。

直流采样方式一般通过相应的变送器采集交流电压、电流、有功功率和无功功率等电量。交流电流变送器的输入电流的量限通常为 0~0.5A、0~1A、0~5A 三种；交流电压变送器的输入交流电压的量限通常为 0~60V，0~100V 和 0~120V；三相功率变送器用于测量三相有功功率和无功功率，它能把三相功率量变换为输出直流电压量。功率变送器还能反映功率的传输方向。三相功率变送器常采用两元件法测三相功率，在测量三相有功功率时，三相线路中的电压、电流是否平衡均不会产生测量误差。但在测量三相无功功率时，若三相线路为简单的不对称电路，即电压平衡但电流不平衡，此时如果仍采用一般的两元件接法，将产生较大的测量误差。为弥补这个测量误差，可采用带附加绕组的两元件法来测量不平衡的三相无功功率。

对于变电站直流系统的电压和电流的测量，可以利用直流电压和直流电流变送器，将实际的电压和电流值转换成 0~5V 直流电压或 4~20mA 直流电流，以符合 A/D 转换器输入电压范围的要求。

对于主变压器温度等非电量的测量，必须通过相应的感应元件（热电偶）把它们变成电信号，再对这些微弱的电信号经过放大、滤波等处理，然后送给数据采集系统的 A/D 转换器进行采样与转换。为方便使用，实际的温度变送器已经把温度传感器和信号处理环节融合在一起，即温度变送器输出已经是与温度成线性比例关系的直流电压或电流信号。

长期以来，直流采样都是采用电磁式常规变送器，近年来微机型变送器开始得到应用。微机型变送器一般仅限于电量变送器，图 2-10 是微机型变送器结构框图，从图中可以看出微机型变送器本质上就是一个微型交流采样单元，它有自己完整和独立的采样保持、多路转

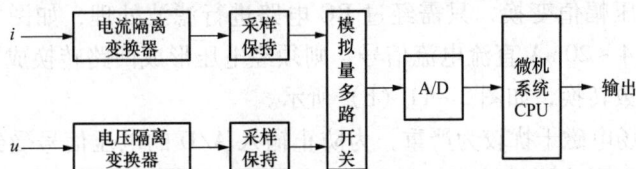

图 2-10　微机型变送器结构

换、A/D 及 CPU 元件。微机型变送器的输出可以是常规 0~5V 直流电压或 4~20mA 直流电流，也可以通信报文形式经串口输出。

变送器的性能指标：

1）准确等级：目前使用的有 0.2 级和 0.5 级。其含义是在标准条件下，变送器最大误差不超过 0.2% 和 0.5%。在运行现场，因温度、磁场等条件不同于标准条件，允许有一定数量的附加误差。

2）抗干扰性能：主要指抗磁场干扰能力。当变送器选用 0~5V 直流电压输出时，受磁场干扰影响较大，而选用 5mA 恒流输出时，抗干扰能力较强。一般要求在磁场强度为 400A/m 时，附加误差小于 0.5%。

3）耐压性能：输入端对输出端应能承受交流 1000V/1min 耐压。输入端对外壳应能承受交流 2000V/1min 耐压。

4）抗电压、电流过载能力：电网事故情况下，电压、电流超过正常值许多倍，此时变送器应具有输出饱和性能以保证后面的设备不受损害。一般过电压能力为允许短时 1.5 倍 U_N10 次，长期 1.2 U_N 2h；过电流能力为允许短时 2 I_N 10 次、10 I_N 5 次，长期 1.2 I_N 2h。

5）温度影响：要求适应温度范围广，在温度变化时所引起的附加误差小。一般产品可适于在 −10 ~ +55℃ 下可靠工作，其输出变化小于 0.5%。

6）响应时间：响应时间反映了变送器的时间性能。它与时间常数既有联系又有区别，时间常数是指接入输入信号后输出从 0 快速上升到稳定值的 63% 的时间，而响应时间 T 则是输出从 0 上升到稳定值的 99% 的时间。一般产品的响应时间小于 400ms。

7）线性指标：变送器输出与输入应当是成正比的亦即线性的。但实际上不可能达到完全线性，即存在非线性误差，用非线性度表示。

$$非线性度 = (\Delta I_{max}/I_{max}) \times 100\%$$

式中，I_{max} 表示最大允许输出值；ΔI_{max} 表示最大允许输出时的实际误差。一般产品输入在 0~120% 范围内时，非线性度误差应满足其准确等级要求。

8）输出性能与负荷能力：变送器有直流恒压输出与直流恒流输出两种方式，对负载的要求也有所不同。一般直流恒压输出的负载允许范围是 3kΩ~∞，直流恒流源 4~20mA（或 0~20mA）的负载允许范围在 0~750Ω。

（2）信号处理环节

信号处理环节主要用来完成模拟量信号的电压变换和干扰抑制工作。由于 A/D 转换器只能接收电压信号，且不同型号 A/D 转换器的输入电压范围各不相同，如双极性有 0~±2.5V、0~±5V、0~±10V，单极性有 0~5V、0~10V、0~20V 等，因此需要对模拟量信号进行电压幅值变换，使之能满足 A/D 转换器输入电压范围要求。

如果采用的变送器输出为 0~5V 直流电压信号，则信号和采样电路的工作电平相匹配，一般不需要进行电压幅值变换，只需经过 RC 电路进行滤波处理，如图 2-11（a）所示；如果变送器输出为 4~20mA 直流电流信号，则须经电压形成回路转换成直流电压后再输入 A/D 转换器进行模数转换，如图 2-11（b）所示。

由于变电站现场电磁干扰较为严重，为防止输入 A/D 的电压信号受到干扰（主要是高次谐波叠加干扰）而影响测量精度，必须在电压输出端设置低通滤波电路，以滤去高频干扰信号。通常可采用 RC 低通滤波电路，若采用有源滤波电路，则可取得更好的滤波效果。

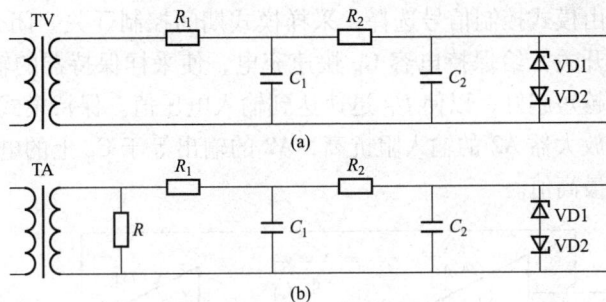

图 2 - 11 模拟量输入信号处理环节
(a) 变送器电压输出滤波电路；(b) 变送器电流输出滤波电路

为了防止输出电压幅值超量程而损坏电子元器件，还要设置双向限幅电路把输出电压限制在采样保持器和 A/D 元件允许范围内（一般是 ±10V 或 ±5V），如图 2 - 11 所示。

（3）多路转换开关（multiplexer）

早期 A/D 转换器价格昂贵，而测控装置要采集的模拟信号数量较多。在对这些模拟量进行采样和 A/D 转换时，为了简化电路和节约硬件投资，多采用多路转换开关轮流切换被测量与 A/D 转换器的通路，以达到共用 A/D 转换器的目的。这与早期大型主机分时系统的实现原理相类似。多路转换开关位于采样保持器之前，实际上是一个"多选一"电路，即输入是多路待转换的模拟量，而输出只有 1 路，每次只选通一路输入与输出端连通。

多路开关可分为两类，一类是机械式有触点的，比如干簧继电器、水银继电器等，优点是导通电阻小，断开阻抗大；缺点是体积大、工作频率低、使用寿命短，在传统的 RTU 遥测模板上常有应用。第二类是专用的集成电路，优点是工作频率高、体积小、寿命长，缺点是导通电阻大，对小信号的测量精度会造成一定影响。

图 2 - 12 是一个 16 路转换开关芯片内部结构原理图。图中 A0、A1、A2、A3 是输入通道地址管脚，由 CPU 赋值后可选通 16 路输入中的对应电子开关 SAn（n 从 0 ~ 15）。当某一路被选中，该路的 SA 闭合，将此路输入接通到输出端 u_0。E_N 是使能端，只有当 E_N 为高电平时，芯片才能输出。

（4）采样保持器（sample holder）

在 A/D 进行采样期间，保持输入信号不变的电路称为采样保持电路。由于模拟信号

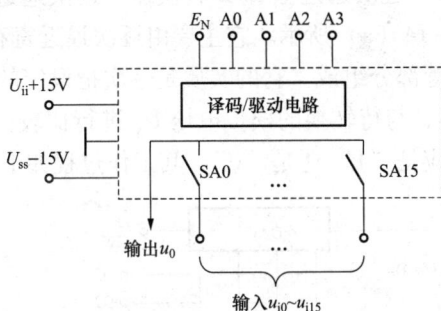

图 2 - 12 16 路转换开关芯片内部结构原理图

是连续变化的，而 A/D 转换器要完成一次转换是需要时间的，这段时间称为转换时间。不同类型的 A/D 转换芯片，其转换时间各有不同。对于变化较快的模拟量信号来说，如果不使用采样保持器，那么在 A/D 转换器完成一次采样转换的时间内，采样值发生了变化，会造成很大的转换精度误差。A/D 转换速度越慢，精度误差就越大。因此必须使用采样保持器，以保证在 A/D 完成一次转换周期内其采样转换的对象大小保持不变。

图 2 - 13 是采样保持器的基本电路原理图。从图中可以看到采样保持电路一般由保持电容器 C_h 和输入、输出缓冲放大器 A1、A2 以及控制开关 S 组成。它有两种工作模式，即采

27

样模式和保持模式，由模式控制信号选择。采样模式期间控制开关 S 闭合，A1 是高增益放大器，它的输出通过开关 S 给保持电容 C_h 快速充电，使采样保持器的输出随输入变化。S 接通时要求充电时间越短越好，以使 U_C 迅速达到输入电压值。保持模式期间控制信号使开关 S 断开。由于运算放大器 A2 的输入阻抗高，A2 的输出等于 C_h 上的电压，理想情况下电容器将保持充电时的最高值。

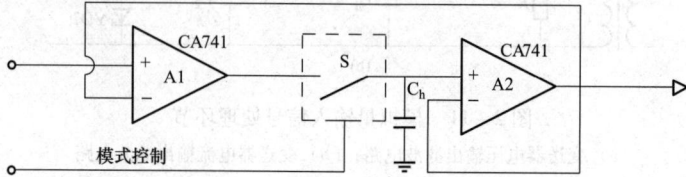

图 2-13 采样保持器基本电路原理

目前，采样保持电路大多集成在单一芯片中，但芯片内不设保持电容，一般由用户根据需要选择并外接。在选择保持电容的电容值时应综合考虑精度、采样频率、下降误差、采样/保持偏差等参数要求。

（5）A/D 转换器（analog to digit）

A/D 转换器是模拟量输入通道中的核心环节，其任务是将连续变化的模拟量信号转换为 CPU 可以接收和处理的数字信号。根据工作原理的不同，A/D 转换器主要有以下几种类型：逐位比较（逐次逼近）型、积分型、计数型、并行比较型、电压—频率型（即 U/F 型等）。在选用 A/D 转换器时，应根据使用场合的具体要求，按照转换速度、精度、功能、价格及接口条件等因素来决定选用哪种类型。下面对其中较为常见的几种 A/D 转换器工作原理做简单介绍。

1）逐次逼近型 A/D 转换器。逐次逼近型（也称逐位比较型）A/D 转换器工作原理如图 2-14（a）所示。它主要由逐次逼近寄存器 SAR、D/A 转换器、比较器以及时序和控制逻辑等部分组成。它的实质是逐次把设定的 SAR 寄存器中的数字量经 D/A 转换后得到的电压 U_C，与待转换的模拟电压 U_x 进行比较。比较时先从 SAR 的最高位开始，逐次确定各位数字应是"1"还是"0"，其工作过程如下：

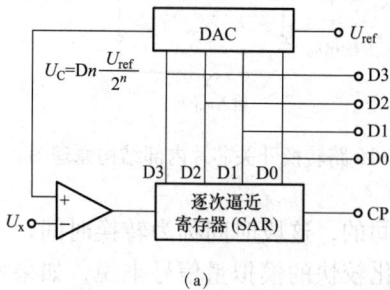

CP	D3D2D1D0	U_o	比较结果	处理
1	1000	2.5 V	$U_1 \geqslant U_0$	（D3）1 保留
2	1100	3.75 V	$U_1 < U_0$	（D2）1 不保留
3	1010	3.125 V	$U_1 \geqslant U_0$	（D1）1 保留
4	1011	3.4375 V	$U_1 < U_0$	（D0）不保留

（a）　　　　　　　　　　　　　　（b）

图 2-14 逐次逼近型 A/D 转换器工作原理
（a）原理框图；（b）逐次逼近过程

转换前先将 SAR 寄存器各位清零。转换开始时，控制逻辑电路先设定 SAR 寄存器的最高位为"1"，其余位为"0"。此试探值经 D/A 转换成电压 U_C，然后将 U_C 与模拟输入电压

U_x 比较。如果 $U_x > U_C$，说明 SAR 最高位的 "1" 应予保留；如果 $U_x < U_C$，说明 SAR 最高位应予清零，然后再对 SAR 寄存器的次高位置 "1"。依上述方法进行 D/A 转换和比较。如此重复上述过程，直至确定 SAR 寄存器的最低位为止。过程结束后，状态线 EOC 改变状态，表明已完成一次转换。最后逐次逼近型寄存器 SAR 中的内容就是与输入模拟量 U_x 相对应的二进制数字量。显然 A/D 转换器的位数 N 决定于 SAR 的位数和 D/A 的位数。

图 2-14（b）所示为四位 A/D 转换器的逐次逼近过程。转换结果能否准确逼近模拟信号，主要取决于 SAR 和 D/A 的位数。位数越多越能准确逼近模拟量，但转换所需时间也越长。

逐次逼近型 A/D 转换器的主要特点如下：

a. 转换速度较快，一般在 $1 \sim 100\mu s$ 以内。分辨率可以达 18 位，特别适用于工业系统。

b. 转换时间固定，不随输入信号的变化而变化。

c. 抗干扰能力相对积分型的差。例如，在模拟输入信号采样过程中，若在采样时刻有一个干扰脉冲叠加在模拟信号上，则采样时包括干扰信号在内都会被采样和转换为数字量，这就会造成较大的误差，所以有必要采取适当的滤波措施。

2）双积分型 A/D 转换器。双积分型也称二重积分型，其原理框图如图 2-15（a）所示。其实质是测量和比较两个积分的时间，一个是对模拟输入电压积分的时间 T_0，该时间往往是固定的；另一个是以充电后的电压为初始值，对参考电压 U_{ref} 反向积分，积分电容被放电至零所需的时间 T_1（或 T_2 等）。模拟输入电压 U_i 与参考电压 U_{ref} 之比等于上述两个时间之比。由于 U_{ref}、T_0 固定，而放电时间 T_i 可以测出，从而可计算出模拟输入电压的大小（U_{ref} 与 U_i 符号相反）。

具体的工作过程如下：转换开始后，首先使积分电容完全放电，并将计数器清零，然后使开关 S 先接通输入电压 U_i，积分器对 U_i 定时积分，当定时 T_0 到时，控制逻辑使 S 合向基准电压 U_{ref} 端，并让计数器开始计数；此时，积分电容开始反向积分（放电），当放电至输出电压为 0 时，比较器翻转，并控制计数器停止计数。图 2-15（b）为两次积分的波形图。可以看出在正向积分时间 T_0 固定的情况下，反向积分时间 T_i，即 T_1 和 T_2 正比于输入电压

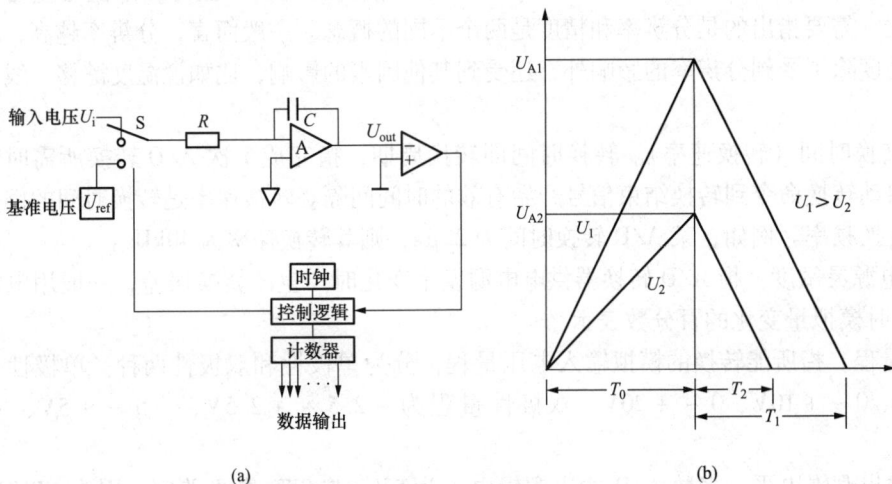

(a)   (b)

图 2-15　双积分型 A/D 转换器工作原理

（a）原理框图；（b）两次积分波形图

29

U_i，T_i 的数值可由计数器得到。

由于 T_0、U_{ref} 为已知的固定常数，因此反向积分时间 T_i 与模拟输入电压 U_i 在 T_0 时间内的平均值成正比。输入电压 U_i 越高，U_A 越高，T_i 就越长。在 T_i 开始时刻，控制逻辑同时打开计数器的控制门并开始计数，直到积分器恢复到零电平时计数停止，此时计数器所计出的数字即正比于输入电压 U_i 在 T_0 时间内的平均值，于是完成了一次 A/D 转换。

由于双积分型 A/D 转换是测量输入电压 U_i 在 T_0 时间内的平均值，所以对常态干扰（串模干扰）有很强的抑制作用，尤其对正负波形对称的干扰信号抑制效果更好。

双积分型 A/D 转换器电路的突出优点是简单、抗干扰能力强、精度高，但其转换速度比较慢，常用的 A/D 转换芯片的转换时间为毫秒级，因此仅适用于模拟信号变化缓慢、采样速率要求较低的场合，以及对精度要求较高或现场干扰较严重的场合。

3）A/D 转换器的主要技术性能指标：

a. 分辨率。分辨率是指 A/D 转换器所能分辨的最小的变化量，它反映了 A/D 转换器对输入微小变化响应的能力。分辨率一般用数字输出最低位（LSB）所对应的模拟输入的电平值表示。例如，8 位 A/D 能分辨出模拟量输入满量程的 $1/2^8 = 1/256$ 的变化量，N 位 A/D 能分辨满量程 $1/2N$ 变化量。表 2-2 列出了几种位数与分辨率之间的关系。

表 2-2 位数与分辨率之间的关系

位数	分辨率
4	$1/2^4 = 1/16$
8	$1/2^8 = 1/256$
10	$1/2^{10} = 1/1024$
12	$1/2^{12} = 1/4096$
16	$1/2^{16} = 1/65535$

b. 精度。精度分为绝对精度和相对精度两种表示方法。绝对精度用数字量最小有效位 LSB 的数值来表示，比如 ±1LSB、±1/2LSB。相对精度就是实际值与理论值之差占满量程的百分比。需要指出的是分辨率和精度是两个不同的概念。一般而言，分辨率越高，精度越高。但精度除了受到分辨率的影响外，还受到其他因素的影响，比如说温度漂移、线性度误差等。

c. 转换时间（转换速率）。转换时间即转换周期，指完成 1 次 A/D 转换所需时间，即从发出启动转换命令到转换结束信号开始有效的时间间隔。转换速率是转换时间的倒数，也可称为转换频率。例如，某 A/D 转换时间为 $25\mu s$，则其转换速率为 40kHz。

d. 电源灵敏度。指 A/D 转换器供电电源发生变化时产生的转换误差，一般用电源电压变化 1% 时模拟量变化的百分数表示。

e. 量程。指所能转换的模拟输入电压量程，分为单极性和双极性两种。单极性一般为 $0 \sim +5V$、$0 \sim +10V$、$0 \sim +20V$；双极性量程为 $-2.5 \sim +2.5V$、$-5 \sim +5V$、$-10 \sim +10V$。

f. 输出逻辑电平。多数 A/D 输出逻辑电平为 5V，与 TTL 电平兼容，因为 CPU 数据通信总线的电平就是 5V。还有一些其他指标，比如工作温度范围等。一般 A/D 工作温度范围为 $0 \sim 70℃$，军用品为 $-55 \sim +125℃$。

2. 交流采样方式

简单地说，交流采样就是直接对输入的交流电流、交流电压进行采样，采样值经 A/D 变换后变为数字量传送给 CPU，CPU 根据一定算法获得全部电气量信息。具体过程是：交流采样将连续的周期信号离散化，用一定的算法对离散时间信号进行分析，一般离散化处理方法是将连续时间信号的一个周期 T 分成 N 个等分点，每隔 T/N 时间进行一次采样，经模数转换后得到离散数据，把这些数据送入 CPU 进行软件处理，计算得到电压、电流的有效值，有功功率、无功功率、功率因素、频率以及谐波分量。

（1）硬件结构与工作原理

交流采样与直流采样不同点在于输入信号是交流弱信号，并要求根据这些信号计算有功功率和无功功率，因此采集的电压和电流信号的离散数据在时间上必须保持一致。这样，交流采样的硬件中有多个采样保持器，以保证单个 A/D 转换器，分时转换的电压电流是同一时刻的。一般测控装置有 8 路交流量输入（U_a、U_b、U_c、U_o、I_a、I_b、I_c、I_o），就要有 8 个采样保持器。另外，要保证采集的离散数据是等间隔的，还要对采样点的时刻进行控制。交流采样硬件结构如图 2–16 所示。

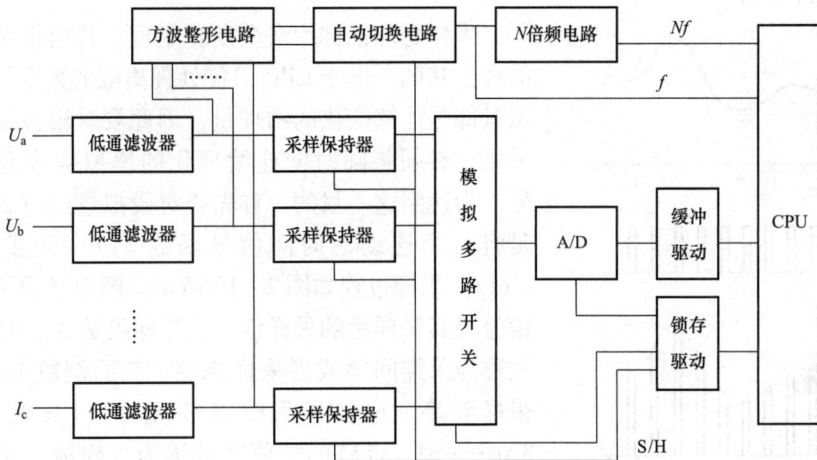

图 2–16　交流采样硬件结构

交流采样的工作过程主要包括采样频率的提取、交流采样控制、交流采样算法实现及数据的平滑处理四大部分采样频率的提取。

当确定了交流采样点数 N 后，要求每一个周期内部有 N 个采样点，并且在时间上是等间隔的。由于系统频率 f 随系统运行方式变化而变化，因此要求采样频率能跟踪系统频率的变化保持 N 倍系统频率。采样频率提取环节由方波整形电路、自动切换电路和 N 倍频电路组成。方波整形电路是将输入的交流电压、电流信号整形成方波信号，以提取系统频率信号；自动切换电路是为了防止输入信号异常消失的情况下，保证频率获取信号不消失。从图 2–16 中可知，整形后的方波是跟踪输入信号的，若输入信号消失，方波信号也消失。例如，发生 A 相短路，U_a 将为 0，这时要求自动切换到 U_b 提供的方波信号上。因为这个方波信号是非常重要的，它提供了系统频率信号 f，同时产生 N 倍系统频率信号 Nf 作为采样信号控制采样保持器。如果这个信号消失，交流采样将无法正常工作。

交流采样控制如图 2 – 16 所示，在输入信号与模拟多路开关之间加入一组采样保持器，是为了保证 A/D 转换器分时转换的各路信号是同一时刻的采样值，因此多个采样保持器的控制信号端应连在一起。当控制端为高电平时，进入采样（跟随）状态，其输出跟随输入变化；当控制端为低电平时，进入保持状态，这样输出信号保持不变，等待 A/D 转换。采样保持控制信号（S/H）是由 CPU 发出的，要求采样保持器每一次进入保持状态的时间间隔相等，这样才能保证离散的采样数据在时间上等间距。要保证每一个工频周期内在相等的时间间隔上采集相同的点数，采样保持控制信号必须随工频的变化实时跟踪调整信号间隔。

交流采样算法实现及数据平滑处理是软件处理过程，在"采样数据预处理"部分详细介绍。

从数据的获取速度上看，直流采样的速度取决于 A/D 转换速度，一般为微秒级，而交流采样需要在一个工频周期后并做计算处理才能获得所需的数据。但从响应速度上看，交流采样优于直流采样。当输入信号变化时，交流采样可在 20ms（50Hz）后迅速反映出来，而直流采样由于变送器存在固有的延时，响应时间通常有上百毫秒。另外，交流采样还可以分析谐波含量，而且投资小，配置灵活，扩展方便，这些是直流采样所做不到的。

（2）采样定理

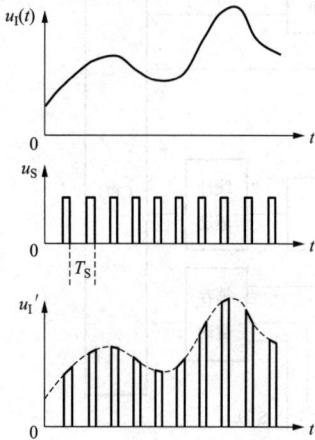

图 2 – 17　离散采样过程示意图

采样定理又称为奈奎斯特定理，是模拟量数据采集的理论基础。由于 CPU 只能处理离散的数字信号，而模拟量都是连续变化的物理量，因此要对模拟量信息进行采集，必须将随时间连续变化的模拟信号变成数字信号。为达到这一目的，首先要对模拟量进行采样。采样是将一个连续的时间信号函数 $x(t)$ 变成离散信号 $x'(t)$，采样过程如图 2 – 17 所示。图中显示了一个模拟信号及其采样后的采样值，采样间隔是 Δt，时间间隔 Δt 被称为采样间隔或者采样周期。它的倒数 $1/\Delta t$ 被称为采样频率，单位是采样点数/每秒。$t = 0$、Δt、$2\Delta t$、$3\Delta t$……时，$x(t)$ 的数值就被称为采样值。采样是否正确，主要表现在采样值 $x'(t)$ 能否真实的反映原始的连续时间信号中所包含的重要信息。采样定理告诉我们，当采样频率 $f_{s.\,max}$ 大于信号中最高频率 f_{max} 的 2 倍时，即 $f_{s.\,max} \geqslant 2f_{max}$，则采样之后的数字信号能完整地保留原始信号中的信息。变电站测控装置采集的主要是工频 50Hz 模拟信号，从理论上讲，采样频率只要大于100Hz 即可。但在实际应用中，还要考虑由谐波引起的波形畸变，为了保证采样信号不失真，采样频率必须不小于 2 倍的谐波频率。如果要求测控装置能计算到 13 次谐波，即 650Hz，那么根据采样定理，采样频率应大于 1300Hz。

3. 交流采样与直流采样特点

（1）交流采样特点

1）交流采样能避免直流采样中整流、滤波环节时间常数的影响，具有较好的实时性，因此在微机保护中必须采用交流采样。

2）交流采样能反映被测交流电压、电流的实际波形，便于对所测结果进行波形分析，因此在需要谐波分析或故障录波的场合必须采用交流采样。

3）除交流电压和电流外，其他交流量均可在此基础上计算得出，节约了投资并减小了测控装置体积。

4）为保证采样精度，交流采样的采样频率很高，对 A/D 转换器的转换速率和采样保持器要求较高。

5）交流采样的软件算法相对比较复杂，对 CPU 运算能力要求较高。

（2）直流采样特点

1）直流采样对 A/D 转换器的转换速率要求不高，因为变送器输出值与交流电量的有效值或平均值相对应，变化比较缓慢。

2）软件算法简单。只需对采样值按相应的标度系数作一次比例变换即可得到被测量的有效值，因此采样程序简单，软件可靠性较好。

3）直流采样在转换成直流信号前要经过整流和滤波环节，因此回路抗干扰能力较强。

4）为了过滤整流后的纹波，直流采样输入回路往往采用 RC 滤波电路，其时间常数较大（一般为几十毫秒至几百毫秒），采样结果实时性差，而且变送器的输出为有效值或平均值，无法反映被测交流量的波形，因此不适合微机保护和故障录波等对采样实时性要求较高场合。

5）变送器输出仍为模拟信号，与直接交流采样相比，增加了中间环节，增加了采样误差。

6）电量变送器的接入加重了电流、电压互感器二次回路负载，增加了采样误差。

7）每个变送器只能测量 1 个或 2 个电气量，完成所有测量任务需要的变送器数量多，成本高，占用面积大，维护麻烦。

4. 采样数据预处理

（1）数字滤波

虽然模拟量信号在引入 A/D 转换器之前已经由 RC 低通滤波器进行了滤波，但为进一步提高抑制干扰的能力，减少干扰误差，在 A/D 转换之后往往需再进行一次数字滤波。数字滤波是一种计算程序，也被称为数据平滑。交流采样与直流采样的数据平滑处理方式相同。

数字滤波可分为非递归滤波和递归滤波两种。两者的区别是非递归数字滤波的输出仅与当前的和过去的输入值有关，而和过去的输出值无关；而递归数字滤波的输出不仅和输入值有关，还和过去输出值有关。根据不同的实现原理，数字滤波程序算法的类型和复杂程度也各有不同。

（2）相关电气量计算

利用完整的交流采样数据计算出全电量，是通过交流采样算法来实现。交流采样算法的软件编制也因算法不同而不同。在处理上，可把选定的交流采样算法编制成一计算子程序，待查询到交流采样数据采集完成标志后调用。也可以把某些能利用已采集的数据作简单运算的部分安排在交流采样控制中断服务程序中，当然必须保证中断服务程序的执行时间小于触发中断的时间间隔（即采样周期），否则将导致中断嵌套，使交流采样不能进行。现在一般采用 DSP 专用数字信号处理器来完成交流采样数据的运算，速度快，不会发生中断嵌套的问题。

以积分算法为例介绍电气量的计算方法。如流程图 2-18 所示，先对电压、电流做采样数据平方累加，有功功率做电压乘电流累加，累加次数为 N；然后做电压、电流有效值计算及有功功率计算；最后再计算视在功率、功率因数、无功功率。

（3）标度变换

标度变换也称为工程系数转换，即把 A/D 转换后的数字量按一定比例系数还原成被测量实际大小。各种模拟量信号如电压、电流、功率等，虽然大小和单位各不相同，但是当各遥测量均为其最大额定值时，经 A/D 转换后得到的满量程数字量值却都是相同的全"1"二进制码（简称满码值），而不是直观的实际物理量的大小。以 12 位 A/D 转换为例，转换输出为 12 位二进制数，其中 1 位是符号位，其余 11 位是数值。这是一个定点数，可以约定将小数点定在最低位的后面，即数值部分为整数；或将小数点定在数值部分最高位前面，即数值部分是小数。若约定数值部分是整数，则满量程时其满码值转换结果为 11111111111B = 2047。当模拟量从 0 到额定满量程值变化时，A/D 转换器输出也从 0 到 2047 变化，两者呈线性关系，但数值并不相同，而是差一个比例系数 K，该系数 K 被称为标度变换系数。一般来讲若遥测量的实际值为 S，A/D 转换后的值为 D，标度变换系数为 K，则 $K = S/D$。

每个遥测量都有相应的标度变换系数，这些系数事先都已确定并通过参数配置文件下装到测控装置数据库中。

遥测量经 A/D 转换得到的是二进制数，乘系数后所得仍是二进制数。如要用十进制数的形式来显示，还有一个二/十进制转换的标度转换过程。此外，对于以 BCD 码形式输入的信息，如主变压器分接头位置等，还要进行 BCD 码/十进制转换。

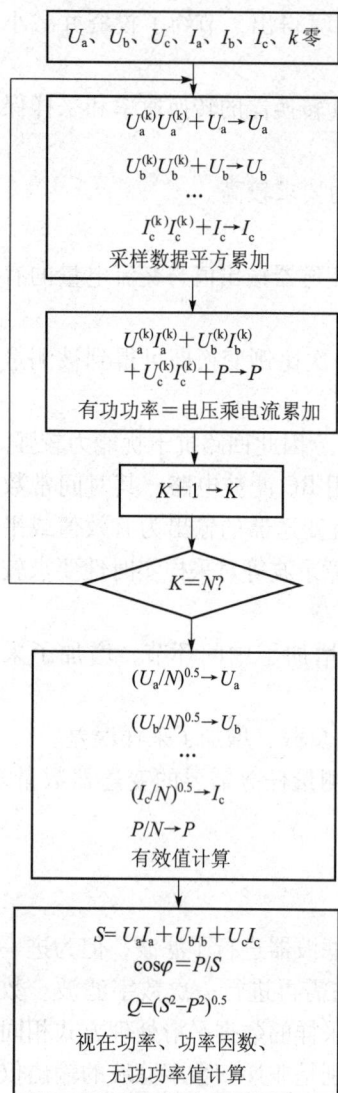

图 2-18 交流采样积分算法流程

5. 模拟量数据处理

为保证模拟量数据的准确性、实时性及传输的通畅性，CPU 需对 A/D 采样的模拟量数据进行以下方面的处理：

（1）数据合理性检查

数据合理性检查是剔除个别明显不合理数据的最简单的方法，可以保证后续数据处理的有效性。进行合理性检查的依据是客观事物相互之间的联系规律，有可能是较复杂的函数关系，也有可能只是简单的数学或逻辑关系。例如，某台 500kV 主变压器额定容量为 500MVA，但遥测值却显示主变压器 220kV 侧输出有功功率为 5000MW，显然该遥测值是错误的。数据合理性检查主要是通过软件对每个模拟量信号预先设置有效值范围或与其他信号或定值的函数关系，如果采样值超出有效值范围或与事先设定的函数关系不匹配，那么该遥测值就会被作为无效数据而剔除。

（2）零漂抑制及越阈值传送

用于抑制零点附近因测量不准确引起的数值波动，以减少 CPU 的计算量及总线和通道数据传输量。正常情况下，输入测控装置的大多数遥测量随时间的变动不大，如母线电压及恒定负载等。重复传送这些变动极小的遥测量不仅意义不大，而且加重了两端测控装置和主机以及通讯信道的负担。为了提高效率，降低装置运算负荷，压缩需传送的数据量，可为遥测量设置一个阈值。当遥测量的变动未超过规定值时就不再予以发送。例如，某线路电流遥测量现值为 1000A，其阈值规定为 2A，5s 后测得该遥测量为 999A，则测控装置仍将该遥测量视为 1000A，而不向主机发送该遥测刷新数据，主机仍以原有值 1000A 作为该遥测量值。此后，如测得该遥测量为 997A，由于 1000 − 997 > 2，测控装置就将该遥测量数据更新为 997，发送给主机，并应以新数据 997 为判断的新标杆值；如测得该遥测量为 996A，由于 997 − 996 < 2，因此数据不刷新、不上送。在实际参数配置文件中阈值大都以额定值的百分比来表示，阈值也被称为"压缩因子"，因为采用遥测量越阈值传送可有效压缩正常情况下的数据传输量，降低装置、主机和通道负荷。

（3）越限判别

电力系统的各种运行参数有些因受约束条件的限制不能超过一定的限值。例如受到静态稳定极限的约束，规定某线路的传输功率不能大于某一限值；又如母线电压不允许太高和太低，规定了运行电压的上限值和下限值。这些被设置了限值的运行参数如超越限值，测控装置会马上告警，并记录越限发生时间的时标和数值。当遥测量重新恢复正常时也会记录恢复的时间和数值。

（4）越限死区值设定

如果运行参数由于某些原因在限值附近来回波动，就会出现越限和复限事件交替产生，频繁告警，这会困扰值班人员。为了缓解这种情况，可设置"越限死区值"，当运行参数超过上限，则判为越上限，可发出越限告警信号；只有当运行参数回落到"死区"以下时，才判为复限。

越限死区值是一个重要的参数，合理设定该参数不仅可消除某些运行参数在限值附近波动时频繁告警对值班人员的困扰，而且可有效减少 CPU 的计算量及总线和通道数据传输量。死区值的大小可根据各遥测量的具体情况而定。

（五）开关量输入模件

1. 开关量分类

开关量输入亦称为状态量输入或数字量输入，其基本原理是将来自被监控对象的各种无源触点信号经过光电耦合电路隔离后变为二进制信号。测控装置采集的开关量信息主要分为以下四种：

（1）单位置信号

主要指被监控对象产生的一些告警信号，如弹簧未储能、断路器 SF_6 泄露、变压器瓦斯告警、保护装置和自动装置的动作或告警信号、交直流屏的告警信号等。

（2）双位置信号

双位置遥信就是一个遥信量由两个相反的状态信号表示，一个来自动合触点，另一个来自动断触点，因此双触点遥信需要用两位二进制代码来表示。"10"和"01"为有效代码，分别表示合位和分位；"11"和"00"为无效代码。采用 2 位比特的双位置信号比采用 1 位比特的单位置信号多 1 倍的信息量，增加了信号码元的抗干扰能力，提高了状态信号传输过程中的可靠性，可有效避免单位置信号可能引发的状态信号误判断，从而减少遥信误发概率。

目前高压/超高压电气间隔的断路器、隔离开关、接地开关的位置信号均采用双位置触点采集，而在中低压系统中出于成本考虑，除了断路器仍采用双位置信号外，隔离开关和接地开关可采用单位置信号，以节省测控装置须配备的开入点数量。

（3）编码信号

该类信号在变电站使用较少，一般仅用于变压器或消弧线圈挡位信号的采集。挡位信息多采用 BCD 编码方式。其中，每位 BCD 码用 4 位二进制信号表示。变压器挡位一般不会超过 19 挡，用 5 个二进制位即可准确表示挡位数，占用 5 个开入量，例如 6 挡、12 挡、18 挡用 BCD 编码表示分别为 00110、10010、11000。采用编码输入方式，可有效节省采集挡位信号所需开入点数量，缺点是需进行解码。

（4）脉冲量输入

脉冲量输入一般采集统计电能量，用于接收脉冲式电能表的脉冲输出，并累加后上送至站控层。就测控装置而言，脉冲量输入与信号量输入的原理完全相同，因此很多型号测控装置并没有将信号输入和脉冲量输入做物理上的区分，只需通过参数组态软件把开入量属性改为脉冲量即可。由于存在脉冲易丢失，且丢失后须人工置数校正等诸多缺陷，脉冲量输入方式和脉冲式电能表基本被淘汰，取而代之的是智能型电能表，通过 RS - 485 串行通信方式读取电度量。

脉冲信号的特殊应用是脉冲校时。校时方式是广播对时 + 分脉冲（秒脉冲）校准，测控装置的 CPU 模块配有脉冲校时接口，脉冲的上升沿使 CPU 时钟在毫秒级归零。

2. 开关量输入电路原理

开关量输入回路主要由 RC 滤波电路和光电隔离电路构成，如图 2 - 19 所示。开关量信号通常都采用成组并行输入方式，每组数量一般与 DI 板 CPU 字长匹配，即 8 位、16 位或32 位。

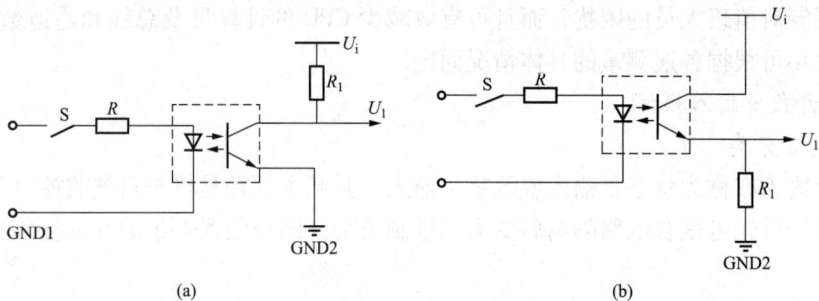

图 2 - 19　遥信输入回路原理
（a）低电平输出；（b）高电平输出

（1）滤波电路

设置 RC 低通滤波电路消除电磁干扰源中的高频分量。由于 RC 低通滤波电路的输出和输入之间会有一个时间延迟，因此在 RC 时间常数的选择上必须保证既有较好的滤波效果，又不会影响信号的实时性。电路中的电阻起限流作用，不同遥信电源的 R 值不一样，使进入发光二极管的电流限制在毫安级，与2个二极管一起保护光隔不被瞬时高电压损坏。

（2）光电隔离

光电隔离实际是一个电—光—电的转换过程。光电隔离电路主要由光电耦合器及相关外围元件组成。光电耦合器由发光二极管和光敏三极管组成，两者相互之间是绝缘的，封装于同一芯片中。在光电耦合器中，信息传递介质为光，但输入和输出都为电信号，且整个信息转换过程都是在不透光的密闭环境下进行，因此不会受到外界光和电磁干扰的影响。测控装置DI板光电隔离电路均具备较高的耐压指标，一般不小于2000V。当外部触点S闭合，发光二极管导通，发出光束，使光敏三极管饱和导通，于是输出端U_1表现一定电位。根据接线方式的不同，输出电平可灵活选择，图2－19（a）电路输出电平为低电平，图2－19（b）电路输出电平为高电平。

采用光电隔离的优点是：① 实现现场开关量电路与装置CPU总线之间的完全隔离，保护装置内部数字逻辑电路免受电磁干扰和强电损伤；② 限制地回路电流与地线的错接而带来的干扰；③ 每个开关量输入均有独立的光电隔离元件，相互之间有效隔离，互不影响。

3. 遥信采集的几种形式

（1）定时扫查方式的遥信输入

定时扫查方式的遥信输入回路由遥信信息采集电路、多路选择开关、并行接口电路三部分组成。电路原理如图2－20所示。

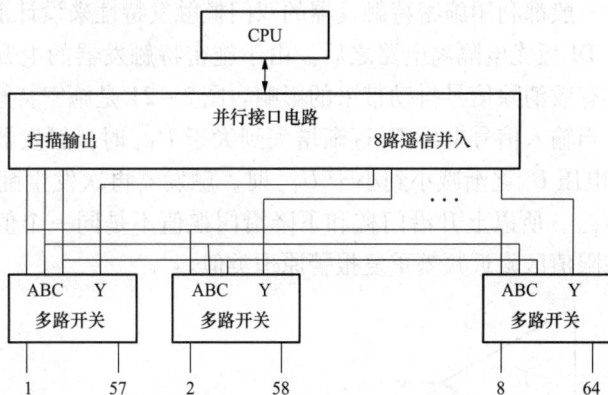

图2－20　64路遥信定时扫查方式输入回路示意图

遥信定时扫查工作方式：以一定的时间间隔周期性地对遥信输入状态成组扫查，并与原遥信数据区的状态进行比较，发现有遥信变位，则更新遥信数据区，记录遥信变位时间，传送遥信信息。

扫查周期直接关联遥信的实时性指标——遥信分辨率。周期性扫查方式占用CPU资源多，遥信变位不常发生，效率低。在早期单CPU的装置中，扫查间隔不能太密，否则影响其他功能的处理；在多CPU系统中，遥信模块由专用CPU工作，资源富足，实时性强，程序简单。因此，定时扫查的遥信输入方式常常被新一代测控装置采用。

（2）中断方式的遥信输入

尽管定时扫查方式实时性好，但其扫查频率高，占用CPU时间长。在早期单CPU系统中，还采用中断输入方式完成遥信信息的采集。中断方式是根据遥信信息的特点提出的。一般认为，电力系统正常运行时，很少发生遥信变位，CPU 频繁读到的信息往往是相同的。采用中断方式，只当遥信有变位时才向 CPU 申请读遥信状态。中断方式的遥信输入电路由遥信采集矩阵电路、译码电路、键盘/显示器接口芯片 8279 三部分组成。8279 芯片被设定为传感器矩阵工作方式，用编码扫描线构成 8×8 的扫描传感器矩阵。一片 8279 可实现 64 个遥信输入，通过译码电路对遥信矩阵的列线进行周而复始的扫描，从行回送线上将遥信状态直接读入 8279 的传感器 RAM 中。在扫描过程中，若监测到变化，则申请 CPU 读取传感器 RAM 的状态。其缺点是：当 8279 工作在传感器矩阵方式时，没有消抖功能，易受干扰，引起误遥信。

为了弥补中断方式容易产生误遥信的缺点，采取了一种叫中断触发扫查输入的方式，采用 8279 芯片监测遥信变位，申请 CPU 启动扫查读取遥信状态，各取所长，弥补了原电路的不足。该方式大大减轻了 CPU 负担，在单 CPU 系统中得到广泛应用。

4. 防止误遥信的几种措施

（1）施密特消抖电路

开关量信号在传输过程中很容易受到外界干扰。例如，断路器和隔离开关的位置信号辅助触点位于高压一次设备现场，现场较强的电磁干扰、信号电缆分布电容（电阻）、一次设备信号辅助触点抖动和接触不良等原因都会使信号波形畸变而发生错误。为消除干扰，需采取措施消除因信号辅助触点抖动而带来的影响。

在硬件设计上，一般都利用施密特触发器的双门槛触发特性来设计消抖电路。施密特消抖电路通常被放置于 DI 板光电隔离电路之后。由于施密特触发器的上升门槛和下降门槛不是同一个值，因此可有效消除信号抖动带来的影响。图 2-21 是施密特触发器的符号及其输入输出波形。图中，当输入信号电压 U_i 逐渐增大到大于 U_{T+} 时，触发器发生翻转，输出高电平 1；当输入信号电压 U_i 逐渐减小到小于 U_{T-} 时，触发器再次发生翻转，输出低电平 0。由于 U_{T+} 电压大于 U_{T-}，所以上升沿门槛和下降沿门槛值不是同一个值。这与越限报警时设置死区值以避免在限值区附近频繁重复报警原理类似。

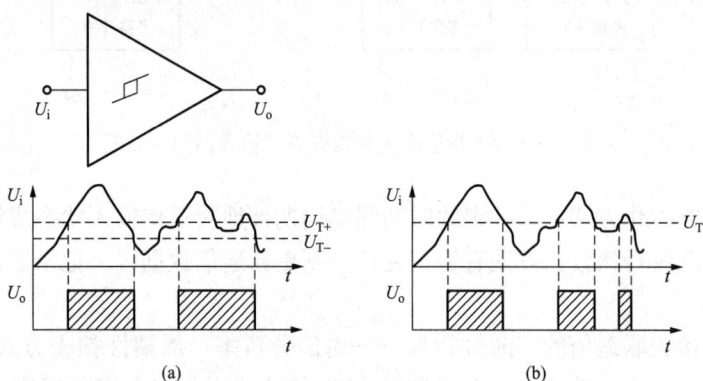

图 2-21 施密特消抖电路原理

（a）施密特触发器图形符号及使用施密特消抖电路后的输入输出波形；
（b）未使用施密特消抖电路时的输入输出波形

由于早期 DI 模件无运算能力，因此只能依靠硬件电路来实现消抖功能。随着 DI 模件数据处理和运算能力的增强，测控装置普遍采用了硬件施密特消抖电路和软件数字消抖算法相结合的方式，进一步提高消抖效果。

（2）软件延时判别消抖

所谓软件消抖是利用抖动信号的电平宽度较短，而有效信号的电平较宽且平稳的特点，通过测试信号的电平维持宽度来实现消抖功能，其工作原理见图 2-22。DI 模件的 CPU 将输入的开关量信号电平宽度与预先设定

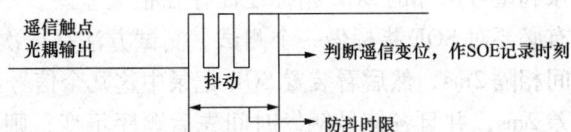

图 2-22　遥信软件消抖示意图

的电平宽度设定值进行比较，小于设定值则认为是触点抖动而被丢弃，只有大于设定值的信号才被认为是有效信号，遥信变位时刻即是遥信进入稳定状态的时刻。通常每个开入点均可单独进行电平宽度参数设定。

（3）提高遥信输入回路电压

遥信电源选用高电压直流电源，抬高遥信信号动作门槛电压，可以消除信号辅助触点接触不良以及现场电磁干扰源中低频分量（主要来自于断路器等一次设备分合闸操作产生的放电干扰）叠加造成的影响。较高的信号电压也能消除长距离信号电缆带来的电压损失。实际设计时，都选用 48V 以上的直流电源，如 110V 或 220V（通常与站内直流系统电压保持一致），而测控装置信号动作门槛电压一般都设计成电源额定电压的 40% 以上。

5. 装置事件信息

装置事件信息是指除了开入量触点遥信以外的"软遥信"。间隔层测控装置内部产生的事件信息主要有两类：一类是间隔层装置在内部自检过程中产生的告警信号，如 CPU、RAM 出错等；另一类是间隔层装置对已采集到的外部信息（包括模拟量信息和状态量信息）进行二次逻辑判断后产生的事件信息。如，根据保护动作信号和开关跳闸信号判断产生的事故总信号、根据设备联、闭锁关系判断产生的一次设备操作允许/禁止信号等。

保护测控合一装置的事件信息除以上介绍的类型外，还有一般事件信息和保护动作信息。一般事件信息是指微机保护装置在保护未启动情况下产生的动作事件，采用带时标的遥信信息表示，一般用 4 字节的绝对时标来标注动作时间。保护动作事件信息是指微机保护装置在保护启动到保护复归期间所有的保护动作事件，采用"具有相对时间的带时标的报文"格式表示。该事件信息除了动作时间外，还包含有相对于保护启动的延迟时间、故障序号等内容。

6. SOE 事件顺序记录

SOE 是指测控装置按事件发生的先后顺序，将重要的状态变化信号记录入库。一条 SOE 信息的要素包括事件发生的时间（时标）、事件名称、事件性质。单位置遥信由测控装置直接记录时标，时标的精度取决于测控装置的对时精度（高电压等级变电站要求对时精度指标≤2ms）。站级层计算机显示的 SOE 信号时标均由间隔层装置提供，并以通信方式传送至后台，而不是由站级层计算机提供。

SOE 信息有助于变电站内设备故障或事故原因的查找。SOE 分辨率的本质就是开关量采样分辨率。比如，要求 SOE 分辨率≤2ms，实际上就是要求装置的开关量采样周期要小于2ms。在变电站计算机监控系统发展的早期，GPS 对时方式在变电站还没有得到广泛应用，因此变电站内监控和保护装置都无法获得一个精确的绝对时标。在无法获得精确绝对时标的

情况下，只能退而求其次，借助于相对时标，即以不同信号之间上送时间的差值来判断信号的先后顺序。此外，受当时技术条件限制，早期测控装置的开关量采样频率相对较低，不同厂家和型号产品的 SOE 指标往往存在很大差距，不少装置达不到 2ms 的采样周期要求，因此有必要对 SOE 指标做一个测试。测试方法是依次触发几个开关量信号，每个信号的触发时间相隔 2ms，然后看装置 SOE 记录中这几个信号记录的触发时标之差是否为 2ms。如果是相差 2ms，并且各信号触发时间先后顺序不变，则满足要求，反之则不满足。在 SOE 指标中，所关心的是相对时间，即绝对时标之差。开关量信号的对时精度（即绝对时标精度）是另外一个考核指标。目前主流测控装置普遍采用了 GPS 对时方式，且 I/O 板的开关量采样周期均小于 0.5ms，因此保证了测控装置能达到对时精度不大于 1ms，SOE 分辨率不大于 2ms 的指标要求。

（六）开关量输出模件及工作原理

1. 开关量输出分类

开关量输出亦称为数字量输出，其基本原理是 CPU 发出的控制命令经逻辑出口电路输出并经光电隔离后驱动出口继电器触点的通断。某种程度上可以把开关量的输出看成是开关量输入的逆向操作。测控装置开关量的输出一般都采用无源触点输出方式。根据命令输出对象重要性的不同，开关量输出主要可分为以下几种（见图 2-23）：

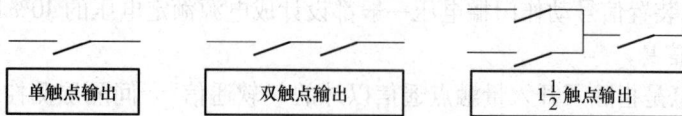

图 2-23 开关量输出分类图

（1）单触点输出

每个单触点输出只能驱动开关量输出模件内的 1 个出口继电器，并且在外回路设计时一般只使用该继电器的 1 个触点，即使该出口继电器有多个可用触点。单触点输出方式的优点是有效节省了开出继电器数量，简化了外部控制回路接线，但缺点是既无法将控制电源电压与被控对象动作继电器线圈完全电气隔离。也无法做到不同控制对象电路之间的完全电气隔离，因此一般仅用于对可靠性和安全性要求不高的控制命令，如：收发信机远方复归、保护压板远方投退等。需要指出的是，对于断路器的手动分、合闸控制输出也采用单触点命令输出方式。

（2）双触点输出

对于每个双触点命令输出，开关量输出模件内有 2 个出口继电器同时动作，在控制回路设计上能有效保证控制电源电压与被控对象动作继电器线圈之间以及不同控制对象电路之间的完全电气隔离，命令输出的安全性和可靠性最高，但所需继电器数量较多，外部回路接线相对复杂，多用于隔离开关、接地开关、变压器分接头调节等重要设备的遥控操作场合。

（3）$1\frac{1}{2}$ 触点输出

$1\frac{1}{2}$ 触点输出方式在单触点输出的基础上增加了一个公共触点，一般是数个单触点为一组共享 1 个公共触点。该组中任何一个单触点动作时该公共触点也同时动作。与单接点输出相比，这种输出方式可将控制电源电压与被控对象动作继电器线圈完全电气隔离，外部控制电路的可靠性和安全性有所提高；与双触点输出相比，两者的外部回路接线复杂程度类似，但 $1\frac{1}{2}$ 方式无法做到不同控制对象电路之间的完全电气隔离。随着开出模件制造成本的降低，$1\frac{1}{2}$ 触点输出方式已逐渐被淘汰，目前主流测控装置一般都不再支持这种输出方式。

2. 开关量输出电路原理

开关量输出电路主要由逻辑出口电路（包括输出锁存电路和端口地址译码电路）和输出驱动电路组成，如图 2-24 所示。

（1）输出锁存电路

输出锁存电路用于暂存 CPU 发出的遥控指令。由于 CPU 运算速度非常快，其输出的数据在系统总线上只能存在很短的时间，为保证速度相对较慢的接口

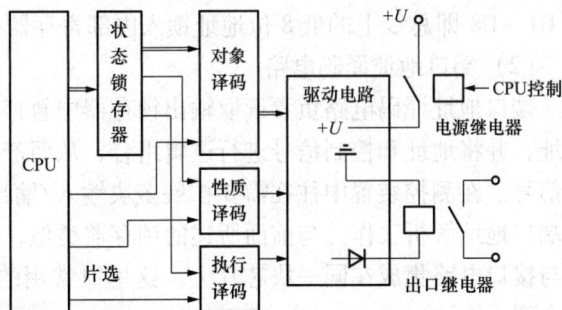

图 2-24　开关量输出电路组成示意图

电路能及时将数据接收并保持，因此需要用到锁存器对数据进行暂存。随着超大规模集成电路技术的发展，通常已不再使用单独的锁存器芯片，而是与接口电路集成在同一块芯片上。这里以常见的 74LS373 型锁存器为例对锁存器原理作简单介绍。

74LS373 型锁存器由 8 个 D 触发器组成的，图 2-25 是该芯片引脚图及常用连接方法。图中 OE 为使能控制端。当 OE 为低电平时，8 路全导通；当 OE 为高电平时，输出为高阻态。G 为锁存控制信号。74LS373 共有 3 种工作状态：

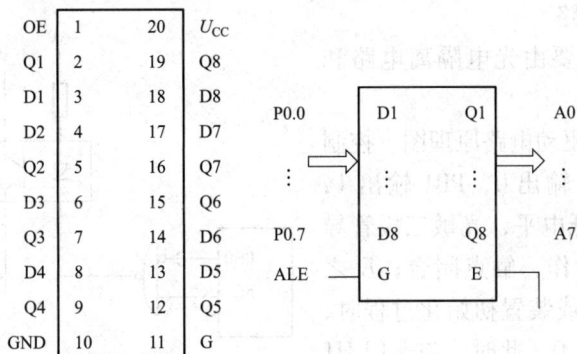

引脚E状态	引脚G状态	功能
0	0	直通Qi = Di
0	1	保持（Qi保持不变）
1	任意	输出高阻

图 2-25　74LS373 锁存器原理图

1）当 OE 为低电平、G 为高电平时，输出端状态和输入端状态相同，即输出跟随输入。

2）当 OE 为低电平、G 由高电平降为低电平（下降沿）时，输入端数据锁入内部寄存器中，内部寄存器的数据与输出端相同。当 G 保持为低电平时，即使输入端数据变化，也

不会影响输出端状态。

3）当 OE 为高电平时，锁存器缓冲三态门封闭，即三态门输出为高阻态。74LS373 的输入端 D1～D8 与输出端 Q1～Q8 隔离，则不能输出。

当 74LS373 用 CPU 低 8 位地址线/数据线地址锁存器时，将 OE 置成低电平，锁存允许信号 G 受控于 CPU 地址有效锁存信号 ALE。这样当外部地址锁存有效信号 ALE 使 G 变为高电平时，74LS373 内部寄存器便处于直通状态；当 ALE 下降为低电平时，立即将锁存器的输入 D1～D8 即总线上的低 8 位地址锁入内部寄存器中。

（2）端口地址译码电路

端口地址译码电路负责读取输出锁存器中暂存的遥控指令，翻译指令中包含的输出端口地址，并将地址和控制信号进行逻辑组合，从而产生对该输出端口地址指向的驱动电路的选通信号。在测控装置中往往需要扩展多块输入/输出接口电路，这都需要地址译码电路来完成端口地址解析工作。与前面所述的锁存器类似，目前已不再使用单独的地址译码芯片，而是与接口电路集成在同一块芯片上。这里以常用的译码器 74HC138 为例对译码器原理做简单介绍。

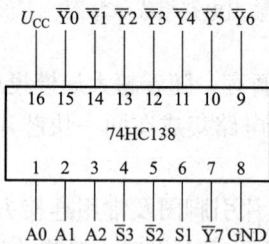

图 2-26　74HC138 芯片引脚图

图 2-26 是 74HC138 芯片引脚图。74HC138 是 "3-8" 译码器，具有 3 个选择输入端，可组合成 8 种输入状态；输出端有 8 个，每个输出端分别对应 8 种输入状态中的 1 种，0 电平有效。换句话讲，对应每种输入状态，仅允许一个输出端为 0 电平，其余全为 1。74HC138 还有 3 个使能端 S1、$\overline{S2}$ 和 $\overline{S3}$，必须同时输入有效电平译码器才能工作，也就是仅当输入电平为 100 时，才选通译码器，否则译码器的输出全无效。

（3）输出驱动电路

输出驱动电路主要由光电隔离电路和出口继电器回路组成。

图 2-27 是输出驱动电路原理图。控制指令使并行口的 PB0 输出 0，PB1 输出 1，此时与非门 H1 输出低电平，光敏三极管导通，出口继电器 K 动作，触点闭合；反之当需要继电器 K 返回或装置初始化过程时，PB0 输出 1，PB1 输出 0。此时，与非门 H1 输出高电平，光敏三极管不导通，出口继

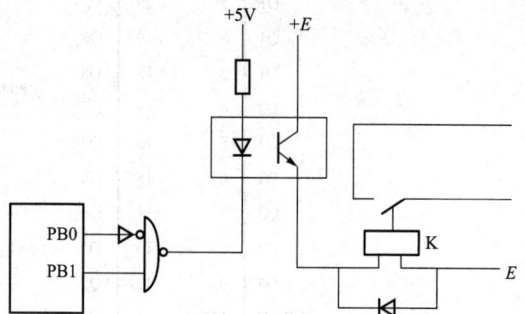

图 2-27　输出驱动电路原理图

电器 K 返回，触点断开。其中，光电隔离电路电源为 +5V 装置数字处理系统工作电源，出口继电器驱动电源由装置内部 24V 电源提供，而出口继电器输出为无源触点，被控制对象的实际控制回路电源由外部提供。

无源输出触点闭合自保持时间可通过软件调整，并通过 CPU 控制选通遥控执行译码电路和控制接通遥控驱动电路电源的时间来实现。一般对断路器的分/合命令，控制触点的闭合（或断开）时间设定为 200～300ms；对闸刀机构，控制触点的闭合时间设定为 1～2s。目前在高压和超高压系统中，对断路器的控制一般都由测控装置和操作继电器箱共同配合完

成。而对隔离开关和接地开关的控制应充分考虑控制输出触点的电流、电压通断容量能否满足该刀闸控制回路驱动电流的要求。如果满足要求可采用触点直接驱动方式，如果不满足还需增加中间继电器。在中低压系统中，国内厂家提供的测控保护装置对断路器的控制输出触点一般是固定的，并自带外围操作回路；而国外厂家的此类装置的断路器控制输出触点一般并不固定，可灵活定义，且自身不带外围操作回路，需用户自行搭建。

3. 遥控过程

对运行设备的遥控操作是非常慎重的，要严格禁止任何错误的操作，遥控的过程有严格的规定。遥控的全过程分四个步骤完成，如图 2-28 所示。第一步，控制端向被控端发出选择命令，选择命令包含遥控对象、遥控性质等信息；第二步，被控端向控制端返送遥控返校信息，返校信息是被控端对收到的遥控选择命令进行执行条件的核查，遥控对象若满足执行条件则返送肯定确认信息，否则返送否定信息；第三步，控制端根据返校的信息，向被控端发送遥控执行命令或遥控撤销命令；第四步，被控端根据收到的遥控执行或撤销命令进入具体执行进程。

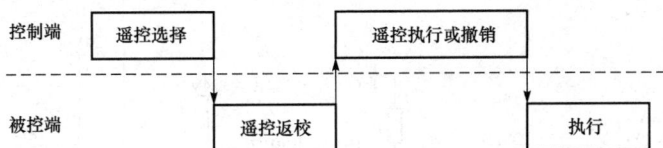

图 2-28　遥控过程示意图

4. 防遥控误出口措施

开关量输出涉及设备实际操作，事关重大，必须保证开关量输出的准确性和正确性。准确性是指保证控制对象的选择不允许发生错误，正确性是指保证控制对象按命令要求正确动作，不引起误动或拒动。因此必须采取一系列硬件和软件措施来防止遥控误出口。

（1）硬件防误出口措施

由于开关量输出电路主要由逻辑出口电路（包括输出锁存电路和端口地址译码电路）和输出驱动电路组成，因此可以从分别加强逻辑出口电路和输出驱动电路的可靠性来着手提高防误出口性能。

1）对于逻辑出口电路，可以采用双逻辑出口通道输出动作信号，利用这两个通道的不对应关系，用异或逻辑结构来实现通道损坏的检测，保证命令输出的正确性。图 2-29 是其逻辑原理框图。由 CPU 发出的动作指令加至图中的两个出口地址译码器。若译码正确，则

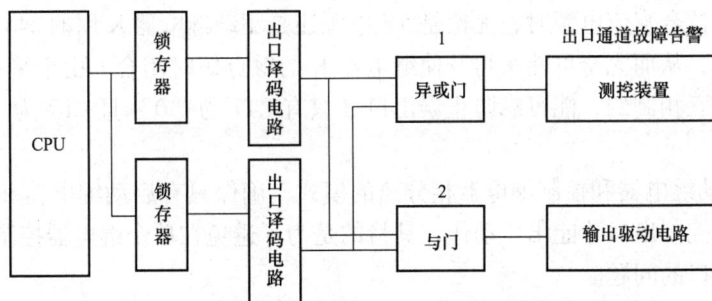

图 2-29　逻辑出口电路双工出口通道逻辑原理框图

43

两个译码器均有输出，共同作用于异或门 1 和与门 2。正常情况下，2 个通道输出均为 1，通过与门 2 选通输出驱动电路；当通道 1 或 2 中的任何一部分发生故障而使其中一个通道误发信号时，因通道 1 与 2 输出状态相反，与门 2 输出为 0，闭锁输出驱动电路；同时，异或门 1 向 CPU 发出通道故障告警信号，由 CPU 闭锁输出。

2）利用光电耦合电路实现输出控制电路与逻辑出口电路之间的完全隔离，有效避免前者对后者的电气干扰，如图 2－30 所示。

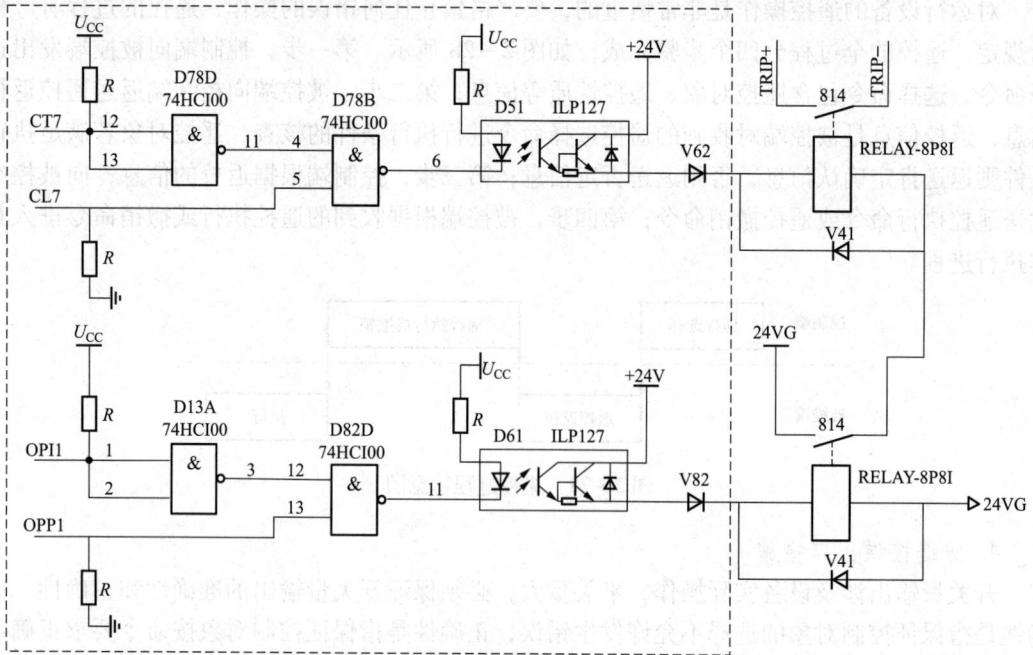

图 2－30　输出电路防误出口原理框图

3）逻辑出口电路的输出控制采用双端口设计，如图 2－30 中的 CT7 和 CL7，并设置反相器及与非门而不将发光二极管直接同并行口相连。原因一方面是并行口带负荷能力有限，不足以驱动发光二极管；另一方面采用与非门后要满足两个条件才能使出口继电器 K 动作，增加了抗干扰能力。为了防止拉合直流电源的过程中继电器 K 的短时误动，将 CT7 经反相器输出，而 CL7 不经反相器输出，因为在拉合直流电源过程中，当 5V 电源处于某一个临界电压值时，可能由于逻辑电路的工作紊乱而造成出口误动作，特别是装置电源往往接有大量的电容器，所以拉合直流电源时，无论是 5V 电源还是驱动继电器 K 用的 24V 电源都可能会缓慢上升或下降，从而完全可能来得及使继电器 K 的触点短时闭合。由于采用上述接法后，两个反相条件的互相制约，能可靠防止误出口（只有 CT7 为"0"且 CL7 为"1"时才能驱动继电器）。

4）采用启动继电器和控制继电器相分离的模式，确保只有启动继电器和相应的控制继电器同时动作，控制出口才能出口动作，其目的是为了避免在单个继电器控制回路出现问题而导致装置误出口的问题。

5）在软件中定时自检控制回路的硬件状态，如果发现某个继电器控制回路有问题，会及时闭锁该回路并告警。

（2）软件防误出口措施

间隔层装置的软件防误出口措施主要通过防误闭锁逻辑程序来实现，详见本节（八）防误闭锁功能。

（七）断路器同期合闸功能

断路器同期合闸功能是测控装置的重要高级功能之一，对于减小系统冲击、提高系统稳定性具有重要作用。断路器分、合闸是变电站监控系统最常见的一次设备遥控操作，其中对于断路器手动分闸命令，由于分闸前断路器两侧系统状态完全一致，测控装置一般不设出口限制条件；而对于断路器手动合闸命令，由于合闸前断路器两侧系统状态各不相同，需要测控装置实时采集断路器两侧电气量信息并进行计算和比较，以确定当前状态是否允许合闸以及最佳合闸时刻。一般而言，断路器合闸操作所需采集的电气量信息主要是电压、频率和相角。

1. 测控装置同期合闸方式分类及判据

（1）检无压合闸

断路器无压状态可分为线路侧和母线侧均无压、线路侧有压而母线侧无压、线路侧无压而母线侧有压三种。检无压合闸的允许判断条件是：断路器两侧电压值满足上述三种无压状态中的任何一种即可。

（2）检同期合闸

也称合环。一般用于同一系统内的断路器同期合闸。特点是断路器两端的系统频率是相同的。检同期合闸的主要允许判断条件是：

1）断路器两侧的电压均在有压定值范围之内；

2）断路器两侧的压差和角度差均小于定值。

只要这两个条件满足，测控装置的断路器合闸出口触点就会立刻闭合。

（3）准同期合闸

也称捕捉同期或并列。一般用于两个不同系统之间的断路器同期合闸。特点是断路器两端的系统频率不相同，需要捕捉同期。准同期合闸的主要允许判断条件为：

1）断路器两侧的电压均在有压定值范围之内；

2）两侧电压差小于压差定值；

3）频率差小于定值；

4）滑差（即频率变化率 $d\Delta f/dt$）小于定值。

在以上条件均满足的情况下，测控装置将根据合闸导前时间定值自动修正合闸角度，以保证断路器在0°角时刻合闸，对系统产生的冲击最小。其合闸角度的计算公式为

$$\left| \Delta\delta - \left[360\Delta f + 180\left(d\Delta f/dt \right) T_{dq}^2 \right] \right|$$

式中，$\Delta\delta$ 为两侧电压角度差；Δf 为两侧电压频率差；$d\Delta f/dt$ 为滑差；T_{dq} 为提前时间（不同厂家和型号的测控装置计算方式可能略有差异）。

（4）强制合闸

也称为无条件合闸。此时测控装置同期合闸功能模块退出运行，对断路器合闸操作没有任何条件限制，只要发令测控装置的断路器合闸出口触点就会立刻闭合。一般仅用于断路器紧急解锁操作或检修时遥控合断路器用。

对于断路器同期合闸，除了上述提到的判据之外，还有一些除特殊场合外一般不作要求的判据条件在这里没有列出，详见后面的同期定值参数说明部分。

测控装置的同期合闸功能模块的工作流程如图 2-31 所示。

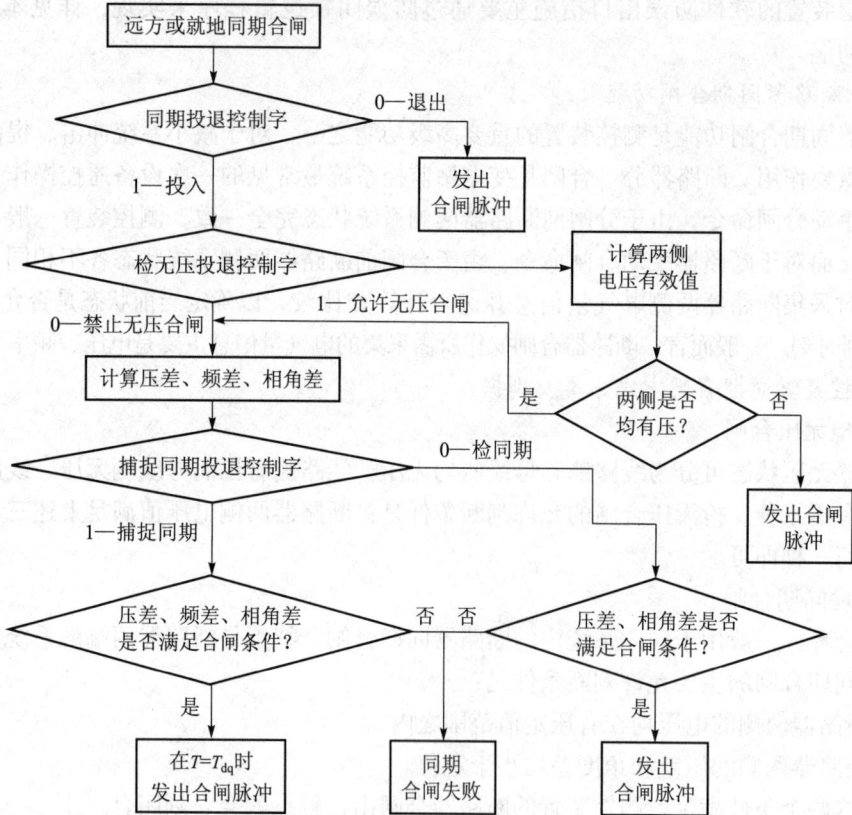

图 2-31　同期合闸功能模块的逻辑框图

测控装置一般都支持检同期和准同期合闸方式，但不同型号的测控装置在支持方式上略有差别。有些装置通过对两侧频率差的计算和判别来自动选择检同期或准同期方式，而其他一些型号的装置（主要是国产设备）除了具备自动判别功能外，还可以通过软连接片投退方式来人工选择同期方式，使用更加灵活。

由于目前同一个变电站内一次设备大都运行在同一个电网系统内，断路器两侧频率相同，因此测控装置大都采用检同期合闸方式。即使线路对侧是发电厂或水电站等电源点，由于同期点设在电源侧，因此变电站侧一般采用无压合闸方式对线路充电，准同期工作由电源侧完成。只有两个不同电网之间的联络线需要采用准同期合闸方式。

2. 测控装置同期电压接入方式

目前测控装置几乎都采用采用单相同期方式，即选择断路器两端的 2 个同相电压进行比较，一般选 A 相。测控装置型号不同，同期电压输入方式也有所差异。有些型号装置有 5 个交流电压输入端，其中 3 个用于三相电压输入，另外 2 个用作 2 个同期电压输入。其他一些型号装置只有 4 个电压输入端，则前 3 个用于三相电压输入，其中 A 相兼做同期电压，与第四个电压输入端输入的同期电压作比较。同期电压额定值一般为 100V 或 57.74V，部分型号测控装置也支持采用不同额定值同期电压输入（即 100V 和 57.74V 输入）以及相电压和线电压之间的同期，并通过参数配置选项对电压和相角进行修正。

3. 测控装置同期合闸常用参数

图2-32是某500kV线路测控装置参数配置文件中同期合闸模块的参数配置表，结合对该表格内容的介绍可以大概了解对同期合闸常用参数定义。

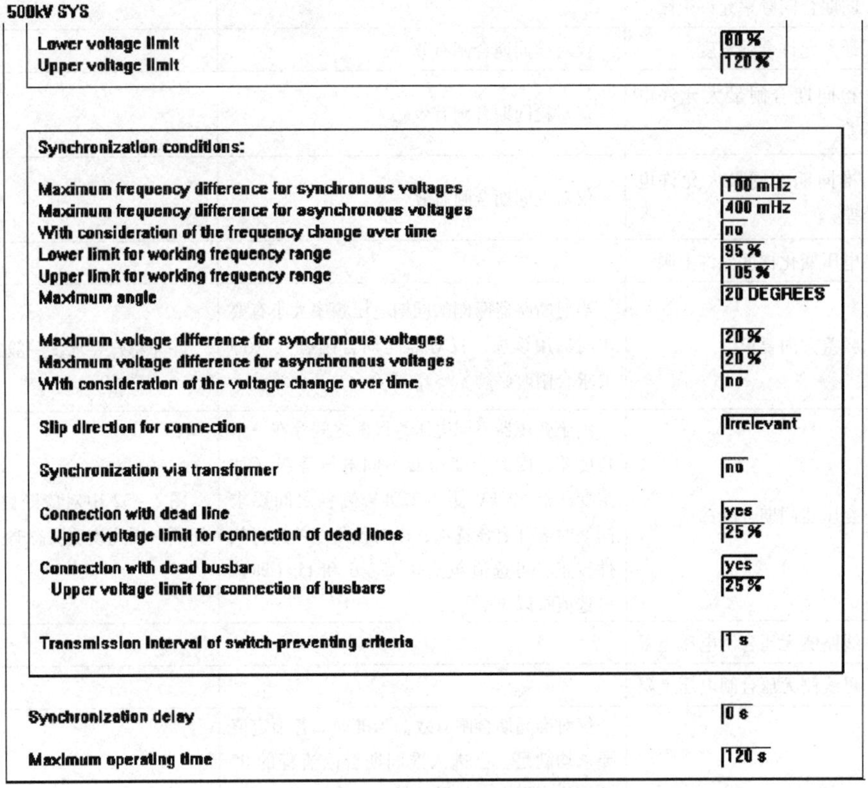

500kV SYS

Lower voltage limit	60 %
Upper voltage limit	120 %

Synchronization conditions:

Maximum frequency difference for synchronous voltages	100 mHz
Maximum frequency difference for asynchronous voltages	400 mHz
With consideration of the frequency change over time	no
Lower limit for working frequency range	95 %
Upper limit for working frequency range	105 %
Maximum angle	20 DEGREES
Maximum voltage difference for synchronous voltages	20 %
Maximum voltage difference for asynchronous voltages	20 %
With consideration of the voltage change over time	no
Slip direction for connection	Irrelevant
Synchronization via transformer	no
Connection with dead line	yes
Upper voltage limit for connection of dead lines	25 %
Connection with dead busbar	yes
Upper voltage limit for connection of busbars	25 %
Transmission interval of switch-preventing criteria	1 s
Synchronization delay	0 s
Maximum operating time	120 s

图2-32 线路测控装置同期合闸参数配置图

从图2-32中看到，大部分参数都以额定值的百分比形式来表示（额定值参数的设定在其他表格，此处未显示）。当额定值发生变化时，只要修改额定值参数即可，非常方便。表2-3中依次对图2-32中相关参数含义进行了说明。需要指出的是断路器合闸导前时间参数选项没有出现在图2-32中，而是放在了另外的断路器基本参数设置表里。

表2-3　　　　　　　　　　测控装置同期合闸参数含义说明

序号	参数名称	说　明	备　注
1	同期合闸电压有效值下限		
2	同期合闸电压有效值上限		
3	检同期频差判据	当 $\Delta f < 100\text{mHz}$ 时进入检同期合闸流程，$100\text{mHz} < \Delta f < 400\text{mHz}$ 时进入准同期合闸流程，$\Delta f > 400\text{mHz}$ 时同期条件不满足，退出同期合闸操作	
4	准同期频差判据		
5	频率变化梯度上限	仅对准同期合闸有效	图2-32中对应断路器采用了检同期方式，因此该选项被忽略

47

续表

序号	参数名称	说　　明	备　　注
6	同期合闸频率允许下限		
7	同期合闸频率允许上限		
8	最大允许合闸角度	仅对检同期合闸有效	
9	检同期合闸最大允许电压差	仅对检同期合闸有效	
10	准同期合闸最大允许电压差	仅对准同期合闸有效	
11	电压变化梯度允许上限		
12	频差方向要求	当对断路器两侧的同期电压频率大小有要求时启用该项，仅对准同期合闸有效（即要求合闸时必须 $f_A > f_B$ 或 $f_A < f_B$）	除非特殊要求，一般忽略该项
13	变压器同期合闸选项	由于变压器不同电压等级侧之间存在一个角度差，因此当变压器不同电压等级（如主变压器 500kV 侧和 220kV 侧）之间要求同期时需开启该选项，以对该角度差进行软件校正，可选值包括 0、5、6 和 11（即该可选值乘以 30°）	图 2－32 中对应断路器为线路间隔，因此该项被忽略
14	线路侧无压合闸电压上限		
15	母线侧无压合闸电压上限		
16	准同期合闸越限允许时间	仅对准同期合闸有效。当准同期各项定值要求均满足，已进入准同期合闸流程的 0°角等待过程中，如果某项定值突然越限，该定值越限最大允许时间。如果超过该时间，该定值仍未恢复到准同期合闸允许范围内，将退出同期合闸流程	
17	合闸延迟时间	在同期/无压合闸条件满足后合闸命令延迟出口时间	除非特殊要求，一般不作延迟
18	合闸最大允许时间		

（八）防误闭锁功能

变电站防误闭锁功能即平常所说的"五防"功能：防止带负荷拉、合隔离开关；防止带接地线（接地开关）合闸；防止人员误入带电间隔；防止误分、误合断路器；防止带电挂接地线（合接地开关）；以及防止非同期并列等。其中，防止非同期并列的内容详见本节"断路器同期合闸功能"部分。

目前变电站主要通过硬件和软件方式来实现防误闭锁功能，主要有以下几种方式：

（1）机械闭锁

机械闭锁是靠一次设备操动机构的机械结构来相互制约，从而达到相互联锁的闭锁方式，其优点是闭锁可靠，不易发生误操作，但适用对象范围较窄，一般只能用于一体化手动操作设备，如 10kV 开关柜的隔离开关、接地开关、柜门之间的闭锁。而对于非一体化设备

48

和电动操作设备（断路器除外）的闭锁就非常困难，特别是对于电动操作设备，如果仅采用机械闭锁方式，那么控制命令的误出口将导致该一次设备的机械损坏。

（2）电气闭锁

电气闭锁是利用断路器、隔离开关、接地开关等设备的辅助触点串入需闭锁的电动隔离开关或电动接地开关的二次控制回路上，从而实现一次设备之间的相互闭锁。电气闭锁方式闭锁可靠，但缺点也比较明显：

1）二次控制回路接线复杂，安装工作量大。

2）降低了一次设备运行方式的灵活性。对于具备多种运行方式的一次设备（如隔离开关等），电气闭锁方式往往不可行，即使可以，二次控制回路接线也会变得非常复杂。

3）由于一次设备辅助触点质量问题（如状态不到位等）引起的二次控制回路故障比较常见，影响了一次设备的正常操作，增加了运行维护工作量。

4）不同间隔一次设备之间距离相距较远，采用电气闭锁方式线缆敷设成本较高，且每个一次设备辅助触点数量有限，往往不能满足电气闭锁对辅助触点数量的需求，无法实现全站范围内的闭锁。

鉴于上述缺点，目前电气闭锁方式通常只用于同一间隔设备之间的闭锁，作为对软件闭锁方式的一种有益补充。

（3）电磁闭锁

电磁闭锁方式与电气闭锁实现原理相同，只是其闭锁对象是手动操作设备。电磁闭锁方式利用断路器、隔离开关、接地开关、设备柜门（网门）等的辅助触点串入需闭锁手动隔离开关、设备柜门（网门）等的电磁锁电源，从而实现设备之间的相互闭锁。这种闭锁方式原理简单，实现便捷，非一体化设备之间也可实现闭锁，目前在35kV及以下室内设备上使用较为普遍。除了具有电气闭锁的全部缺点外，电磁闭锁还经常受到因电磁锁受潮锈蚀导致闭锁失灵故障的困扰，维护成本较高。

（4）软件防误闭锁

根据防误闭锁程序安装位置的不同，软件防误闭锁可分为站控层闭锁和间隔层闭锁两大类。关于站控层闭锁相关内容在站控层章节中有详细介绍，本节仅介绍间隔层闭锁功能。防误闭锁功能是间隔层测控装置的重要功能之一，其主要作用是在隔离开关和接地开关控制过程中，与被控制对象在拓扑关系上相关的其他断路器、隔离开关、接地开关、电容器网门等设备的状态应参与控制命令的允许或闭锁，以杜绝带负荷拉隔离开关、带接地线（接地开关）合电源等误操作的情况发生，保证操作人员的安全。

变电站监控系统联/闭锁功能的设定原则为：不影响正常的控制功能的实现；断路器作为非明显断开点处理；主变压器各侧接地开关和变压器隔离开关相互闭锁等。

早期的测控装置仅具备本间隔内部隔离开关间的防误闭锁功能，而不具备不同间隔一次设备之间的防误闭锁功能。后期产品在总控单元的共同参与下可以实现间隔层的全站防误闭锁功能。目前，主流测控设备大都采用了以太网通信方式，各装置节点通过以太网互相通信和交换设备状态信息，可以实现间隔层的全站防误闭锁功能。测控装置可使用的闭锁条件非常灵活，可以是实际输入的开关量硬触点信号（单/双触点均可），也可以是模拟量信息（如电压值）甚至是装置内部产生的虚遥信（如测控装置自诊断信息）或模拟量计算值（如功率值）。每种测控装置一般都具有相应的联/闭锁组态软件，闭锁逻辑关系用联/闭锁组态软件离线修改后通过参数化软件下装后来实现。

图 2-33 为某 500kV 变电站主变压器 500kV 侧 501367 接地开关在联/闭锁组态软件中的闭锁逻辑配置表。可以看到各闭锁条件之间是逻辑"与"的关系，只有所有闭锁条件均满足该接地开关才允许闭合。闭锁条件类型很丰富，除了 50122、50131、20036、30031 隔离开关的位置信号外，还包括主变压器 500kV 侧 TV 电压值以及 50122 隔离开关所在间隔测控装置的自诊断状态信息。

表 2-4　　　　　　　　　　501367 接地开关闭锁逻辑表

操作设备	50122	50131	30031	20036	主变压器 500kV 侧 U_{AB}	主变压器 500kV 侧 U_{BC}	主变压器 500kV 侧 U_{CA}	5012 测控装置 运行状态
501367	0	0	0	0	$<U_{无压}$	$<U_{无压}$	$<U_{无压}$	好

```
501367   Read state from
Function for switch interlocking <501367>
  └ IF < >
    └ AND < >
      ├ Read state from (status, 1C2-BCU, NOT READY FOR OPERATION) = CLEAR
      ├ Read state from (500kv, 1C2, 50122) = OPEN
      ├ Read state from (500kv, 1C3, 50131) = OPEN
      ├ Read state from (500kv, 1C3, DI, 30031) = OPEN
      ├ Read state from (500kv, 1C3, DI, 20036) = OPEN
      ├ Read state from (500kv, 1C3, MEASURED VALUES, Uca UL1<) = RAISE
      ├ Read state from (500kv, 1C3, MEASURED VALUES, Ubc UL1<) = RAISE
      └ Read state from (500kv, 1C3, MEASURED VALUES, Uab UL1<) = RAISE
  └ THEN < >
    └ Enable control = yes
```

图 2-33　闭锁逻辑配置表

实际运行中，对于间隔层软件防误闭锁功能的使用存在以下模式：

1) 间隔层防误闭锁功能模块测控装置接收设备操作命令时才被触发启动，如果满足操作正逻辑条件才开放出口继电器。这种模式通常采用双触点输出模式，电源电压与被控对象动作继电器线圈之间以及不同控制对象电路之间完全电气隔离，输出非常可靠，但缺点是无法对一次设备的现场就地操作提供防误闭锁保护。

2) 间隔层装置根据现场实际运行工况自动触发相应的防误闭锁判断程序，并根据判断结果自动开放或闭合闭锁继电器触点而无需人工干涉。由于隔离开关分、合操作的逻辑条件完全相同，该模式通常采用分、合出口触点与闭锁触点相分离的方式，即分—合—闭锁三副触点。其中，闭锁触点被分、合控制回路共用，位于回路中性线端之前。该模式的优点是能够同时为远方遥控和现场就地操作提供完善的防误闭锁保护，缺点是当闭锁触点闭合时电源电压与被控对象动作继电器线圈之间以及不同控制对象电路之间无法完全电气隔离。

3) 该模式的接线方式与第二种相同，不同的是测控装置闭锁触点不再由装置判别后自动断开或闭合。正常无操作工况条件下所有闭锁触点均处于断开位置，当需要对某设备进行操作时，运行人员先通过站控层"五防"预演程序触发启动对应测控装置的防误闭锁判断程序，条件满足则闭锁触点闭合。然后，运行人员再下达命令对该设备进行操作。操作完成后闭锁触点自动断开。如果闭锁触点闭合后指定时间内操作命令没有下达，闭锁触点也将自动断开。这种方式不仅具备了模式二的优点，而且其只在操作时短暂开放闭锁触点的做法使得在大多数时间内电源电压与被控对象动作继电器线圈之间能完全电气隔离。

（九）时钟同步方式

（1）串口通信对时

这种对时方式在早期型号测控装置中比较常见。这些装置自身不带硬件对时接口电路，需要总控单元以串口通信方式进行对时，一般总控单元每分钟发送1次广播对时指令（即不考虑测控装置是否接收到该指令，无需接收确认返回信息）。由于存在通信延时且对时程序运算需要时间，这种方式的对时精度相对较差，且测控装置通常只能提供秒和毫秒信息，而分、时、日、月、年等信息需要总控单元来提供，是一种纯软件对时方式。

（2）分脉冲硬触点输入对时方式

这种方式把变电站 GPS 时钟的分脉冲输出空触点接到测控装置的脉冲校时接口，这种方式对时精度较高，但测控装置仍然只能提供秒和毫秒信息，而分、时、日、月、年等信息需要总控单元或站级层计算机来提供，因此属于软硬结合的对时方式。

（3）IRIG – B 码对时方式

采用这种方式的测控装置均具备 IRIG – B 码对时接口电路。变电站 GPS 时钟的 B 码输出接至测控装置 B 码输入接口，而 IRIG – B 编码中已包含了当前所有时间信息，因此这是一种纯硬件对时方式，对时精度最高。目前测控装置大都采用直流 B 码对时，而微机保护装置则以交流 B 码方式居多。图 2 – 34 为 IRIG – B 码格式。

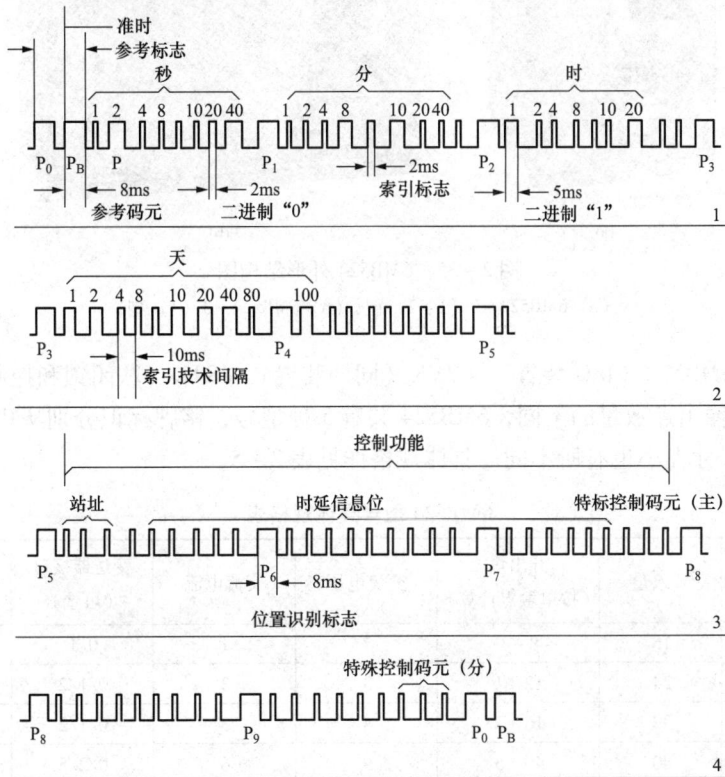

图 2 – 34 IRIG – B 码格式

第三节 典型装置介绍

本节主要介绍西门子公司 LSA6 间隔层设备。

作为一家技术实力雄厚的跨国企业，西门子公司的产品在电网自动化系统中有着比较广泛的应用。其中，变电站监控系统设备从 20 世纪 90 年代中后期开始，陆续在 500kV 超高压枢纽变电站得到应用。

西门子公司的变电站监控系统的设备型号（间隔层）主要有 6MB5510 + 6MB522 + 7VK + 8TK、6MB5515 + 6MB524、6MD66 和 SICAM 等。其中，后者是前者的升级换代产品。因篇幅所限，本文主要以常用的 6MB5515 和 6MB524 装置为例，对其监控系统设备进行介绍。

（一）6MB524 测控装置

（1）6MB524 模板和结构介绍

6MB524 装置是西门子公司在 20 世纪 90 年代中期开发并力推的测控装置。与前代产品相比，它集交直流信号采集、命令输出、同期合闸、逻辑闭锁等功能于一体。6MB524 装置的外形见图 2 - 35。

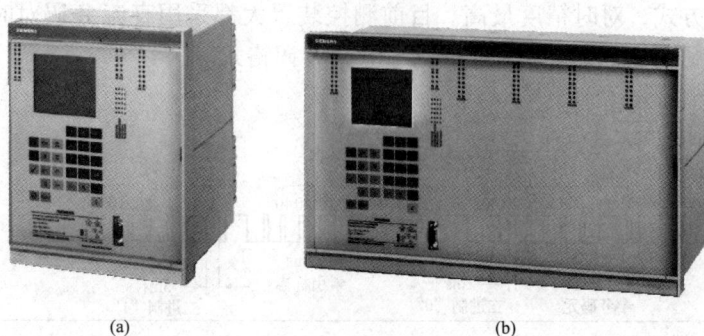

(a)　　　　　　　　　　　　(b)

图 2 - 35　6MB524 外形结构图

（a）6MB524 - 0（1、2）型；（b）6MB524 - 3（4）型

6MB524 = 6MB522（I/O 装置）+ 7VK（同期装置）+ 8TK（联闭锁和控制装置）

根据输入/输出点数量的不同，6MB524 共有 5 种型号，铭牌标识分别从 0 型到 4 型，相应型号装置的尺寸大小也有所不同。具体规格详见表 2 - 5。

表 2 - 5　　　　　　　　　　　6MB524 型号具体规格表

序号	型号	开入量	开出量（按单触点计算）	交流电压	交流电流	变送器接口（可选）	尺寸	
1	524 - 0	16	8 + 1	2	1	0/1	1/2	7XP20
2	524 - 1	24	12 + 1	3	3	0/1/2	1/2	7XP20
3	524 - 2	32	16 + 2	4	3	0/1/2	1/2	XP20
4	524 - 3	80	40 + 5	9	6	0/2/5	1/1	XP20
5	524 - 4	48	24 + 3	6	3	0/2	1/1	XP20

注　开出量一栏中前者带错误侦测功能，后者不带错误侦测功能。

6MB524 装置内部采用模块化设计，各模块采用前置面板总线方式进行通信。各型号6MB524 装置的模块数量配置详见表 2-6。

表 2-6   **6MB524 模块数量配置表**

序号	模块名称	6MB524 模块数量				
		0 型	1 型	2 型	3 型	4 型
1	SV	1	1	1	1	1
2	ZPF	1	1	1	1	1
3	MWB	1	2	2	5	3

（2）6MB524 装置各模块的主要功能

1）SV 板：装置电源板，带有一般的电源保护功能。

2）ZPF 板：主 CPU 板。

ZPF 板是 6MB524 测控装置的核心板件，主要负责以下功能：

——接收和处理从各 MWB 板得到的原始采集数据，并完成数据的计算和上送；

——装置自身健康状态监视；

——与主单元或其他西门子同系列装置通信；

——面板显示和人机对话接口；

——本间隔参数配置文件的下装和存储；

——仅涉及本间隔内部的闭锁逻辑功能和断路器同期合闸功能。

3）MWB 板：输入输出板。根据型号的不同，每块 MWB 板带有一定数量的开入、开出和交流采样输入接口。每个开入点都对应一个 LED 指示灯。此外 MWB 板也有带变送器接口的版本。MWB 板具体型号详见表 2-7。不同型号的 MWB 板之间不能相互替代。此外，6MB524 装置内部各 MWB 板插槽所对应的 MWB 板型号也有明确规定和限制，具体对应型号详见表 2-8。

表 2-7   **MWB 板 型 号**

序号	型号	交流电流输入	交流电压输入	开入量	开出量	变送器
1	A20	2	1	16	8 + 1	0
2	A21	2	1	16	8 + 1	1
3	A22	1	2	16	8 + 1	0
4	A23	1	2	16	8 + 1	1
5	A25	2	1	8	4	0
6	A26	2	1	8	4	1

表 2-8   **6MB524 装置所用 MWB 板型号对照表**

序号	装置型号	6MB524 装置内部 MWB 板插槽				
		MWB0	MWB1	MWB2	MWB3	MWB4
1	524-0	A22、A23	—	—	—	—
2	524-1	A22、A23	A25、A26	—	—	—
3	524-2	A22、A23	A20、A21	—	—	—
4	524-3	A22、A23	A20、A21	A22、A23	A22、A23	A22、A23
5	524-4	A22、A23	A22、A23	—	—	A22

在 500kV 变电站实际运用中，根据所需 I/O 点数量的多少，6MB524 - 0（1、2）型通常用于 35kV 无功补偿装置、站用变压器高压侧、380V 站用电等间隔；6MB524 - 4 型主要用于 220kV 线路、母联断路器、分段断路器、主变压器 220kV 侧、500kV 中开关等间隔；6MB524 - 3 型主要用于 500kV 出线（含边开关）、主变压器 500kV 侧和主变压器本体及 35kV 侧等间隔。上述诸多型号产品已基本满足多数应用场合的需要，但对某些 I/O 容量要求特别高（如开入点要求大于 80 个）的需求，即使是 3 型装置也显得有些捉襟见肘，只有通过在 6MB5515 主单元上扩充相应的 I/O 板来解决。此外，同一块 MWB 板上集成了开入、开出和模拟量采集电路，任何一个 I/O 点损坏都要更换整块板件。MWB 板型号较多，且通用性相对较差，这使得对备品备件的型号和数量要求也较高，无形中提高了维护成本。

维奥公司的 AM1703 装置的设计思路与之截然不同，它采用开入、开出、模拟量交流采样、模拟量变送器采样等各功能块在硬件上的完全独立和模块化，I/O 点数量配置的增减仅需通过增减相应型号的板件，比较灵活。相对工程实际需求而言，AM1703 装置的 I/O 容量扩充能力几乎是无限的（与 6MB5515 主单元的 I/O 板设计思路颇有相似之处）。

（3）装置面板

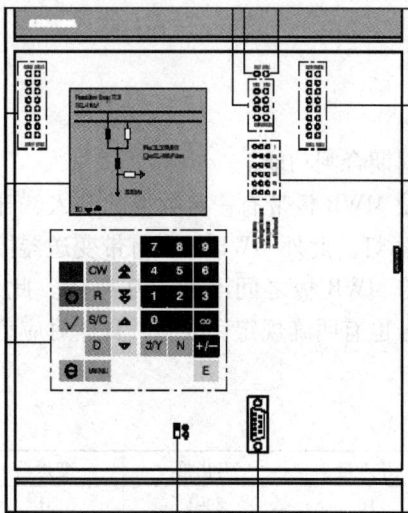

图 2 - 36 6MB524 - 0（1、2）前面板

6MB524 装置在前面板上带有 LCD 显示（见图 2 - 36），用于显示一次设备主接线图和遥信量、遥测量、电能量、SOE 事件记录等信息，并可通过 LCD 显示，同时通过面板可以看到装置内部的参数配置和操作系统的运行状态（德文菜单）。此外，装置面板支持基于 LCD 图形方式的控制命令开出，所有在面板上的控制开出都支持密码操作，保证了操作的安全性。面板 LED 用于显示装置和各光纤通道运行状态及硬触点信号状态。面板上的 9 针串口用于外接 PC 机诊断或本间隔参数配置文件的下装。

（4）装置内部配置及功能实现

1）开关量输入。由图 2 - 37 可见，6MB524 装置的开入量接口采用光电隔离设计，每 4 个一组共负端。每个开入量在装置面板上都有一个 LED 灯与之相对应。根据用户订货要求的不同，信号电源可以有 48V、110V、220V 三个规格，相应的开入量动作电压门槛值分别为 16V、43V、154V，最大采样分辨率为 1ms。通过西门子参数化配置文件，每个开入量既可以按用户所需被设定为单触点告警信号或脉冲电度量，也可以和其他开入量组合构成双触点位置信号。对于以动断触点输入的信号，6MB524 装置可以在内部取反后，以虚拟动合触点的方式上送。此外，每个开入量的数字滤波时间均可单独设定。

6MB524 装置没有专门的脉冲电度量输入端口。通过事先设定，所有的开入点都可以作为脉冲电度量接口。电度量在装置 LCD 面板上可以查询，并且装置断电重启后仍可保留。此外，装置支持电度量定时上送功能，定时间隔可自由设定。

2）开关量输出。6MB524 装置的开出点具备错误侦测功能，当用于控制某个开出继电

ITC module 0 | ITC module 1 | ITC module 0

Indication inputs | Indication inputs | Commands | Commands

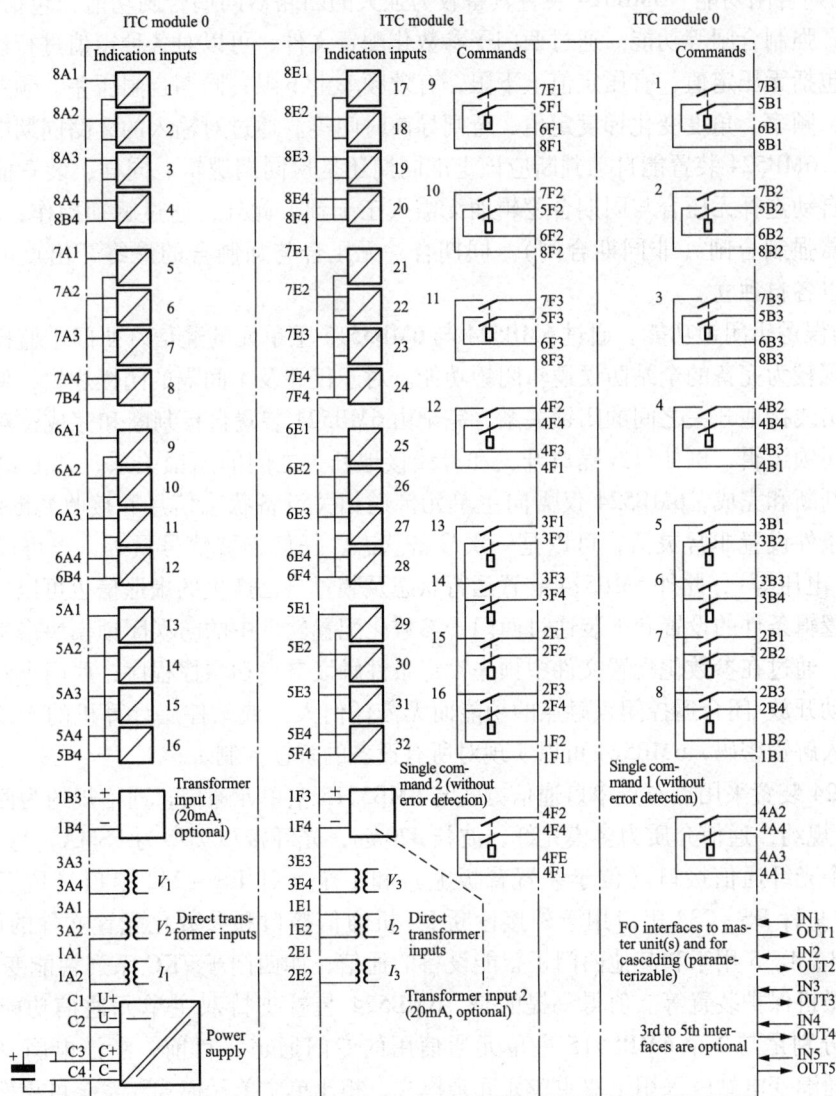

图 2-37 6MB524-3 型装置内部配置

器的晶体管发生故障时，装置会报警并闭锁该开出继电器。每个开出点最大可承受电压为 250V 交流或直流，最大可持续电流为 4A。通过西门子参数化配置文件，每个开出点均可单独设定为动断或动合，触点闭合或断开时间也可单独设定。此外，每个开出点均可作为同期合闸触点。

3）交流采样功能。6MB524 装置采用直接交流采样方式采集交流电压和交流电流，采样分辨率为 1ms，采样精度为 0.2%。通过西门子参数化配置文件，二次侧输入电压可以设定为 100V 或 $100/\sqrt{3}$V，二次侧输入电流可以设定为 1A 或 5A。装置根据采样值可以计算出三相电压和电流有效值、有功功率 P、无功功率 Q、功率因数 $\cos\varphi$、频率 f、三相线电压、中性点电压 $3U_0$ 等值。此外，根据需要，西门子公司还可以提供带变送器接口的 6MB524 装置型号。

55

第二章 变电站计算机监控系统间隔层

4）同期合闸功能。6MB524 装置具备较为强大的断路器同期合闸功能，包括同期合闸、无压合闸、强制合闸等功能。通过西门子参数化配置文件，可以对各种定值进行设定。可设定的定值包括无压定值，有压定值上下限，有效频率上下限，同期合闸压差、频差、角差定值，电压、频率、角度变化梯度定值、合闸导前时间等。通过对输入的 2 路同期电压频差幅值的比较，6MB524 装置能自动判断应该走准同期还是检同期逻辑。同样，装置能根据同期电压幅值自动选择无压合与同期合逻辑而无需人工干预。此外，通过解锁操作，6MB524 也支持断路器强制合闸（非同期合闸）。同期合、无压合与强制合的最终开出点可以是同一个，也可以各自独立。

5）防误逻辑闭锁功能。通过 6MB524 与 6MB5515 主单元的通信，西门子监控系统间隔层可以实现较为完备的全站防误逻辑闭锁功能。对于仅涉及本间隔的闭锁逻辑，例如出线隔离开关和出线接地开关之间的闭锁关系，完全由 6MB524 装置自行判断和完成；对于涉及其他间隔的闭锁逻辑，例如母线隔离开关和母线接地开关之间的闭锁关系，则由 6MB5515 主单元进行判断和完成，6MB524 仅需向主单元传送相关设备状态信息和接收判断结果即可。闭锁逻辑条件设置非常灵活，可以是一次设备状态、任何告警信号量等，也可以是模拟量（如电流、电压等），此外 6MB524 装置运行状态及装置自己产生的虚遥信也可以作为闭锁条件。闭锁逻辑条件的设置和下装通过西门子参数化配置软件中的防误闭锁模块来实现。值得一提的是，通过在参数化配置文件中预先设定条件触发自启动顺控程序，西门子监控装置可以实现自动开放/闭合遥控闭锁触点的功能而无需任何人工或站控层计算机的干预。通过在面板上输入解锁密码，6MB524 可以实现对所有设备的解锁控制。

6MB524 装置采用点对点串口通信方式与 6MB5515 主单元通信，通信规约为西门子公司内部 ILSA 规约，通信介质为多模光纤，波长 820nm，光纤接口类型为 FSMA。每个 6MB524 装置有 5 个光纤通信接口（位于装置背板上）和 1 个 9 针 RS-232 串口（位于前面面板上）。其中 9 针 RS-232 串口用于外接诊断 PC 机通信接口和参数化配置文件的修改下装，光纤接口 3、4、5 用于和其他西门子智能设备的通信，如西门子 7KG 系列智能变送器、7SJ 系列线路微机保护装置等。值得一提的是，6MB524 装置支持双主单元通信功能，光纤接口 1 和 2 分别是与 2 个 6MB5515 主单元通信用的专门通道。目前，浙江电网 500kV 凤仪变电站和涌潮变电站就采用了双主单元冗余模式，相比单主单元模式，系统可靠性有了很大提高。

图 2-38　6MB5515 装置结构（部分）

6MB524 装置的所有功能。

（二）6MB5515 厂站级主单元

6MB5515 主单元是西门子监控系统的核心设备（见图 2-38）。一方面，它负责与所有 6MB524 测控装置的通信，接收测控装置送来的信息并处理后上送至站控层计算机；另一方面，它接收站控层主机下达的命令并转发至相应间隔的测控装置。作为监控系统间隔层的总控设备，6MB5515 主单元还具备跨间隔逻辑闭锁功能和信息存储等多种功能。此外，通过插入相应功能的 I/O 模件，6MB5515 可实现

6MB5515 主单元采用模块化机架式结构设计。其中，底座为全高型 6U 尺寸机架，机架

56

可有 28 个板件插槽，所有功能模块（包括电源）都以板件形式插在机架插槽上，以总线方式进行通信。根据用户需求的不同，主单元上所用功能模块的种类和数量可灵活增减。但主单元有一个最小系统配置要求，即其中有几个功能板件是必须配备的，否则主单元无法正常工作。构成最小系统的板件包括 LPⅡ板、SV 板和 BF 板。若机架 28 个插槽全部用完后，仍不能满足需求，可通过扩展机架来实现容量的扩充。每个主单元最多可配备 5 个扩展机架，每个扩展机架都有 28 个插槽，加上基础机架的 28 个插槽，主单元的最大容量为 168 个插槽，足够满足任何苛刻的工程需要。表 2-9 是 6MB5515 主单元主要功能板件一览表。

表 2-9　　　　　　　　　　　6MB5515 主单元主要功能板件

序号	板件	功能	占用插槽数	备注
1	LPⅡ	主 CPU 板	2	
2	SV	电源板	4	每个扩展机架都必须有独立的 SV 板
3	BF	命令使能板	1	
4	SC	通信板	1	
5	BA	命令开出板	1	
6	DE	开入板	1	
7	AR	变送器接口板	2	
8	RK	扩展机架耦合板	1/2	每个扩展机架都必须有独立的 RK 板，在基础机架占 1 槽，扩展机架占 2 槽

1）LPⅡ板（或 FP 板）。作为 5515 主单元的核心功能板件，LPⅡ板是 5515 的主 CPU 和存储缓冲区所在地。LPⅡ板采用了双 CPU 并行处理模式，一个用于数据处理，另一个为通信专用；如果需要，还可以增加第二个通信处理器。为保证主 CPU 和通信 CPU 各司其职，互不干扰，LPⅡ板的通用数据处理程序代码和通信程序代码存放在不同的 FLASH EPROM 上，相关的参数配置文件也采用相同方式存储。主 CPU 负责相关逻辑计算及对整个主单元的 16 位系统总线进行管理。通信 CPU 负责与所有测控装置通信并时钟同步。由于 6MB524 装置没有 IRIGB-B 等硬件时钟对时接口，也不支持分或秒脉冲输入方式对，因此必须由 LPⅡ板用点对点串口通信方式，将整分对时信号以 ASCII 码形式传送给 6MB524 装置。LPⅡ 板采用 DCF-77 数据格式接收时钟同步信号。通过硬件跳线的设置，同步信号接收可以选择电缆或光纤介质。

2）SC 通信板。SC 板是 6MB 系统设备中的通用通信功能板件。SC 板对于通信规约的支持比较灵活，可通过向 SC 板的 FLASH EPROM 中下装不同的规约通信程序来实现与 6MB5515 主单元、6MB524 测控装置或 7SJ 微机保护装置等设备的通信。SC 板配置了 3 个摩托罗拉公司的 32 位 MC68302 通信处理器，每个处理器有 3 个独立的串行通信接口，整块板合计有 9 个独立串行通信接口。其中 1 个通信口用于 SC 板与 6MB5515 主单元的 16 位系统总线通信，其余 8 个用于与外接装置的通信，且每个通信口都采用了四路复用技术，因此，SC 板最多可以与 32 个 6MB524 装置的测控装置通信。

3）DE 板。DE 板为主单元的开入量板，是测控装置开入容量不够时的一种补充模板。每块 DE 板拥有 32 路单遥信，每 8 个 1 组，共 4 组，采样分辨率为 1ms。与 6MB524 测控装置的遥信触点类似，DE 板的 32 路单遥信均可通过西门子参数化配置文件设定为一次设备双

57

遥信、主变压器分接头挡位、BCD 码或脉冲电度量。

4）AR 板。AR 板为主单元的变送器输入接口板，主要用于变送器 0 ~ 20mA 的输入。每块 AR 板有 16 路相互隔离的变送器输入，只有 4 个 A/D 转换器，通过 4 路复用器来实现 16 路输入，因此同一时刻一块 AR 板只能监视 4 路输入。

5）BA 板。BA 板是主单元的命令开出板。每块 BA 板有 32 路单开出，每 16 路一组共势。通过西门子参数化配置文件，BA 板可以设定为 32 路单开出或 16 路双开出命令。此外，BA 板也可以与 BF 板组合共同控制命令的开出。

6）BF 板。BF 板是主单元的命令开出使能板，也是 5515 主单元必须配备的功能板件。BF 板的使用，可大大提高 BA 板命令输出的可靠性。此外，BF 板自身也带有 8 个单遥信输入和 8 个单命令开出。

7）SV 板。SV 板是 6MB5515 主单元的电源模块。根据工作电压的不同，SV 板的型号也有所不同（具有从 24V 至 220DC 的不同型号版本）。

6MB5515 还有其他一些功能模块，此处不再赘述。

（三）LSA 间隔层系统通信

由 6MB5515 和 6MB524 组成的 LSA 系统是比较典型的串口点对点通信方式。主单元上的每块 SC 板通过多路切换技术，为主单元提供 32 路 RS232 串口，每一路串口通过光电转换设备和测控装置实现点对点连接。

测控装置采集的信息，通过串口及 LSA 系统的内部 ILSA 规约与主单元进行信息交换。主单元通过 RS232 串口，以西门子公司内部 8FW 规约或 101 规约与数据处理单元（DPU）进行通信。DPU 装置通过 TCP 及 UDP 规约与站控层系统进行信息交换。两台 DPU 装置通过与两台 6MB5515 交叉通信，实现 DPU 装置和通道的冗余。

6MB524 测控装置也可提供两个通信端口，分别接至两台主单元，实现主单元和间隔层网络的冗余。但主单元 6MB5515 不支持主备运行方式，如间隔层采用上述冗余方式，则间隔层系统为双主方式，同时向站控层系统和测控装置发送信号，由站控层系统选择合适的主单元信号。

在 LSA 间隔层系统中，6MB524 测控装置完成本间隔内的联闭锁功能。若涉及其他测控装置采集的状态信号，联闭锁功能则由主单元 6MB5515 完成。两台主单元之间的通信线用于联锁功能所需的其他主单元信息的交换。LSA 间隔层系统通信结构如图 2 - 39 所示。

（四）LSA 间隔层系统参数化配置说明

LSA 系统参数化文件的配置是由 SIEMENS 公司专用的 LSATOOLS 软件完成，该软件必须在 OS/2 操作系统下运行。通过 LSATOOLS 配置生成 *.ODA 文件，并需编译生成一系列其他文件。其中，*.LSA 用于下装到主单元 6MB5515，*.LFP 用于下装到 6MB524 装置。通常，LSA 系统只能通过 6MB5515 下载参数化文件，仅当 *.ODA 文件未经重新编译时，方可直接将 *.LFP 文件下载到 6MB524。

另外，LSA 系统对于参数化配置文件的版本管理非常严格，参数化配置文件的任何修改均需重新编译，其编译后的版本号均不同。只当 6MB5515 主单元和与之相联的所有 6MB524 测控装置的参数配置文件版本均完全相同时，系统才能正常运行。该软件版本管理模式，虽然最大限度地保证了参数化配置文件的正确性和可靠性，但对于现场调试，特别是给扩建工

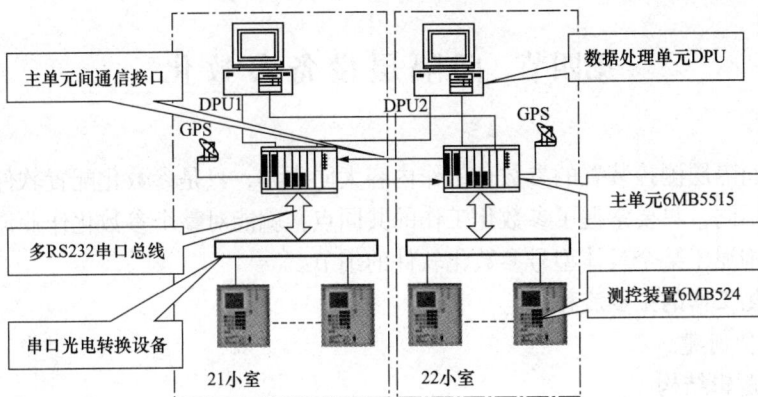

图2-39　LSA间隔层系统通信结构

程调试带来了很大的不便。扩建间隔新增的6MB524装置需接入6MB5515主单元，则必须修改原先的参数化配置文件，并重新编译下装。为保证软件版本的完全一致，对所有已运行间隔的6MB524装置也必须重新下装。在下装过程中，6MB524装置和6MB5515主单元均处于诊断模式，与站级层系统完全失去联系，即在下装过程中监控系统间隔层处于完全瘫痪状态，所有信号和命令都无法上传和下达。瘫痪时间长短与该主单元所带的6MB524装置数量成正比，数量越多时间越长，通常在20min左右。

　　LSA系统的参数化配置程序LSATOOLS功能非常强大。图2-40为LSATOOLS显示的一个.ODA文件编辑环境。图中，对电流的额定值、单位、零漂抑制等定值选项进行了设置。由于篇幅有限，LSATOOLS的其他配置界面不再赘述。

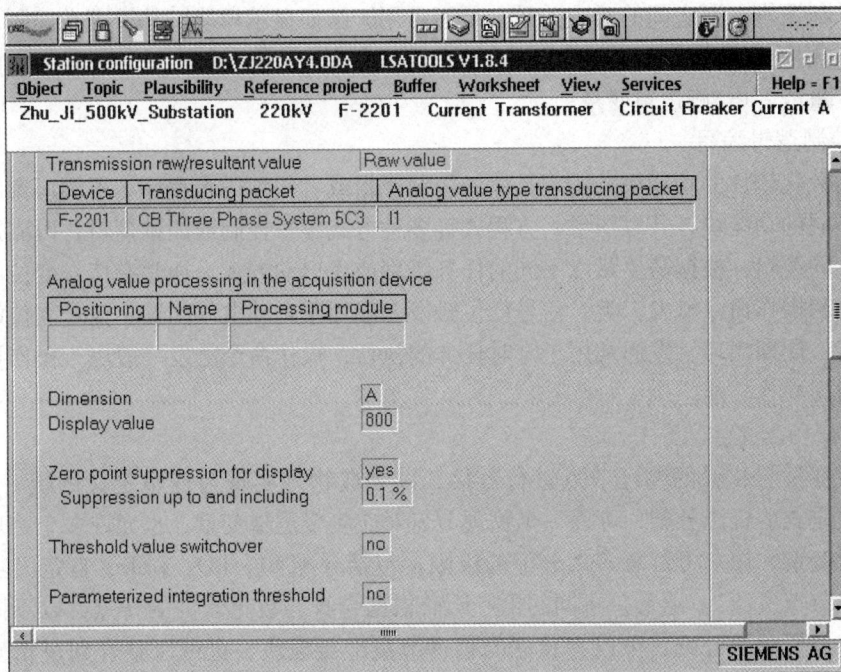

图2-40　.ODA文件编辑环境

第四节 间隔层设备参数化

不同厂家间隔层测控装置的参数化工作内容大同小异，只是参数化配置软件的使用界面和习惯上有所不同，只要掌握了参数化工作的共同点，就能对整个参数化作业流程有较清楚的了解，不必拘泥于某个具体型号参数化软件的细节。

一、参数化工作的主要流程

1. 工程文件创建

（1）建立逻辑结构

理解工程文件的逻辑结构，并按照该逻辑结构创建工程文件。一般逻辑结构按照整体和间隔对象的分层对象模式实现。间隔对象一般按每个测控装置对应一个电气间隔的原则创建。通常，间隔对象都包含以下几个模块：逻辑变量配置模块、控制逻辑编写模块、物理节点链接模块、液晶画面制作模块、通信参数设定模块、参数下装试验模块、时间同步设置模块等，对于四合一装置还包括保护功能配置模块。同时，不同的厂商也可根据自身的特点，合并部分功能模块。

（2）逻辑变量配置

逻辑变量是装置内部处理的基本单位，可分为外部逻辑变量、内部逻辑变量和系统逻辑变量，又可以细分为单点、双点、多点的开入、开出逻辑变量。通常，需要配置外部开入逻辑变量的延时滤波常数和内部逻辑变量默认值，设置外部开出命令的类型及开出时间长度，设置逻辑变量的远传地址等。不同的厂商会根据自身的特点设置不同的配置选项，例如，设定物理电平与逻辑电平之间的对应关系，是否可用于画面显示模块，是否可在间隔单元中以软连接片方式控制等。对于不同厂家的逻辑变量的实现方式有不同的处理方式，有的允许自定义逻辑变量或者增/删逻辑变量。

（3）控制逻辑编写

根据参数化软件的功能块，实现具体的控制逻辑或者闭锁逻辑程序。不同厂家的参数化软件提供不同的功能块，并以图形、方程式等多种方式编写控制或闭锁逻辑，以满足实际需要。对于不同逻辑，根据需要赋以不同的任务级别或者启动方式。通常有信号变位触发、周期循环触发和操作命令触发三类。信号变位触发一般用于自动电气闭锁、信号变位触发保护闭锁等功能；周期循环触发通常用于定时任务的执行；操作命令触发一般用于操作控制闭锁逻辑实现防误操作功能。

（4）物理节点链接

将逻辑变量与装置的物理节点进行链接，以完成物理实现与逻辑定义的统一（注意：并非一一对应式的资源分配，可以一个物理节点对应多个逻辑变量，也允许多个物理节点对于一个逻辑变量，用户可留意多次分配的极限，包括分配 BI、BO、LED、自定义功能键等装置的物理节点资源）。通常，不同的生产厂商根据自身参数化软件的特点，以不同形式来实现物理节点资源的分配，可以有独立的物理节点链接模块，也可以整合到逻辑变量配置模块。

（5）液晶画面制作

液晶画面通常用于测控装置上的人机交互功能。通常，需要制作基本画面和控制画面及各类事件列表，以反映间隔的实时运行状态。画面需要的信息量有开关量、模拟量、控制量等。不同厂家的参数化软件需要制作的画面及制作方式有所不同。

（6）通信参数配置

设定通信协议与通信媒质等传输参数，以实现与其他设备的通信联络和信息交换。相关参数通常有波特率、起始位、数据位、停止位、校验方式、通信地址、通信协议、通信媒质等。一些厂家将 GPS 和信息交换设置也包括在通信设置中。

（7）保护定值整定

保护参数通常需要以下配置：各类保护功能的启用/禁止与否；电力系统电压互感器 TV、电流互感器 TA 变比和相序接线等；各类保护的电压、电流时间等定值参数；故障录波测距参数；重合闸功能定值参数及重合命令特性；同期功能定值参数。

2. 下装文件生成

参数化源文件编辑完成后，进行相关编译工作，生成二进制代码文件。

3. 参数文件下装

通常，采用串口通信方式或以太网通信方式进行。

二、参数化工作主要内容及注意事项

1. TV/TA 变比设置

1）三相系统的电压变比，要注意电压的二次满度值（57.74VAC 还是 100VAC）；

2）电压的接线方式和电压相序；

3）电流的相别和相序；

4）三相系统电流的变比，要注意电流二次满度值（1A 或者 5A）；

5）零序电压、电流的变比设定等；

6）注意对应的一次值的单位区别。

2. 装置物理节点的分配

1）装置开入节点的分配，与内部信号逻辑变量建立连接；

2）装置开出节点的分配，与内部命令逻辑变量建立连接；

3）装置模拟量输入点的分配，与内部模拟逻辑变量建立连接；

4）装置变送器输入量的分配，是内部什么逻辑变量。

3. 变送器口的参数化

1）设定输入量方式（电压量还是电流量方式）；

2）测量范围的设定（电压 ±12V 还是电流 ±20mA 或 4～20mA）；

3）测量死区的设定等。

4. 控制闭锁逻辑或者保护逻辑的编写

1）编写控制闭锁逻辑，注意考虑设备状态、保护动作、并行命令等（启用设备状态 = 操作状态检查闭锁逻辑、启用保护动作闭锁控制操作逻辑检查功能、启用闭锁多次同步命令操作逻辑检查功能、远方/就地操作权限检查）；

2）设定逻辑程序的触发条件或者执行条件；

3）设定逻辑程序功能块的执行时序以及逻辑程序的优先级；

4）要注意考虑逻辑程序对装置 CPU 的负荷影响。

61

5. 控制设备同期功能参数化

1) 分配同期电压装置引入物理节点；

2) 设定同期电压二次值（57.74VAC 还是 100VAC）；

3) 注意同期电压的引入极性及电压相序对应；

4) 设定同期的压差、角差、频差或者相应量的变化率定值；

5) 设定有压、无压定值范围及滑差方向。

6. 装置 LCD 用户操作界面的制作

1) 装置基本画面、控制画面的制作；

2) 装置用户菜单、事件列表、模拟量列表的制作；

3) 装置按钮/LED 灯的定义。

7. 通信端口的参数化

1) 物理通信端口的连接分配；

2) 装置通信地址的设定，注意地址的唯一性；

3) 装置通信媒质以及通讯协议的设定；

4) 通信基本参数的设置，通信口的通信速度、校验参数等。

8. 远传/互传信息的参数化

1) 开关量的上传配置（注意信息地址的唯一性）；

2) 模拟量的上传配置，注意设定的满码值以及越死区传送阀值；

3) 分接头量的上传配置，注意地址唯一性；

4) 电度量的上传设置，注意冻结时间及冻结处理（现已很少使用）；

5) 命令量的下送配置，注意地址的唯一性；

6) 设点量的下送配置。

9. 对输入/输出量的处理参数化

1) 设置开入信号量的滤波时间、预置定值、抖动抑制等；

2) 设置模拟量的归零死区、预置定值等；

3) 设置命令量的输出脉宽、反馈时间等；

4) 设置电度量的计数方式、冻结时间等。

10. 装置时钟同步的设置

1) 设定对时的方式，网络对时还是硬件对时；

2) 设定对时规约 IRIGB、DCF77 或者分脉冲等；

3) 设定 GPS 参考时间源装置的参数。

11. 保护功能参数化

1) 配置保护功能的投退；

2) 设置保护参数的定值；

3) 配置重合闸定值的设定。

思 考 题

1. 间隔层设备按电气间隔配置具有哪些优点？

2. 简述主单元的作用和发展趋势。

3. 间隔层测控装置主要由哪些模件组成?

4. 电源模块采用开关电源设计原理的优点是什么?

5. 直流采样方式与交流采样方式的区别及优缺点是什么?

6. 简述开关量的分类及优缺点。

7. 为保证开关量输出的可靠性,需采取哪些软硬件措施?

8. 断路器同期合闸方式分类及相应判据是什么?

变电站计算机监控系统站控层 ▪▪▪▪

站控层是变电站计算机监控系统的核心部分，本章介绍了变电站计算机监控系统站控层的组成和各站控层功能的实现原理。

▋▋ 第一节 概 述

变电站计算机监控系统站控层由数据采集通信子系统、数据处理及人机联系子系统、远方通信子系统和时钟同步子系统等组成，实现变电站的实时监控功能。它负责完成收集站内各间隔设备采集的信息，完成分析、处理、显示、报警、记录、控制等功能，完成远方数据通信以及各种自动、手动智能控制等任务。

一、数据采集通信子系统

数据采集通信子系统按其发展及应用模式可分为总控、前置机和以太网三种模式，完成站内数据采集和通信功能。

总控模式的数据采集通信子系统由双套总控装置组成，负责与各间隔层设备、继电保护及其他智能装置进行数据通信，完成数据采集与通信功能，并通过串口与当地监控工作站进行数据通信。

前置机模式的数据采集通信子系统由双套前置机及其通信接口设备、单套公用信息工作站及其接口设备、网络通信设备等组成。其中，前置机负责与各间隔层设备进行数据通信，完成数据采集与通信功能；公用信息工作站负责与保护及其他智能装置进行数据通信，完成其他数据采集与通信功能；前置机和公用信息工作站通过以太网与主机、人机工作站、远动工作站等站控层设备连接，实现站控层内部通信功能。

以太网模式的数据采集通信子系统由单套公用信息工作站及其接口设备、网络通信设备等组成。其中，间隔层设备直接与网络通信设备连接，并接入站控层网络；数据采集和通信功能直接由主机、人机工作站、远动工作站等站控层设备的通信软件模块完成；公用信息工作站负责与继电保护及其他智能装置进行数据通信，完成其他数据采集与处理功能。

网络设备一般采用工业交换机，双套冗余配置，按小室布置，实现站内各设备的以太网连接和网络通信功能。

二、数据处理及人机联系子系统

数据处理及人机联系子系统的设备配置视电压等级不同和各地的要求不同而不完全一致，一般由主机、人机工作站及其打印机、工程师工作站、"五防"工作站及其电脑钥匙等组成，完成站内数据处理和人机联系功能。

主机一般配置原则：500kV 变电站独立配置，由两套计算机组成；220kV 变电站与人机工作站合用，由两套计算机组成；110kV 及以下变电站与人机工作站合用，由一套计算机组成。主机负责数据收集、处理、存储及发送，并负责变电站各种计算及协调处理工作，具有实时数据库、历史数据库、AVQC 等应用软件，管理、存储变电站的全部运行参数、实时数据、历史数据，协调各种功能部件的运行，满足其他设备的各种数据请求。

人机工作站一般配置原则：220kV 及以上变电站由两套双屏计算机组成，并配置两台打印机；110kV 及以下变电站由一套单屏计算机组成，并配置一台打印机。人机工作站是站内计算机监控系统的人机接口设备，用于图形显示及报表打印、事件记录、报警状态显示和查询、设备状态和参数的查询、操作指导、操作控制命令的解释和下达等。通过该工作站，运行值班人员能实现对全站生产设备的运行监测和操作控制。

工程师工作站一般配置原则：220kV 及以上变电站一般独立配置，由一套计算机组成；110kV 及以下变电站一般不单独配置，与人机工作站合用。人机工作站可完成数据库的定义、修改，系统运行参数的定义、修改、测点的扩充，系统文件管理，报表的制作、修改，以及网络维护、系统设备故障诊断、保护定值管理等方面的工作。

"五防"工作站一般不单独配置，与人机工作站或工程师工作站合用。通常，220kV 及以上变电站配置"五防"软件及其电脑钥匙，110kV 及以下变电站一般不配置该功能。变电运行人员在操作前通过"五防"工作站进行操作票的生成、每步操作的预演，并根据当前电网运行状态，校核各步操作的正确性。

三、远方通信子系统

远方通信子系统由远动装置、电力数据网、调制解调器和数字透传装置等组成，负责与远方调度和监控中心进行数据通信。

远动装置要求双机配置，负责站内变电站计算机监控系统和站外监控中心、各级调度中心进行数据通信，实现远方实时监控的通信功能。

调制解调器和数字透传设备根据涉及的主站端个数进行配置，按每个主站双路通道的接口设备配置。调制解调器和数字透传设备分别为远动装置和各远方主站系统之间的通信提供接口。其中，调制解调器实现串口数字通信与模拟通信之间的转换，数字透传设备实现RS－232 数字通信与 E1 通信之间的转换。

电力数据网一般由双套网络交换机及路由器组成。变电站计算机监控系统与各主站系统的网络通过电力数据网实现互联，达到网络通信的目的，并满足安全防护的要求。

四、时钟同步子系统

时钟同步子系统由时钟接收器、主时钟、扩展装置等组成，完成全站各智能装置的时钟同步功能。

时钟接收器由天线及接口模件组成，有独立装置和内置于主时钟装置两种方式，负责接收 GPS 等天文时钟的时钟同步信号。

主时钟装置包括时钟信号输入单元、主 CPU、时钟信号输出单元等组成。通常，500kV变电站要求双主时钟配置；220kV 及以下变电站一般配置单个主时钟，负责接收时钟接收器发来的标准时钟，并通过各种接口与各站控层及间隔层各设备通信及对时。

当主时钟装置接口数量不足时，须配置扩展装置。一般扩展装置按小室进行布置，负责对相应小室内的各智能装置进行对时。

第二节　数据采集通信子系统

数据采集通信子系统按其通信方式可分为串行通信方式和以太网通信方式两种。本节主要阐述在计算机监控系统中，站控层与间隔层进行数据采集及通信的相关设备及其工作原理。

一、串行通信方式

串行通信方式是指间隔单元通过串行通信接口与站控层进行通信的方式。该方式主要有总控模式和前置机模式两种。同时应用于公用信息工作站与继电保护等其他智能装置数据通信时，采用串行通信方式进行数据采集。

1. 数据采集通信子系统的组成

串行通信方式的数据采集通信子系统主要由前置机或总控单元、公用信息工作站、串行接口装置、接口转换器等设备组成。

前置机或总控单元要求采用双机配置，一般运行在主备状态，并能实现主备用自动切换。该设备一般采用性能优良、运行稳定的工业控制计算机。但近几年随着嵌入式技术的发展，主要的厂家都已开发出嵌入式装置的前置机，提高了装置的稳定性。

公用信息工作站因其不进行遥测、遥信和遥控信息的传输，只进行保护事件等辅助信息的收集，一般采用单机配置。

串行接口有采用串行接口卡和采用终端服务器两种方式。通常，每套该设备提供 8～16 路标准 RS－232 接口。

串行接口卡一般插在计算机内或在总控装置内，不能独立工作，如 MOXA 卡等。该方式价格比较低廉，但由于该卡与计算机或总控装置固定连接，因此一旦该卡某串行接口故障，将不能切换到另一前置机或总控单元上的对应串行接口，导致通信中断，且串行接口卡不能进行环形访问。图 3－1 为采用 RS－485 总线和串行扩展卡的前置通信及处理系统的构成示意图。

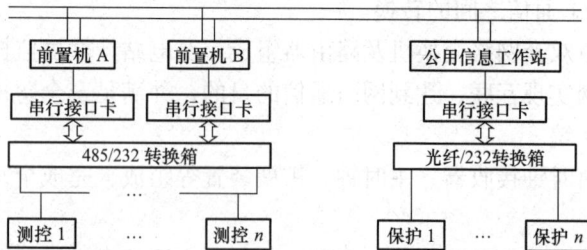

图 3－1　采用 RS－485 总线和串行扩展卡的前置数据通信及处理系统

终端服务器是独立的装置，采用网络方式接入交换机，计算机可通过网络访问该装置，并对每个接口进行控制和数据收发。终端服务器要求与前置机一样双机配置，前置机可自由访问各串行端口，并根据与间隔单元的通信状态进行数据访问层面的平滑切换。它可以进行环形访问。图 3－2 为采用 RS－485 总线和终端服务器的前置通信及处理系统构成示意图。

为适应各种智能装置的通信接口，需配置相应的接口转换器。根据系统可靠性要求，不同小室之间的总线需采用光纤连接，前置机或总控单元侧采用光纤/RS-232/RS485 等转换器，对侧可采用光纤/RS-485 等转换器以实现电气隔离。同小室内监控系统内部各装置的数据通信可采用电接口总线连接，采用 RS485/RS232 等转换器进行接口转换。

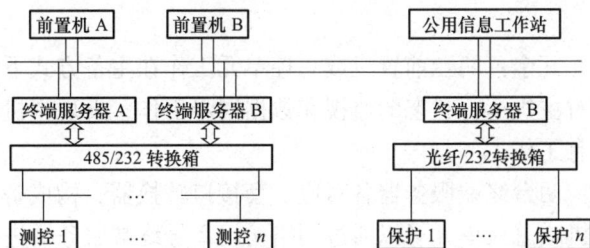

图 3-2　采用 RS-485 总线和终端服务器的前置数据通信及处理系统

总控装置一般均配有与间隔层设备一致的通信接口，间隔层总线可直接接入，不需要接口转换设备，而接其他设备视具体情况可能需要配置各种接口转换装置。

2. 数据采集及通信过程

前置机或总控单元通过串行接口与各间隔的测控及保护测控装置的通信一般采用 IEC 60870-5-103 规约，下面简要介绍采用该规约实现与保护测控装置数据采集及通信的过程。

终端服务器或串口卡应事先对每个端口根据所连接总线的传输速率、启停位、校验位等通信参数进行设定。同一总线上的所有装置必须采用相同的通信规约和通信参数，否则无法进行数据通信。

假设通信装置采用 RS-485 总线接入接口转换器的 1 号板，然后接到终端服务器的 1 号端口。

RS-485 总线需工作在主从方式下，前置机或总控单元作为主机，通过 RS-485 总线连接的各智能装置作为从机。只有主机才能主动发送数据，从机只能被动回答数据。同一总线上的所有装置都将收到报文，装置经校验解释后，判断报文中的目的地址是否与本装置地址相同，如果相同则认为该报文是发给本装置的，则对该报文进行处理和回答，否则不进行处理。

主机启机后，首先通过终端服务器 A 的 1 号口，经接口转换器和 RS-485 总线向保护测控装置发送通信复位命令报文。装置收到报文后进行通信初始化，并回复确认报文，这样就建立了通信关系，然后开始数据通信。

正常数据通信采用查询方式，由前置机或总控单元发出查询报文，主要有总召唤、一级数据召唤、二级数据召唤等数据召唤方式。保护测控装置收到总召唤报文后，将装置内所有遥测、遥信、SOE 等信息按照规约规定的格式组装成报文，发送到前置机或总控单元。一般在前置机或总控单元刚启动时需要进行总召唤，并且需定时进行总召唤。正常情况下进行二级数据召唤，实现变化量遥测传送，同时标注是否有一级数据需要召唤。

当有一级数据需要召唤时，前置机或总控单元再发送一级数据召唤报文，实现变位遥信等一级数据的转送。

测控装置的时间，由前置机或总控单元定时通过报文下发，装置收到报文并经校验正确后，进行年月日时分秒的时间对时，并通过分脉冲等方式进行毫秒级校正。

前置机或总控单元收到数据后，再通过网络向主机、人机工作站、远动主机等站控层设备转发。

3. 冗余处理

前置机或总控单元冗余：两台前置机或总控单元工作在主备方式下，由主机负责对外通信工作，备机只进行对主机运行状态的监视和数据同步工作，发现主机故障后备机自动升为主机，接替主机的所有工作。

串行接口的冗余：两台终端服务器各对应一套接口转换器，构成备份冗余。当 1 号终端服务器故障时，前置机或总控单元可以通过网络访问 2 号终端服务器进行数据通信；当 1 号终端服务器的 1 号端口或其连接的接口转换器故障时，前置机或总控单元可以通过 2 号终端服务器的 1 号端口及其连接的接口转换器进行数据通信；当总线连接过程中断，导致前置机或总控单元不能通过 1 号终端服务器访问时，前置机或总控单元可以通过 2 号终端服务器及其所连接的总线进行数据通信。

二、以太网通信方式

以太网通信方式是指间隔单元通过以太网通信接口与站控层进行通信的方式。

1. 数据采集及通信子系统的组成

在以太网通信方式的变电站计算机监控系统中，前置机或总控单元方式数据采集及通信仅应用于公用信息工作站对保护、直流等公用辅助信息的采集。

各测控装置等间隔层设备采用双以太网方式与站控层设备相连，实现站控层设备与间隔层设备的网络连接，直接通过网络进行数据通信。

全站监控系统内部网络由双套网络设备组成，按主、备网划分为两个网段。该两个网互为备用，站控层和间隔层所有设备均应至少有两个网络接口，分别接入该两个网络，并能够自动切换。不同小室分别配置相应的双交换机，分别通过光纤及光纤模块与站控层交换机进行连接，实现网络互联。

交换机是以太网方式监控系统数据通信的核心设备，因此它必须采用性能稳定、可靠性高的工业级交换机。双交换机应尽可能采用直流供电，并有防雷、抗电磁干扰措施。

2. 数据采集及通信过程

测控及保护测控装置与站控层设备之间目前一般采用 IEC 60870 - 5 - 104 或厂家自定义的规约进行通信。今后采用 IEC 61850 标准后，按照该标准进行数据交换。下面简要介绍采用 104 规约，实现站控层与保护测控装置数据采集及通信的过程。

网络中所有装置均应配置双网所对应的 IP 地址及其网络掩码。数据传输采用点对点和网络广播相结合的方式。

104 通信方式可采用点对点通信方式。正常数据通信采用查询方式，由站控层设备发出查询报文，主要有总召唤、一级数据交换、二级数据召唤等数据召唤方式。保护测控装置收到总召唤报文后，将装置内所有遥测、遥信、SOE 等信息按照规约规定的格式组装成报文，发送到发出召唤的设备。一般在该设备刚启动时需要进行总召唤，并且需定时进行总召唤。

正常情况下进行二级数据召唤，实现变化量遥测传送，同时标注是否有一级数据需要召唤。当有一级数据需要召唤时，主机再发送一级数据召唤报文，实现变位遥信等一级数据的转送。有遥控时返回相应的遥控报文。

也可以采用广播方式。测控装置定时和越死区的情况下发送遥测数据，定时和变位时发送遥信和 SOE 数据，站控层设备同时收到广播的数据再各自进行处理。遥控报文仅与目的地址相同的设备进行处理。可通过广播报文进行网络对时。图 3－3 为网络式变电站监控系统数据通信子系统示意图。

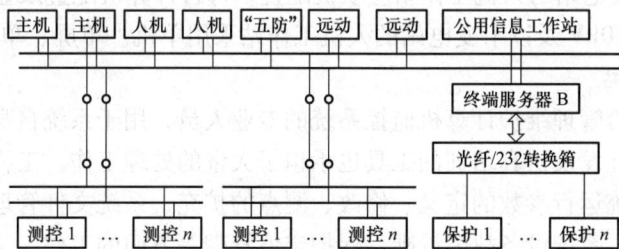

图 3－3　网络式变电站监控系统数据通信子系统

第三节　主机及人机联系子系统

计算机监控系统主机及人机联系子系统包括主机、人机工作站、工程师工作站、"五防"工作站及智能钥匙、打印机等辅助设备。本节简要阐述主机及人机联系子系统的相关设备及其工作原理。

一、计算机设备及功能

1. 主机

主机是站控层数据收集、处理、存储及发送中心。作为系统的主计算机，主机承担了变电站大量计算及协调处理工作，具有实时数据库、历史数据库、AVQC 等应用软件，管理、存储变电站的全部运行参数、实时数据、历史数据，协调各种功能部件的运行，满足设备的各种数据请求。

站控层主机配置应能满足整个系统的功能要求及性能指标要求，主机容量应与变电站的规划容量相适应，应选用性能优良、符合工业标准的产品。为避免单主机 CPU 负荷过重，软件调度困难、死机、自恢复频繁等单主机系统常出现的问题而影响系统可靠性，系统宜选择双机冗余配置。正常运行时一主一备同时工作，当主机无论硬件、软件发生故障时，在发出报警信号的同时，进行主备机自动切换，以提高系统的可靠性和可用率。

2. 人机工作站

人机工作站又称运行工作站或操作员站，是变电站内计算机监控系统的人机接口设备，用于图形显示及报表打印、事件记录、报警状态显示和查询、设备状态和参数的查询、操作指导、操作控制命令的解释和下达等。通过操作员站，运行值班人员能实现对全站生产设备的运行监测和操作控制。操作员站应满足运行人员操作时直观、便捷、安全、可靠的要求。

操作员站作为变电站运行操作人员的主要人机接口设备，承担了大量的图形图像及文字数字处理工作，各操作员站配有报警数据库、画面显示、报表显示及键令解释等人机接口功能。各操作员站配置两台大屏幕彩色显示器，一般情况下，一台显示器作为全站运行状态监视，另一台显示器作为告警显示。屏幕显示分别用多种颜色或画面的闪烁区别跳闸告警和预告信号及事故后的操作提示等。操作员站配有音响装置，可用各种不同的声音实现事故与预告信号的音响告警。

220kV 及以上变电站的人机工作站应双机配置，每台计算机配置双显示屏、音箱，配置2 台网络打印机。110kV 及以下变电站的人机工作站采用单机、单屏、单打印配置。

3. 工程师工作站

工程师站提供给管理维护计算机监控系统的专业人员，用于系统自身的运行维护，同时作为监控系统二次开发及仿真培训的工具也承担了大量的处理工作。工程师站可完成数据库的定义、修改，系统运行参数的定义、修改、测点的扩充，系统文件管理，报表的制作、修改，以及网络维护、系统设备故障诊断、保护定值管理等方面的工作。工程师站同时兼有操作员人机接口的主要功能，必要时，可以作为前者的备用机。

4. "五防"工作站

"五防"工作站安装"五防"软件，提供给变电运行人员在操作前进行操作票的生成、每步操作的预演，并根据当前电网运行状态，校核各步操作的正确性。预演结束后，将各操作步骤写入电脑钥匙中，运行人员按照电脑钥匙的步骤逐一进行操作。

二、软件结构及要求

变电站计算机监控系统的软件应由系统软件、支持软件和应用软件组成。系统软件指操作系统和必要的程序开发工具（如编译系统、诊断系统以及各种编程语言、维护软件等）。支撑软件主要包括数据库软件和网络软件等。应用软件则是在上述通用开发平台上，根据变电站特定功能要求所开发的软件系统。通常，系统软件和支持软件采用成熟的商业软件，其通用性好、可靠性高。也有部分支持软件是由供货厂家自行开发的（如网络软件），应用软件则基本上全为供货厂家开发。

软件系统的可靠性、兼容性、可移植性、可扩充性及界面的友好性等，是考核变电站监控系统软件的重要性能指标。软件系统应为模块化结构，以方便修改和维护。所有的软件系统均应具有独立的发行版权和介质，可由用户在硬件平台上进行安装运行。

1. 系统软件

站控层各工作站应采用成熟的、实时多任务操作系统并具有完整的自诊断程序，它包括操作系统、编译系统、诊断系统及各种软件维护和开发工具等。系统软件的实时性指它对执行任务请求的响应和处理是不需等待的，多任务是它内部的一种处理机制，允许多个执行不同功能的程序同时运行。编译系统应易于与系统支撑软件和应用软件接口，支持多种编程语言。

操作系统能防止数据文件丢失或损坏，支持系统生成及用户程序装入，支持虚拟存储，能有效管理多种外部设备。

主机及人机联系系统所采用的操作系统一般为 Unix 操作系统和 Windows 操作系统。

2. 支撑软件

支撑软件主要包括数据库软件和系统组态软件。

（1）数据库软件系统应满足的要求

1）实时性。能对数据库快速访问，在并发操作下也能满足实时功能要求。

2）可维护性。应提供数据库维护工具，以便用户在线监视和修改数据库内的各种数据。

3）可恢复性。数据库的内容在计算机监控系统的事故消失后，能迅速恢复到事故前的状态。

4）并发操作。应允许不同程序（任务）对数据库内的同一数据进行并发访问，要保证在并发方式下数据库的完整性。

5）一致性。在任一工作站上对数据库中数据进行修改时，数据库系统应自动对所有工作站中的相关数据同时进行修改，以保证数据的一致性。

6）分布性。各间隔层智能监控单元应具有独立执行本地控制所需的全部数据，以便在中央控制层停运时，能进行就地操作控制。

7）方便性。数据库系统应提供交互式和批处理的两种数据库生成工具，以及数据库的转储与装入功能。

8）安全性。对数据库的修改，应设置操作权限。

9）开放性。允许用户利用数据库进行二次开发。

目前变电站监控系统所采用的数据库一般分为实时数据库和历史数据库。其中，实时数据库一般在内存中开辟空间，用于存储实时数据，结构由厂家自行定义。它的特点是结构简单、访问速度快。历史数据库一般在硬盘中，用于存储历史数据、事件等，通常采用商用数据库，也有采用厂家自定义的数据文件格式。

（2）系统组态软件用于画面编程和数据库生成

它应满足系统各项功能的要求，为用户提供交互式的、面向对象、方便灵活、易于掌握和多样化的组态工具，应提供一些类似宏命令的编程手段和多种实用函数，以便扩展组态软件的功能。用户能很方便地对图形、曲线、报表、报文进行在线生成和修改。

数据库的结构应适应分散分布式控制方式的要求，应具有良好的可维护性，并提供用户访问数据库的标准接口。数据库结构与计算机监控系统的总体结构一致性是比较重要的。一方面出于提高效率的需要，另一方面为了减少某监控子系统故障后的影响。

网络软件应满足计算机网络各节点之间信息的传输、数据共享和分布式处理等要求，通信速率应满足系统实时性要求。网络软件是监控系统支持软件的组成部分。网络软件的性能直接影响监控系统的传输速率，进而影响监控系统的实时性。

系统运行参数的组态数据一般均保存在硬盘中，各厂家格式均不相同，但必须具备全网数据库同步校验机制，使全网各计算机的系统参数设置一致，同时应做好系统参数的管理和备份工作。否则将影响系统的正常运行，甚至发生电网事故。

3. 应用软件

应用软件必须满足系统功能要求，成熟、可靠，具有良好的实时响应速度和可扩充性及出错检测能力。当某个应用软件出错时，除有错误信息提示外，不允许影响其他软件的正常运行。应用程序和数据在结构上应互相独立。

应用软件系统的性能直接确定监控系统的运行水平。它应满足功能要求和各项技术指标要求。另外，当用户有自行开发要求时，用户程序中有许多接口是与应用软件系统有关的。所以，应用软件系统应有规范的开发过程和完善的技术资料，使用户能清楚其内部结构和机理。还要有通用的接口方式，使用户能顺利地完成自行开发工作。

主机及人机联系系统的应用软件主要有 SCADA 软件、AVQC 软件和"五防"闭锁软件。

三、遥测处理功能

1. 数据处理功能

（1）数字滤波和系数换算

为减少数据跳变，在主机或前置机侧一般采用数字滤波技术。主机或前置机将收到的数据与前几帧收到的数据进行比较，判断是否有跳变。如果有跳变，则继续判断接下来收到的数据，基本相同则认可当前数据，否则作误数据处理；若数据波动在正常范围，则按照一定的比例进行计算，得出滤波后的数据。

从测控装置采集到的数据一般为二次数值，需乘上该间隔的 TA、TV 变比，得出电流、电压、功率的一次数值。因此，系统参数库中存有每间隔每路遥测的变换系数，主机收到数据后乘上该系数得出该路遥测的一次工程值，存入实时数据库，进行显示和处理。

例如：某线路 TA 变比为 600A/5A、TV 变比为 110kV/100V，则电流系数为 $600/5 = 120$，一次电流单位为 A；电压系数为 $110/100 = 1.1$，一次电压单位为 kV；功率系数为 $600/5 \times 110/100/1000 = 0.132$，一次功率单位分别为 MW。功率因数和频率一、二次值是一样的，不需要乘系数，即系数为 1。

（2）越限判断

变电站线路、主变压器等一次设备需运行在一定的潮流范围内，电压也应控制在规定的范围中。因此，需设置相应遥测的限制，当超限时进行报警。系统参数库中每路遥测均可设置其上限、上上限和下限、下下限值，回归死区值、告警方式等参数。系统实时地将实时库中的遥测数值与其对应的限制进行比较，当超出限制范围时，按照其对应的告警方式进行信息提示、语音告警、记录保存、变色显示等处理；数值回归到死区范围内时，发出相应的恢复提示或消除告警。

线路和主变压器一般设夏季使用的上限值和下限值、冬季使用的上上限值和下下限值，正送负荷为上限值和上上限值、倒送负荷为下限值和下下限值，当使用电流报警时下限值和下下限值为 0。夏冬限值报警切换可采用自动或人工进行切换。

电压一般有上限、上上限和下限、下下限四个限值。运行在上限与下限之间时为正常；当运行在上限和上上限之间或下限与下下限之间时，系统处于预控状态，需要行调整回到正常状态，防止越到非正常状态；当运行在上上限或下下限之外时，系统处于异常状态，需要调整到正常状态。

遥测越限时，各相关画面中的相应遥测数据能够变色，自动提示和记录越限遥测的厂站、遥测名称、越限性质、越限值和时间等内容。每个遥测能够单独定义限值、是否音响告警、音响告警的声音、是否显示、是否记录。限值要求能够由变电运行管理人员在线修改，并记录修改人员、数值和时间。

（3）遥测封锁、人工置数和解锁操作

为避免试验数据的干扰，或错误遥测未处理前的影响，可在人机工作站上对相应的遥测数值进行封锁或置数处理；某路遥测封锁或置数后，主机收到测控装置发来的数据将不再更新到实时库中，使实时数据保持不变。当数据恢复正常可用时，操作员可对原封锁的数据进行解锁操作；该路遥测解锁后，主机收到测控装置发来的数据将重新更新到实时库中，使实时数据随实际现场数值实时变化。

为确保系统在正常运行时不被意外封锁，操作时一般具有权限管理功能，只有有权限的操作员才可以操作，并需输入人员、口令。系统自动记录操作的内容，并可事后进行查询、打印。

2. 计算量处理

(1) 数值计算逻辑运算

为满足实际运行的需要，如两台主变压器负荷的总加、将主变压器挡位的 BCD 码转换为实际挡位数值、遥信逻辑汇总、遥测遥信综合判断等，需要系统具备各种计算功能。系统参数库中定义了各种计算公式，主机定时启动计算功能，逐条取出计算公式，将实时库中的遥测、遥信数据按照该计算公式进行计算，得出的遥测或遥信数值存到实时库定义指定的位置中，供显示或 VQC 等各种处理功能应用。

当有旁路时，主变压器负荷、VQC 等处理功能会因该间隔开关被旁路替代而受影响，因此应具备自动或手动旁路替代功能。系统可利用上述计算量处理功能，将旁路的遥测遥信信息与被替代间隔的遥测、遥信进行数值逻辑综合计算，得出用于 VQC 等功能处理的遥测、遥信数值。

(2) 历史数据统计计算

为满足运行管理需要，一般需进行历史数据的统计工作。重要数值要求按 5min 间隔保存并进行统计，一般数据可按一小时间隔保存统计。主机定时读取历史数据库中的遥测数据，然后进行最大、最小、平均、月最大、最小、平均、年最大、最小、平均及最大、最小值出现的时间等判断，形成报表或显示。

(3) 负荷率、电压合格率计算

对于负荷率和电压合格率一般有实时计算和通过 5min 历史数据计算两种方法。实时计算即由主机定时读取实时库中的需要计算的相应遥测数据，然后进行平均值、最大值及其负荷率的计算，保存在实时库中，可进行实时显示并保存在历史库中。由于该方式实时计算，实时性较强，但容易受到异常数据的干扰导致统计数据的不正确，并且难以修正和重新计算。历史数据计算即由主机定时读取历史数据中的相应遥测数据，然后进行统计计算，保存在历史数据库中，可进行显示或报表处理。该方式实时性相对较差，但由于历史数据可事后进行修改，然后再进行重新统计，因此准确性较高、实用性较强。

3. 历史数据处理

(1) 历史数据保存

主机一般建有用于保存历史数据的关系型数据库或数据文件。所有遥测数据（包括计算量）均可通过系统参数定义独立设置是否保存历史数据及其保存间隔，数据保存间隔一般最小可达到 5min。遥测越限报警记录也可定义是否保存，可保存在越限记录库中。

历史数据和告警记录信息保存时间一般不少于一年。历史数据库的容量要求支持最终配置的遥测量、计算量及各种告警信息保存一年的能力。

（2）数据统计检索

任一人机工作站均可对所有历史数据按间隔、遥测名称和时间进行检索，或通过画面遥测查询历史数据，可按表格、曲线等方式显示，并可对历史数据进行修改。

可对任一历史数据进行日、月统计，并指明该数据在该日、月中的平均值和最大值、最小值及出现的时间。各种告警记录信息可以按时间、间隔、告警类别等进行查询。可对历史数据库一年中任一天的数据和记录信息进行浏览、打印。

4. 遥测功能实现原理

变电站一次设备的运行参数由相应间隔的测控装置负责采集。TA 和 TV 输出的二次电流、电压交流量引入到测控装置，由该装置的交流模件进行滤波，并再次变换成计算机可处理的交流电压信号，然后进行电压、电流交流采样，形成一个采样周期内的一组数据，并由该测控装置的 CPU 按照一定的算法进行计算，得出该线路的二次电流、电压、有功功率、无功功率、频率、功率因数等测量数值。

直流、温度等非交流电气量采用变送器将其转化为 0 ~ 5V 或 4 ~ 20mA 的直流量，然后通过测控装置的直流采样板进行 A/D 变换，CPU 采集测量数据。

前置机按照查询方式读取测控装置内的遥测数据，然后根据 TA、TV 等参数乘上系数，进行标度变换，形成一次测量数据，保存在实时数据库中，并通过站控层网络采用广播方式或 104 等规约同时发送到主机、人机工作站、远动主机等站控层设备中。

对于无前置机的以太网模式监控系统，由测控装置通过网络采用广播方式或 104 等规约直接发送到主机、人机工作站、远动主机等站控层设备中。标度变换在站控层设备中进行。

主机兼人机工作站收到数据后，实时更新本机内的实时数据库，并实时显示在画面上。同时判断越限情况，如果越限或恢复则产生越限记录，并进行闪光报警提示和保存等处理。定时进行报表数据的采样和保存，并形成报表。

远动工作站收到数据后，实时更新本机内的实时数据库。按照各主站的转发信息表和通信规约组装通信报文，将遥测数据发送到相应的主站，主站接收到数据报文并经校验正确后，进行数据处理、显示、保存。

图 3 - 4 为遥测数据处理流程（以前置机模式为例）。

四、遥信处理功能

1. 状态量处理

1）对所接收各遥信量进行数字滤波、极性转换、变位判断和事件记录。能接收和记录各测控装置发来的事件顺序记录。

为避免和减少信号的误报，除了在测控装置上采取回路滤波、数字滤波，以及在传输中采用保护校验等措施外，一般在主机侧还进行数字滤波。主机收到遥信信息后，首先与实时库中的相应状态进行比较。如果不同，则继续收集该遥信的状态，三次收到该状态均相同则认为该遥信已变位，存入实时库中进行变位遥信的处理；否则认为是误遥信，且不予处理。

由于存在现场遥信触点状态与实际需显示状态相反的情况，因此一般参数库中均可对每路遥信是否要取反进行定义。主机收到遥信后，与参数库对应遥信参数比较，如果要取反则将该遥信量取反后存入实时数据库，并进行处理，否则直接进行处理。

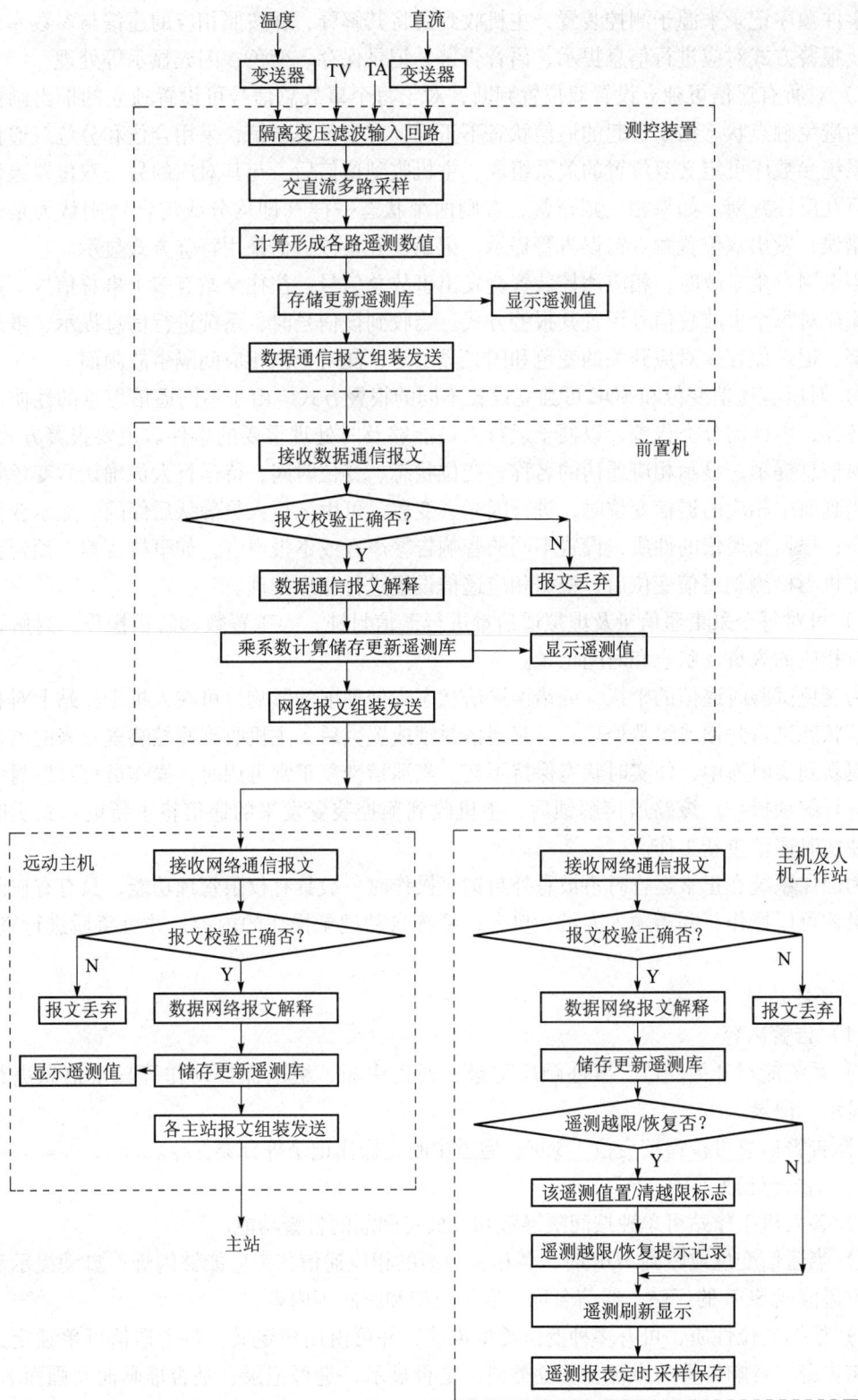

温度   直流

变送器   TV TA 变送器

测控装置
隔离变压滤波输入回路

交直流多路采样

计算形成各路遥测数值

存储更新遥测库 → 显示遥测值

数据通信报文组装发送

前置机
接收数据通信报文

报文校验正确否?
Y   N → 报文丢弃

数据通信报文解释

乘系数计算储存更新遥测库 → 显示遥测值

网络报文组装发送

远动主机
接收网络通信报文

报文校验正确否?
N   Y
报文丢弃   数据网络报文解释

显示遥测值 ← 储存更新遥测库

各主站报文组装发送

主站

主机及人机工作站
接收网络通信报文

报文校验正确否?
Y   N
数据网络报文解释   报文丢弃

储存更新遥测库

遥测越限/恢复否?
Y   N

该遥测值置/清越限标志

遥测越限/恢复提示记录

遥测刷新显示

遥测报表定时采样保存

图 3 − 4 遥测数据处理流程

第三章 变电站计算机监控系统站控层

事件顺序记录来源于测控装置，主机收到后将其解释，并按照相应的遥信与参数库中的名称、报警方式对应进行信息提示、语音告警、记录保存、变色、闪光显示等处理。

2）对所有遥信可独立设置双位置判断，对于每个事故总信号可设置独立的推出画面功能。为避免触点状态错误引起的遥信状态不正确，对于重要遥信，采用合位和分位双遥信接入，系统参数库可定义双位置的关系组成。主机收到遥信后，与其对应的另一双位置遥信状态进行互反性判断。如果相反则正常，否则两个状态一样（即均分或均合）则认为是遥信触点错误，发出双位置触点错误告警提示、记录，并将该遥信采用特殊方式显示。

当电网发生事故时，相应测控装置会发出事故总信号，往往全站有多个事总信号。系统参数库应对每个事故总信号设置其报警方式。当收到该信号时，系统进行信息提示、事故音响告警、记录保存、对应开关的变色和闪光显示等，同时推出相应间隔事故画面。

3）对所有遥信变位和 SOE 可独立设置不同的报警方式。由于不同遥信信息的性质和重要性各异，因此需分类告警，以便于运行人员能够及时处理重要的事件。主要报警方式有：报警窗信息提示，显示相应遥信的名称、变位状态、变位时间，待运行人员确认后变色等处理；当画面中相应的遥信变位时，进行闪光、变色，可由运行人员确认后停闪，显示变位后的状态；根据该遥信的性质，设置不同的音响告警声音或不报声音，如事故音响、预告警铃等。主机当检测到遥信变位后，根据相应遥信设置进行相应处理。

4）可对每个采集遥信量及虚拟遥信量进行遥信封锁、人工置数和解锁操作，封解锁操作应有相应的人员、状态和时间记录。

为避免试验时遥信的干扰，或错误遥信状态未处理前的影响，可在人机工作站上对相应的遥信状态进行封锁或置数处理；某路遥信封锁或置数后，主机收到测控装置发来的遥信将不再更新到实时库中，使实时状态保持不变。当遥信恢复正常可用时，操作员可对原封锁的遥信进行解锁操作。该路遥信解锁后，主机收到测控装置发来的遥信将重新更新到实时库中，使实时遥信重新工作。

为确保系统在正常运行时不被意外封锁，操作时一般具有权限管理功能，只有有权限的操作员才可以操作，并需输入人员、口令；系统自动记录操作的内容，并可事后进行查询、打印。

2. 告警功能

（1）告警内容

1）系统能对开关变位、事件顺序记录、通道中断、继电保护动作等异常信息进行告警、显示、记录。

2）告警信息可按遥信变位、SOE、通道中断、操作记录等分类保存。

（2）告警处理

1）各人机工作站可单独按间隔屏蔽和开放各间隔的告警功能。

2）当遥信变位或收到 SOE 时，各相关画面的相应遥信状态应能够闪烁，自动提示和记录变位遥信或 SOE 的厂站、遥信名称、变位类型和时间等内容。

3）根据变位性质，可有多种变位类型描述，并可由用户定义。每个遥信可单独定义是否音响告警、音响告警的声音、变位类型、是否显示、是否记录、是否推画面及画面名称；根据用户需求的信号等级进行告警、推画面等。

4）闪烁的画面可人工和自动对位停闪。告警信息窗的内容可进行确认，用不同颜色区分是否已经确认，并可逐条或全部清除。

3. 遥信功能实现原理

变电站一、二次设备的运行状态由相应间隔的测控装置负责采集。表示设备运行状态的继电器等触点引入到测控装置，由该装置进行光电隔离和滤波，变换成计算机可采集的状态电压信号，然后由 CPU 读入状态数据，再与原状态量进行比较。如果不一致则更新装置内的实时数据，并记录 SOE。

前置机按照查询方式读取测控装置内的遥信数据和 SOE，保存在实时数据库中，并通过站控层网络，采用广播方式或 IEC 60870 - 5 - 104 等规约同时发送到主机、人机工作站、远动主机等站控层设备中。

对于无前置机的以太网模式，监控系统由测控装置通过网络采用广播方式或 IEC 60870 - 5 - 104 等规约直接发送到主机、人机工作站、远动主机等站控层设备。

主机兼人机工作站收到数据后，实时更新本机内的实时数据库，并实时显示在画面上，同时判断是否有变位。如果有变位则产生变位记录和报警，并闪光显示变位遥信的状态。收到 SOE，则进行报警提示和保存。

远动工作站收到数据后，实时更新本机内的实时数据库；按照各个主站的转发信息表和通信规约组装通信报文，将遥信和 SOE 数据发送到相应的主站；主站接收到数据报文并经校验正确后，进行数据处理、显示、保存。图 3 - 5 为遥信数据处理流程（以前置机模式为例）。

五、遥控处理功能

1. 控制功能要求

1）具备对所辖变电站的断路器、隔离开关、主变压器挡位等进行遥控、遥调功能。

2）所有控制操作均在对话框中进行；在操作时，系统通过验证操作员及其口令的正确性，实现控制操作权限管理。

3）系统在同一时间内，只进行一个遥控对象的操作，当正在进行的遥控未执行完毕或撤消前，其他遥控对象的操作应无效。

4）遥控操作在规定时间内未返校成功或未发执行命令，会自动撤消该遥控操作，并向相应间隔发送遥控撤消命令。在操作过程中也可人工撤消该遥控操作。

5）控制操作具备操作、监护权限制约功能，防止人为误操作发生。

6）系统以用户权限和工作站权限加以双重保护，记录操作对象、操作人、监护人、操作时间等。

7）各人机工作站一般能够设置间隔屏蔽和开放各间隔的控制操作功能。

8）监控系统遥控功能除执行本系统常规操作任务外，同时也可接收远方监控中心的控制命令。

变电站控制对象包括变电站各电压等级断路器、电动隔离开关以及主变压器分接头调整等。变电站的控制优先级按从低到高依次分为集控站远方控制、站控层人机工作站控制、间隔层控制、设备层控制四种控制方式。通过设置在各个层面的"远方/就地"开关进行权限的切换，任何一个层面的开关打在就地位置时，即可闭锁优先权相对较低的相关设备的控制功能。对某一次设备典型控制权限关系如表 3 - 1 所示。

遥信触点

隔离滤波输入回路 　　　　　　　　　　　测控装置

多路开关采样

变位否？ ──→ 产生SOE

存储更新遥信库 ──→ 显示遥信值

数据通信报文组装发送

接收数据通信报文 　　　　　　　　　　　前置机

报文校验正确否？ ──N──→ 报文丢弃

Y

数据通信报文解释

储存更新遥信库 ──→ 显示遥信值

网络报文组装发送

远动主机

接收网络通信报文

报文校验正确否？

N ↓ Y

报文丢弃　　数据网络报文解释

显示遥信值 ←── 储存更新遥信库

各主站报文组装发送

主站

主机及人机工作站

接收网络通信报文

报文校验正确否？ ──N──→ 报文丢弃

Y

数据网络报文解释

储存更新遥信库

遥信变位/SOE否？ ──N──

Y

该遥信值置变位标志

遥信变位/SOE提示记录

遥信刷新显示

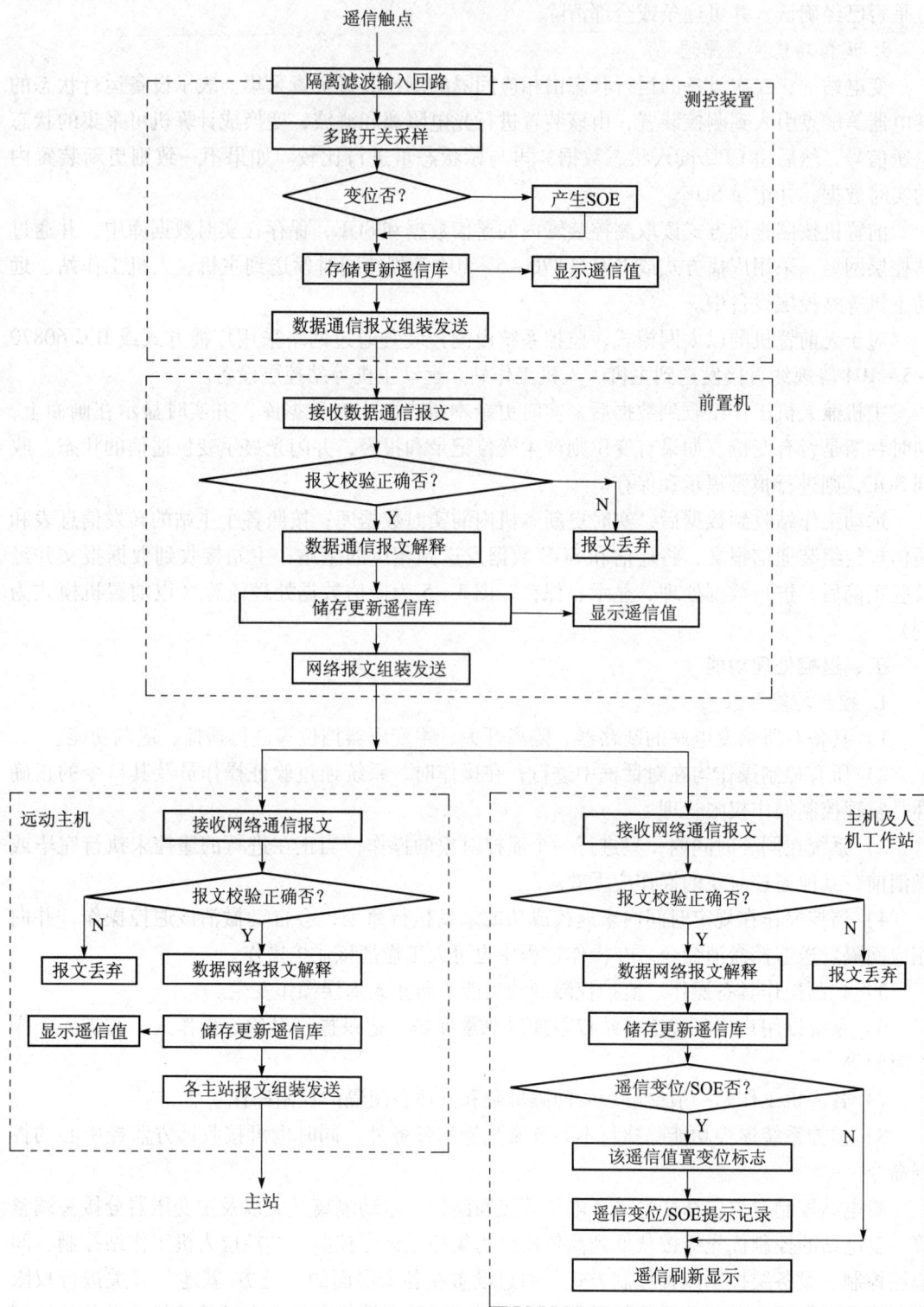

图 3-5　遥信数据处理流程

表 3-1   一次设备典型控制权限关系

××一次设备（断路器、隔离开关等）						
设备层权限	间隔层权限	站控层权限	控制操作地点			
			设备层	间隔层	站控层	远方控制中心
就地	任意	任意	可以	不可以	不可以	不可以
远方	就地	任意	不可以	可以	不可以	不可以
远方	远方	就地	不可以	不可以	可以	不可以
远方	远方	远方	不可以	不可以	不可以	可以

隔离开关在闭锁状态下的防误解锁钥匙状态	控制操作	
	设备层	间隔层
解锁	可以	可以
闭锁	不可以	不可以

2. 集控站远方控制

集控站对变电站的控制对象一般为断路器、中性点隔离开关、主变压器调挡以及其他辅助设备，隔离开关和接地开关一般不进行远方遥控。在集控站进行遥控操作的过程如下：

（1）遥控选择预置

操作员在集控站人机工作站进入遥控界面，输入操作员密码。在图形监视画面上选择欲遥控设备，在遥控界面上选择遥控类型（合、分）后，显示本次操作的内容信息给监护员审核；监护员输入密码确认后，将遥控选择预置命令按照特定的通信规约通过网络发送给前置机；前置机将收到的网络遥控报文进行校验解释后，按照相应厂站的通信规约通过远动通道发送给相应变电站。

变电站远动主机接收到报文后进行校验解释，校验正确后将遥控选择预置命令按照站内特定的通信规约发送给相应的测控装置。若有前置机，则通过该设备将收到的网络报文进行校验解释，然后按照相应间隔层通信规约通过现场总线发送给相应测控装置，校验错误则撤销该命令。

（2）遥控返校

测控装置收到遥控报文并通过校验后，进行报文解释，根据本间隔单元所收集的信息进行间隔层闭锁逻辑判断。如果满足条件，则把相应控制对象的继电器触点闭合，并按照相应通信规约组装遥控返校报文，发送给远动主机。如果报文校验或闭锁逻辑判断未通过，则撤销本次遥控操作。如果上次遥控选择命令未执行或未撤销时，再次收到遥控选择命令，则后收到的命令需撤销。如有前置机，则由该设备接收报文，然后进行报文校验解释，校验正确后组装网络返校报文发送给远动主机。

远动主机按照相应厂站通信规约将遥控返校报文发送到集控站，集控站前置机收到报文后经过校验解释，发送到人机工作站。

（3）遥控执行

人机工作站收到返校报文，并通过校验解释后，提示操作员返校成功，然后值班员点击执行按钮，发送遥控执行报文。如果返校报文校验错误或在规定时间内未返回返校报文，则自动发送遥控撤销报文。也可由操作员点击撤销按钮，发送撤销报文。执行或撤销报文经过集控站前置机、远动通道、变电站远动主机、前置机，进行报文校验解释、规约转换，发送给相应测控装置。任何一个环节校验错误均取消本次操作。

测控装置收到遥控执行报文后，进行校验解释，然后将执行报文中的对象和类型与选择预置报文中的对象和类型进行校验，都通过后，方可根据实际需要启动同期捕捉进程，进行断路器两侧电压的幅值、频率、相角一致性判断，达到设定范围后合上执行继电器。对象继电器与执行继电器串联接入操作回路，控制被控设备。分闸操作或同期未投入时，不进行同期检测。如果校验错误、同期捕捉失败、在规定时间内没有收到执行命令、收到遥控撤销命令，则撤销本次遥控操作。

3. 站控层人机工作站控制

站控层人机工作站一般对变电站的所有断路器、隔离开关、主变压器调挡以及其他辅助设备进行控制。当需要进行站控层控制时，站级"远方/就地"开关需打在就地位置，此时不允许远方集控站对该站进行遥控操作。

在站控层人机工作站进行遥控操作，总体上与远方集控站控制操作过程基本相同，但所经过的环节相对较少，站内人机工作站直接或经过前置机对测控装置进行控制。

由于需对站内所有隔离开关的控制，因此必须具备全站"五防"逻辑闭锁功能。在遥控选择后自动启动站级闭锁逻辑判断功能，进行操作许可判断，满足操作条件后再发送遥控选择预置命令。

4. 间隔层控制

间隔层控制操作一般仅限于本间隔的开关。当需要进行间隔层控制时，本间隔的"远方/就地"开关需打在就地位置，此时不允许远方集控站和站控层人机工作站对该间隔进行遥控操作。

间隔层控制通过在相应测控屏上的"KK"开关进行操作。当同期功能投入时，可进行同期合闸。KK开关打在合闸位置，测控装置合上对象继电器，并利用采集到的信号启动同期捕捉进程，进行开关两侧电压的幅值、频率、相角一致性判断，达到设定范围后合上执行继电器。对象继电器与执行继电器串联接入操作回路，合上开关。分闸或强合则直接将KK开关触点接入操作回路。

5. 设备层控制

设备层控制就是在断路器、隔离开关等一次设备本体操动机构上进行操作。当需要进行设备层控制时，本设备的"远方/就地"开关需打在就地位置，此时不允许远方集控站和站控层人机工作站及间隔层对该设备进行遥控操作。

6. 控制功能的应用

通常，操作员可人工进行控制的站内设备包括断路器（开关）、各种隔离开关、主变压器调挡和急停、空调及排风扇等辅助设备的控制等。

变电站计算机监控系统通常均配置有自动电压无功控制（AVQC）功能模块，该软件以高压侧无功功率（或功率因数）和中（或低）压侧电压为目标，通过对电容器和主变压器分接头的自动调节，进行电压、无功的优化控制。

顺序控制功能：多项控制操作按照排定的顺序，操作人员只要进行一次遥控操作，监控系统就会自动地逐一完成排定的所有操作。这样可以减少操作步骤和人工失误，提高操作效率和速度。

接地选线自动试跳功能：监控系统通过采集的数据和状态，自动分析可能的单相接地线路，然后自动试跳该线路，如果接地消失则选线成功；否则继续选线，直至找出接地线路。这样可以快速处理单相接地故障。

上述自动控制功能的实现由软件替代人工操作自动完成，整个控制过程与正常的人工操作基本一致。

遥控操作过程中，检测遥控设备的操作条件允许时，站控层一般分两种情况：

1）将闭锁条件组态到站控层的数据库中，由应用服务层的相应服务去检查闭锁条件；

2）配置独立的"五防"机，闭锁条件组态到该"五防"机的数据库中。遥控过程中检查闭锁条件时，则由应用服务层的相关应用服务发送报文给"五防"机，"五防"机通过闭锁条件检查后，返回检查结果报文给该服务进程。若检查失败，则服务进程发送报文给界面程序，显示闭锁检查失败信息。若成功，则同样发送报文给界面，进行遥控的下一步操作。

遥控合闸类型一般分为同期合、有压合、无压合等，选择一种遥控类型。遥控命令下发到装置后，由装置根据当时检测到的电气条件是否满足同期（或有压、无压），满足则合闸，不满足则不合闸，同时将执行结果上送给前置机进行规约解释。遥控处理流程如图3-6所示（以前置机模式站控层人机工作站控制为例）。

六、图形处理功能

1. 人机操作界面

（1）功能菜单

人机界面通过计算机功能菜单和画面等形式体现。功能菜单视各厂家系统不同而不完全一致，一般有画面调用、操作功能、事件查询、实时数据查询、历史数据和报表查询、系统管理等菜单项。

画面调用可调出站内的所有画面，主要有画面名调用和链接调用两种方式。画面名调用就是输入画面名，然后调出相应画面；链接调用就是利用主画面上设置的按钮，链接相应所需调出的画面名，当点击该按钮时，计算机就调出被点击按钮所链接的画面。链接调用可进行层层链接。实现主画面、间隔层画面的分层管理。

操作功能菜单可进行断路器、隔离开关等控制操作，遥测、遥信封锁、解锁，信号停闪、语音停报等功能。该功能也可在画面上利用鼠标右键调出操作菜单。

事件查询可查询记录的各种事件，包括遥信变位及事件顺序记录、保护动作和异常告警记录、通信工况和系统异常告警记录、各种控制和封/解锁操作记录、VQC动作和异常告警记录、CVT告警记录等。计算机一般可按时间、间隔、事件类型等方式提供选项界面，操作人员选择完毕后，计算机按照相应条件到事件记录库中进行检索，然后将检索结果显示在屏幕上，并进行打印。

实时数据查询可显示所有采集的遥测、遥信实时数据。计算机根据参数库所排定的顺序存放实时数据，当调用查询菜单后，计算机将实时库中的实时数据及其参数库所定义的对应遥测或遥信序号、名称显示在屏幕上，并定时将实时库中的实时数据更新到画面上。

更改参数库和画面编辑功能一般只由维护人员完成。

历史数据和报表查询可显示所有保存的历史遥测数据和报表。计算机一般可按时间、间隔、报表名称等方式提供选项界面。操作人员选择完毕后，计算机按照相应条件检索历史数据库，并将检索结果显示在屏幕上，或调出相应报表显示或打印。

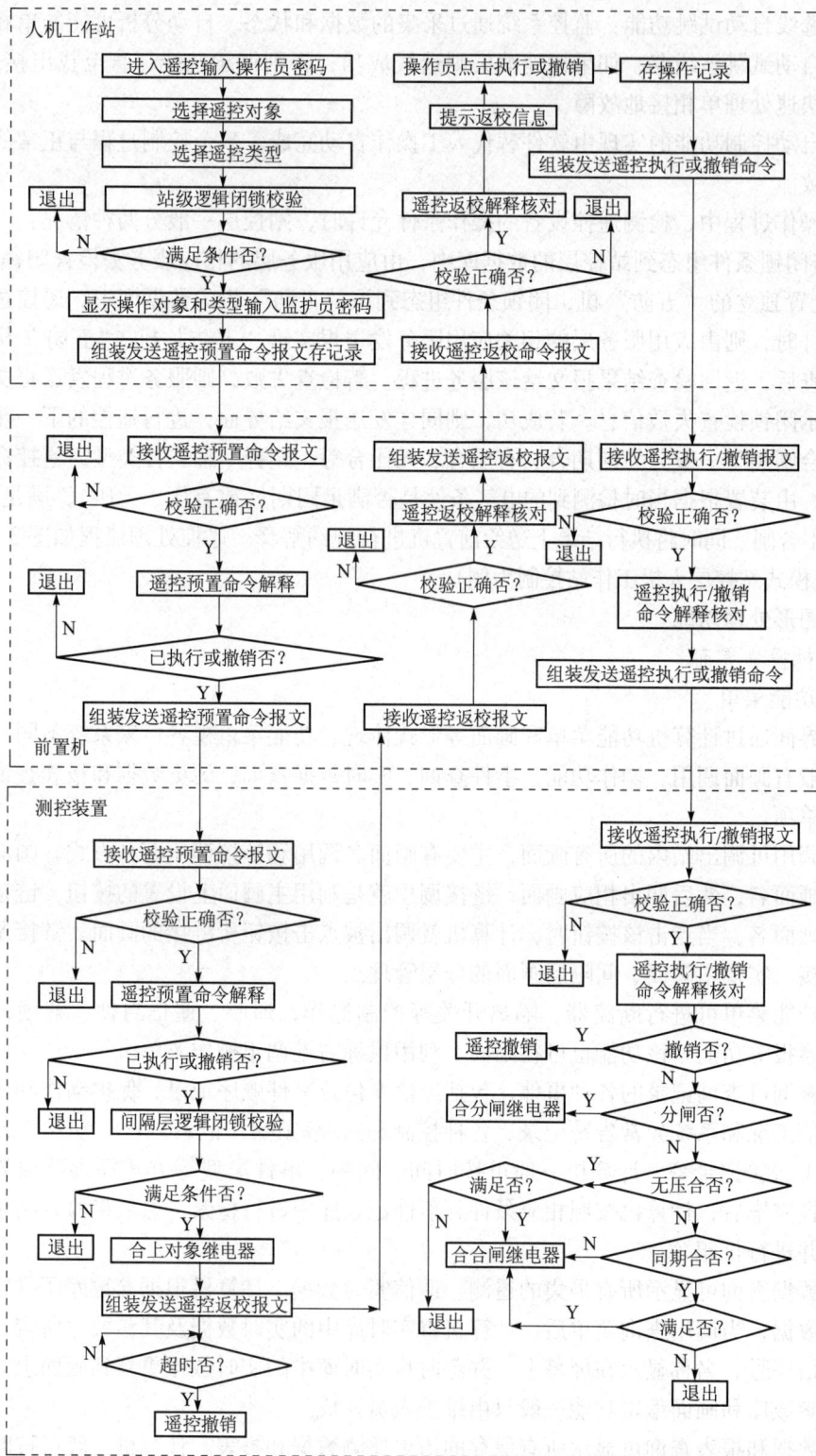

图 3-6　遥控处理流程

系统管理菜单一般具备操作员权限管理、系统功能设定、系统参数更改、画面编辑等功能。权限管理可对每位操作人员进行分类，如维护员、运行值班员等，赋予每个操作员不同的权限，操作前计算机将对操作员进行身份认证后方可允许进行权限范围内的操作。

（2）变电运行对画面的要求

监控系统操作界面应具有操作和监护功能，监护人员在操作员工作站上应能实施监护功能，避免误操作。

按各级调度规程中的操作术语，并使用调度命名的设备双重名称，即设备名称和编号。不同间隔的操作设备应有明显的菜单分界。

设备的命名和编号必须唯一。

对所有电气设备的倒闸遥控操作，须实行操作人和监护人的双重确认方式，严禁一人独自操作。

监控系统操作界面应直观、便捷、安全，并正确、可靠地反映设备的实时状态。

2. 画面内容

1）每幅画面均应包含画面名、实时时钟、系统周波、报警提示行等，能够显示电力系统主接线图，电力系统各种元件的图元可人工制作，各图元可定义遥信参数，能显示表格、文字、曲线及棒图等图形，能显示监控系统运行工况图。

画面一般由独立的绘图软件包来绘制，其中的断路器、隔离开关、变压器等元件作为一个图元处理。画面一般包含静态的图形和实时变化的遥测及遥信图元参数组成，保存在计算机硬盘中。当调用该画面时，屏幕上显示相应图形并在画面中参数所定义位置显示遥测数值、遥信状态及潮流方向等内容。

2）画面中能动态显示相应的遥测量及其符号、遥信状态、潮流方向，能显示遥测、遥信一览表。

3）任何采集和计算的遥测量均可定义绘制负荷曲线，其密度可为5、15、30min等；负荷曲线图上标有最大值、最小值、平均值等。

3. 画面功能

1）画面应能够通过菜单和按钮链接等方式调用。画面可多窗口显示，可缩放、漫游，支持双屏显示。画面一般采用矢量方式绘制，计算机通过变更矢量点的位置、长度实现画面的缩放、漫游等功能。

2）画面上应能够挂接各种标示牌，标示牌应可由用户绘制，种类应不少于四种。挂、撤标示牌应有记录。标示牌一般按图元方式编辑保存。当画面中需挂牌时，计算机将相应图元调出，定位在画面中的某个位置上，对应画面的参数库中存有相应的标示牌信息。部分系统还可以利用该标示牌闭锁相应操作，即计算机在操作前读取该间隔的标示牌信息，如果已经存在需要闭锁操作的标示牌，则系统自动闭锁相应的控制操作。

3）各人机工作站应能够单独按间隔屏蔽和开放各间隔的画面索引、间隔画面和信息。在间隔检修或调试时，为避免干扰需启用该功能，使其中一台机作为调试机，只显示调试间隔内容，而另一台机显示调试间隔外的其他内容。一般系统参数按间隔对象进行组态定义，因此当某间隔或计算机设置为调试态时，调试态计算机只处理调试态间隔的信息，而非调试态的计算机只处理非调试态间隔的信息。

4）遥测、遥信封锁和通道中断应由不同颜色显示，遥信双位置出错应由出错标记显示。

5）在画面上可查询各遥测、遥信的厂点号、遥控号、名称等参数。

七、报表处理功能

1. 报表类型

报表类型包括负荷、电压等日报表和月报表等遥测报表、电压合格率报表和各种历史记录的打印。

2. 报表处理

1）可根据实际需要灵活编制各种格式的遥测报表，能够进行表格数据和曲线的混合排版；能够利用表格数据进行各种计算。

2）能够对历史数据进行最大值、最小值、平均值、负荷率等统计。

3. 报表打印

1）召唤打印包括：画面拷贝、对历史数据库中的任一天（月）数据进行打印；人工打印各种报表；按类型、间隔、时间检索打印。

2）当发生各种告警时，可随即打印告警信息。用户可设置是否随即打印。

3）可定时打印各种报表，用户可设置是否定时打印和打印时间。

八、CVT 监测告警功能

当 CVT 发生部分电容损坏或绝缘异常等情况时，二次侧电压会发生相应变化，如三相 CVT 的 $3U_0$ 电压值会变大，各相间电压幅值将出现较大差值，单相电压超出正常值等现象。从 CVT 异常到发生损毁事故通常有一个发展过程。

通过采集相关电压量，并经变电站监控系统主机处理，实现 CVT 在线监测，可以及时发现异常并报警，避免设备事故的发生。主要技术方案是：利用测控装置采集的线路及母线电压值，上送至主机，在主机上进行逻辑分析、判断，输出告警信息。

1. 实现原理

采集三相 CVT 各相电压 U_a、U_b、U_c 及开口三角电压 $3U_0$、单相 CVT 同期电压 U_L、断路器 QF 合闸位置辅触点。

（1）线路或母线 CVT 开口三角电压 $3U_0$ 幅值越限告警

对于三相接线方式的 CVT，当同时满足以下三个条件时，报 $3U_0$ 幅值越限告警：被监视的 CVT 有压（A 相电压，无压定值 U_{SET1} 一般取 $0.3U_e$）；$3U_0$ 大于设定 $3U_0$ 幅值越限整定值 U_{SET2}，一般取 1.5V；持续时间大于延时时间 t_1，一般取 30s。

（2）CVT 电压不平衡告警

1）三相 CVT（500kV 线路、220kV 及以下母线或线路变压器组接线方式的线路电压互感器）：被监视的 CVT 有压（A 相电压，无压定值 U_{SET1} 为 $0.3U_e$）；任意两相电压幅值差绝对值与其中一相电压幅值相比，大于不平衡度定值 $B\triangle U_1$，一般取 3%，即 $|(U_a - U_b)|/U_a > 0.03$ 或 $|(U_a - U_b)|/U_b > 0.03$；$|(U_b - U_c)|/U_b > 0.03$ 或 $|(U_b - U_c)|/U_c > 0.03$；$|(U_a - U_c)|/U_a > 0.03$ 或 $|(U_a - U_c)|/U_c > 0.03$；持续时间大于延迟时间 t_2，一般取 30s。

2）单相 CVT（500kV 母线、220kV 及以下线路和旁路母线电压互感器）：线路 CVT（220kV 及以下线路和旁路母线电压互感器）：被监视的 CVT 有压（A 相电压，无压定值 U_{SET1} 为 $0.3U_e$）；断路器在合位（该 CVT 工作在某条母线上）；被监视的 CVT

电压幅值 U_L（以 A 相为例）与母线切换后电压同名相幅值 U_a 电压差绝对值与两者之一的电压幅值相比，大于不平衡度定值 $B\triangle U_1$，一般取 2%，即 $|(U_a - U_L)|/U_a > 0.02$ 或 $|(U_a - U_L)|/U_L > 0.02$；持续时间大于延迟时间 t_3，一般取 30s。

3）母线 CVT（500kV 母线）：被监视的 CVT 有压（A 相电压，无压定值 U_{SET1} 为 $0.3U_e$）；3/2 接线方式的边断路器在合位（如 5011 合位，表示 5011 断路器接入 500kV Ⅰ 母；如 5013 合位，表示 5013 断路器接入 500kV Ⅱ 母）；被监视的 CVT 电压幅值 U_a 与在合位的边断路器线路 CVT 同名相电压幅值 U_{La} 绝对值与两者之一的电压幅值相比，大于不平衡度定值 $B\triangle U_1$，一般取 2%，即 $|(U_a - U_{La})|/U_a > 0.02$ 或 $|(U_a - U_{La})|/U_{La} > 0.02$；持续时间大于延迟时间 t_3，一般取 30s。

（3）幅值越限告警

被监视的 CVT 有压（A 相电压，无压定值 U_{SET1} 为 $0.3U_e$）；电压超过设定的限值。上限值一般取模拟量越限定值的高限定值，高限系数为 K_H，一般取 1；下限值一般取模拟量越限定值的低限定值，低限系数为 K_L，一般取 1；$U_a > (K_H \times$ 高限$)$ 或 $U_a < (K_L \times$ 低限$)$；$U_b > (K_H \times$ 高限$)$ 或 $U_b < (K_L \times$ 低限$)$；$U_c > (K_H \times$ 高限$)$ 或 $U_c < (K_L \times$ 低限$)$；$U_L > (K_H \times$ 高限$)$ 或 $U_L < (K_L \times$ 低限$)$；持续时间大于延迟时间 t_4，一般取 30s。

（4）CVT 监视合并告警

1）满足以下任一条件，报 CVT 异常总告警。条件 1，三相 CVT $3U_0$ 越限告警；或条件 2-1，三相 CVT 不平衡告警；或条件 2-2，单相 CVT 异常告警（同名相比较）；或条件 3，电压幅值越限告警。

2）告警内容及信息：线路或母线 CVT 开口三角电压 $3U_0$ 幅值越限告警，告警信息显示格式："×××线路（或××× kV Ⅰ 母）开口三角电压 $3U_0$ 幅值越限"。

CVT 电压不平衡告警，告警信息显示格式：

三相 CVT："×××线路（或××× kV Ⅰ 母）电压不平衡"；

单相 CVT："×××线路（或××× kV Ⅰ 母）CVT 异常"；

幅值越限告警，告警信息显示格式："×××线路（或××× kV Ⅰ 母）电压幅值越限"；

最后推事故画面并报事故音响，告警信息显示格式："×××线路（或××× kV Ⅰ 母）CVT 异常"，如"潮祝 4431 线线路 CVT 异常"或"220kV Ⅰ 母 CVT 异常"。

3）信号复归：能实现变电站就地复归和集控站远方复归。

2. 原理框图

CVT 电压监视逻辑原理图见图 3-7 所示。

九、AVQC 功能

计算机监控系统的 AVQC 功能是主机利用采集到的遥测数据、开关状态和分接头位置自动进行实时计算和判断，并通过调节主变压器分接头和投切电容器，实现本变电站低压侧（或中压侧）电压控制在合格范围内，同时达到高压侧线路无功输送最小，或功率因数达到规定要求的目的。

1. 控制策略

一般计算机监控系统按照电压/无功 17 区控制策略进行控制。运行控制区域图如图 3-8 所示。图中，ΔU_u 为分接头调节一挡引起的电压变化量；ΔU_q 为投切一组电容器引起的电

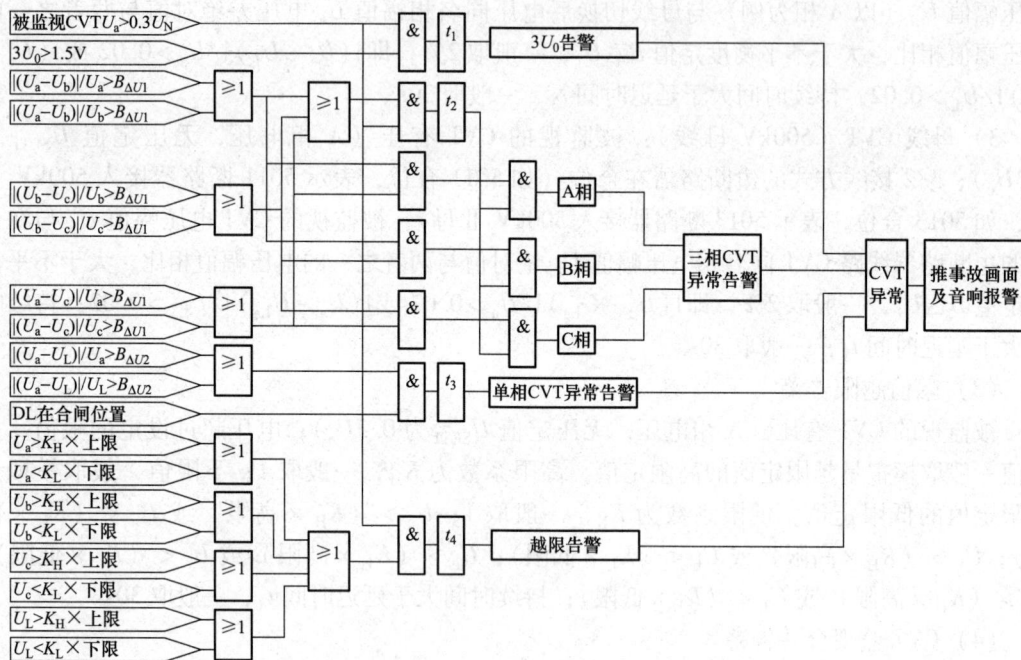

图 3－7　CVT 电压监视逻辑原理

压变化量；ΔQ_u 为分接头调节一挡引起的无功变化量；ΔQ_q 为投切一组电容器引起的无功变化量。

按图 3－8 进行控制，使电网运行在 9 区位置。如果电压和无功不能同时满足时，一般采用电压优先的原则，即首先满足电压合格。

不同的时间可配置不同的限值，并应能够根据不同的电网运行方式自动处理不同的控制方式。

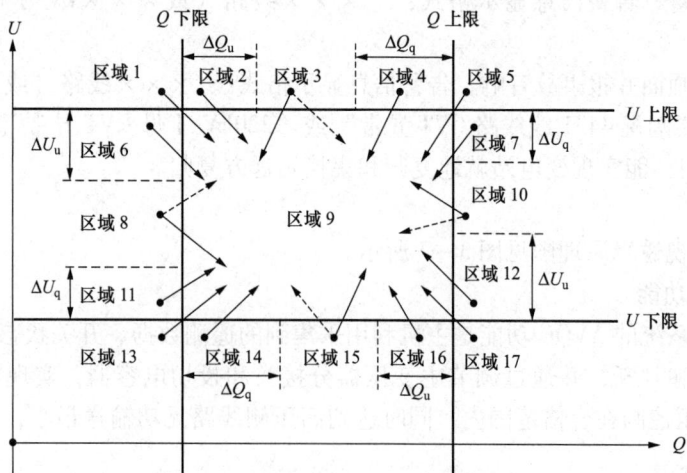

图 3－8　电压/无功控制区域

典型 17 区控制策略如下：

区域 1：U 越上限、Q 越下限。

　　电压优先：退电容器。无电容器可退时，下调分接头。

　　无功优先：退电容器。无电容器可退时，下调分接头。

区域 2：U 越上限、Q 正常偏小。

　　电压优先：退电容器。

　　无功优先：下调分接头。

区域 3：U 越上限、Q 正常。

　　电压优先：下调分接头。无分接头可调时，退电容器。

　　无功优先：下调分接头。无分接头可调时，退电容器。

区域 4：U 越上限、Q 正常偏大。

　　电压优先：下调分接头。

　　无功优先：退电容器。

区域 5：U 越上限、Q 越上限。

　　电压优先：下调分接头。无分接头可调时，退电容器。

　　无功优先：下调分接头。

区域 6：U 正常偏大，Q 越下限。

　　电压优先：退电容器。

　　无功优先：退电容器。

区域 7：U 正常偏大、Q 越上限。

　　电压优先：下调分接头。

　　无功优先：下调分接头。

区域 8：U 正常、Q 越下限。

　　电压优先：退电容器。

　　无功优先：退电容器。

区域 9：U 正常、Q 正常。

　　电压优先：正常，保持现状。

　　无功优先：正常，保持现状。

区域 10：U 正常、Q 越上限。

　　电压优先：投入电容器。

　　无功优先：投入电容器。

区域 11：U 正常偏小，Q 越下限。

　　电压优先：上调分接头。

　　无功优先：上调分接头。

区域 12：U 正常偏小、Q 越上限。

　　电压优先：投电容器。

　　无功优先：投电容器。

区域 13：U 越下限、Q 越下限。

　　电压优先：上调分接头。无分接头可调时，投电容器。

　　无功优先：上调分接头。

区域 14：U 越下限、Q 正常偏小。

电压优先：上调分接头。

无功优先：投电容器。

区域 15：U 越下限、Q 正常。

电压优先：上调分接头。无分接头可调时，投电容器。

无功优先：上调分接头。无分接头可调时，投电容器。

区域 16：U 越下限，Q 正常偏大。

电压优先：上调分接头。

无功优先：投电容器。

区域 17：U 越下限、Q 越上限。

电压优先：投电容器。无电容器可投时，上调分接头。

无功优先：投电容器。无电容器可投时，上调分接头。

2. 闭锁条件

AVQC 功能应能实现开环、闭环和半闭环三种运行方式的控制。当需要人工控制时（如变电站检修），AVQC 功能退出，即开环运行；当 AVQC 功能全部投入，由 AVQC 软件自动进行电压无功的优化控制，即闭环运行；当 AVQC 优化计算功能投入，但不进行自动控制，只进行提示，即半闭环运行。这些控制方式可通过连接片状态或参数设置进行更改。

当 2 台变压器并列运行时，其分接头应处在同挡位置，并且要同步调节，否则应进行闭锁。调节挡位后，应进行滑挡判断，一旦发现滑挡应立即进行急停控制。

当电网事故、断路器或分接头拒动、遥测数据异常、主变压器超载、相关测控装置通信中断、调节或控制次数限额已满等情况，应自动闭锁 AVQC 自动控制功能。

十、"五防"闭锁功能

"五防"闭锁功能包括逻辑闭锁和"五防"操作票两种功能。

1. 逻辑闭锁

逻辑闭锁是监控系统必备功能。当进行某个对象操作时，计算机监控系统首先需判断该操作是否符合"五防"的要求。如果不符合则拒绝操作，符合条件才允许执行，这在遥控过程中自动执行。如果需要合上某线路断路器的接地开关，则该断路器两侧的隔离开关必须处在分闸位置才允许合上。

逻辑闭锁功能建立在一系列预先设置好的闭锁逻辑条件上，每个遥控对象对应一组闭锁逻辑条件。当闭锁逻辑条件满足时，站控层才允许进行下一步遥控操作，间隔层条件触点才闭合，控制回路才沟通。否则，除了解锁外，无法进行站控层和间隔层的操作。

逻辑闭锁包括站控层逻辑闭锁和间隔层逻辑闭锁。站控层逻辑闭锁负责全站的逻辑闭锁。当某操作涉及的闭锁条件不仅仅是本间隔的设备状态时，必须通过站控层逻辑闭锁来完成；当某操作涉及的闭锁条件仅仅是本间隔的设备状态时，则可由间隔层来完成。进行遥控操作时，通常站控层和间隔层都同时进行闭锁逻辑的判断，任意一个地方不满足条件就闭锁该操作。

2. "五防"操作票

"五防"操作票可采用独立软件或设在监控系统中的一个功能模块中，该系统一般与监控系统紧密结合，采用监控系统的实时数据、画面及相关定义数据库，利用监控系统的闭锁逻辑进行条件判断，并沟通操作回路。

当运行值班人员要进行一组操作时，运行该软件或功能模块，输入相应的操作任务后，系统根据目前的电网运行状态自动进行分析判断，自动生成操作步骤，并逐步进行操作预演，确认都符合逻辑闭锁条件后，自动生成操作票，显示运行人员进行审阅。运行人员确认正确后，再将该操作步骤及每步操作所对应设备编码输出到电脑钥匙中。运行人员拿着电脑钥匙，按其提供的步骤逐一打开电脑编码锁，完成相应操作。

第四节　远方通信子系统

计算机监控系统远方通信子系统包括远动主机、调制解调器、数据网接口等设备。本节主要阐述远方通信子系统的相关设备及其工作原理。

一、硬件配置

远方通信子系统负责接收间隔层数据，并向各主站端进行转发，同时接收主站端的遥控命令。

远动主机要求双机配置，并且采用嵌入式装置。该装置要求具有两个站内以太网接口，分别与站控层计算机网络的双交换机连接，实现站内数据的收发；具有两个站外以太网接口，分别与数据网接入的广域网络的双交换机连接，实现与各主站的网络数据通信；具有足够的 RS – 232 串行通信接口，实现与各主站的串行数据通信。

配置双套具备 MPLS – VPN 功能的路由交换设备作为数据网接入设备。500kV 变电站配置两台交换机和两台路由器，采用 2 路 2M 接口，通过光传输设备接入电力数据网。220kV 变电站配置两台交换机和 1 台路由器，采用 2 路 2M 接口通过光传输设备接入电力数据网。110kV 变电站根据地区的实际情况配置相应的路由交换设备，采用 100M 或 2M 接口通过光传输设备接入地区级电力数据网。

根据需要，配置调制解调器和数字透传复用设备。500kV 变电站网调和地调分别配置 2 路调制解调器，通过光传输设备分别接到相应主站；配置 2 套数字透传复用设备，采用 2 路 2M 接口，通过光传输设备接入省调主站。220kV 变电站地调和县调分别配置 2 路调制解调器，通过光传输设备分别接到相应主站；配置 1 套数字透传复用设备，采用 1 路 2M 接口通过光传输设备接入省调主站。

110kV 变电站根据地区的实际情况配置，若已有双套路由交换设备，可取消调制解调器和数字透传复用设备，全采用网络方式传输。单网或无网络的情况下，可在光端机中配置 RS – 232 接口板，远动装置通过 RS – 232 接口采用数字接口方式与地、县、集控站进行通信；也可以配置调制解调器，采用模拟方式与地、县、集控站进行通信。

二、远动功能及要求

远动装置在站控层与主机同时收集全站测控装置、保护装置等智能电子设备的数据。此处"同时"的含义是：远动装置的正常数据传送不应依赖于站控层计算机是否正常运行，无人值班变电站尤为如此。远动装置接收到的数据以 IEC 60870 – 5 – 101、IEC 60870 – 5 – 104、原部颁 CDT 等远动规约，通过模拟通道、数字通道或网络向各主站端传送，同时接收集控站的遥控、遥调命令，并向变电站间隔层设备转发。远动装置要求采用双机模式，应设置双套远动设备，远动信息一般是来自间隔层采集的实时数据。

测控装置的数据经装置内部处理后传送给远动装置，由该装置将数据以规定的通信规约格式直接转发给各主站系统；同时接收主站端下发的各种遥控、遥调命令，并下发给相应的测控装置去执行遥控、遥调命令。变电站与主站之间应具备两路独立路由双路通道，且不同的主站应配置相应的数据转发表和控制权限。

三、主站通信方式

变电站监控系统与主站端通信一般采用以下通信方式：

（1）模拟通信方式

远动装置发送的串行数据信息通过调制解调器将数字信号调制成模拟信号。目前比较通用的调制方式为键控调频，将远动的"1"和"0"信号分别调制成特定频率的音频信号，然后将该信号接入通信设备，通信系统将该远动信号传送到主站端，主站端再将该信号解调回数字信号，主站前置机通过串口接收和处理数据。该通信方式传输速率低、可靠性较差。

（2）数字通信方式

光端机等现代通信设备采用数字通信方式，具备数字通信接口。远动装置发送的串行数据信息直接接入通信设备，通信系统将该远动信号传送到主站端，主站通信设备输出直接接入前置机串口，实现数据接收和处理。该通信方式传输速率有所提高、可靠性一般。

（3）网络通信方式

随着计算机网络技术的发展，主站端自动化系统和厂站端变电站监控系统之间利用各种网络设备建立电力数据网，实现网络连接。

远动装置远方网络接口接入数据网络设备，再采用2M、百兆等方式接入光端机等通信系统；主站端网络系统同样通过数据网络设备接入通信系统，通信系统将各主站和厂站的网络连通，实现主厂站的网络互联。

远动装置采用 IEC 60870 - 5 - 104 等网络通信规约通过电力数据网络与主站进行数据通信。该通信方式传输速率高、可靠性好，并已成为主厂站之间主流的传输方式。

四、主站通信规约

变电站监控系统与主站端典型通信规约主要有以下 3 种。

（1）原部颁 CDT 规约

该规约采用循环发送方式，由远动装置通过串行接口不断循环地向各主站发送变电站的遥测、遥信、SOE 等实时信息，当有遥信变位时插入传送变位遥信；同时接收主站下发的遥控、遥调报文，进行报文校验和解释，并向主站发送遥控返校报文。

该规约包括同步字、控制帧和信息帧，同步字由 $3 \times EB90$ 组成，控制帧主要定义本帧信息类型、长度等内容，信息帧包括一个字节的控制字、四个字节的信息字和一个字节的BCH 校验码。该规约每个站传输容量较小。

（2）IEC 60870 - 5 - 101 规约

该规约采用非平衡问答串行通信的方式，变电站端不主动上发信息，由主站发出链接、查询或控制等报文，变电站端收到报文后再进行应答。

在数据通信前，首先由主站端发送链接报文，远动装置收到报文后发送确认报文，建立相互通信的连接关系，然后开始数据通信。

正常数据通信采用查询方式，由主站端发出查询报文，主要有总召唤、一级数据召换、二级数据召唤等方式。远动装置收到总召唤报文后，根据向相应主站发送的对照表，将站内所有遥测、遥信等信息按照规约规定的格式组装成报文，发送到主站。正常情况下进行二级数据召唤，实现变化量遥测传送，同时标注是否有一级数据需要召唤，当有一级数据需要召唤时，主站端再发送一级数据召唤报文，实现变位遥信等一级数据的转送。

该规约数据传输容量较大，但受传输速率的限制。

（3）IEC 60870 – 5 – 104 规约

该规约采用平衡问答网络通信的方式，建立通信链接后，变电站和主站端均可主动发送信息，但通信连接一般也由主站端发起。

通信报文与 IEC 60870 – 5 – 101 规约基本相同，但其数据传输容量大、传输速度快、可靠性高。

五、二次系统安全防护要求与电力数据网络接入

1. 二次系统安全防护要求

随着电力数据网的广泛应用，主厂站之间实现了网络互联。为了确保电力控制系统的安全，国家电网公司出台了一系列文件和规范，将二次系统分为实时控制（安全Ⅰ区）、非实时控制（安全Ⅱ区）两个大区，将管理系统分为调度生产管理系统（安全Ⅲ区）和管理信息系统（安全Ⅳ区）两个大区。其中实时监控系统属于安全Ⅰ区，电能量采集系统和继电保护故障信息管理系统属于安全Ⅱ区。要求安全Ⅰ区与安全Ⅱ区在网络上实现隔离，它们之间的数据交换要通过防火墙才能互联；二次系统（安全Ⅰ、Ⅱ区）与管理系统（安全Ⅲ、Ⅳ区）之间必须通过专用的物理隔离设备才能连接。纵向应采用 IP 加密认证装置或访问控制列表等网络安全措施。

2. 电力数据网的接入

电力数据网接入示意图见图 3 – 9。

变电站监控系统作为实时控制系统部署在安全Ⅰ区，通过 2 台远动装置接入站端广域网络设备的安全Ⅰ区位置。继电保护故障信息系统和电能量采集装置属于非实时控制系统，部署在安全Ⅱ区，通过网络接入站端广域网络设备的安全Ⅱ区位置。

3. 安全措施

站端广域网络设备要采用 MPLS_VPN 技术进行安全分区。各接入广域网络的设备应严格按照"二次系统安全防护要求"接入相应安全区。

各接入广域网络的设备应尽可能采用嵌入式装置，确需用一般计算机的也尽可能不采用 Windows 操作系统，以免计算机病毒的交叉感染。如果采用 Windows 操作系统，则必须安装能与主站防病毒服务器互联并能自动更新的操作系统补丁和防病毒软件。

采用访问控制策略，开放采用 IEC

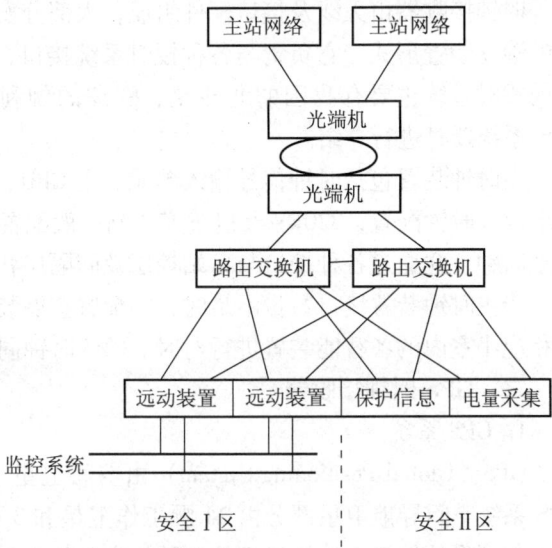

图 3 – 9　电力数据网接入示意图

60870 – 5 – 104 规约进行数据通信所需的网络端口，屏蔽其他所有端口，使病毒、黑客攻击等报文在网络层面上实现隔离。

在远动装置，仅配置需要访问的主站前置机 IP 地址，并对需要访问的每台主站主机分别分配不同权限和数据通信列表，使不同主站得到相应的数据和控制权限，防止非法用户的侵入和合法用户的误访。

六、冗余措施

两套远动装置可运行在双主机或主备状态，它们之间相互交换信息和运行状态。两套设备通过站内网络同时接收各间隔层设备的实时数据，同时保存在实时数据库中。

在双主机工作方式下，两台主机可同时向各个主站发送数据，并同时接收下行命令，通过双方交换的运行状态，确定哪套设备负责向相应间隔层设备转发下行命令。

在主备工作方式下，通过双方交换的运行状态确定某套设备作为现任主机，并负责与主站通信和下行命令的转发。备机只运行在监视状态，一旦发现主机异常，立即升级为主机，接替主机的通信功能。

第五节 时钟同步子系统

在现代电力系统中，为实现精确控制，并正确分析事件的前因后果，时间的精确性和统一性尤为重要。在变电站计算机监控系统中，断路器的跳闸顺序、继电保护动作顺序，需要精确、统一的时间来辨识，为事故分析提供正确的依据。本节主要阐述时钟同步子系统的工作原理及相关要求。

一、概述

时钟同步子系统由时钟接收器、主时钟、扩展装置等组成。完成全站各智能装置的时钟同步功能。

时钟接收器由天线及接口模件组成，大部分安装在主时钟装置内，也可采用与主时钟分离的独立装置形式。它负责与各种授时系统接口，接收相应授时系统的标准时钟同步信号。目前授时系统主要有我国的北斗星、欧洲的伽利略、美国的 GPS 等定位系统。本节按照 GPS 系统授时进行介绍。

主时钟装置包括时钟信号输入单元、主 CPU、时钟信号输出单元。通常，500kV 变电站要求双主时钟配置，220kV 及以下变电站一般配置单个主时钟，负责接收时钟接收器发来的标准时钟，并通过各种接口与各站控层及间隔层各设备通信、对时。

当主时钟装置接口数量不足时，须配置扩展装置。一般扩展装置按小室进行布置，负责对相应小室内的各智能装置进行对时。GPS 时钟同步系统原理图如图 3 – 10 所示。

二、GPS 时钟接收器

1. GPS 系统

GPS（Global Positioning System）由空间卫星、地面测控站和用户设备三大部分组成。GPS 系统空间导航卫星部分由 24 颗工作卫星和 3 个备用卫星组成。工作卫星均匀分布在 6 条近似圆形的轨道上，轨道距地面平均高度约为 20200km，每 12h 绕地球运行 1 周，在全球的任何地方、任何时刻能同时收到 4 个以上的卫星信号。一旦某个导航卫星出现故障，备用

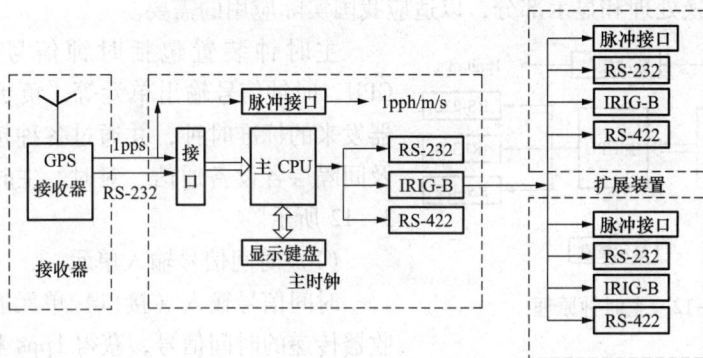

图 3-10 GPS 时钟同步系统原理

卫星可立即根据地面测控站的命令飞赴指定轨道进入工作状态。

在地面测控站的监控下，GPS 传递的时间能与国际标准时间（UTC）保持高度同步，误差小于 $0.1\mu s$，可直接用来为电力系统的控制、保护、监控、SOE 等服务。

2. GPS 时钟接收器

GPS 接收器由接收模块和天线构成，其内部硬件电路和处理软件通过对接收到的信号进行解码和处理，从中提取并输出两种时间信号：一种是间隔为 1s 的脉冲信号 1pps，其脉冲前沿与国际标准时间的同步误差不超过 $1\mu s$，第二种是经 RS-232 串行口输出的与 1pps 脉冲前沿对应的国际标准时间和日期代码（时、分、秒、年、月、日），如图 3-11 所示。

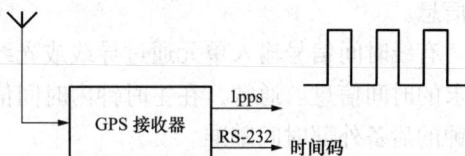

图 3-11 GPS 时钟接收器

（1）GPS 接收天线

主时钟所配 GPS 天线必须保证安装地点接收信号所需的灵敏度。天线安装位置应视野开阔，可见绝大部分天空，尽可能安装在屋顶。天线安装在屋顶时只要视野足够，高出屋面距离不要超过正确安装必需的高度，以尽可能减少雷击危险。天线电缆应根据其长度选择 RG-59 型、RG-58 型或其他合适的型号，以保证 GPS 接收器需要的信号强度。天线电缆应按照正确的工艺安装，穿在建筑物预留管道或电线管道中到电缆层。

（2）GPS 接收模块（OEM 板）

接收载波频率为 1575.42MHz（L1 信号）。接收灵敏度，捕获小于 -130dBm，跟踪小于 -133dBm。同时跟踪，装置冷启动时，不少于 4 颗卫星；装置热启动时，不少于 1 颗卫星。捕获时间，装置热启动时小于 2min；装置冷启动时小于 20min。定时准确度不大于 $1\mu s$（1pps 相对于 UTC 时间）。

（3）GPS 接收器内部电池

内部电池为 GPS 接收器的时钟提供备用电源。电池类型为锂电池。电池寿命不小于 25000h。

三、GPS 主时钟

由于 GPS 接收器提供的同步脉冲和串行接口标准不一定满足微机装置在对时上的接口需要，串行口输出的国际标准时间也不同于我国的显示习惯，故必须在 GPS 接收器的基础

93

上，配置信号转换处理和显示部分，以适应我国实际应用的需要。

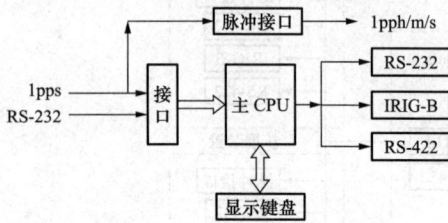

图 3 - 12　主时钟原理

主时钟装置包括时钟信号输入单元、主 CPU、时钟信号输出单元等，负责接收时钟接收器发来的标准时钟，并通过各种接口与各站控层及间隔层各设备通信、对时。主时钟原理图如图 3 - 12 所示。

（1）时间信号输入单元

时间信号输入（接口）单元通过接收时钟接收器传递的时间信号，获得 1pps 和包含北京时间的时刻和日期信息的时间报文，1pps 的前沿与 UTC 秒的时刻偏差不大于 1μs，该 1pps 和时间报文作为主时钟的外部时间基准。

无线时间信号接收器负责接收 GPS（全球定位系统）卫星或我国卫星、短波广播和电视等无线手段传递的时间信号，获得满足规定要求的时间信息。目前，主时钟主要采用 GPS 信号接收单元。

GPS 卫星信号输入单元接收 GPS 卫星发送的定时、定位信号，获得满足规定要求的时间信息。

有线时间信号输入单元通过导线或光纤接收其他主时钟发送的时间信号，获得满足规定要求的时间信息。通常，在主时钟内时间信号接收单元冗余配置时采用，其时间信息作为主时钟的后备外部时间基准。

（2）主 CPU 单元

主 CPU 负责时钟信号的处理，并建立主时钟内部的时钟。当接收到外部时间基准信号时，被外部时间基准信号同步；当接收不到外部时间基准信号时，保持一定的走时准确度，使主时钟输出的时间同步信号仍能保证一定的准确度。

主 CPU 单元的时钟准确度应优于 7×10^{-8}，其内部时钟的振荡源可根据时钟精度的要求，选用普通石英晶振、有温度补偿的石英晶振或原子频标。

（3）时间信号输出单元

当主时钟接收到外部时间基准信号时，按照外部时间基准信号输出时间同步信号；当接收不到外部时间基准信号时，按照内部时钟保持单元的时钟输出时间同步信号。当外部时间基准信号接收恢复时，自动切换到正常状态工作，切换时间应小于 0.5s。切换时主时钟输出的时间同步信号不得出错，时间报文不得有错码，脉冲码不得多发或少发。

一般主时钟应输出足够数量的不同类型时间同步信号，数量不够时可以增加扩充单元以满足不同使用场合的需要。

（4）工作状态指示和告警

主时钟面板上应有下列工作状态指示：① 主时钟电源正常。② 外部时间基准信号锁定（接收外部时间基准信号正常）。当外部时间基准信号输入冗余配置时，应指示当前起作用的一个。③ 输出时间信号，一般为 1pps。

主时钟应有下列告警信号输出：① 电源中断。② 外部时间基准信号消失，当外部时间基准信号输入冗余配置时应指示当前消失的一个。告警信号的电接口类型为继电器空触点。

（5）辅助功能

显示时间，至少6位，即能显示时、分、秒。必要时可显示日期，即年、月、日，允许只显示世纪年份，即公元纪元年份的后两位。必要时可增加时间、日期的设置手段。

（6）外部事件发生时刻测量

作为可选功能，需要时，可设置外部事件发生时刻测量功能。分辨率为$1\mu s$，准确度为$3\mu s$；信号类型为TTL电平脉冲或静态空触点；作用边沿（对应事件发生时刻）为脉冲上升沿或触点闭合。

（7）电源及环境

交流供电，220（1 + ±20%）V（50±1Hz）；功耗，<15W。直流供电，110（1 + ±20%）V，或220（1 + ±20%）V；功耗，<15W。一般交、直流自动切换。

工作温度，0~60℃；湿度，95%，不结露；电磁兼容性，在变电站保护室和控制室的电磁场环境下能正常工作，符合GB/T 13926—1992《工业过程测量和控制装置的电磁兼容性》中有关规定的要求；防震，主时钟的结构和包装应保证正常运输中受震后仍能正常工作。

（8）安全及可靠性

主时钟的各种输出接口均应在电气上相互隔离，以减少电磁干扰对时间信号和各被同步设备的影响。主时钟的各种输入、输出接口发生短暂（持续时间小于5min）短路或接地时，不应给设备带来永久性损伤。

平均无故障间隔时间（MTBF）：在正常使用条件下应不小于25000h。采用更换损坏部件维修的办法，主时钟平均维修时间（MTTR）一般不大于30min。

四、时钟扩展装置

当主时钟装置接口数量不足时，须配置扩展装置。一般扩展装置按小室布置，负责小室内的各智能装置对时。

由主时钟的IRIG－B码输出的RS－485接口引出，并联连接多个时钟扩展装置；当距离较远时可采用光纤/RS－485转换器通过光纤连接。

时钟扩展装置接收到IRIG－B码信号后，可采用硬件或软件解码方式进行处理，并通过相应的驱动电路输出1pps、1ppm、1pph等脉冲信号和RS－232、RS－422和IRIG－B等串行信号。

五、时钟输出信号

1. 时间同步信号类型

（1）1pps脉冲信号

准时沿：上升沿，上升时间不大于50ns。上升沿的时间准确度不大于$1\mu s$。脉冲宽度为20~200ms。主时钟至少有一路标准TTL电平1pps输出，表征主时钟的准确度。

（2）1ppm脉冲信号

准时沿：上升沿，上升时间不大于150ns。上升沿的时间准确度不大于$3\mu s$。脉冲宽度为20~200ms。

（3）1pph脉冲信号

准时沿：上升沿，上升时间不大于$1\mu s$。上升沿的时间准确度不大于$3\mu s$。脉冲宽度为20~200ms。

（4）IRIG－B（DC）时码

每秒 1 帧，包含 100 个码元，每个码元 10ms。

脉冲宽度编码，2ms 宽度表示二进制 0、分隔标志或未编码位，5ms 宽度表示二进制 1，8ms 宽度表示整 100ms 基准标志。

秒准时沿：连续两个 8ms 宽度基准标志脉冲的第二个脉冲的前沿。

帧结构：起始标志、秒（个位）、分隔标志、秒（十位）、基准标志、分（个位）、分隔标志、分（十位）、基准标志、时（个位）、分隔标志、时（十位）、基准标志、自当年元旦开始的天（个位）、分隔标志、天（十位）、基准标志、天（百位）（前面各数均为 BCD 码）、7 个控制码（在特殊使用场合定义）、自当天 0 时整开始的秒数（为纯二进制整数）、结束标志。

图 3－13 表示当年 4 月 1 日 14 时 08 分 32 秒的波形图。

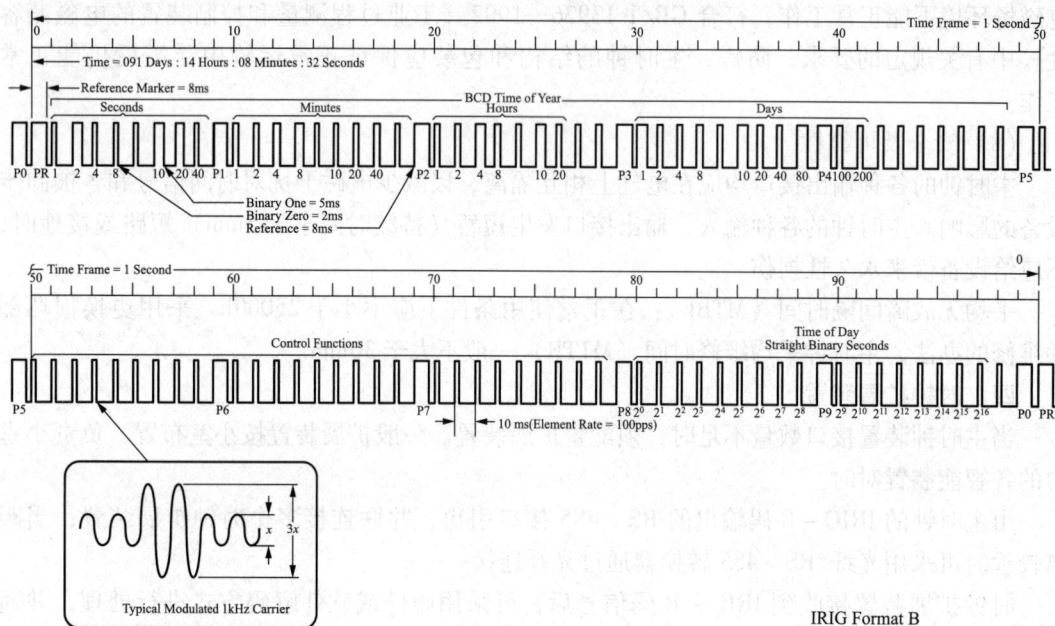

图 3－13　IRIG－B 时间编码波形

（5）IRIG－B（AC）时码

用 IRIG－B（DC）码对 1kHz 正弦波进行幅度调制形成的时码信号，幅值大的对应高电平，幅值小的对应低电平，典型调制比为 3∶1。

（6）时间报文（RS－232/422）

时间报文应包含：时、分、秒、年、月、日，报文起始、结束标志及其他信息传输必须的标志；也可包含用户指定的其他特殊内容，如时间基准标志、GPS 卫星锁定状态、接收 GPS 卫星数、告警信号等。

报文信息格式，ASCII 码或 BCD 码或 16 进制码。数据位，7 位或 8 位；起始位，1 位；校验位，偶校验、奇校验或无校验；停止位，1 位或 2 位。

信息传输速率：300、600、1200、2400、4800、9600、19200bit/s，可选。

报文发送时间：每秒输出、每分输出或根据请求输出 1 次（帧），或用户指定的方式输出。

2. 时间同步信号电接口

主时钟有多路时间信号输出时，不管信号接口的类型，各路输出在电气上均应相互隔离。

静态空触点（光隔离）输出：允许外接电压：250V。

TTL 电平输出：负载为 50Ω；驱动为 HCMOS。

串行数据通信接口 RS-232：电气特性符合 GB/T 6107—2000（CCITT 建议 V.28）。

串行数据通信接口 RS-422：电气特性符合 GB 11014—1990（CCITT 建议 V.11）。

串行数据通信接口 RS-485：电气特性符合 EIA/485（CCITT 建议 V.28）。

20mA 电流环接口：传输有效信号时环路电流保持 20mA，电气特性尚无标准。

AC 调制信号接口：载波频率为 1kHz；信号幅值（峰—峰值）：高电平 ≥10.0V，低电平符合 3:1 调制比要求；输出阻抗为 600Ω，隔离输出。

为保证时间同步信号传输的质量，应按表 3-2 采用不同信号接口。

表 3-2   信 号 接 口

信号类型＼接口类型	空触点	TTL	RS-232	RS-422	RS-485	电流环	AC
1pps	√	√					
1ppm	√	√				√	
1pph	√						
时间报文			√	√	√	√	
IRIG-B（DC）		√	√	√	√	√	
IRIG-B（AC）							√

六、时钟同步装置在变电站中的应用

变电站配置一套统一的时间同步系统，并配置时间同步信号扩展装置，用于实现变电站内计算机监控系统、保护装置及故障录波器等设备的时间同步。

1. 各系统、装置对时间同步的要求

各系统、装置对时间同步的要求如表 3-3 所示。

表 3-3   各系统、装置对时间同步的要求

装置（系统）名称	时间同步准确度	时间同步信号类型
线路行波故障测距装置	1μs	1pps 及时间报文
雷电定位系统	1μs	1pps 及时间报文
功角测量系统	40μs	1pps 及时间报文
故障录波器	1ms	IRIG-B 或 1ppm 及时间报文
事件顺序记录装置	1ms	IRIG-B 或 1ppm 及时间报文
微机保护装置	10ms	IRIG-B 或 1ppm 及时间报文
变电站监控系统	1ms	IRIG-B 或 1ppm 及时间报文
各级调度自动化系统	1ms	IRIG-B 或 1ppm 及时间报文
变电站、换流站监控系统	1ms	IRIG-B 或 1ppm 及时间报文

续表

装置（系统）名称	时间同步准确度	时间同步信号类型
火电厂机组控制系统	1ms	IRIG – B 或 1ppm 及时间报文
水电厂计算机监控系统	1ms	IRIG – B 或 1ppm 及时间报文
配电网自动化系统	10ms	IRIG – B 或 1ppm 及时间报文
电能量计费系统	≤0.5s	时间报文
电力市场交易系统	≤0.5s	时间报文
电网频率按秒考核系统	≤0.5s	时间报文
自动记录仪表	≤0.5s	时间报文
各级 MIS 系统	≤0.5s	时间报文
负荷监控系统	≤0.5s	时间报文
调度录音电话	≤0.5s	时间报文
各类挂钟	≤0.5s	时间报文

2. 变电站监控系统对时过程

主时钟的时间报文通过 RS－232 接口将"年月日时分秒"信息传送给主机或前置机或远动工作站，然后由该设备通过网络向全网所有站控层和间隔层设备进行时间报文的广播，使整个计算机监控系统的所有设备均统一时钟。如果采用前置机模式的系统则由前置机再向各间隔层设备广播时间报文，使各间隔层设备与站控层设备统一时钟。

间隔层的测控装置在完成秒级报文对时后，采用分脉冲对测控装置进行毫秒级校时。若采用 IRIG－B 校时，则应屏蔽网络报文校时，由 GPS 及其扩展装置输出的 IRIG－B 信号直接引到各装置，对装置直接对时。

测控装置的分脉冲和 IRIG－B 对时信号引自其所在小室的时间同步主时钟或信号扩展装置。通常，测控装置脉冲对时通常采用无源节点，电源由时钟扩展装置提供，以便多个装置可共用一条对时总线。

3. 时间同步信号传输通道

时间信号传输通道应保证主时钟发出的时间信号传输到用户设备时，能满足用户设备对时间信号质量的要求，一般可在下列通道中选用：

（1）同轴电缆

用于高质量地传输 TTL 电平信号，如 1pps、1ppm、1pph 和 IRIG－B（DC）码 TTL 电平信号等，传输距离不大于 10m。

（2）有屏蔽控制电缆

用于在保护室内传输 RS－232 接口信号，传输距离不大于 15m。用于在小室内传输 RS－422 及 RS－485、20mA 电流环接口信号，传输距离不大于 150m。

（3）音频通信电缆

用于传输 IRIG－B（AC）信号，传输距离不大于 1000m。

（4）光纤

用于远距离传输各种时间信号，传输距离取决于光纤的类型。变电站跨小室之间的连接（如主时钟与其他小室扩展装置之间的连接）必须采用光缆连接。

4. 时间同步系统的现场测试方法

时间同步系统建立后，要在现场进行测试，包括主时钟技术指标的测试和用户设备接收时间同步信号的时间同步准确度测试。

（1）测试仪器

在现场测试中使用的测试仪器有带 GPS 的标准时钟（有事件记录功能）、时间间隔计数器、电平转换装置和脉冲延时装置等，也可采用同时具有上述功能的综合测试仪。

（2）主时钟技术指标的测试

主时钟的主要技术指标是指装置输出的 1pps（TTL 电平信号）脉冲前沿相对于 UTC 秒的时间准确度。

如主时钟只有 1ppm（TTL 电平信号）输出，则测量它相对于 UTC 分的时间准确度，也按图 3-14 接线进行测试。

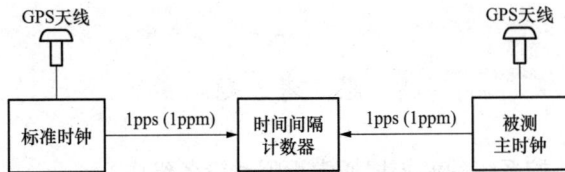

图 3-14　TTL 测试方式

若主时钟没有 1pps 或 1ppm（TTL 电平信号）输出，则用测量 1pps 或 1ppm（空触点信号）输出相对于 UTC 秒或分的时间准确度代替，对 1pps 或 1ppm 空触点信号经电平转换后接入测试仪，如图 3-15 所示。

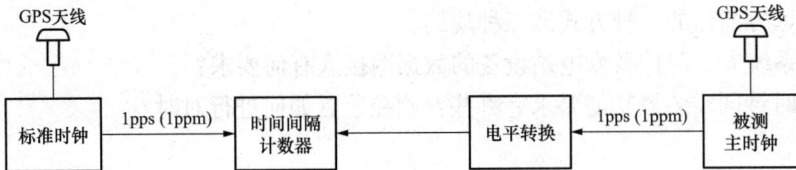

图 3-15　空触点测试方式

（3）具有事件记录功能装置的时间同步准确度测量

有事件记录功能装置，如测控装置、RTU 等，均能记录空触点型开关量的闭合时刻，并可显示或打印。图 3-16 所示为 SOE 时刻测试模型：将一个给定时刻的开关量信号送入被测装置，并与被测装置记录的该开关量闭合时刻比较，可判断被测装置的时间同步准确度。

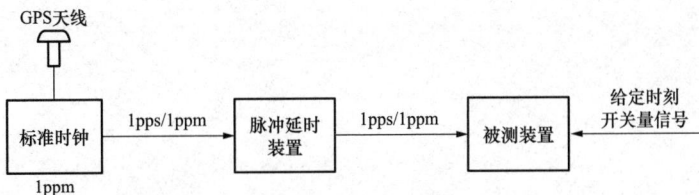

图 3-16　SOE 测试方式

（4）微机保护装置的时间同步准确度测试

据图 3－17 所示，将保护试验信号加到被测保护装置，使保护装置动作。保护装置的跳闸出口触点接到具有事件记录功能的标准时钟，并将标准时钟记录的保护装置跳闸出口触点的闭合时刻与保护装置事故报告中的跳闸时刻比较，可以判断被测微机保护装置的时间同步准确度。

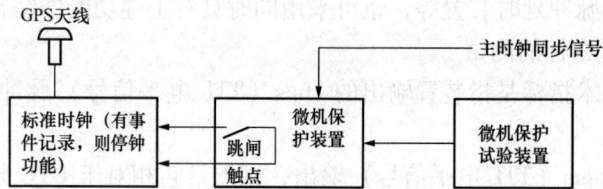

图 3－17　微机保护装置测试方式

思 考 题

1. 变电站计算机监控系统的站控层通常由哪些设备组成？
2. 简述遥测、遥信、遥控功能的实现原理。
3. 简述前置机模式站控层系统的组成及其数据采集通信工作原理，如何进行冗余互备？
4. 简述各电压等级对站控层设备的不同要求。
5. 简述主机兼人机工作站实现的主要监控功能。
6. 简述 AVQC、"五防"闭锁的工作原理。
7. 简述远方通信的三种方式和三种规约。
8. 二次系统安全防护及变电站设备的数据网接入有何要求？
9. GPS 时钟同步装置功能要求有哪些？测控装置如何进行对时？

第四章 ....

变电站计算机监控系统数据通信

变电站监控系统从诞生发展到技术的基本成熟，作为其核心之一的数据通信网络及传输规约有了长足发展，结构模式更趋规范。对于不同电压等级的变电站，由于信息量和规模要求不同，其通信实现方式和系统结构也有一定的差异。本章重点描述了变电站监控系统通信的基本要求和传输内容，并对变电站监控系统数据通信网络基本知识、传输规约及其结构模式进行了介绍，以帮助读者更好地理解变电站数据信息的流向及处理过程。

第一节 变电站计算机监控系统数据通信的基础知识

数据通信是计算机技术和通信技术相结合的产物，它是各类计算机网络的基础，变电站计算机监控系统的发展与通信技术密不可分。

一、数据通信系统的组成

数据通信指通过某种类型的传输介质在两地之间传送二进制位串的过程，它包括数据处理和数据传输两部分。数据通信系统由数据、数据终端设备（DTE）、数据电路端接设备（DCE）及通信链路四部分组成，如图 4-1 所示。

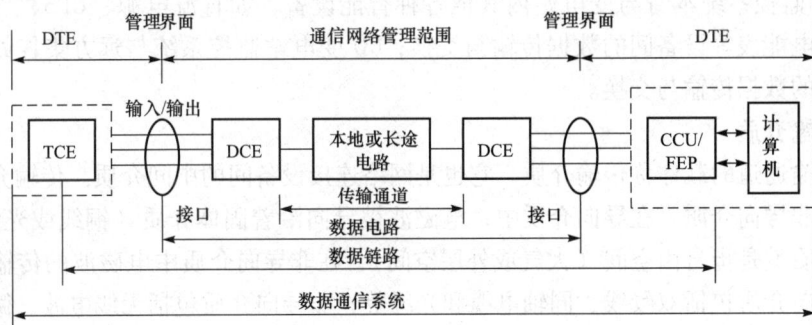

图 4-1 数据通信系统构成

DTE—数据终端设备；DCE—数据电路端接设备；

TCE—传输控制器；CCU/FEP—通信控制器/前置处理机

数据就是事实、概念或指令的表现形式，它适用于由人或自动装置进行通信、解释或处理。电力系统中的遥测量、遥信量、遥控命令编码以及在计算机网络中具有一定编码格式或位长要求的数字信息等都可称为数据。

数据终端设备 DTE 指具有数据通信功能的数据源或数据宿。变电站监控系统中的 RTU、测控单元、计算机、图像设备、打印机等均为 DTE。

数据电路端接设备 DCE 指数据处理设备和传输线路之间负责提供信号变换和编码，并负责建立、保持和释放数据链路的中间设备。DCE 一般指可直接发送和接收数据的通信设备，如模拟信道中的调制解调器（Modem）和数字信道中的数据服务单元（DSU）和信道服务单元（CSU）等。

数据链路是通信双方（源 DTE 和目的 DTE）之间为传输数据而建立的一条物理的或逻辑的数据通道。

数据通信的基本模式如图 4-2 所示。

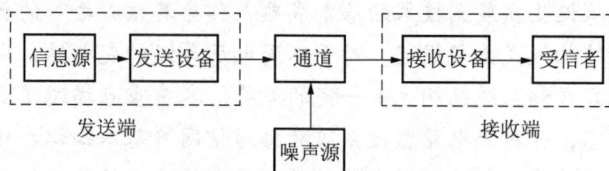

图 4-2   数据通信基本模式

信息源将要传送的信息传给发送设备，发送设备通过编码与调制将待发送信息转换成适合在通道中传送的信号，并送入通道。接收设备将通道中的信号经解码与解调转换成受信者能接收的信息。信号在通道传输过程中存在各种干扰，接收端收到的信号可能与发送端发出的信号不同，其干扰可等效用噪声源来表示。为减少信息传输过程的误码，需要进行差错检测。常见的差错检测技术有奇偶校验和循环冗余校验 CRC 等，检错和纠错都是在数据链路层实现的。

电力系统中有许多不同用途的数据通信系统。变电站计算机监控系统中的数据通信包含三个方面的内容：① 监控系统内部各子系统或各种智能电子装置（IEDs）之间的数据传输与交换；② 监控系统本身与变电站内其他各种智能设备，如直流电源、UPS、"五防"装置、电子式电能表等设备间的数据传输与交换；③ 变电站监控系统与远方集控站、调度控制中心之间的数据传输与交换。

二、传输介质

数据传输通道的载体称传输介质，它也是网络连接设备间的中间介质。传输介质可分为导向介质和非导向介质。在导向介质中，电磁波被导向沿着固体介质（铜线或光纤）传播；而非导向介质就是指自由空间（大气或外层空间），在非导向介质中电磁波的传输常称为无线传输。导向介质包括双绞线、同轴电缆和光纤等；非导向介质包括无线电波、微波和卫星等。在变电站计算机监控系统中，主要使用双绞线、同轴电缆和光纤等；而与远方控制中心通信的系统中，可采用音频电缆、光缆、电力线载波等。

1. 双绞线（Twisted-Pair）

把两根互相绝缘的铜导线并排放在一起，再用规则的方法绞合起来就构成了双绞线。绞合可减少相邻导线间的电磁干扰。双绞线既可用于模拟传输，也可用于数字传输，其通信距离一般为几到几十公里。双绞线可分为无屏蔽双绞线 UTP 和屏蔽双绞线 STP。屏蔽双绞线的屏蔽层可以提高双绞线的抗电磁干扰能力，使电磁噪声不能穿越进来，也消除了来自另一线路或信道上的串线干扰，屏蔽层必须接地。但该类网线价格较高，安装时也比较复杂。典型的双绞线有四对，放在一个电缆套管里组成双绞线电缆，不同线对具有不同的扭绞长度。四对芯线（八条芯线）颜色分别为白橙、橙、白绿、绿、白蓝、蓝、白棕、棕。

UTP 可分为 1 ~ 5 类线及超 5 类线和 6 类线等，常用的是 3 类线、5 类线和超 5 类线以及 6 类线，前者线径细而后者线径粗。3 类线要求每英尺至少交叉 3 次，传输频率为 16MHz，适用于语音传输及最高传输速率为 10Mb/s 的数据传输，主要用于 10base-T。5 类线（cat5）增加了绕线密度，外套一种高质量的绝缘材料，传输频率为 100MHz，用于语音传输和最高传输速率为 100Mb/s 的数据传输，主要用于 100base-T 和 10base-T 网络，这是最常用的以太网电缆。

超 5 类（cat5e）衰减小，串扰少，并且具有更高的衰减与串扰的比值和信噪比、更小的时延误差，性能得到很大提高，主要用于千兆位以太网（1000Mb/s）。6 类线（cat6）电缆的传输频率为 1 ~ 250MHz，6 类布线系统在 200MHz 时综合衰减串扰比（PS-ACR）应该有较大的余量，它提供 2 倍于超 5 类的带宽。6 类布线的传输性能远远高于超 5 类标准，最适用于传输速率高于 1Gb/s 的应用。6 类与超 5 类的一个重要的不同点在于改善了在串扰及回波损耗方面的性能，而优良的回波损耗性能对于新一代全双工的高速网络应用是极重要的。6 类标准中取消了基本链路模型，布线标准采用星形的拓扑结构，要求的布线距离为：永久链路的长度不能超过 90m，信道长度不能超过 100m。

双绞线具体分类如图 4 - 3 所示，图中 AWG 表示美国线缆规格。

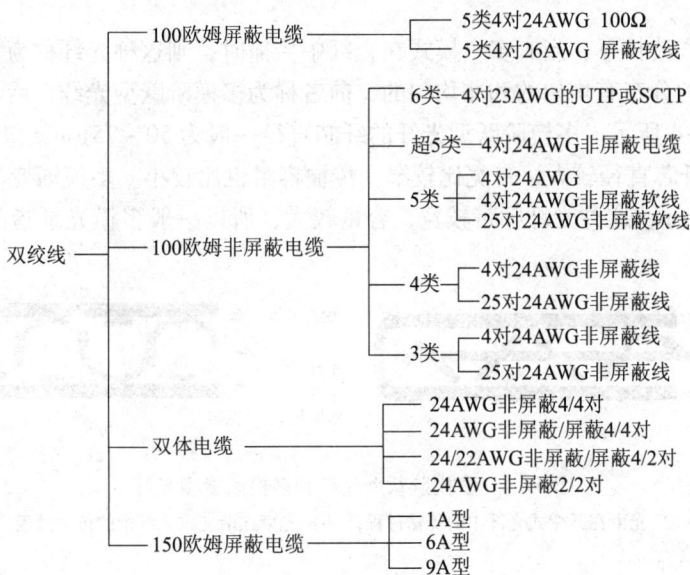

图 4 - 3　双绞线的分类

2. 同轴电缆

同轴电缆由导体铜质芯线（单股实心线或多股绞合线）、绝缘层、网状编织的外导体屏蔽层以及塑料保护外层组成。由于外导体屏蔽层的作用及同轴电缆受到干扰和串音影响的程度要比双绞线小得多，工作频率可以更宽（100 ~ 500kHz），数据传输速率更高，传输距离更远。

通常按特性阻抗数值的不同，将同轴电缆分为两类：50Ω 同轴电缆和 75Ω 同轴电缆。50Ω 同轴电缆又称为基带同轴电缆，用于传送基带数字信号，以 10Mb/s 的速率传输基带数字信号，距离可达 1～1.2km。在局域网中广泛使用这种同轴电缆作为物理介质。75Ω 同轴电缆又称为宽带同轴电缆，用于传输模拟信号，其频率可达 300～450MHz，传输距离可达 100km。同轴电缆在共享线路上可以支持更多站点。在变电站计算机监控系统中，同轴电缆常用在路由器和通信机房之间，一般为 2M 线。

3. 光纤

光纤通信就是利用光导纤维（简称光纤）传递光脉冲来进行通信。有光脉冲相当于 1，而没有光脉冲相当于 0。光的频率非常高，约为 10^8MHz 量级，因此一个光纤通信系统的传输带宽远远大于目前其他传输介质的带宽。

（1）光纤的结构和分类

光纤通常由非常透明的石英玻璃或塑料拉成细丝，主要由纤芯和包层（即填充材料）构成双层通信圆柱体。纤芯用来传导光波，包层比纤芯有较低的折射率。根据光线在光纤中的传输模式数量，光纤可分为单模光纤和多模光纤。所谓模式，实际上是电磁场的一种分布形式。模式不同，其分布不同。

单模光纤的纤芯直径很小，约 4～10μm，理论上只传输一种模式，由于单模光纤只传输主模，从而避免了模式色散，使这种光纤的传输频带很宽，传输容量很大，适用于大容量、长距离的光纤通信。单模光纤是当前研究和应用的重点，也是光纤通信与光波技术发展的必然趋势。

在一定的工作波长下，当有多个模式在光纤中传播时，则这种光纤称为多模光纤。多模光纤剖面折射率的分布有均匀的和非均匀的，前者称为多模阶跃型光纤，后者称为多模渐变型光纤，如图 4-4 所示。多模阶跃型光纤的纤芯直径一般为 50～75μm，包层直径为 100～200μm。由于其纤芯直径较大，带宽比较窄，传输容量也比较小。多模渐变型光纤纤芯直径一般也为 50～75μm，这种光纤频带较宽，容量较大，所以一般多模光纤指的是这种多模渐变型光纤。

图 4-4 多模阶跃型光纤和多模渐变型光纤
(a) 光束在跃变式光纤中的传输过程；(b) 光束在渐变式光纤中的传输过程

（2）光纤接续的种类

光纤在使用过程中需要接续，其接续种类可分为永久性连接（固定连接）和活动性连接（连接器连接）。光纤连接器是光纤与光纤之间进行可拆卸（活动）连接的器件，它是把光纤的两个端面精密地对接起来，以使发射光纤输出的光能量最大限度地耦合到接收光纤中去，并使由于其介入光链路而对系统造成的影响减到最小。光纤活动连接器的组成按功能可以分为连接器插座、光缆跳线、转换器、变换器和裸光纤转换器。在我国，一套光纤活动连接器主要指两个连接器插头加一个转换器（法兰盘）。光纤活动连接器的类型有 FC、PC/APC、SC 和 ST、LC、D4、DIN、MU、MT 等。其中，ST 连接器通常用于布线设备端，如光纤配线架、光纤模块等；而 SC 和 MT 连接器通常用于网络设备端。

FC 是 Ferrule Connector 的缩写，表明其外部加强方式是采用金属套，紧固方式为螺丝扣。最早，FC 型连接器采用的陶瓷插针的对接端面是平面接触方式（FC）。后来，对其做了改进，采用对接端面呈球面的插针（PC），而外部结构没有改变，使插入损耗和回波损耗性能有了较大幅度的提高，其结构外形如图 4-5 所示。

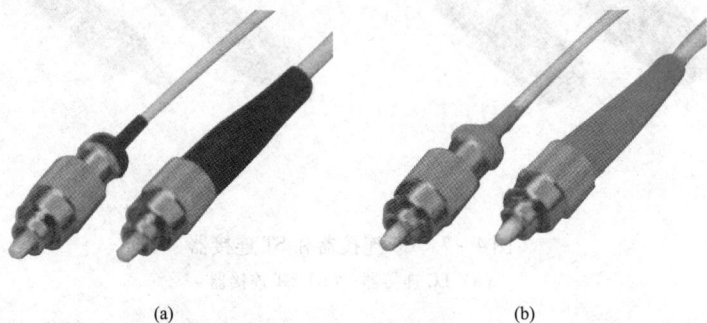

图 4-5 FC 连接器
(a) FC/PC 连接器；(b) FC/APC 连接器

SC 型光纤连接器的外壳呈矩形，所采用的插针与耦合套筒的结构尺寸与 FC 型完全相同。其中，插针的端面多采用 PC 或 APC 型研磨方式，如图 4-6 所示；紧固方式是采用插拔销闩式，不需旋转。此类连接器价格低廉，插拔操作方便，介入损耗波动小，抗压强度较高，安装密度高。FC 和 SC 型光纤连接器完全满足 IEC 和 EIA 604-4A 等标准，符合国际通用的 GR-326 规范，可适用于光纤通信网络、光纤仪器仪表和光纤局域网等。

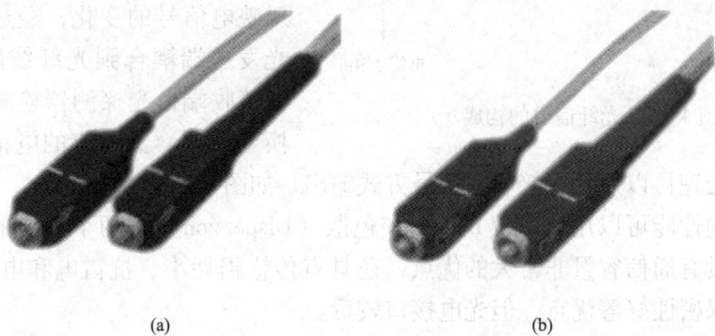

图 4-6 SC 连接器
(a) SC/PC 连接器；(b) SC/APC 连接器

ST 和 SC 接口是光纤连接器的两种类型，对于 10Base-F 连接，连接器通常是 ST 类型；对于 100Base-FX，连接器大部分情况下为 SC 类型。SC 连接器的芯在接头里面，ST 连接器的芯外露，如图 4-7 所示。

Bell（贝尔）实验室开发出 LC 型连接器，采用操作方便的模块化插孔（RJ）闩锁机理制成，如图 4-7 所示。其所采用的插针和套筒的尺寸是普通 SC、FC 等所用尺寸的一半，这样可以提高光纤配线架中光纤连接器的密度。目前，在单模 SFF 方面，LC 类型的连接器实际已经占据了主导地位，在多模方面的应用也增长迅速。

MT-RJ 起步于 NTT 开发的 MT 连接器，是用于数据传输的下一代高密度光纤连接器。

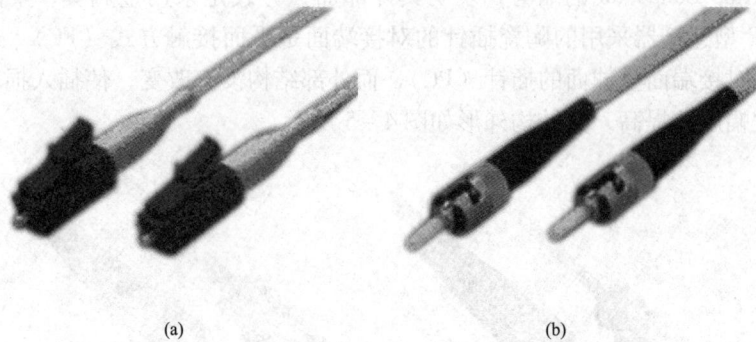

图 4 - 7　LC 连接器和 ST 连接器

(a) LC 连接器；(b) ST 连接器

而 MU（Miniature unit Coupling）连接器是目前世界上最小的单芯光纤连接器，能实现高密度安装。随着光纤网络向更大带宽更大容量方向迅速发展，以及 DWDM 技术的广泛应用，对 MU 型连接器的需求也将迅速增长。

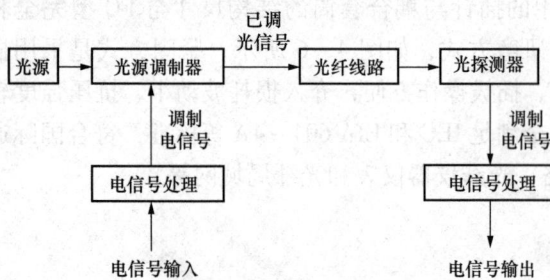

图 4 - 8　光纤信道的构成

(3) 光纤信道的组成

光纤是光纤通信的传输介质。在发送端，电信号经由电信号处理器和光调制电路驱动光源，使信号调制到光波频段，完成电—光转换。已调制的光信号反映电信号的变化，经过光的连接器和光发送端耦合到光纤线路上进行传输。在接收端，光探测器检测到光波，并转换（解调）为相应的电信号，进行光—电转换，经过处理再以用户可接收的信号方式输出，如图 4 - 8 所示。

光纤的传输性能可以用衰减（Loss）和色散（Dispersion）这两个重要的传输参数来表示。光纤不仅具有通信容量非常大的优点，还具有传输损耗小、抗雷电和电磁干扰性能好、无串音干扰、保密性好等优点，但光电接口较贵。

4. 微波

微波是频率为 0.3 ~ 300GHz 的直射电磁波，要进行长距离通信必须采用中继方式。在微波通信系统中两端的站称为终端站，中间的站称为中继站，两站之间一般相距 50km 左右。微波分模拟微波和数字微波。随着数字技术的发展，数字微波将取代传统的模拟微波。因为数字微波传输系统便于和各种数字设备接口，在中继站数字信号可以再生，不积累噪声，因而适于长距离或高频段（10GHz 以上）传输。

数字微波通信的优点主要有：① 传输比较可靠，通信容量大，通信质量高；② 数字传输不易出差错，具有较强的抗干扰能力。在电网中使用微波通信也存在一定问题：① 微波的频率为 300MHz ~ 300GHz，只能进行直线传播，适用于平原地区，山区很难开通；② 微波传输的距离较近，远距离传输需要中继站，综合投资较大。

5. 介质比较

为便于传输介质使用的选择，表 4-1 从费用、速度、信号衰减、电磁干扰及安全性五个方面对传输介质的性能进行了比较。

表 4-1   传输介质性能比较

介 质	费 用	速 度	信号衰减	电磁干扰	安全性
非屏蔽双绞线	低	1～100Mb/s	高	高	低
屏蔽双绞线	一般	1～150Mb/s	高	一般	低
同轴电缆	一般	1Mb/s～1Gb/s	一般	一般	低
光纤	高	10Mb/s～2Gb/s	低	低	高
无线电波	一般	1～10Mb/s	低—高	高	低
微波	高	1Mb/s～10Gb/s	可变	高	一般
卫星	高	1Mb/s～10Gb/s	可变	高	一般
蜂窝系统	高	9.6～19.2kb/s	低	一般	低

三、数据编码

通信系统中的数据可分为模拟数据和数字数据两类。模拟数据和数字数据都可以用模拟信号或数字信号传输，在对模拟数据或数字数据进行传输时就必须将其进行编码、调制。数据编码是实现数据通信最基本的一项工作。

1. 数字数据在数字信道上传输、调制与编码

数字数据编码为数字信号，即数字—数字编码是用数字信号来表示的数字信息，如图 4-9 显示了数字信息、数字—数字编码设备和产生的数字信号之间的关系。

图 4-9 数字—数字编码

对于传输数字信号来说，最常用的方法是用不同的电压电平来表示两个二进制数字，即数字信号由矩形脉冲组成。其编码方式包括单极性编码、极化编码和双极性编码。

单极性编码只使用一个电压值，以零电平和高（或低）电平表示 0 和 1 的编码方式。极化编码是使用一正一负两个电压的编码方式。而双极性编码是使用正负和零三个电平的编码方式，零电平代表二进制 0，正负电平交替代表比特 1。

极化编码有三种类型：非归零码（NRZ）、归零码（RZ）及双相位法。双相位法是一种自带时钟信号的编码方式，可分为用于以太局域网的曼彻斯特编码和用于令牌局域网的差分曼彻斯特编码，如图 4-10 所示。不归零制 NRZ 编码、曼彻斯特编码和差分曼彻斯特编码是数字数据在数字信道上传输常采用的编码方式。

曼彻斯特编码是在每个比特间隔的中间引入跳变来同时代表不同比特和同步信息的编码方式。一个负电平到正电平的跳变代表比特 0，而一个正电平到负电平的跳变代表比特 1。在此编码中，比特中间的跳变同时用于同步和比特表示。而在差分曼彻斯特编码中，比特中间的跳变用于携带同步信息，但每比特的值根据其开始边界是否发生跳变来决定：一个比特

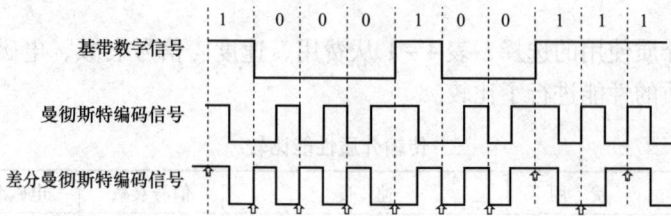

图 4-10　数字数据在数字信道上传输常采用的编码方式

开始处出现电平跳变表示传输二进制 0，不发生跳变表示传输二进制 1。

2. 数字数据在模拟信道上传输、调制与编码

数字数据编码为模拟信号，即数字—模拟转换或数字—模拟调制，它是基于以数字信号（0 或 1）表示的信息来改变模拟信号特征的过程。例如，在目前大多数情况下，远程通信还是利用现有的设备——电话线和电话网。当通过一条公用电话线将数据从一台计算机传输到另一台计算机时，数据开始是数字的，由于电话线只能传输模拟信号，所以数据必须进行转换，必须把数字信号转变成音频范围内的模拟信号，通过电话线传递到接收端，再变回数字信号，这两个转换的过程分别叫做"调制"和"解调"。故模拟传输系统中的调制解调器由调制器和解调器组成，它们起到将数字转换为模拟信号和将模拟信号转换为数字信号的作用。"调制"通过改变载波的"振幅、频率、相位"三种物理特性来改变电信号的状态。

信道的通信速率常使用比特率来表示。所谓比特率是指每秒传输的比特数，单位为 bit/s，即 b/s。它与波特率有所区别，波特率指每秒传输的信号单元数（也称码元数），单位为 Baud（Bd）。比特率等于波特率乘以每个信号单元表示的比特数。由于数据传输更关注数据在两地移动的效率，需要信号单元越少，系统效率越高，传输更多比特所需的带宽就更少，所以波特率决定了发送信号所需的带宽。

所谓载波信号，就是在模拟传输中发送设备产生一个高频信号作为基波来承载信息信号，此基波被称为载波信号或载波频率。接收设备将接听频率调整到与期望的发送方载波信号的频率一致，数字信息就通过改变载波信号的一个或多个特性（振幅、频率和相位）被调制到载波信号上。这种形式的改变被称为调制（或移动键控），信息信号被称为调制信号。模拟数据编码可分为幅移键控（ASK）、频移键控（FSK）和相移键控（PSK），如图 4-11 所示。

1）幅移键控（ASK），也称调幅。即载波的振幅随基带信号而变化，通常用恒定振幅表示二进制码元 1，而用振幅为零即无载波信号来表示二进制码元 0。这种调制方法简单明了，但易受干扰，且效率较低。在话音线路上，它能用的最大数据传输速率为 1200b/s。

2）频移键控（FSK），也称调频。即载波的频率随基带数字信号而变化，如 0 对应于频率 f_1，而 1 对应于频率 f_2。它是利用二进制代码 0、1 的两个电平控制载波的频率进行频谱变换的过程。在发送端

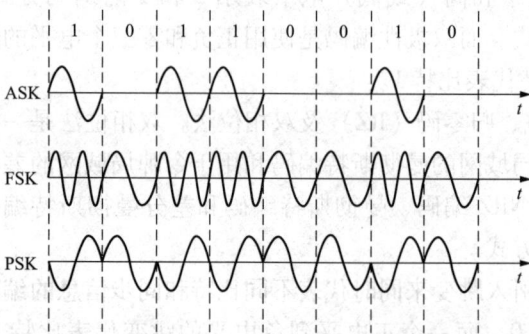

图 4-11　调制解调器对数字信号的调制方法

产生中心频率为 f_0、频偏为 f 的两个载波频率：$f_1 = f_0 - f$，$f_2 = f_0 + f$，分别代表数字"0"和"1"。在接收端，把不同频率的载波信号还原成相应的数字基带信号。国际电报电话咨询委员会 CCITT 规定 FSK 的标准是：600 波特的中心频率是 1500Hz，频偏为 ±200Hz；1200 波特的中心频率是 1700Hz，频偏为 ±400Hz。

3）相移键控（PSK），也称调相。即载波的初始相位随基带数字信号而变化。载波不产生相移，代表数字"0"；载波有 180° 相移，代表数字"1"。此种方法称为两相调制。若载波相移为 0°、90°、180°、270°，则分别表示二进制数 00、01、10、11。此种方法称为四相调制，每个调制时间间隔包含 2 个比特的信息，因此使信息传输速率增加 1 倍。

4）正交幅度调制技术（Quadrature Amplitude Modulation，QAM）。这是一种结合 ASK 与 PSK 的综合调制技术，同时控制载波的"振幅强度"与"相位偏移量"，使同一载波信号呈现出更多的逻辑状态。

在厂站监控系统与远方调度控制中心的数据通信中，用于与载波通道或微波通道相结合的专用调制解调器多采用 FSK 技术。FSK 的实现比较简单，且避免了 ASK 中存在的噪声问题，但受限于载波的物理容量，频带的利用率较低。

3. 模拟数据在数字信道上传输、调制与编码

模拟数据也可以用数字信号来表示，因为数字信号在远距离数据传输过程中容易减少噪声。模拟—数字的实现方式有脉冲振幅调制（PAM）和脉码调制（PCM）两种，现在的数字传输系统都是采用 PCM 体制。脉码调制是以采样定理为基础的。采样定理从数学上证明：若对连续变化的模拟信号进行周期性采样，只要采样频率不小于有效信号最高频率的两倍，则采样信息包含了原信号的全部信息。利用低通滤波器可以从这些采样中重新构造出原始信号。

PCM 编码过程包括采样、电平量化和编码三个步骤，如图 4-12 所示。

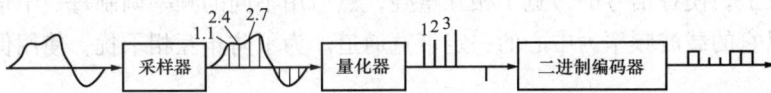

图 4-12　PCM 编码过程

1）采样：以采样频率 f_s 对连续模拟信号采样，采样得到的信号就成为一组"离散"的脉冲信号序列（PAM）。

2）量化：这是一个分级过程，把采样所得到的 PAM 脉冲按量级比较，并且"取整"，使脉冲序列成为数字信号，即将连续模拟信号变为时间轴上的离散值。

3）编码：将离散值变成一定位数的二进制数码。

由 PCM 组成的 PCM 基带传输通信系统如图 4-13 所示。

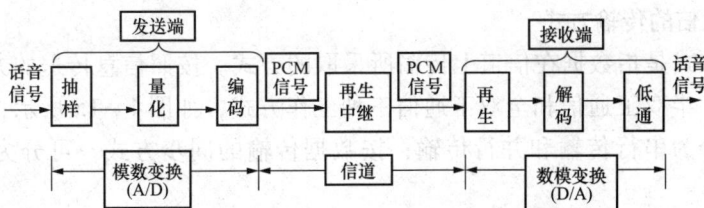

图 4-13　PCM 基带传输通信系统

4. 模拟数据在模拟信道上传输、调制与编码

模拟—模拟调制有三种实现方法：调幅（AM）、调频（FM）及调相（PM），其典型应用为无线电波的传播。

5. 多路复用技术

多路复用技术就是把多个单信号在一个信道上同时传输的技术。频分多路复用 FDM 和时分多路复用 TDM 是两种最常用的多路复用技术，如图 4 – 14 所示。

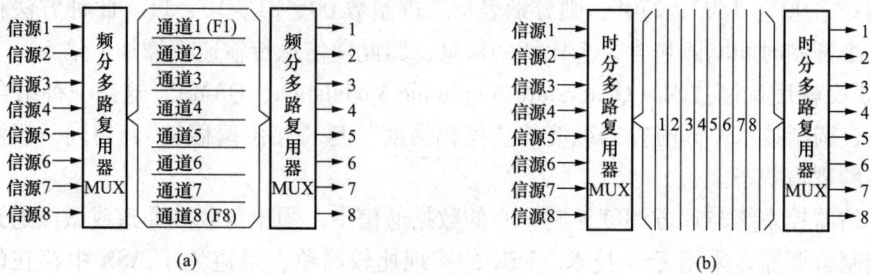

图 4 – 14　频分多路复用和时分多路复用
(a) 频分多路复用；(b) 时分多路复用

（1）频分多路复用 FDM 技术原理

在物理信道的可用带宽超过单个原始信号所需带宽情况下，可将该物理信道的总带宽分割成若干个与传输单个信号带宽相同（或略宽）的子信道，每个子信道传输一路信号，这就是频分多路复用。它用于模拟通信。

多路原始信号在频分复用前，先要通过频谱搬移技术将各路信号的频谱搬移到物理信道频谱的不同段上，使各信号的带宽不相互重叠，然后用不同的频率调制每一个信号，每个信号需要一个以它的载波频率为中心的一定带宽通道。为了防止互相干扰，使用保护带来隔离每一个通道。

（2）时分多路复用 TDM 技术原理

若媒介能达到的位传输速率超过传输数据所需的数据传输速率，可采用时分多路复用 TDM 技术，即将一条物理信道按时间分成若干个时间片，轮流地分配给多个信号使用，每一时间片由复用的一个信号占用。这样，利用每个信号在时间上的交叉，就可以在一条物理信道上传输多个数字信号。该技术常用于数字通信，如 PCM 通信。

时分多路复用 TDM 不仅局限于传输数字信号，也可同时交叉传输模拟信号。例如，在微波通信系统中，变电站的数据信号或模拟信号在发送时，首先接入时分复用设备，时分复用设备再将这些信号组成基带信号等待发射出去。

四、数据通信的传输方式

数据通信方式是指数据在信道上传输所采取的方式。按照信息传送的方向和时间，可分为单工通信、半双工通信和全双工通信三种工作方式，如图 4 – 15 所示；按数据代码传输的顺序，可分为串行传输和并行传输；按数据传输的同步方式，可分为同步传输和异步传输。

1. 数据通信工作方式

（1）单工通信（Simplex）

单工通信是指信息只能按一个方向传送的工作方式，如图 4-15 (a) 所示。信息只能由 A 站向 B 站传送，而 B 站的信息不能传送给 A 站。通道中只有一套发送和接收设备，而且安装在不同的通信地点。

（2）半双工通信（Half Duplex）

半双工通信是指信息可以双方向传输，但两个方向的传输不能同时进行，只能分时交替进行。其工作原理和一般对讲机一样，说时不能听，听时不能说，因此半双工实际上是可以切换方向的单工方式，如图 4-15 (b) 所示。早期远动装置采用单工电台作为通道时的工作方式，其实就是半双工通信。

（3）全双工通信（Full Duplex）

全双工通信是指通信双方可同时进行双方向的信息传送，如图 4-15 (c) 所示。在

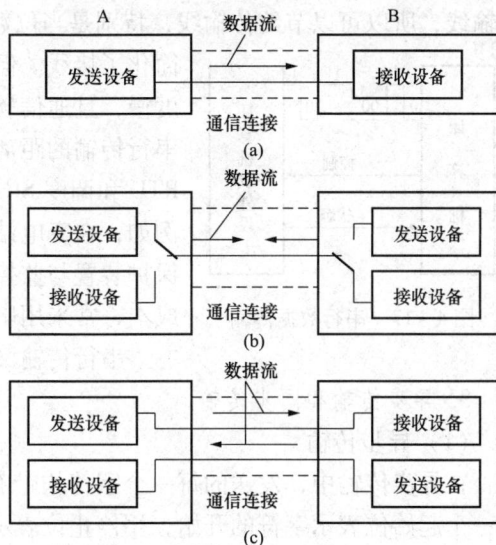

图 4-15　数字通信的工作方式
(a) 单工；(b) 半双工；(c) 全双工

该方式中，两个方向的信号共享链路带宽。这种共享可以用两种方式进行：① 链路具有两条物理上独立的传输路径，一条发送，一条接收；② 为传输两个方向的信号而将信道的带宽一分为二。因此，通道中有两套发送和接收装置，分别安装在需要通信的两端，并且同时工作。目前使用的远动通道不管是载波、扩频还是通信电缆，都采用全双工方式。

2. 并行数据通信与串行数据通信

通过链路传输二进制数据时，可以采用并行模式或串行模式。

（1）并行数据通信

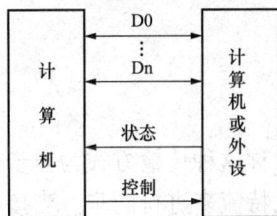

图 4-16　并行数据传输

并行数据通信是指数据的各位同时传送，如图 4-16 所示。即每个时钟脉冲到来时，多个比特（位）被同时发送。可以用字节为单位（8 位数据总线）并行传送，也可以用字为单位（16 位数据总线）通过专用或通用的并行接口电路传送。各位数据同时发送，同时接收。

显然，并行传输速度快，有时可高达每秒几十、几百兆字节。这在某些要求高速数据交换的系统是十分有用的，而且并行数据传送的软件和通信规约简单。但是在并行传输系统中，除了需要数据线外，往往还需要一组状态信号线和控制信号线，数据线的根数等于并行传输信号的位数。显然并行传输需要的传输信号线多，成本高，因此常用在传输距离短（通常小于 10m）、要求传输速度高的场合。最常见的并行数据接口为个人计算机和打印机之间的连接。早期的变电站计算机监控系统由于受当时通信技术和网络技术的限制，变电站内部通信大多采用并行通信，在计算机监控系统的结构上多为集中组屏式。

（2）串行通信

串行通信是应用最为广泛的一种通信方式，它将数据一位一位顺序地传送，即每个时钟脉冲只发送一个比特（位），如图 4-17 所示。串行通信数据的各不同位可以分时使用同一

传输线，所以可以节约传输线，特别是当位数很多和远距离传送时，该优点更为突出，而且

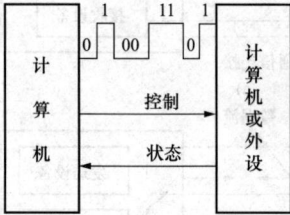

图 4-17 串行数据传输

简化了接线。但串行通信的缺点是在相同的时钟频率下传输速度慢，且通信软件相对复杂，因此适合于远距离的传输，数据串行传输的距离可达数千米。常见的如键盘和主机间的通信、RTU 和调度 SCADA 系统间的通信、计算机间的网络通信等。例如，在变电站计算机监控系统内部，各种自动装置间或继电保护装置与监控系统间，为了减少连接电缆，简化配线，降低成本，常采用串行通信。

串行传输又可分为两个子类：同步方式和异步方式。

3. 异步传输和同步传输

（1）异步传输

在异步传输中，发送的每一个字符均带有起始位 0、停止位 1 和可选择的奇偶校验位。用一个起始位表示字符的开始，用停止位表示字符的结束，其成帧格式如图 4-18 所示。

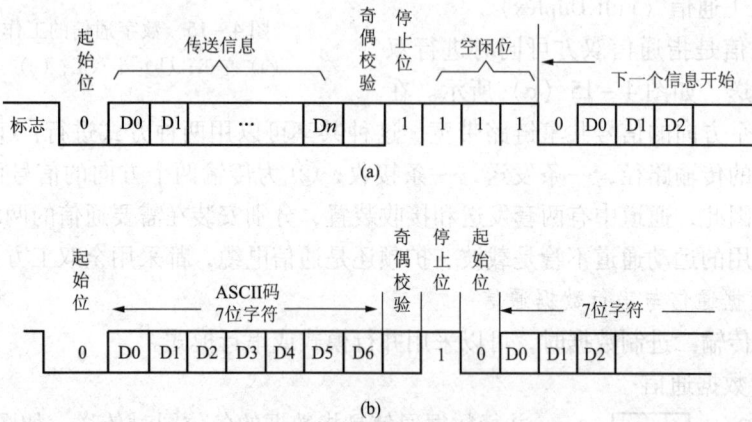

图 4-18 异步通信的格式
（a）一般信息帧；（b）ASCII 码帧

因为在字符这一级别，发送方和接收方不需要进行同步，所以称这种传输方式为异步传输。但一定程度内的同步仍存在，在每一字符内接收方仍要根据比特流来进行同步。当接收方检测到一个起始位后，就启动一个时钟，并随着到来的比特开始计数。在接收完 n 个比特（位）后，接收方就等待停止位到达。当检测到停止位时，接收方在下一个起始位到达前忽略接收的所有信号。所以图 4-18 中的空闲位可以有，也可以没有。若不设空闲位，则紧跟着上一个要传送的字符的停止位后面，便是下一个要传送的字符的帧的起始位。在这种情况下，若传送的字符为 ASCII 码，其字符为 7 位，加上一个奇偶校验位、一个起始位和一个停止位，总共 10 位，如图 4-18（b）所示。

异步传输在变电站远动通信中，因其通信帧中加送的冗余信息较多，通信速率较低，一般速率限定范围为 50～9600b/s。但异步传输方式既便宜又有效，所以在低速通信时很有吸引力。

（2）同步数据传输

在异步传送中，每一个字符要用起始位和停止位作为字符开始和结束的标志，占用了

时间。所以在数据块传送时，为了提高速度就去掉这些标志，采用同步传送。同步传送的特点是在数据块的开始处集中使用同步字符来做传送开始的指示，其成帧格式如图4-19所示。

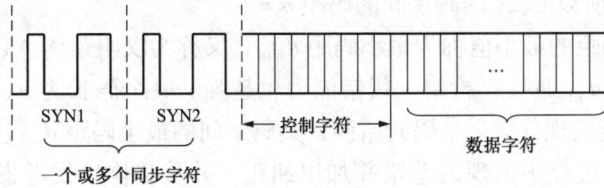

图4-19　同步传输

同步传输方式中，每个帧以一个或多个"同步字符"开始。同步字符通常称 SYN，是一种特殊的码元组合。通知接收装置这是一个字符块的开始，接着是控制字符。帧的长度可包括在控制字符中，这样接收装置是寻找 SYN 字符，确定帧长，读入指定数目的字符，然后再寻找下一个 SYN 字符，以便开始下一帧。

同步传输的优点是速度快，因为不需要附加的比特和空闲位等冗余信息，传输线路上只需传输更少的比特数，在变电站远动通信中，其通信速率可高达800kb/s。例如，我国1991年发布的 CDT 451—1991《循环式远动传输规约》就是采用同步传送方式，同步字符为 EB90H。同步字符连续发3个，共占6个字节，按照低位先发、高位后发，每字的低编号字节先发、高字节后发的原则顺序发送。这里需要注意，所谓异步通信并不是不要同步，现实各种通信方式都是需要同步的，只不过同步的方式不同。

五、变电站监控系统通信差错检测与控制

信息在传输过程中会受到干扰发生差错而造成误码，如二进制数字信号序列在传输过程中受外部干扰使某个信号由1错成0或者使0错成1。在变电站计算机监控系统中，信息传输的错误有时会造成判断和决策失误，甚至可能导致严重的后果。为减少信息传输过程的误码，必须改善和提高传输系统的质量，提高其抗干扰能力；同时还需要采用差错检测和纠正技术，进行检错、纠错的编码与译码，从而检测和纠正信息交换中的传输错误——错码。数据的差错检测与控制是在数据链路层实现的。

1. 差错检测与控制的相关概念

差错检测技术就是采用有效的编码方法对要传输的信息进行编码，并按约定的规则附上若干码元（称监督码）作为信息编码的一部分传输到接收端，接收端按约定的规则对所收到的码进行检验。若所得出的监督码与发送端传输过来的监督码不匹配，则表明接收信息有错，这就是"检错"。所以，差错检测技术的本质是通过增加若干冗余码元（监督码），使传输码元具有检错或纠错能力。检测出的错误信息可舍去不用，也可在检查错误之后按一定的数学方法将错误的码元纠正为正确的码元，即纠错。纠错比检错要复杂得多，在目前的厂站自动化的数据传输过程中，一般只使用检错，而不用纠错。

编译码理论中有一个重要参数，称为码距 d，它表示两码字之间差异的大小。两个码字对应比特取值不同的个数称为两码字间的码距 d，其值等于两码字模2加后结果为"1"的个数。例如 u、v 两个码字分别为

u = 00000000001111111111

v = 01100100001010100111

则 u 与 v 模 2 加后结果为

u ⊕ v = 01100100000101011000

其中有 7 个 1，所以 u、v 两码字间的码距 $d = 7$。

码字集合中，码距的最小值称为最小码距 d_{min}，又称为汉明距离。它是衡量其检错、纠错能力的重要指标。d_{min} 越大，检错、纠错能力也越强。一个码长为 n、信息码元数为 k 的分组码（n，k）要能发现任意 e 个码元错误，其码字间的最小码距 d_{min} 应不小于 $e+1$。

为了发现在传输过程中出现的差错并加以纠正，并从整体出发考虑如何控制出现的差错，称为差错控制方式。差错控制方式可以分成前向纠错（FEC）、自动回询重传（ARQ）、混合差错控制方式（HEC）和信息反馈（IRQ）四种基本类型。随着大规模集成电路的迅速发展，FEC 控制方式具有很大的发展前景，特别在差错特性比较稳定的信道中，如在深空和卫星信道，正得到日益广泛的应用。

2. 常用检错码

根据码的用途，又可分为以检错为目的但不一定能纠错的检错码和既能检错又能纠错的纠错码。常用的检错、纠错码有奇偶校验码、循环冗余码和 BCH 码等。

（1）奇偶校验码

奇偶校验码是一种通过增加冗余位使得码字中 "1" 的个数为奇数或偶数的编码方法，它是一种检错码。例如，某一发送装置在传输一个占 7 个码元的 ASCII 码的 E（1000101），使用偶校验，则附上一个 1，即传送 10001011；接收装置检查收到的字符，若发现 1 的总数为偶数，就认为传输过程没有发生错误，否则有差错。

奇偶校验有水平奇偶校验、垂直奇偶校验及水平垂直奇偶校验三种编码。水平奇偶校验和垂直奇偶校验的汉明距离都为 2，即 $d_{min} = 2$。水平垂直奇偶校验的汉明距离 $d_{min} = 4$，它能检测出所有 3 位或 3 位以下的错误、奇数个错码、大部分偶数个错码以及突发长度 $\leq p+1$（p 为码字的定长位数）的突发错码；可使误码率降至原误码率的百分之一到万分之一，还可以用来纠正部分差错，但有部分偶数个错码不能测出。水平垂直奇偶校验码用途很广，在计算机系统内部传输数据（内存与外存数据交换等）、远动系统及数据通信等采用这种校验码。国际标准化组织（ISO）/国际电报电话咨询委员会（CCITT）规定，异步传输系统用偶校验，同步传输系统用奇校验。

目前，实现奇偶校验码的编译码工作完全不必依赖硬件或软件技术，计算机芯片制造厂家在生产这类芯片时已经把它设计成为可编程序的大规模集成电路接口芯片。人们在使用时只要写好相应的模式控制字，就完全可以要求该芯片按奇校验或偶校验编译码。例如，为读者熟知的 Intel 公司的串行接口芯片同步/异步数据收发器 8251A（USART）就是这样实现串行通信的。

（2）循环冗余校验 CRC

CRC 是一种常用的校验方法，它对一个数据块进行校验，对随机或突发差错造成的帧破坏有很好的校验效果。CRC 字符的计算可以用软件实现，也可以用硬件实现。一般功能较强的串行输入/输出接口电路能自动产生 CRC 字符，可编程选择 CRC 码。

CRC 校验的原理是：对于一个长度为 k 的二进制信息码元，可用一个（$k-1$）阶多项式 $M(x)$ 表示。例如，10100011 可表示为

$$M(x) = 1 \times x^7 + 0 \times x^6 + 1 \times x^5 + 0 \times x^4 + 0 \times x^3 + 0 \times x^2 + 1 \times x^1 + 1 \times x^0$$
$$= x^7 + x^5 + x + 1$$

发送装置将产生一个 r 位的码元序列，称监督码序列，用 $R(x)$ 表示，附加在 k 位的信息码元序列后面，组成总长度为 n 位（$n = k + r$）的循环码序列 $C(x)$，如图 4 - 20 所示，使得这个 n 位的循环码序列，可以被某个预定的生成多项式 $G(x)$ 整除，并把 n 位的循环码 $C(x)$ 作为一帧信息发送出去。接收装置对接收到的 n 位码元的帧，除以同样的生成多项式 $G(x)$。当无余数时，则认为没有错误，这就是 CRC 循环冗余校验的实质。

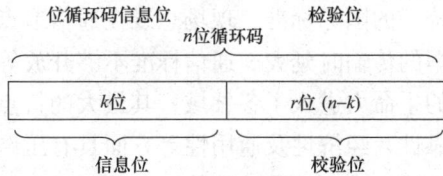

图 4 - 20　CRC 循环码格式

CRC 校验的要点是选择生成多项式 $G(x)$ 和如何确定监督码 $R(x)$ 的问题。循环码的编码方法可简单归纳如下：① 选择作为除数的生成多项式 $G(x)$。② 将信息码多项式 $M(x)$ 乘以 x^r，得 $M(x) \times x^r$。例如，若 CRC 码数 16 位，则 $r = 15$。$M(x) \times x^r$ 运算实际上是把信息码后面加上 r 个 "0"，使 $M(x)$ 的幂提高 r 次。③ 进行 $M(x) \times x^r / G(x)$ 运算，得余项 $R(x)$。④ 将信息码多项式 $M(x) \times x^r$ 和余项 $R(x)$ 构成循环码 $C(x)$ 系列，$C(x) = M(x) \times x^r + R(x)$。

$R(x)$ 称为循环冗余值，或称 CRC 字节。

由上述方法构成的循环码多项式 $C(x)$ 能被生成多项式 $G(x)$ 整除。

为了实现传输和接收过程的差错控制，在发送时，CRC 发生器必须根据待发送的信息 $M(x)$ 和选定的生成多项式 $G(x)$，计算出 CRC 字节的值，即余式多项式 $R(x)$，附加在信息字段后面一起发送出去。接收时，将数据和 CRC 字节一起接收，并除以同一个 $G(x)$，如果不能整除，则说明传输过程有错，必须要求重新发送。

循环校验码可以检测下列的错误：① 所有单个码元错误；② 所有的双码元错误，只要 $G(x)$ 具有至少三项的因式；③ 任何奇数个差错，只要 $G(x)$ 包含因式（$x + 1$）；④ 任何其长度小于 $n(x)$ 长度的突发性错误；⑤ 大多数较大的突发性错误。CDT 451—1991《循环式远动传输规约》规定：采用循环码（48，40）生成多项式为 $G(x) = x^8 + x^2 + x + 1$。

BCH 码是循环码的一个子类，其生成多项式 $G(x)$ 与最小码距 $d_{\min}$ 之间有明显、直接的关系。IEC/TC - 57 制订的《远动传输规约》的 FT2 即用 BCH 码，其生成多项式 $G(x) = x^7 + x^6 + x^5 + x^2 + 1$，为（127，120）码，$d_{\min} = 4$。

第二节　变电站监控系统常用通信技术

变电站计算机监控系统的通信是随着变电站本身的发展和通信技术的发展而发展的，它主要经历了串口通信、现场总线和局域网三个阶段。RS - 232/422/485 主要用于 RTU 及早期分布式系统，其特点是便于实现，成本较低。RS - 485 的应用促进了分布式变电站计算机监控系统的发展，缺点是抗干扰能力弱，传输速率低，不适合大规模联网。20 世纪 90 年代中期，变电站计算机监控系统中需交换的信息越来越多，从而要求提高通信总线的带宽。变电站计算机监控系统在超高压变电站的应用又要求通信总线具有更高的抗干扰能力，因此原先用在过程控制系统中的现场总线被引入变电站计算机监控系统，目前仍被广泛应用的现场总线标准有 CANBUS、LonWorks、Profibus 等。但由于强调专用性而牺牲了通用性且长期缺乏统一的国际标准，现场总线在通信节点多、通信数据量大的变电站中存在着响应速率慢、数据的传输时延大、通信标准不够开放等不足。随着互联网技术的迅速发展，以太网以其强大的生命力进入了各领域，其最大的特点是标准单一，资源极为丰富，在带宽、可扩展性、可靠性、经济性及通用性等方面具有压倒性的优势，工业以太网在变电站计算机监控系统中的应用已成为必然的趋势。目前，国内各大厂商均已推出了基于以太网的变电站计算机监控系统。目前这三种通信技术在变电站系统中并存。

一、串行通信

变电站计算机监控系统的串行数据通信主要是指数据终端设备 DTE 和数据电路端接设备 DCE 之间的通信，如图 4-1 所示。在 DTE 和 DCE 之间传输信息时必须有协调的接口，国际组织对 DTE 和 DCE 之间物理连接的有关特性制定了多个标准，其中在变电站常用的有美国电子工业协会（EIA）制定的 EIA-RS-232C、RS-422 和 RS-485。

1. EIA-RS-232

EIA-RS-232 定义了 DTE 和 DCE 之间接口的机械、电气及功能特性，属于国际标准化组织（ISO）制定的开放式结构互连（OSI）所建议的七层结构中的最低层——物理层。最早于 1962 年以 RS-232（推荐标准）发布，1973 年修订为 EIA-232C，公布的最新版本称为 EIA-232D。

EIA-RS-232 具有 DB-25 型和 DB-9 型两种连接器，分别由一个 25 针或 9 针的插头和一个 25 孔或 9 孔插座组成。通常 DTE 采用 DB25 或 DB9 针式结构，DCE 采用 DB25 或 DB9 孔式结构。现在计算机上的 RS-232 多用 DB-9 型连接器，作为多功能 I/O 卡或主板上 COM1 和 COM2 两个串行口的连接器。每一个引脚都有特定的名称与用途。

RS-232 采用负逻辑工作，逻辑"1"用负电平（范围为 $-5 \sim -15V$）表示，逻辑"0"用正电平（范围为 $+5 \sim +15V$）表示。RS-232 的最高传输速率为 20kb/s，常采用的速率为 300、600、1200、2400、4800 和 9600b/s，RS-232 的最大传输距离是 15m。在实际应用中，若码元畸变率可超过其标准的 4%，从而提高总负载电容，或使用特制的低电容电缆时，可使其传输的最大距离超过 15m。

RS-232 采用的是单端驱动和单端接收电路，这种电路是传送数据的最简单方法。它的特点是：传送每种信号只用 1 根信号线，而它们的地线是使用 1 根公用的信号地线，因此得到广泛应用，但也存在传输速率、传输距离有限、易受干扰等不足。

目前此接口标准已广泛应用于计算机与终端、计算机与计算机之间的就近连接。RS-232 一般应用在早期的集中式微机监控系统中，作为站内系统数据交换的总线或作为 RTU 远程通信的调制解调接口。

2. EIA-RS-422A/423A 接口标准

为了解决 RS-232 存在的问题，EIA 和 ITU-T 制定了其他标准接口：EIA-RS-449、EIA-530 及 X.21 等。RS-499 是一种物理接口功能标准，而 RS-423A/422A 和 RS-485 则是电气标准。这个接口标准在功能上保留了所有 RS-232 的连接线，新增 10 条连接线，规定用 37 脚的连接器。实际上 RS-422A/RS-423A 是 RS-499 标准的子集。

图 4-21（a）、（b）、（c）分别表示 RS-232C、RS-423A 和 RS-422A 所采用的接口

电路。

RS – 423A 也是一个单端、双极性电源的电路标准，用于非平衡线路，如图 4 – 21 （b）所示。RS – 423A 采用差分接收器，避免共模信号进入信号传送系统干扰的问题。接收器的另一端接收发送信号地，从而提高了传送距离和传输速率，使其在速率为 3kb/s 时，距离可达 1200m；在速率为 300kb/s 时，距离可达 12m。

RS – 422A 标准规定了差分平衡的电气接口，即采用平衡驱动和差分的接收方法，其连接方法如图 4 – 21 （c）所示。所谓平衡方式，是指双端发送和双端接收，所以发送信号要用两条线 AA′ 和 BB′，发送端和接收端分别采用平衡发送器（驱动器）和差动接收器。通过平衡发送器把逻辑电平变换成电位差，完成始端的信息传送；通过差动接收器，把电位差变成逻辑电平，实现终端的信息接收。当 AA′ 线的电平比 BB′ 线的电平高 200mV 时表示逻辑 "1"，当 AA′ 线的电平比 BB′ 线的电平低 200mV 时表示逻辑 "0"。采用双线传输，从根本上消除了信号地线，因而抗共模干扰能力大大加强，传输速度和性能也比 RS – 232C 提高很多。例如传输距离为 1200m 时，速率可达 100kb/s；距离为 12m 时，速率可达 10Mb/s。

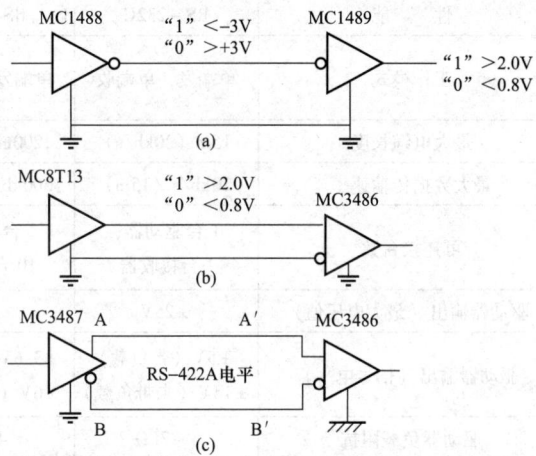

图 4 – 21 三种电气接口电路

（a）单端驱动非差分接收电路；（b）单端驱动差分接收电路；
（c）平衡驱动差分接收电路

3. EIA – RS – 485 接口标准

由于 RS – 422A 在全双工通信时，需要 4 根传输线，增加了连接线，有时很不方便。为减少连接线，又为保留平衡传输特点提供可能，因此又由 RS – 422 标准变形为 RS – 485 标准。

RS – 485 的电气特性同 RS – 422，两者的主要区别在于：RS – 422 只允许电路中有一个发送器，RS – 485 允许电路中有多个发送器；RS – 422 为全双工，RS – 485 为半双工；RS – 422A 采用两对平衡差分信号线，RS – 485 只需其中的一对。

RS – 485 标准的特点有：① 传输速率高，允许的最大速率可达 10Mb/s（距离 15m），传输信号的摆幅小（200mV）。② 无 Modem 连接传输距离远，采用双绞线在不用 Modem 的情况下，当速率为 100kb/s 时，传输距离达 1.2km。若速率下降，传输距离可更远。③ 由于采用差动发送/接收，因此共模抑制比高、抗干扰能力强。④ 能实现多点共线通信，允许平衡电缆上连接 32 个发送器/接收器对。

RS – 485 用于多站互连非常方便，可节约昂贵的信号线，同时可高速远距离传送。目前 RS – 485 的应用十分广泛，也大量使用在分散式厂站监控系统中，效果良好。

4. 几种标准比较

表 4 – 2 列出了 EIA – RS – 232C、RS – 423A、RS – 422A 及 RS – 485 等标准的主要性能参数，以便读者比较选用。

117

表 4 - 2   几种串行通信标准接口性能的比较

性　　能	RS - 232C	RS - 423A	RS - 422A	RS - 485
工作模式	单端发，单端收	单端发，双端收	双端发，双端收（差分）	双端发，双端收（差分）
最大电缆长度	15m（20kb/s）	1200m（1kb/s）	1200m（90kb/s）	1200m（100kb/s）
最大数据传输速率	20kb/s（15m）	300kb/s（12m）	10Mb/s（12m）	10Mb/s（12m）
可连接台数	1 台驱动器，1 台接收器	1 台驱动器，10 台接收器	1 台驱动器，10 台接收器	32 台驱动器，32 台接收器
驱动器输出（最大电压值）	±25V	±6V	±6V	-7V ~ +12V
驱动器输出（信号电平）	±5V（带负载）±15V（未带负载）	±3.6V（带负载）±6V（未带负载）	±2V（带负载）±6V（未带负载）	±1.5V（带负载）±5V（未带负载）
驱动器负载阻抗	3 ~ 7kΩ	450Ω	100Ω	54Ω
接收器输入电压范围	±25V	±12V	±12V	-7V ~ +12V
接收器输入阻抗	3 ~ 7kΩ	≥4kΩ	>4kΩ	>12kΩ
接收器输入灵敏度	±3V	±200mV	±200mV	±200mV

二、现场总线

1. 现场总线的概念及其特点

按国际电工委员会 IEC 61158 标准定义：现场总线是连接智能现场设备和自动化系统的数字式、双向传播、多分支结构的通信网络。通俗地说，现场总线将构成自动化系统的各种传感器、执行器及控制器通过现场控制网络联系起来，通过网络上的信息传输完成各设备的协调，实现自动化控制。

作为现场测控网络，现场总线适应工业现场的恶劣环境，并按国际标准化组织 ISO 和开放系统互联 OSI 提供了网络服务，具有互操作性好、开放式网络、可靠性高、稳定性好、抗干扰能力强、通信速率快、造价低、维护成本低等特点。

1）互操作性好。具有现场总线接口的设备不仅在硬件上标准化，而且在接口软件上也标准化，使所组成系统的适应性更广泛。用户可优选不同厂家的产品集成为一个比较理想的自动化系统。

2）开放式网络。以前，由于不同厂家生产的自动化设备通信协议不同，要实现不同设备间的互连比较困难。而现场总线为开放式的互联网络，所有技术和标准全是公开的，所有制造商必须遵循，使用用户可以自由组成不同制造商的通信网络，既可与同层网络相连，也可与不同层网络互联，因此现场总线给计算机监控系统带来更大的适应性。

3）成本降低。由于现场总线完全采用数字通信，其控制功能也可下放到现场。由现场总线设备组成的自动化系统减少了占地面积，简化了控制系统内部的连接，可节约大量的连接电缆，使成本大大降低。

4）安装、维护方便。使用现场总线接口技术，无需用很多控制电缆连接各控制单元，只需将各个设备挂接在总线上，这样就显著减少了连接电缆，使安装更方便，抗干扰能力更强。

5）系统配置灵活，可扩展性好。

由于现场总线具有以上主要优点，因此现场总线已广泛地应用于变电站计算机监控系统。

2．几种常用的现场总线

（1）LonWorks 现场总线

LonWorks 总线是美国 Echelon（爱施朗）公司于 1991 推出的一种现场总线。它具有全分散、连线简单、拓扑灵活的优点，是一种具有强劲实力的现场总线，被誉为通用控制网络。目前 LonWorks 应用广泛，主要包括工业控制、数据采集、SCADA 系统、楼宇自动化等。LonWorks 的核心是 Neuron 神经元处理芯片、收发器模块和 LonTalk 通信协议，并具有其他总线所不具备的路由器和网络管理功能。

通过节点、路由器和网络管理三部分有机的结合就可以构成一个带有多介质、完整的网络系统，图 4－22 表示采用 Lon 总线构成的一个现场网络。LonWorks 现场总线已广泛应用于包括变电站计算机监控系统的各个领域，CSC2000 是我国最早应用 LonWorks 技术的变电站计算机监控系统。

（2）CAN 现场总线

CAN 控制局域网是一种具有很高可靠性，支持分布式控制、实时控制的串行通信网络。CAN 总线由德国 BOSCH（博世）公司推出，最初用于汽车的监测和控制，现在已推广应用于其他工业部门的控制，并已成为国际标准 ISOII898。CAN 协议也是建立在国际标准化组织的 OSI 模型基础上，其模型只有 OSI 7 层结构底层的物理层、数据链路层及顶层的应用层。CAN 总线采用双绞线串行通信方式，具有强的检错功能，可在高噪声干扰环境中使用。目前 CAN 现场总线已应用于变电站计算机监控系统中，如国内深圳南瑞等。

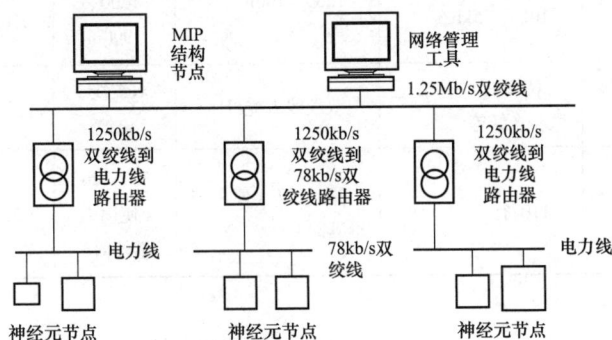

图 4－22　Lon 总线构成的现场网络

（3）Profibus 总线

Profibus 是德国和欧洲的标准，它是由德国 13 家工业企业和 5 家科研机构在联合开发项目中制定的标准化规范。它提供一个从传感器/执行器直至管理层的透明网络、供应完整的产品系列，以及从底层测控网络、工厂管理网络直至 Internet 系统集成方案，被称为风靡全球的现场总线。它在欧洲享有不容置疑的特殊优势，由三个兼容部分组成，分别适用于不同的使用环境和具体要求：① Profibus－PA 用于过程自动化的低速数据传输。它通过总线供电，提供本质安全型，可用于危险防爆区域。② Profibus－FMS 用于一般自动化的中速数据传输，主要用于传感器、执行器、电气传动、PLC 等。③ Profibus－DP 与 Profibus－PA 兼容，可实现高速传输，用于加工自动化，适用于分散的外围设备。

（4）常用现场总线比较（见表4-3）

表4-3 几种现场总线的主要性能参数

性能	LonWork	CANbus	Profibus		基金会现场总线 FF
			Profibus-DP、Profibus-FMS	Profibus-PA	
体系结构	OSI 模型全部7层	OSI 模型中最底层的3层	OSI 模型中第一、二层和用户接口（DP）；物理层、数据链路层和应用层（FMS）	OSI 模型中第一、二层和用户接口	OSI 模型中物理层、数据链路层和应用层，增加用户层，与 IEC 现场总线国际标准相同
采用协议	LonTalk 通信协议	CAN 协议	RS485 通信标准	IEC 1158-2（即H1）	物理层标准：低速总线 H1、高速总线 H2
通信速率	300b/s ~ 1.5Mb/s	≤ 1Mb/s（IOS 11898）；≤ 125kb/s（IOS 11519）	9.6kb/s~12Mb/s	31.25kb/s	31.25kb/s（H1），1Mb/s 或 2.5Mb/s、100Mb/s（H2）
通信距离	2.7km（直线通信）（双绞线78kb/s）	40m（1Mb/s）10km（5kb/s）	1200~100m	200、450、1200、1900m	200、450、1200、1900m（H1），750、500m（H2）
支持传输介质	支持多种传输介质	双绞线、同轴电缆和光纤等	双绞线或光纤	双绞线、电缆	支持多种传输介质
最大外挂设备数量	1 片芯片有 11 个 I/O 口	110 个	32、127（使用中继器时）	32、126（使用中继器时）	32、240（使用中继器时）

三、局域网

按分布距离，计算机网络可分为局域网 LAN、城域网 MAN、广域网 WAN 和 Internet。局域网 LAN 是一种在小区域内使各种数据通信设备互联在一起的通信网络，互连和通信是其核心，而网络的拓扑结构、传输介质、传输控制和通信方式是其四大要素。

1. 局域网基础知识

（1）网络的体系结构

开放系统互联（OSI）参考模型是国际标准化组织 ISO 为网络通信定义的一个标准模式，该计算机网络的体系结构标准定义了异质系统互联的 7 层框架，将网络通信按功能分成物理层、数据链路层、网络层、传输层、会话层、表示层和应用层，并规定了各层的功能、层与层之间的关系、相同层次的两端如何通信等，如图 4-23 所示。

作为通信网，局域网主要有物理层和数据链路层这两个最低的层次。根据局域网的特

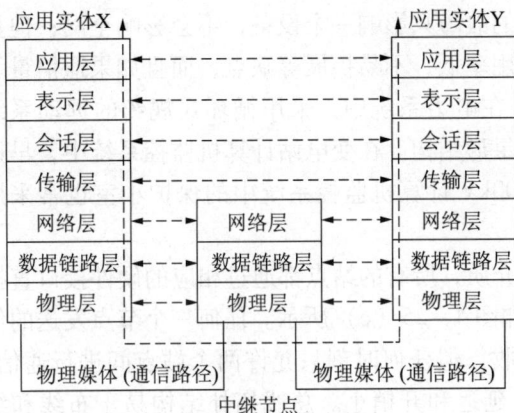

图 4 - 23 OSI 参考模型

点,将数据链路层划分为两个子层,即介质访问控制 MAC 子层和逻辑链路控制 LLC 子层。

局域网物理层的功能同于 OSI 的物理层,主要处理机械的、电气的和过程的特性,建立、维持和撤销物理链路,在物理链路上传递非结构化的比特流。MAC 子层的主要功能是控制对传输介质的访问。不同局域网的区别在 MAC 子层,所以对于不同的局域网需要不同的控制算法。LLC 子层负责数据链路层中所有与介质接入无关的部分,其主要功能是建立和释放数据链路层的逻辑连接、提供与高层的接口、差错控制和给帧加上序号。网络的服务访问点 SAP 就在 LLC 层与高层的交界面上。LAN 和 OSI 两者对比如图 4 - 24 所示,其中 802 项目是 IEEE 的计算机协会于 1982 年启动的一个项目,旨在制定能使来自不同厂商的设备能够相互通信的标准,LAN 是其组成部分。802 项目涵盖了 OSI 模型的最低两层及第三层的一部分。

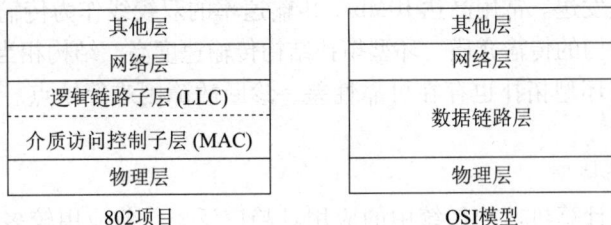

图 4 - 24 LAN 和 OSI 模型比较

(2) 网络的拓扑结构

在网络中,一个或多个功能与传输线路互连的点称为节点。各节点相互连接的方法和型式称为网络拓扑,基本的局域网络拓扑结构有点对点、星型、总线型和环型四种,如图 4 - 25 所示。

点对点拓扑结构,即两台计算机通过专用传输链路直接连接的方式,它可使用多种传输介质。星形结构是一种中央控制结构,由若干计算机(或称为点)与一台主计算机(或称中央节点)相连,中央节点执行集中式通信控制策略,如图 4 - 25 (b) 所示。中央节点是唯一的转发节点,每台计算机都通过单独的通信线路连接到中央节点,每个站点的通信处理负担较轻,该方式也可使用多种传输介质。

星形结构控制方式简单、便于集中控制

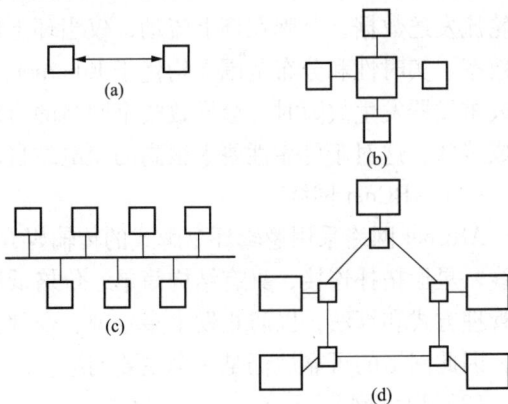

图 4 - 25 网络拓扑结构
(a) 点对点;(b) 星型;(c) 总线型;(d) 环型图

和故障诊断、访问协议简单，而且单个连接点的故障只影响一个设备，不会影响全网；但星形结构也存在费用较高、可靠性较低、通道利用率低，不易扩展等缺点，而且如果通信量增加并要求高速通信时，中央节点将成为瓶颈。在电力系统中，采用循环式规约的远动系统中，其调度端同各厂站端的通信拓扑结构就是星形结构。在变电站计算机监控系统中，早期的集中式采用星形结构，而目前的 220kV 和 500kV 计算机监控系统中的保护小室也常采用星型结构。

总线型拓扑结构采用单根传输线作为传输介质，所有的站点都通过相应的硬件接口直接连接到一条公用的主干链路上（或称总线），如图 4 – 25（c）所示。任何一个节点发送的信号都可以沿着总线传播，而且能被其他节点接收，但任何时刻只允许两个站点间进行通信。任何两个节点间通过总线直接通信，速度快，延迟和开销小。总线拓扑结构易于布线和维护、可靠性较高，总线结构简单、易于扩展，但也存在故障诊断和隔离困难、要求站点必须是智能的且需要介质访问控制功能等缺点。通信介质以使用双绞线或同轴电缆为主，也可应用光纤。

环型拓扑结构由连接成封闭回路的网络节点组成，每一节点通过中继器与它左右相邻的节点连接，如图 4 – 25（d）所示。环型网络中信息流只能是单向的，常使用令牌环来决定哪个节点可以访问通信系统。在局域网中，每个站点都是通过一个中继器连接到网络上去的，数据以分组形式发送。常用高达 10Mb/s 传输速率的双绞线作为传输介质，同轴电缆和光纤均可作为环型结构的传输介质。环型拓扑结构传输速度高、结构相当简单，可采用光纤等多种传输介质，但环型拓扑也存在可靠性差、诊断故障困难等缺点。为解决可靠性的问题，可采用双环网。

2. 几种常见的局域网

局域网在变电站计算机监控系统中的应用日趋广泛，目前应用较多的局域网有以太网（Ethernet）、令牌总线网（ARCnet）、令牌环网（Token Ring）和光纤分布式数据接口 FDDI 等类型。前三种均采用 IEEE 802 标准，FDDI 则采用 ANSI 和 ITU – T（ITUTX. 3）标准。这几种局域网有着不同特点。

（1）令牌环网

令牌环网采用 IEEE 802.5 标准、环网结构，介质访问控制选用令牌（Token）方式。站点轮流发送数据，令牌在环上流动，仅当环上的站点拥有令牌帧时才能发送。令牌环网在传输效率、实时性和分布范围上均优于 Ethernet，很适于光纤传输。但是，当环网上的一个链节或重发器发生故障时，会导致整个网络的瘫痪，而且令牌管理的复杂性也对系统的可靠性构成威胁，这对于可靠性要求很高的变电站自动化系统是不利的。

（2）ARCnet 网络

ARCnet 网络采用逻辑环令牌式的传输媒介访问控制方式，符合 IEEE 802.4 标准，支持总线、星形拓扑连接，具有结构简单、价格低廉、实时访问等特点。但该网络采用复杂的令牌管理方式和算法，以防止发生多令牌、令牌丢失、持有令牌的站故障等情况时导致全网瘫痪，因此网络的可靠性仍是一个主要问题。

（3）以太网

以太网采用 IEEE 802.3 标准，常采用总线型拓扑结构，采用同轴电缆为传输媒介。介质访问方式为载波监听多路访问/冲突检测（CSMA/CD）方式，不支持带优先级的实时访问。

以太网有许多突出的优点：① 可靠性高。由于常采用总线型的网络拓扑结构，不会因中间某一节点失效便对全网造成危害，因而可靠性较高。② 灵活性好。网上增、减节点非常方便，任一节点的退出不会影响其他节点的正常通信。③ 传输速率高，可达 10~100Mb/s，甚至更高。④ 软、硬件支持性好。⑤ 实时性问题。虽然 CSMA/CD 媒体访问控制方式不支持优先级访问，但由于网络通信的速率高，只要设计时注意避免数据的长帧结构，将长帧分成几个短帧进行分组传输，即可保证当一个节点占有介质时，网内其他信息要发送的站点等待的时间最短。因此，以太网以其高度灵活、相对简单、易于实现的特点及上述优点，成为当今最重要的一种局域网建网技术。变电站计算机监控系统中站控层的局域网宜采用 Ethernet 网络。不过，还需要为其开发相应的实时点对点通信软件，摆脱对网络服务器的依赖，从而实现高效、可靠的数据和资源共享。

以下为几种常见的以太网：

1）粗缆以太网 10Base5（标准以太网）。为总线型拓扑结构，使用基带信令，最大网段长度为 500m。10Base5 中，第一个数字表示传输速率，以 Mb/s 为单位；第二个单词 Base 表示基带，基的含义是数字信号（以太网时用曼彻斯特编码），与它相对应的是宽带，"宽"的含义是模拟信号（以太网时用 PSK 编码）；最后一个数字或字母表示电缆最大长度或类别。

2）细缆以太网 10Base2（同轴细缆以太网）。与 10Base5 具有相同的数据速率和拓扑结构，也使用基带信令。其优点是价格便宜且便于安装，缺点是较短的连接距离（185m）和较小的能力。

3）双绞线以太网 10BaseT。它是 IEEE 802 系列中最流行的以太网，星型拓扑结构。使用 3 类以上无屏蔽双绞线，支持 10Mb/s 数据速率，从站点到集线器的最大长度为 100m。

4）交换以太网。目的是提高 10BaseT 以太网的性能。10BaseT 以太网是一种共享介质网络，每一次数据传送都会占用整个网络传输介质，若两个站点试图同时发送数据帧就会造成冲突。而用交换机代替集线器，则可使发向交换机不同端口的报文同时进行而不发生冲突。

5）快速以太网（100Mb/s 以太网）。采用 IEEE 802.3u 标准，采用双绞线作为网络媒体，传输速率提高了 10 倍，达到 100Mb/s，而冲突域长度减少了 10 倍。

6）千兆以太网（1000Mb/s 以太网）。采用 IEEE 802.3z 标准，采用光纤或双绞线作为网络介质，传输速率达到 1000Mb/s（1Gb/s）。通常用作主干网来连接快速以太网。

7）环型以太网。由所有的网络通信节点通过环型以太网接口或具备环网接口的小型交换机组成，可以构成光纤环网和五类线环网，比较符合具备通信接口的现场控制器分散布置的分散式厂站监控系统的要求，所以可将环型以太网作为取代现场总线的替代通信方式。使用配备了生成树协议（802.1D）或快速生成树协议（802.1W）的以太网交换机（具备网桥功能），从而解决了环网拓扑所引起的信息帧无限循环的问题，具有易于查找网络故障、系统总体传输线路较短、系统总体投资较小、网络可靠性高和备份网络性能高等特点。以上以太网中，4）~6）为近年来出现的新型高速以太网。

（4）FDDI 网络

光纤分布数据接口（FDDI）是目前成熟的 LAN 技术中传输速率最高的一种，这种传输速率高达 100Mb/s 网络技术所依据的标准是 ANSI 和 ITU－T（ITU－TX.3）。该网络具有定

123

时令牌协议的特性，提供一种对以太网和令牌环网的高速率替代协议，支持多种拓扑结构，传输媒体为光纤。目前，也可以用铜缆来达到相同的速率，FDDI 的铜缆版本称为 CDDI。

FDDI 常通过一个双环实现，各节点以星型方式接入各环，主环和副环上的数据流向相反。正常情况下，数据传输限制在主环上。当主环发生问题时，可通过激活次环，以修复数据环路并维持服务，使 FDDI 成为自我修复的网络，如图 4 – 26 和图 4 – 27 所示。

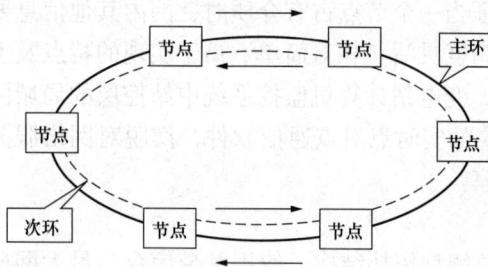

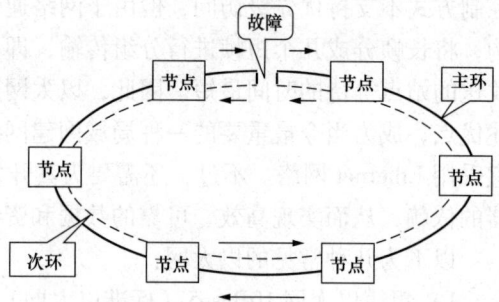

图 4 – 26　FDDI 环　　　　　　　　图 4 – 27　在一次故障后的 FDDI 环

节点通过使用凹型或凸型的介质接口连接器（MIC）连接到一个或两个环上，使用哪个连接器可以根据站点的需要而定。

表 4 – 4 比较了上述几种主要局域网的特性。以太网适于低通信负荷的情况，当负荷增加时，冲突和重传会增多，影响系统性能；而令牌环和 FDDI 在低负荷和高负荷的情况下性能均较好。

表 4 –4　　　　　　　　　　　　　　主要局域网特性比较

网　络	访问方法	信令	数据速率	差错控制
以太网	CSMA/CD	曼彻斯特	1 ~10Mb/s	无
快速以太网	CSMA/CD	若干	100Mb/s	无
千兆以太网	CSMA/CD	若干	1Gb/s	无
令牌环网	令牌传递	差分曼彻斯特	4 ~16Mb/s	有
令牌总线网	令牌传递	差分曼彻斯特	4 ~16Mb/s	有
FDDI	令牌传递	4B/5B，NRZ – 1	100Mb/s	有

3. 网络设备

网络设备包括中继器、网桥、集线器、交换机、路由器及网关等，而变电站计算机监控系统中常用的网络设备有集线器、交换机和路由器等。

（1）中继器（Repeater）

中继器是一种物理层的电子设备，当电子信号在网络介质上传播时，会随着传输距离的增加而衰减。中继器将在信号变得很弱或损坏之前接收该信号，重新生成原始的比特模式，然后将更新过的拷贝放回到链路上。可以延长网络的实际距离，而不以任何形式改变网络的功能。它可以连接不同的物理介质，如一端是双绞线，另一端是光纤。

（2）网桥（Gate Bridge）

网桥是在数据链路层上实现同构型网络互联的设备，它将两个局域网（LAN）连起来，根据 MAC 地址（物理地址）转发帧，可以看作一个"低层的路由器"（路由器工作在网络层，根据网络地址如 IP 地址进行转发）。网桥在实现互联网络间的通信时，具有转发、存储和地址识别等功能。它可以有效地连接两个 LAN，使本地通信限制在本网段内，并转发相应的信号至另一网段，网桥通常用于连接数量不多的、同一类型的网段。

网桥通常分为透明网桥和源路由选择网桥两大类。网桥的优点是：扩大了物理范围，增加了整个局域网上工作站的最大数目；由于工作在数据链路层的 MAC 子层可以过滤通信量，从而减轻了扩展局域网的负荷；能互连两个在数据链路层具有不同协议、不同传输介质和不同传输速率的 MAC 子层网络；可以分割两个网络间的通信量，有利于改善互联网络的性能与安全性，当网络出现故障时，一般只影响个别网段。但网桥也具有时延增加、无流量控制功能、耗费时间等缺点，只适合于少量用户和较小通信量的局域网。即网桥的主要作用是在数据链路层对数据链路层信息进行转发及过滤，主要用于小规模的局域网互联。

（3）集线器（Hub）

集线器是一种以星型拓扑结构将通信线路集中在一起的设备，相当于总线，工作在物理层，是局域网中应用最为广泛的连接设备。按分配形式分为独立型 Hub、模块化 Hub 和堆叠式 Hub 三种。智能型 Hub 改进了一般 Hub 的缺点，增加了桥接能力，可滤掉不属于自己网段的帧，增大网段的频宽，且具有网管能力和自动检测端口所连接的 PC 网卡速度的能力。市场上常见的有 10Mb/s、100Mb/s 等速率的 Hub。

集线器通常可提供三种类型的端口，即 RJ – 45 端口、BNC 端口和 AUI 端口，适用于连接不同类型电缆构建的网络。一些高档集线器还提供有光纤端口和其他类型的端口。RJ – 45 端口最常见，用于连接 RJ – 45 接头，适用于由双绞线构建的网络，一般以太网集线器都会提供这种端口。BNC 端口用于连接细同轴电缆，一般通过 BNC T 型接头进行连接。AUI 端口用于连接粗同轴电缆的 AUI 接头，目前带有这种接口的集线器比较少，主要用在一些骨干级集线器。堆叠端口只有可堆叠集线器才具备，用来连接两个可堆叠集线器。通常，一个可堆叠集线器中同时具有两个外观类似的端口：一个标注为"UP"，另一个就标注为"DOWN"，在连接时是用电缆从一个集线器的"UP"端口连接到另一个可堆叠集线器的"DOWN"端口上，均是"母头"，所以连接线端必须都是"公头"。

（4）交换机（Switch）

集线器由于其共享介质传输、单工数据操作和广播数据发送方式等先天决定了其很难满足用户的速度和性能要求。交换机是集线器的升级换代产品，外观上与集线器类似，都是带有多个端口的长方形盒状体。交换机是按照通信两端传输信息的需要，用人工或设备自动完成的方法把要传输的信息送到符合要求的相应路由的技术统称。

交换机与集线器的区别主要体现在如下几个方面：

1）在 OSI/RM 中的工作层次不同。交换机和集线器在 OSI/RM 开放体系模型中对应的层次不一样，集线器同时工作在第一层（物理层）和第二层（数据链路层），而交换机至少工作在第二层，更高级的交换机可以工作在第三层（网络层）和第四层（传输层）。

2）交换机的数据传输方式不同。集线器的数据传输方式是广播（broadcast）方式，而交换机的数据传输是有目的的，数据只对目的节点发送，只是在自己的 MAC 地址表中找不到的情况下第一次使用广播方式发送。因为交换机具有 MAC 地址学习功能，第二次以后就不再是广播发送了，又是有目的的发送。这样可以提高数据传输效率，在安全性方面也不会出现其他节点侦听的现象。

3）带宽占用方式不同。在带宽占用方面，集线器的所有端口共享集线器的总带宽，而交换机的每个端口都具有自己的带宽，实际上交换机每个端口的带宽比集线器端口可用带宽要高许多，其传输速度比集线器要快得多。

交换机用硬件来完成过滤、学习和转发过程的任务。Switch 用其路由表把数据发送到指定地点，否则就发送到所有端口。这样过滤可以帮助降低整个网络的数据传输量，提高效率。此外，交换机还可以把网络拆解成网络分支，分割网络数据流，隔离分支中发生的故障，从而可以减少每个网络分支的数据信息流量而使每个网络更有效，提高整个网络效率。目前有使用 Switch 代替 Hub 的趋势。

交换机可以同时建立多个传输路径，所以在应用连接多台服务器的网段上可以收到明显的效果。主要用于连接 Hub、Server 或分散式主干网。按采用的技术，交换机可分为直通交换和存储转发。直通交换（cut-through）即交换机一旦收到信息包中的目标地址，在收到全帧之前便开始转发，适用于同速率端口和碰撞误码率低的环境。存储转发（store-and-forward）即确认收到的帧，过滤处理坏帧，适用于不同速率端口和碰撞、误码串高的环境。

4. 路由器（Router）

路由器是在网络层实现异构型局域网或实现 LAN 和 WAN 的连接，也用于互联同构型 LAN。它比网桥更复杂、更智能，其功能涉及物理层、数据链路层和网络层。它用于连接多个逻辑上分开的网络、几个使用不同协议和体系结构的网络。路由器具有判断网络地址和选择路径的功能，过滤和分隔网络信息流，它的主要作用是在 IP 层（即网络层）对 IP 数据信息进行选路、转发和过滤。用户使用的各种信息服务，其通信的信息最终均可以归结为以网络层 IP 包（包即分组）为单位的信息传送，IP 包除了包括要传送的数据信息外，还包含有信息要发送到的目的 IP 地址、信息发送的源 IP 地址及一些相关的控制信息。当一台路由器收到一个 IP 数据包时，它将根据数据包中的目的 IP 地址项查找路由表，根据查找的结果将此 IP 数据包送往对应端口。下一台 IP 路由器收到此数据包后继续转发，直至发到目的地。路由器之间可以通过路由协议来进行路由信息的交换，更新路由表。路由器能实现不同网络之间协议的转换以达到网络互连的目的。

总之，交换机的主要功能有：① 分组转发，提供最佳路径，将不同硬件技术的网络互联起来，必要时进行分组格式和分组长度的转换。② 提供隔离，划分子网，路由器的每一端口都是一个单独的子网。路由器中记录有每个网络端口相连的网络信息，同时路由器中还保存有一张路由表，它记录有去往不同网络地址应送往的端口号。③ 提供经济合理的 WAN 接入。④ 支持备用网络路径，支持网关网络拓扑，交换机、网桥要求，无环路拓扑。互联各种局域网和广域网，适用于大型交换网络。使用路由器后，各种通信子网融为一体，形成了一个更大范围的网络。从宏观角度出发，可以认为通信子网实际上是由路由器组成的网络，路由器之间的通信规则通过各种通信子网的通信能力予以实现。在变电站中计算机监控系统中，将数据传送至电力调度数据网络 SPDnet 一般要用到路由器。

5. 网关（Gateway）

网关可以工作在 OSI 模型的所有 7 层中，它实际上是一个协议转换器。网关负责转换协议并保留原有功能，将数据重新分组封装，以便在两个不同协议的网络之间通信，所以它的作用是对两个网段中使用不同传输协议的数据进行互相转换。网关必须同应用层通信，建立和管理会话，传输已经编码的数据，并解析逻辑和物理地址数据。由于网关具有强大的功能，且通常与应用有关，一般比较贵。另外，由于网关的传输更复杂，其传输数据的速度要比网桥或路由器低一些，有可能造成网络堵塞。

第三节　变电站常用通信规约及其应用

为了保证变电站内部以及变电站与控制中心之间能够正确、有效地传输信息，在信息发送端和信息接收端之间必须有一套关于信息传输的顺序、信息格式和信息内容等的约定，这种约定常称为通信规约（或通信协议）。

目前我国电力系统远动通信采用两种类型的通信规约：一类是循环式数据传送规约（Cyclic Digital Transmission），简称 CDT 规约；另一类是问答式（Polling）数据传送规约，简称 Polling 规约。

一、循环式远动通信规约及其应用

先看一帧 CDT 报文：

EB90EB90EB90 71611D000073 0026042D01AE....

问题：

这帧是什么报文？每帧为什么以三组 EB90H 开头？发送和接收站地址是多少？有多少信息内容？信息序号是多少？各信息值是多少？信息是否有效等。要知道这些，首先须学习 CDT 规约特点，需要掌握 CDT 规约帧结构、信息字结构和传输规则。

（一）CDT 规约特点

CDT 适用于点对点信道结构的两点之间通信，信息传送采用循环同步的方式，数据采用帧结构方式组织；CDT 规约以发送端为主动传送数据，发送端周而复始地按规约向接收端发送各种遥测、遥信、事件顺序信息；CDT 传送信息时，发送端和接收端之间连续不断地发送和接收，始终占用通道；采用 CDT 规约，信息发送方不考虑信息接收方接收是否成功，仅按照确定的顺序组织发送，通信控制简单。

CDT 规约的功能、帧结构、信息字结构和传输规则，适用于点对点的通道结构及以循环字节同步方式传送远动设备与系统，还适用于调度所间以循环式远动规约转发实时信息的系统。

（二）帧结构

如图 4-28 所示，每帧都以同步字开头，并有控制字，除少数帧外均应有信息字。信息字的数量依实际需要设定，帧长度可变。

帧的同步字、控制字、信息字的排列规则：字节由低 B1 到高 Bn 上下排列、字节的位由高 b7 到低 b0 左右排列，如图 4-29 所示。

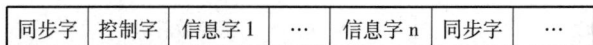

b7 b6 b5 b4 b3 b2 b1 b0	B1 字节
b7 ··· b0	B2 字节
···	

| 同步字 | 控制字 | 信息字 1 | ··· | 信息字 n | 同步字 | ··· |

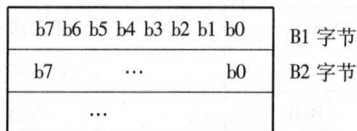

图 4-28　帧结构　　　　　　　　图 4-29　字节排列

127

向通道发码规则：低字节先送，高字节后送，字节内低位先送，高位后送。

（1）同步字

同步字按通道传送顺序分为 3 组 EB90H，即 1110、1011、1001、0000、…。为保证通道中传送顺序，写入串行口的同步字排列格式如图 4 – 30 所示。

（2）控制字

控制字共有 B7～B12 6 个字节，如图 4 – 31 所示。

控制字节说明：

E：扩展位。当 E = 0 时使用表 4 – 5 已定义的帧类别；

当 E = 1 时帧类别可另行定义，以便扩展功能。

L：帧长定义位。当 L = 0 时表示本帧信息字数 n 为 0，即本帧没有信息字。

S 与 D：在上行及下行信息中的定义说明。在上行信息中，S = 1 表示控制字中源站址有内容，源站址字节即代表信息始发站的站号，即子站站号；D = 1，目的站址字节代表主站站号。在下行信息中，S = 1 表示源站址字节有内容，源站址字节代表主站站号；D = 1 表示目的站址字节有内容，即代表信息到达站的站号；D = 0 表示目的站址字节内容为 FFH，即代表广播命令，所有站同时接收并执行此命令。

以上所述的上行信息和下行信息中，若同时 S = 0、D = 0，则表示源站址和目的站址无意义。

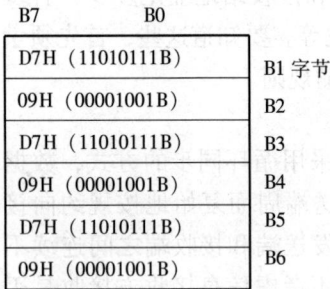

图 4 – 30 同步字排列格式

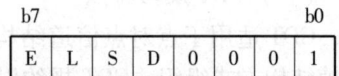

图 4 – 31 控制字

（a）控制字组成；（b）控制字节

（3）帧类别

本规约定义的帧类别码及其含义见表 4 – 5。

表 4 – 5 帧类别代号定义表

帧类别代号	定 义	
	上行 E = 0	下行 E = 0
61H	重要遥测（A 帧）	遥控选择
C2H	次要遥测（B 帧）	遥控执行
B3H	一般遥测（C 帧）	遥控撤消
F4H	遥信状态（D1 帧）	升降选择
85H	电能脉冲数值（D2 帧）	升降执行

帧类别代号	定 义	
	上行 E = 0	下行 E = 0
26H	事件顺序记录（E 帧）	升降撤消
57H		设定命令
A8H		
D9H		
7AH		设置时钟
0BH		设置时钟校正值
4CH		召唤子站时钟
3DH		复归命令
9EH		广播命令
EFH		

（4）信息字结构

每个信息字由 Bn～Bn+5 6 个字节构成：功能码一个字节、信息和数据码 4 个字节、校验码一个字节，其通用格式如图 4-32 所示。

（5）功能码定义

功能码有 256 个（00H～FFH），分别代表不同信息用途，具体分配见表 4-6。

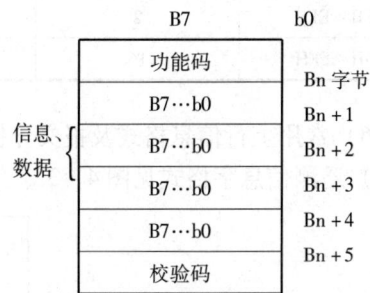

图 4-32 信息字结构

表 4-6 功能码分配表

功能码代号	字 数	用 途	信息位数	容 量
00H～7FH	128	遥测	16	256
80H～81H	2	事件顺序记录	64	4096
82H～83H		备用		
84H～85H	2	子站时钟返送	64	1
86H～89H	4	总加遥测	16	8
8AH	1	频率	16	2
8BH	1	复归命令（下行）	16	16
8CH	1	广播命令（下行）	16	16
8DH～92H	6	水位	24	6
93H～9FH		备用		
A0H～DFH	64	电能脉冲计数值	32	64
E0H	1	遥控选择（下行）	32	256
E1H	1	遥控返校	32	256

功能码代号	字　数	用　途	信息位数	容　量
E2H	1	遥控执行（下行）	32	256
E3H	1	遥控撤销（下行）	32	256
E4H	1	升降选择（下行）	32	256
E5H	1	升降返校	32	256
E6H	1	升降执行（下行）	32	256
E7H	1	升降撤销（下行）	32	256
E8H	1	设定命令（下行）	32	256
E9H	1	备用		
EAH	1	备用		
EBH	1	备用		
ECH	1	子站状态信息	8	1
EDH	1	设置时钟校正值（下行）	32	1
EEH ~ EFH	2	设置时钟（下行）	64	1
F0H ~ FFH	16	遥信	32	512

（6）常用上行信息格式及报文分析

1）遥测信息字格式见图 4 - 33。

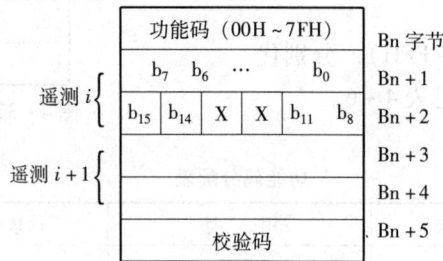

图 4 - 33　遥测信息字格式

上行：

EB90EB90EB90　71611D000073　0026042D01AE...

同步字	控制字	信息字 1	…	信息字 n

每帧 3 组 EB90H 同步码开始。

帧类别 71H（01110001）控制字（上行 E = 0、L = 1、S = 1、D = 0，参见控制字解析，下同）。61H 为重要遥测（A 帧）报文，1DH 代表其后紧接着有 29 个信息字，该帧有 29 × 2 = 58 个遥测，00 00 代表主站地址为 0，子站地址也为 0；73 为前面 5 个字节的 CRC 校验码。

00 遥测发送序号 0 开始，第一个遥测 0426H 的 BCD 值 1062，第二个遥测 012DH 的 BCD 值 301，AE 为前面 5 个字节的 CRC 校验码。

2）遥信信息字格式见图 4 - 34。

上行：EB90EB90EB90　71F4100101E8
F0180100004A...

每帧 3 组 EB90H 同步码开始。

帧类别 71 F4H 为遥信状态（D1 帧）
报文，10H 代表其后紧接着有 16 个信息字，
该帧有 16×32＝512 个遥信，01 01 代表主
站地址为 1，子站地址也为 1；E8 为前面 5
个字节的 CRC 校验码。

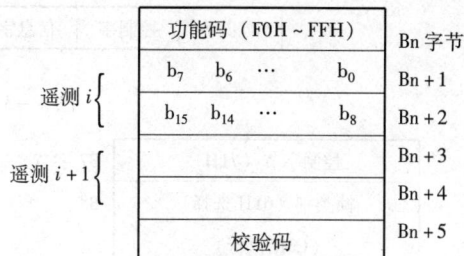

图 4-34　遥信信息字格式

F0 遥测发送序号 0 开始，第一组遥信 0118H 的二进制为 0000000100011000，第 7、11、
12 个遥信状态为合、其余为分状态，0000H16 个遥信全分状态，4A 为前面 5 个字节的 CRC
校验码。

3）事件顺序记录信息格式见图 4-35。

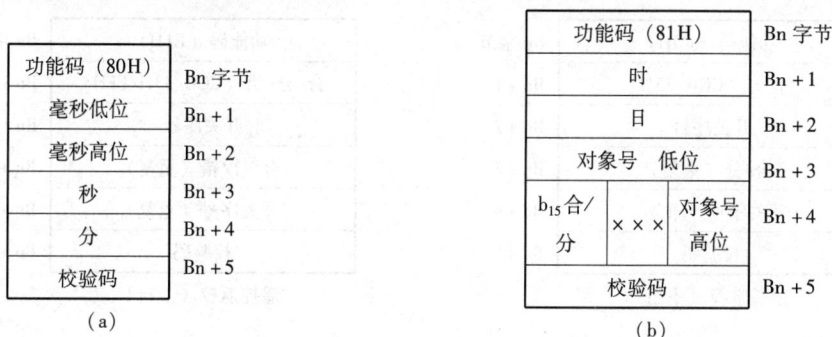

图 4-35　事件顺序记录信息字格式
(a) 毫秒—分；(b) 时—日

上行：EB90EB90EB90　7126060101D6　80B8001A3419　810E15048071　80B8001A3419
810E15048071　80B8001A3419　810E15048071...

每帧 3 组 EB90H 同步码开始。

7126H 事件顺序记录（E 帧）、06H 代表其后紧接着有 6 个信息字，即重复 3 次 SOE、
01 01 源地址＝1、目标地址＝1。80H 为毫秒、秒、分，00B8H、1AH、34H 转十进制值 184
毫秒、26 秒、52 分。81H 为时、日、对象号和状态，OEH、15H 转十进制值 14 时、21 日。
80 04H 为点号 4、合状态，71 为前面 5 个字节的 CRC 校验码。

（7）命令格式

遥控过程及遥控帧结构如图 4-36 所示，遥控帧结构见图 4-37，遥控过程的信息字格
式见图 4-38。

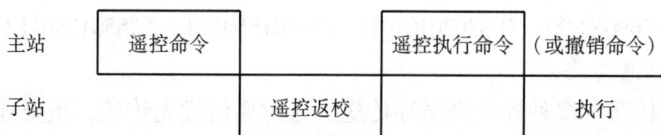

图 4-36　遥控过程

同步字	控制字	信息字	信息字（同前）	信息字（同前）

图 4-37　遥控帧结构

控制字节（71H）	B7 字节
帧类别（61H 选择）	B8
（C2H 执行）	
（B3H 撤消）	
信息字数（03H）	B9
源地址（XXH）	B10
目的地址（XXH）	B11
校验码	B12

功能码（E0H）	Bn 字节
合/分（CCH/33H）	Bn+1
开关序号	Bn+2
合/分（重复）	Bn+3
开关序号（重复）	Bn+4
校验码	Bn+5

遥控选择（下行）

功能码（E1H）	Bn 字节
合/分/错（CCH/33H/FFH）	Bn+1
开关序号	Bn+2
合/分/错（重复）	Bn+3
开关序号（重复）	Bn+4
校验码	Bn+5

遥控返校（上行）

功能码（E2H）	Bn 字节
执行（AAH）	Bn+1
开关序号	Bn+2
执行（重复）	Bn+3
开关序号（重复）	Bn+4
校验码	Bn+5

遥控执行（下行）

功能码（E3H）	Bn 字节
撤消（55H）	Bn+1
开关序号	Bn+2
撤消（重复）	Bn+3
开关序号（重复）	Bn+4
校验码	Bn+5

遥控撤消（下行）

图 4-38　遥控过程的信息字格式

以下是对序号 1 对象遥控分 CDT 报文：

下行：EB90EB90EB90　7161030101EF　E033013301FD　E033013301FD　E033013301FD

上行：EB90EB90EB90　7161030101EF　E1330133019F　E1330133019F　E1330133019F

下行：EB90EB90EB90　71C20301012A　E2AA01AA0195　E2AA01AA0195　E2AA01AA0195

或发撤消：

下行：EB90EB90EB90　71B30301010E　E355015501F1　E355015501F1　E355015501F1

（三）传送信息与要求

采用可变帧长度、多种帧类别循环传送、变位遥信优先传送，重要遥测量更新循环时间较短，区分循环量、随机量和插入量采用不同形式传送信息，以满足调度、监控系统对远动信息实时性和可靠性的要求。

规约规定主站与子站间进行以下信息的传送：

1）遥信；

2）遥测；

3）事件顺序记录（SOE）；

4）电能脉冲记数值；

5）遥控命令；

6）设定命令；

7）升降命令；

8）对时；

9）广播命令；

10）复归命令；

11）子站工作状态。

信息按其重要性不同的优先级和循环时间，以便实现 GB/T 13730—1992《地区电网数据采集与监控系统通用技术条件》和 GB/T 13729—1992《远动终端通用技术条件》的规定。上行（子站至主站）信息的优先级排列顺序和传送时间要求如下：

1）对时的子站时钟返回信息插入传送；

2）变位遥信、子站工作状态变化信息插入传送，要求在 1s 内送到主站；

3）遥控、升降命令的返送校核信息插入传送；

4）其他见表 4-7。

表 4-7 信息的优先级

帧 类 别	传送信息类型	传送时间要求
A	重要遥测	不大于 3s
B	次要遥测	不大于 6s
C	一般遥测	不大于 20s
D1	遥信状态	
D2	电能脉冲计数值	
E	事件顺序记录	

下行（主站至子站）命令的优先级排列如下：

1）召唤子站时钟，设置子站时钟校正值，设置子站时钟；

2）遥控选择、执行、撤销命令，升降选择、执行、撤消命令，设定命令；

3）广播命令；

4）复归命令。

（四）帧系列

信息分帧传送，存在不同信息帧的排列和方式问题，CDT 451—1991 规定推荐了下列 5 种帧系列（见图 4-39～图 4-43），其中 A2 帧系列得到广泛的应用。

1）A1：简单例；

2）A2：各帧都有，E 帧插入图 4-40 方框传送之例；

3）A3：定时送 D2 帧，E 帧取代 C 帧之例；

4) A4：无 C 帧，D1、D2 在图 4－42 方框处传送，D1 帧循环次数为 D2 帧两倍，E 帧取代 A 帧；

5) A5：帧内插送变位遥信、遥控返校信息之例。

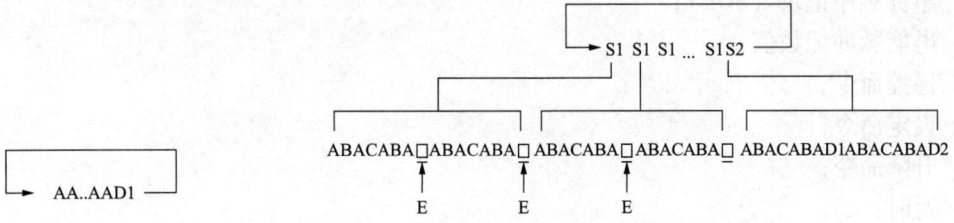

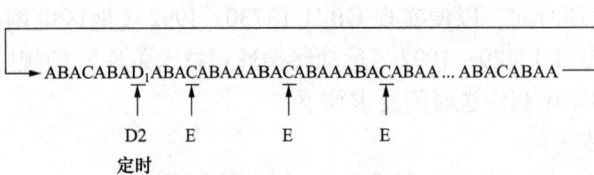

说明：根据 D1 帧要求的周期决定 A 帧重复次数。

图 4－39　A1 帧

说明：（1）E 帧出现时插入箭头所指的方框处传送，如图 4-40 所示送三遍。
（2）根据 D1、D2 帧的要求周期决定 S1 重复次数。

图 4－40　A2 帧

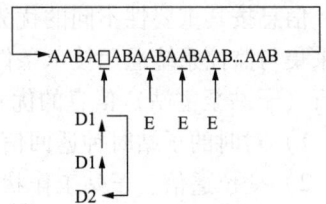

说明：每次循环只送一次 D1，若定时到 D2 则取代 D1 传送。

图 4－41　A3 帧

图 4－42　A4 帧

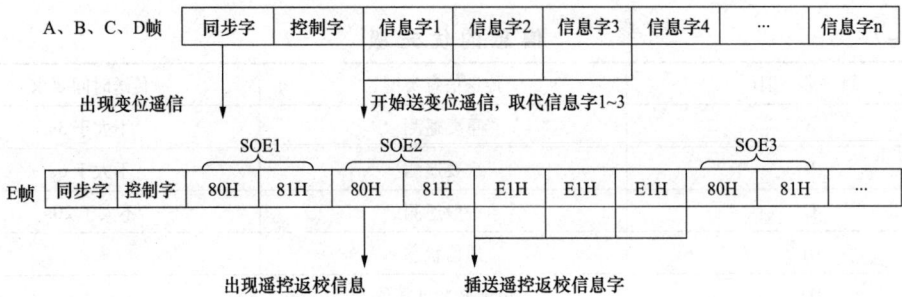

图 4－43　A5 帧

（五）报文分析（主要是遥测、变位遥信的插帧和 SOE）

Eb 90 Eb 90 Eb 90 71 61 20 01 01 11 00 00 00 00 00 ff 01 00 00 00 00 9d 02 00 00 00 00 3b 03 00 00 00 00 59 04 00 00 00 00 70 05 00 00 00 00 12 06 00 00 00 00 b4 07 00 00 00 00 d6 08 00 00 00 00 E6 09 00 00 00 00 84 0a 00 00 00 00 22 0b 00 00 00 00 40 0c 00 00 00 00 69 0d 00 00 00 00 0b 0E 00 00 00 00 ad 0f 00 00 00 00 cf 10 00 00 00 00 cd 11 00 00 00 00 af 12 00 00 00 00 09 13 00 00 00 00 6b 14 00 00 00 00 42 15 00 00 00 00 20 16 00 00 00 00 86 17 00 00 00 00 E4 18 00 00 00 00 d4 19 00 00 00 00 b6 1a 00 00 00 00 10 1b 00 00 00 00 72 1c 00 00 00 00 5b 1d 00 00 00 00 39 1E 00 00 00 00 9f 1f 00 00 00 00 fd

重要遥测（A 帧）：源地址 =1 目标地址 =1 信息字数 =32

点号 =0 值 =0 点号 =1 值 =0 点号 =2 值 =0 点号 =3 值 =0 点号 =4 值 =0 . . . 点号 = 63 值 =0

Eb 90 Eb 90 Eb 90 71 c2 20 01 01 d4 20 00 00 00 00 9b 21 00 00 00 00 f9 22 00 00 00 00 5f 23 00 00 00 00 3d 24 00 00 00 00 14 25 00 00 00 00 76 26 00 00 00 00 d0 27 00 00 00 00 b2 28 00 00 00 00 82 29 00 00 00 00 E0 2a 00 00 00 00 46 2b 00 00 00 00 24 2c 00 00 00 00 0d 2d 00 00 00 00 6f 2E 00 00 00 00 c9 2f 00 00 00 00 ab 30 00 00 00 00 a9 31 00 00 00 00 cb 32 00 00 00 6d 33 00 00 00 00 0f 34 00 00 00 00 26 35 00 00 00 00 4 4 36 00 00 00 00 E2 37 00 00 00 00 80 38 00 00 00 00 b0 39 00 00 00 00 d2 3a 00 00 00 00 74 3b 00 00 00 00 16 3c 00 00 00 00 3f 3d 00 00 00 00 5d 3E 00 00 00 00 fb 3f 00 00 00 00 99

次要遥测（B 帧）：源地址 =1 目标地址 =1 信息字数 =32

点号 =64 值 =0 点号 =65 值 =0 点号 =66 值 =0 点号 =67 值 =0 点号 =68 值 =0 ... 点号 =127 值 =0

Eb 90 Eb 90 Eb 90 71 61 20 01 01 11 00 00 00 00 00 ff 01 00 00 00 00 9d 02 00 00 00 00 3b 03 00 00 00 00 59 04 00 00 00 00 70 05 00 00 00 00 12 06 00 00 00 00 b4 07 00 00 00 00 d6 08 00 00 00 00 E6 09 00 00 00 00 84 0a 00 00 00 00 22 0b 00 00 00 00 40 0c 00 00 00 00 69 0d 00 00 00 00 0b 0E 00 00 00 00 ad 0f 00 00 00 00 cf 10 00 00 00 00 cd 11 00 00 00 00 af 12 00 00 00 00 09 13 00 00 00 00 6b 14 00 00 00 00 42 15 00 00 00 00 2 0 16 00 00 00 00 86 17 00 00 00 00 E4 18 00 00 00 00 d4 19 00 00 00 00 b6 1a 00 00 00 00 10 1b 00 00 00 00 72 1c 00 00 00 00 5b 1d 00 00 00 00 39 1E 00 00 00 00 9f 1f 00 00 00 00 fd

重要遥测（A 帧）：源地址 =1 目标地址 =1 信息字数 =32

点号 =0 值 =0 点号 =1 值 =0 点号 =2 值 =0 点号 =3 值 =0 点号 =4 值 =0 ... 点号 =63 值 =0

Eb 90 Eb 90 Eb 90 71 85 40 01 01 E8 a0 00 00 00 00 0c a1 00 00 00 00 6E a2 00 00 00 00 c8 a3 00 00 00 00 aa a4 00 00 00 00 83 a5 00 00 00 00 E1 a6 00 00 00 00 47 a7 00 00 00 00 25 a8 00 00 00 00 15 a9 00 00 00 00 77 aa 00 00 00 00 d1 ab 00 00 00 00 b3 ac 00 00 00 00 9a ad 00 00 00 00 f8 aE 00 00 00 00 5E af 00 00 00 00 3c b0 00 00 00 00 3E b1 00 00 00 00 5c b2 00 00 00 00 fa b3 00 00 00 00 98 b4 00 00 00 00 b1 b5 00 00 00 00 d 3 b6 00 00 00 00 75 b7 00 00 00 00 17 b8 00 00 00 00 27 b9 00 00 00 00 45 ba 00 00 00 00 E3 bb 00 00 00 00 81 bc 00 00 00 00 a8 bd 00 00 00 00 ca bE 00 00 00 00 6c bf 00 00 00 00 0E c0 00 00 00 00 a0 c1 00 00 00 00 c2 c2 00 00 00 00 64 c3 00 00 00 00 06 c4 00 00 00 00 2f c5 00 00 00 00 4d c6 00 00 00 00 Eb c7 00 00 00 00 89 c8 00 00 00 00 b9 c9 00 00 00 00 db ca 00 00 00 00 7d cb 00 00 00 00 1f cc 00 00 00 00 36 cd 00 00 00 00 54 cE 00 00 00 00 f2 cf 00 00 00 00 90 d0 00 00 00 00 92 d1 00 00 00 00 f0 d2 00 00 00 00 56 d3 00 00 00 00 34 d4 00 00 00 00 1d d5 00 00 00 00 7f d6 00 00 00 00 d9 d7 00 00 00 00 bb d8 00 00 00 00 8b d9 00 00 00 00 E9 da 00 00 00 00 4f db 00 00 00 00 2d dc 00 00 00 04 dd 00 00 00 00 66 dE 00 00 00 00 c0 df 00 00 00 00 a2

电能脉冲数值（D2 帧）：源地址 =1 目标地址 =1 信息字数 =64

第 0 路脉冲 0 第 1 路脉冲 0 第 2 路脉冲 0 ... 第 63 路脉冲 0

Eb 90 Eb 90 Eb 90 71 61 20 01 01 11 00 00 00 00 00 ff 01 00 00 00 00 9d 02 00 00 00 00 3b 03 00 00 00 00 59 04 00 00 00 00 70 05 00 00 00 00 12 06 00 00 00 00 b4 07 00 00 00 00 d6 08 00 00 00 00 E6 09 00 00 00 00 84 0a 00 00 00 00 22 0b 00 00 00 00 40 0c 00 00 00 00 69 0d 00 00 00 00 0b 0E 00 00 00 00 ad 0f 00 00 00 00 cf 10 00 00 00 00 cd 11 00 00 00 00 af 12 00 00 00 00

00 09 13 00 00 00 00 6b 14 00 00 00 00 00 42 15 00 00 00 00 00 20 16 00 00 00 00 00 86 17 00 00 00 00
E4 18 00 00 00 00 d4 19 00 00 00 00 b6 1a 00 00 00 00 10 1b 00 00 00 00 72 1c 00 00 00 00 5b
1d 00 00 00 00 39 1E 00 00 00 00 9f 1f 00 00 00 00 fd

重要遥测（A 帧）：源地址 =1 目标地址 =1 信息字数 =32

点号 =0 值 =0 点号 =1 值 =0 点号 =2 值 =0 点号 =3 值 =0 点号 =4 值 =0 . . . 点号 =
63 值 =0

Eb 90 Eb 90 Eb 90 71 c2 20 01 01 d4 20 00 00 00 00 9b 21 00 00 00 00 f9 22 00 00 00 00 5f
23 00 00 00 00 3d 24 00 00 00 00 14 25 00 00 00 00 76 26 00 00 00 00 d0 27 00 00 00 00 b2 28
00 00 00 00 82 29 00 00 00 00 E0 2a 00 00 00 00 46 2b 00 00 00 00 24 2c 00 00 00 00 0d 2d 00
00 00 00 6f 2E 00 00 00 00 c9 2f 00 00 00 00 ab 30 00 00 00 00 a9 31 00 00 00 00 cb 32 00 00
00 00 6d 33 00 00 00 00 0f 34 00 00 00 00 26 35 00 00 00 00 44 36 00 00 00 00 E2 37 00 00 00
00 80 38 00 00 00 00 b0 39 00 00 00 00 d2 3a 00 00 00 00 74 3b 00 00 00 00 16 3c 00 00 00 00
3f 3d 00 00 00 00 5d 3E 00 00 00 00 fb 3f 00 00 00 00 99

次要遥测（B 帧）：源地址 =1 目标地址 =1 信息字数 =32

点号 =64 值 =0 点号 =65 值 =0 点号 =66 值 =0 点号 =67 值 =0 点号 =68 值 =0 . . . 点
号 =127 值 =0

Eb 90 Eb 90 Eb 90 71 61 20 01 01 11 00 00 00 00 00 ff 01 00 00 00 00 9d 02 00 00 00 00 3b
03 00 00 00 00 59 04 00 00 00 00 70 05 00 00 00 00 12 06 00 00 00 00 b4 07 00 00 00 00 d6 08
00 00 00 00 E6 09 00 00 00 00 84 0a 00 00 00 00 22 0b 00 00 00 00 40 0c 00 00 00 00 69 0d 00
00 00 00 0b 0E 00 00 00 00 ad 0f 00 00 00 00 cf 10 00 00 00 00 cd 11 00 00 00 00 af 12 00 00 00
00 09 13 00 00 00 00 6b 14 00 00 00 00 00 42 15 00 00 00 00 2 0 16 00 00 00 00 00 86 17 00 00 00 00
E4 18 00 00 00 00 d4 19 00 00 00 00 b6 1a 00 00 00 00 10 1b 00 00 00 00 72 1c 00 00 00 00 5b
1d 00 00 00 00 39 1E 00 00 00 00 9f 1f 00 00 00 00 fd

重要遥测（A 帧）：源地址 =1 目标地址 =1 信息字数 =32

点号 =0 值 =0 点号 =1 值 =0 点号 =2 值 =0 点号 =3 值 =0 点号 =4 值 =0 . . . 点号 =
63 值 =0

Eb 90 Eb 90 Eb 90 71 b3 40 01 01 35 40 00 00 00 00 37 41 00 00 00 00 55 42 00 00 00 00
f3 43 00 00 00 00 91 44 00 00 00 00 b8 45 00 00 00 00 da 46 00 00 00 00 7c 47 00 00 00 00 1E
48 00 00 00 00 2E 49 00 00 00 00 4c 4a 00 00 00 00 Ea 4b 00 00 00 00 88 4c 00 00 00 00 a1 4d
00 00 00 00 c3 4E 00 00 00 00 65 4f 00 00 00 00 07 50 00 00 00 00 05 51 00 00 00 00 67 52 00
00 00 00 c1 53 00 00 00 00 a3 54 00 00 00 00 8a 55 00 00 00 00 E 8 56 00 00 00 00 4E 57 00 00
00 00 2c 58 00 00 00 00 1c 59 00 00 00 00 7E 5a 00 00 00 00 d8 5b 00 00 00 00 ba 5c 00 00 00
00 93 5d 00 00 00 00 f1 5E 00 00 00 00 57 5f 00 00 00 00 35 60 00 00 00 00 53 61 00 00 00 00
31 62 00 00 00 00 97 63 00 00 00 00 f5 64 00 00 00 00 dc 65 00 00 00 00 bE 66 00 00 00 00 18
67 00 00 00 00 7a 68 00 00 00 00 4a 69 00 00 00 00 28 6a 00 00 00 00 8E 6b 00 00 00 00 Ec 6c
00 00 00 00 c5 6d 00 00 00 00 a7 6E 00 00 00 00 01 6f 00 00 00 00 63 70 00 00 00 00 61 71 00
00 00 00 03 72 00 00 00 00 a5 73 00 00 00 00 c7 74 00 00 00 00 EE 75 00 00 00 00 8c 76 00 00
00 00 2a 77 00 00 00 00 48 78 00 00 00 00 78 79 00 00 00 00 1a 7a 00 00 00 00 bc 7b 00 00 00
00 dE 7c 00 00 00 00 f7 7d 00 00 00 00 95 7E 00 00 00 00 33 7f 00 00 00 00 51

一般遥测（C帧）：源地址=1 目标地址=1 信息字数=64

点号=128 值=0 点号=129 值=0 点号=130 值=0 点号=131 值=0 点号=132 值=0 ... 点号=255 值=0

Eb 90 Eb 90 Eb 90 71 61 20 01 01 11 00 00 00 00 00 ff 01 00 00 00 00 9d 02 00 00 00 00 3b 03 00 00 00 0059 04 00 00 00 00 70 05 00 00 00 00 12 06 00 00 00 00 b4 07 00 00 00 00 d6 08 00 00 00 00 E6 09 00 00 0000 00 cf 10 00 00 00 00 cd 11 00 00 00 00 af 12 00 00 00 00 09 13 00 00 00 00 6b 14 00 00 00 00 42 15 0000 00 00 20 16 00 00 00 00 86 17 00 00 00 00 E4 18 00 00 00 00 d4 19 00 00 00 00 b6 1a 00 00 00 00 10 1b00 00 00 00 72 1c 00 00 00 00 5b 1d 00 00 00 00 39 1E 00 00 00 00 9f 1f 00 00 00 00 fd

重要遥测（A帧）：源地址=1 目标地址=1 信息字数=32

点号=0 值=0 点号=1 值=0 点号=2 值=0 点号=3 值=0 点号=4 值=0 ... 点号=63 值=0

Eb 90 Eb 90 Eb 90 71 c2 20 01 01 d4 f0 18 01 00 00 4a f0 18 01 00 00 4a f0 18 01 00 00 4a 23 00 00 00 00 3d 24 00 00 00 00 14 25 00 00 00 00 76 26 00 00 00 00 d0 27 00 00 00 00 b2 28 00 00 00 00 82 29 00 00 00 00 E0 2a 00 00 00 00 46 2b 00 00 00 00 24 2c 00 00 00 00 0d 2d 00 00 00 00 6f 2E 00 00 00 00 c9 2f 00 00 00 00 ab 30 00 00 00 00 a9 31 00 00 00 00 cb 32 00 00 00 00 6d 33 00 00 00 00 0f 34 00 00 00 00 26 35 00 00 00 00 44 36 00 00 00 00 E2 37 00 00 00 00 80 38 00 00 00 00 b0 39 00 00 00 00 d2 3a 00 00 00 00 74 3b 00 00 00 00 16 3c 00 00 00 00 3f 3d 00 00 00 00 5d 3E 00 00 00 00 fb 3f 00 00 00 00 99

次要遥测（B帧）：源地址=1 目标地址=1 信息字数=32

变位遥信插帧上传：

点号=0 状态=分 点号=1 状态=分 点号=2 状态=分 点号=3 状态=合 ... 点号=31 状态=分

点号=0 状态=分 点号=1 状态=分 点号=2 状态=分 点号=3 状态=合 ... 点号=31 状态=分

点号=0 状态=分 点号=1 状态=分 点号=2 状态=分 点号=3 状态=合 ... 点号=31 状态=分

点号=70 值=0 点号=71 值=0 点号=72 值=0 点号=73 值=0 点号=74 值=0 ... 点号=127 值=0

Eb 90 Eb 90 Eb 90 71 26 06 01 01 d6 80 b8 00 1a 34 19 81 0E 15 04 80 71 80 b8 00 1a 34 19 81 0E 15 04 8071 80 b8 00 1a 34 19 81 0E 15 04 80 71

事件顺序记录（E帧）：源地址=1 目标地址=1 信息字数=6

毫秒=184 秒=26 分=52 小时=14 日=21 点号=4 状态=合

毫秒=184 秒=26 分=52 小时=14 日=21 点号=4 状态=合

毫秒=184 秒=26 分=52 小时=14 日=21 点号=4 状态=合

Eb 90 Eb 90 Eb 90 71 f4 10 01 01 E8 f0 18 01 00 00 4a f1 00 00 00 00 94 f2 00 00 00 00 32 f3 00 00 00 00 50 f4 00 00 00 00 79 f5 00 00 00 00 1b f6 00 00 00 00 bd f7 00 00 00 00 df f8 00 00 00 00 Ef f9 00 00 00 00 8d fa 00 00 00 00 2b fb 00 00 00 00 49 fc 00 00 00 00 60 fd 00 00 00 00 02 fE 00 00 00 00 a4 ff 00 00 00 00 c6

遥信状态（D1 帧）：源地址 = 1 目标地址 = 1 信息字数 = 16

点号 = 0 状态 = 分 点号 = 1 状态 = 分 点号 = 2 状态 = 分 点号 = 3 状态 = 合 … 点号 = 511 状态 = 分

Eb 90 Eb 90 Eb 90 71 61 20 01 01 11 00 00 00 00 00 ff 01 00 00 00 00 00 9d 02 00 00 00 00 00 3b 03 00 00 00 00 59 04 00 00 00 00 70 05 00 00 00 00 00 12 06 00 00 00 00 00 b4 07 00 00 00 00 00 d6 08 00 00 00 00 E6 09 00 00 00 00 00 84 0a 00 00 00 00 00 22 0b 00 00 00 00 00 40 0c 00 00 00 00 00 69 0d 00 00 00 00 00 0b 0E 00 00 00 00 00 ad 0f 00 00 00 00 00 cf 10 00 00 00 00 00 cd 11 00 00 00 00 00 af 12 00 00 00 00 09 13 00 00 00 00 00 6b 14 00 00 00 00 00 42 15 00 00 00 00 20 16 00 00 00 00 86 17 00 00 00 00 E4 18 00 00 00 00 00 d4 19 00 00 00 00 00 b6 1a 00 00 00 00 10 1b 00 00 00 00 72 1c 00 00 00 00 00 5b 1d 00 00 00 00 39 1E 00 00 00 00 00 9f 1f 00 00 00 00 00 fd

重要遥测（A 帧）：源地址 = 1 目标地址 = 1 信息字数 = 32

二、问答式远动规约及其应用

1. 概述

重点介绍依据 IEC 60870 – 5 – 101 传输规约修订的适合华东电网的《IEC 60870 – 5 – 101 华东电网工程实施细则》及其应用，对华东 101 传输规约的工作原理及常用报文内容进行解析。

DL 634—1997 版已改版为 DL/T 634.5101—2002/IEC 60870 – 5 – 101：2002，这次改版等同采用 IEC 870 – 5 – 101 配套标准，并于 2002 年 12 月 1 日起实施，加快了 IEC 870 – 5 – 101 标准在我国的推广和应用。

由于 IEC 870 – 5 – 101 标准的选项较多，给用户带来较多不确定因素，容易给用户的理解造成偏差，在系统接口上难以降低系统的调试难度和成本。在严格遵循 DL/T 634.5101—2002/IEC 60870 – 5 – 101：2002《基本远动任务配套标准》前提下，结合华东电网的实际工程需求编写《IEC 60870 – 5 – 101 华东电网工程实施细则》，对 IEC 60870 – 5 – 101 部分内容作了细化，便于华东电网远动 101 规约应用的统一。

在介绍 IEC 60870 – 5 – 101 之前，先看部分 101 规约报文：

问：1069016A16

答：100B010C16

问：1040014116

答：1000010116

问：680909687301640106010000014F416

答：E5

问：105B015C16

答：68090968280164010701000014AA16

问：107A017B16

答：682626682801148614010100 5B38FFFF0026A4FFFF0038F2FFFF0069BDFFF F00A204FFFF00FC2BFFFF004716

问：105A015B16

答：683838682801099014010140420000720700042050032F70042F100A10E0092F 100209100020900C20700B20300620300F20900906900457000469200C816

问：107A017B16

答：68090968080164010A010000148D16

几个问题：

上述部分规约中有几种帧格式？E5 短帧报文是什么意思？每一帧代表什么含义？发送和接收站地址是多少？含有信息帧报文中有多少信息内容？信息序号是从多少开始？值是多少？信息是否有效等等。要知道这些，首先须学习 Polling 规约特点，需要掌握 IEC 60870 - 5 - 101 规约帧格式和传输规则。

2. Polling 规约特点

Polling 规约是一个以控制中心为主动方的远动数据传输规约。厂站自动化系统只有在控制中心询问以后，才向发送方回答信息。控制中心按照一定规则向各个厂站自动化系统发出各种询问报文，厂站自动化系统按询问报文的要求以及厂站自动化系统的实际状态，向控制中心回答各种报文。控制中心也可按需要对厂站自动化系统发出各种控制报文，厂站自动化系统正确接收控制报文后，按要求输出控制信号，并向控制中心回答相应报文。

对于点对点和多个点对点的网络拓扑，厂站端产生事件时，厂站自动化系统可触发启动传输，主动向调度等控制中心报告事件信息。

Polling 规约适用于网络拓扑是点对点、多个点对点、多点共线、多点环型或多点星型的远动系统，以及控制中心与一个或多个厂站端进行通信。通道可以是全双工或半双工，信息传输为异步方式。

Polling 规约只在需要传送信息时才使用通道，因而允许多个厂站自动化系统分时共享通道资源。

采用 Polling 规约的远动信息传输以控制中心为主动方，包括变位遥信等在内的重要远动信息，厂站端只有接收到询问命令后才向控制中心报告。仅点对点或多个点对点的通道结构，允许厂站事件启动信息传输，及时向控制中心报告重要信息。

采用 Polling 规约的信息传输，仅当需要时才传送，采用了防止报文丢失和重传技术，信息发送方考虑到接收方的接收成功与否，采用了防止信息丢失以及等待—超时—重发等技术，通信控制比较复杂。

3. 帧格式

在 DL/T 634.5101—2002 中，信息以帧的方式组织传输，所采用的帧格式为 IEC 60870 - 5 的基本标准中的 FT1.2 异步式字节传输格式，FT1.2 具有可变帧长和固定帧长两种形式。

（1）FT1.2 可变帧长格式

FT1.2 可变帧长格式以 68H 开头和 16H 结束，主要用于控制站与被控制站之间的数据交换。可变帧格式如图 4-44 所示。

由图 4-44 可见，帧包括由固定长度 4 个字节的报文头和由控制、地址、数据组成的信息实体以及校验码、结束字符组成。启

D7 D6		D0
启动字符（68H）		固定长度的报文头
L		
L 重复		
启动字符（68H）		
控制域（C）		L 个 8 位位组
链路地址域（A）		
链路用户数据（可变长度）ASDU		
帧校验和（CS）		
结束字符（16H）		

图 4-44　FT1.2 可变帧长帧格式

动字符为固定的 68H。为了维护数据的完整性，允许最大帧长 $L_{max} = 250$，即一帧实际长度不超过 256 （$= 4 + 250 + 1 + 1$）个字节。结束字符为固定 16H。

这种帧在线路上传输时，由第一个启动字符开始直至结束字符，每一个字符从低位至高位依次传送。按如下传输规定：

1）线路空闲状态为二进制 1；

2）每个字符有 1 位启动位，8 位信息位，1 位偶校验位，1 位停止位；

3）每个字符之间无需线路空闲间隔；

4）两帧之间的线路空闲间隔最少 33 位；

5）接收校验。

（2）FT1.2 固定帧长格式

FT1.2 固定帧格式以 10H 开头和 16H 结束，主要用于链路层的服务以及等级数据召唤。固定帧格式如图 4-45 所示。

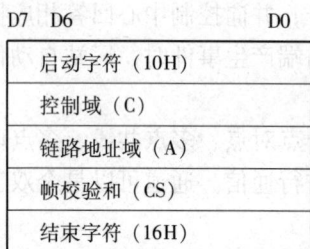

D7 D6 ... D0
启动字符（10H）
控制域（C）
链路地址域（A）
帧校验和（CS）
结束字符（16H）

图 4-45　FT1.2 固定帧长帧格式

4. Polling 工作流程

工作流程如图 4-46 所示。图中，突发数据是指遥信状态变位信息、遥测越死区值数据，突发数据定义为一级数据，立即传输。总召唤是指初始化后或者通信中断超过规定的时间后，主站发总召唤命令，召唤厂站全数据，定义为一级数据。控制命令有断路器、隔离开关遥控操作命令及 AGC 控制调节命令等。

5. 传输帧格式与报文分析

（1）固定帧格式与报文分析

初始化报文：

主站：1069016A16　请求链路状态（Request status of link）

子站：100B010C16　链路状态（Status of link）

主站：1040014116　复位远方链路（Reset of remote link）

子站：1000010116　确认（ACK）

（2）可变帧格式与报文分析

1）总召唤报文如下：

主站：68090968730164010601000014F416 总召唤激活

子站：E5

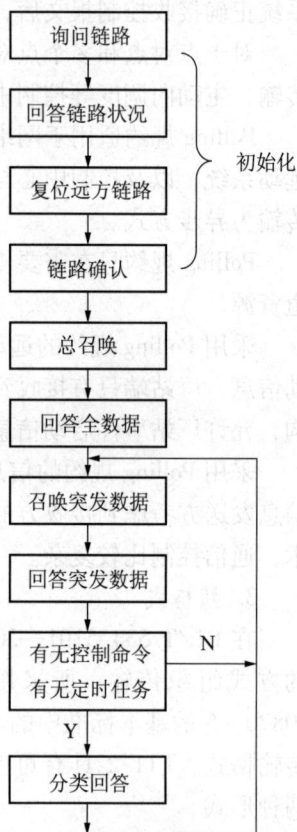

图 4-46　Polling 工作流程

[流程图内容：询问链路 → 回答链路状况 → 复位远方链路 → 链路确认（以上为初始化）→ 总召唤 → 回答全数据 → 召唤突发数据 → 回答突发数据 → 有无控制命令/有无定时任务（N 返回，Y 向下）→ 分类回答]

| 启动字符（10H） | 控制域（C） | 链路地址域（A） | 帧校验和（CS） | 结束字符（16H） |

| RES | PRM | FCB | FCV | 2^3 | 2^2 | 2^1 | 2^0 | 源站—子站 |
| | | ACD | DFC | 功能码 | | | | 子站—源站 |

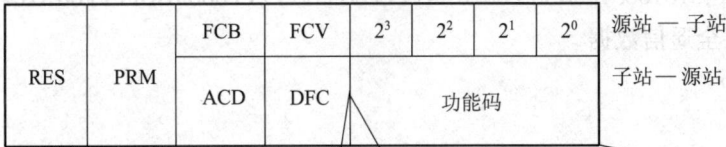

控制域前4bit的定义	
RES：传输方向位	0：主站向子站传输
	1：子站向主站传输
PRM：启动报文位	0：从动站确认报文或响应报文
	1：启动站发送或请求报文
FCB：帧计数位	启动站向从动站传输新一轮的发送/确认、请求/响应服务时，将前一轮 FCB 取相反值
FCV：帧计数有效位	0：FCB 变化无效；
	1：FCB 变化有效
ACD：要求访问位	子站做从动站时，ACD=0：子站无1级用户数据；
	ACD=1：子站有1级用户数据，希望向主站传输
DCF：数据流控制位	0：子站可以继续接收数据；
	1：子站数据区满，无法接收新数据

由源站输出控制域的功能码(PRM=1)			
功能	帧类型	服务功能	FCV
0	发送/确认帧	复位远方链路	0
1	发送/确认帧	复位用户进程	0
2	发送/确认帧	为平衡模式所保留	
3	发送/确认帧	用户数据	1
4	发送/无回答帧	用户数据	0
5		保留	
6-7		为特殊用法保留	
8	请求/响应帧	期待指定的访问要求所需	0
9	请求/响应帧	请求链路状态	0
10	请求/响应帧	请求1级用户数据	1
11	请求/响应帧	请求2级用户数据	1
12-1		保留	
14-1		为约定的特殊用法保留	

由被控站报文中控制域的功能码（PRM=0）		
功能	帧类型	服务功能
0	确认帧	ACK：肯定认可
1	确认帧	NACK：报文未收到，链路忙
2-5		保留
6-7		为约定的特殊用法保留
8	响应帧	用户数据
9	响应帧	NACK：请求的数据无效
10		保留
11	响应帧	链路状态或访问要求
12		保留
13		为约定的特殊用法保留
14		链路服务未工作
15		链路服务未完成

141

主站：105B015C16

子站：68090968280164010701000014AA16　总召唤激活确认

主站：107A017B16

子站：

682626682801148614010100 5B38FFFF0026A4FFFF0038F2FFFF0069BDFFFF00A204FFFF00FC2BFFFF004716　回答全遥信数据

主站：105A015B16

子站：

68383868280109901401014042000072070042050032F70042F100A10E0092F1002091000209 00C20700B20300620300F2090090690045700046 9200C816　回答全遥测数据

主站：107A017B16

子站：68090968080164010A010000148D16　总召唤激活终止

报文分析如下：

类别标志 100 （TYPE IDENT 100）：C_IC_NA_1

单个信息对象（SQ＝0）

8	7	6	5	4	3	2	1	bit		
0	1	1	0	0	1	0	0		类型标识	
0	0	0	0	0	0	0	1		可变帧结构限定词	数据单元标识
T	P/N	B^5		传输原因			B^0		传输原因	
B^7		1...254，255 全局地址					B^0		ASDU公共地址	
0	0	0	0	0	0	0	B^0 0		信息对象地址＝0	
B^{15} 0	0	0	0	0	0	0	0			信息对象
Q0I									QOI＝召唤品质描述词	

ASDU：C_IC_NA_1 召唤命令

传输原因

在控制方向：

＜6＞：＝　激活

在监视方向：

＜7＞：＝　激活确认

＜10＞：＝　激活终止

［规定］召唤命令必须满足分组召唤的需要

总召唤全遥信数据报文：

6826266828011486140101005B38FFFF0026A4FFFF0038F2FFFF0069BDFFFF00A204FFFF0
0FC2BFFFF004716

报文分析如下：

类别标识 20（TYPE IDENT 20）：M_PS_NA_1

信息对象序列（SQ = 1）

8	7	6	5	4	3	2	1	bit		
0	0	0	1	0	1	0	0		类型标识	
SQ 1			对象个数 i						可变帧结构限定词	数据单元标识
T	P/N	B^5		传输原因			B^0		传输原因	
B7		1...254，255 全局地址					B^0		ASDU公共地址	
B7							B0		信息对象地址	
B15							B8			
状态										信息对象 1
状态									SCD=状态+状态变位检测，32位	
状态变位检测										
1	1	1	1	1	1	1	1			
状态变位检测										
1	1	1	1	1	1	1	1			
IV	NT	SB	BL				OV		QDS=品质描述词	
0	0	0	0	0	0	0	0			

状态									
状态									
状态变位检测								SCD=状态+状态变位检测，32位	
1	1	1	1	1	1	1	1		
状态变位检测									
1	1	1	1	1	1	1	1		
IV	NT	SB	BL	0	0	0	OV	QDS=品质描述词	

ASDU：M_PS_NA_1 带状态变位检测的单点遥信组序列

传输原因

<20>：= 总召唤

全遥信报文中 148614 中的 14 是类别标识，表示带状态变位检测的成组单点信息；86

143

是可变帧限定词，表示该帧按顺序连续传输 6 组遥信。报文中 5B38FFFF00 为第一组信息，其中 5B38 是 16 位状态信息，规定"0"为分、"1"为合，FFFF 是 16 位状态变位检测信息，规定"0"为无状态变化，"1"为有状态变化，00 是品质描述词表示当前值有效。因为总召唤命令用来进行数据更新，所以 16 位状态变位检测信息为全"1"。

[规定] 在总召唤处理过程中，被控站必须采用类别标志为 20，且 SQ = 1 的带状态变位检测的单点遥信组 ASDU，向控制站传输全站的所有状态量数据。

在总召唤过程中，状态量传输时选用 TI = 20 的 ASDU，品质描述应置为有效。如果站内有个别状态量的属性是无效/替换/闭锁等特殊状态，这应在总召唤结束后，被控站以状态量发生变化的事件方式，用 TI = 1/2 的报文以相应的品质描述，向控制站重新传输该信息对象的当前状态。

总召唤全遥测数据报文：

683838682801099014010140420000720700420500322F70042F100A10E0092F1002091000209
00C20700B20300620300F209009069004570004692200C816

报文分析如下：

类别标志 9 （TYPE IDENT 9）：M_ME_NA_1

信息对象序列（SQ = 1）

8	7	6	5	4	3	2	1	bit	
0	0	0	0	1	0	0	1	类型标识	
SQ 1			对象个数 i					可变帧结构限定词	数据单元标识
T	P/N	B5		传输原因			B0	传输原因	
B7			1...254，255 全局地址				B0	ASDU 公共地址	
B7							B0	信息对象地址	
B15							B8		
2-8	2-9	2-10	2-11	2-12	2-13	2-14	2-15	NVA=归一化值	信息对象1
S	2-1	2-2	2-3	2-4	2-5	2-6	2-7		
IV	NT	SB	BL	0	0	0	OV	QDS=品质描述词	
2-8	2-9	2-10	2-11	2-12	2-13	2-14	2-15	NVA=归一化值	信息对象i
S	2-1	2-2	2-3	2-4	2-5	2-6	2-7		
IV	NT	SB	BL	0	0	0	OV	QDS=品质描述词	

ASDU：M_ME_NA_1 顺序归一化值

传输原因

<1＞：＝　周期，循环

<2＞：＝　背景扫描

<3＞：＝　突发

<20＞：＝　总召唤

<21＞－－<36＞：＝　响应组召唤

全遥测报文中 099014 中的 09 是类别标志，表示带品质描述词的规一化测量值；90 是可变帧限定词，表示该帧按顺序连续传输 16 个遥测量。报文 0140420000720700… 表示遥测起始地址从 4001H 点开始按顺序连续传输 16 个遥测数据。

［规定］不足 16 位的 A/D 转换值（包括符号位），在低位补零处理。

2）突发数据传输。突发数据有两种：遥测突变越死区值数据和遥信状态变位信息。当断路器、隔离开关发生变位时，状态变位信息分两次传送，一次传送遥信变位数据，一次传送 SOE 事件顺序记录数据。

a. 遥测突变数据传输报文分析。其报文如下：

主站：105B015C16

子站：6810106808010902030129440447D0031404692008B16

报文分析：格式参见类别标志 9。

a）遥测突变数据传输选用类别标志 09 报文传输。

b）报文 090203 中 09 为类别标志，表示带品质描述的规一化测量值；02 表示该帧中有 2 个遥测量；03 表示是突发数据。

c）报文 2940447D00 表示第 4029H（16425）点的测量数据是 7D44H（32068）。

d）报文 2940447D00 表示第 4031H（16433）点的测量数据是 9246H，其最高位 = 1 表示是负数，负数计算用反码减 1 方法，9246H 取反减 1 得 6DB8H，再转换成十进制数是 −28088。

测量值计算：如某 TA 为 2000/1A，TV 为 220kV/.1，整定值 762.08MW，则一次测量值 $P = -28088/32727 = -653.26$（MW）。

b. 遥信突变数据传输报文分析。

主站：107A017B16

子站：680C0C680801010203010900005B00017516

报文分析：

信息对象序列（SQ = 1）

传输原因

<2＞：＝背景扫描

<3＞：＝突发

其报文如下：

a）遥信变位传输选用类别标志 01（不带时标的单点遥信信息）报文传输。

b）报文 010203 中的 01 是类别标志表示单点信息，02 表示该帧中有 2 个遥信数据，03 表示传输的是突发数据。

8	7	6	5	4	3	2	1	bit	
0	0	0	0	0	0	0	1	类型标识	
SQ 1		对象个数 i						可变帧结构限定词	数据单元标识
T	P/N	B5		传输原因			B0	传输原因	
B7		1…254，255 全局地址					B0	ASDU 公共地址	
B7							B0	信息对象地址	信息对象1
B15							B8		
IV	NT	SB	BL	0	0	0	SPI	SIQ=带品质描述的单点信息	

IV	NT	SB	BL	0	0	0	SPI	SIQ=带品质描述的单点信息	信息对象 i

ASDU：M_SP_NA_1 顺序不带时标的单点信息

c）报文 090000，其中 0009 表示是第 9 点遥信，品质描述词 00 表示信息为"分"状态，是有效的当前值，未被封锁，未被替换。

d）报文 5B0001 表示第 91 点遥信信息为"合"状态，是有效的当前值。

3）SOE 事件顺序记录传输。其报文如下：

主站：105A015B16

子站：681A1A6808011E02030109000096373210030304 5B00009E373210030304CB16

报文分析：

类别标志 30（TYPE IDENT 30）：M_SP_TB_1

信息对象序列（SQ = 0）

a. SOE 事件顺序记录传输选用类别标志 30（1EH）报文传输。

b. 报文 1E0203 的中 1E 是类别标志，表示带 7 字节时标的单点遥信信息；02 表示该帧有 2 个 SOE 记录；03 表示传输的信息突发数据。

c. 报文 09000096373210030304 表示第 9 点遥信对象发生跳闸（分闸），时间是 2004 年 3 月 3 日 16 时 50 分 14 秒 230 毫秒。

d. 报文 5B00009E373210030304 表示第 91 点遥信对象发生跳闸（分闸），时间是 2004 年 3 月 3 日 16 时 50 分 14 秒 238 毫秒。

4）遥控命令传输。

类别标志 45（TYPE IDENT 45）：C_SC_NA_1

单个信息对象（SQ = 0）

8	7	6	5	4	3	2	1	bit		
0	0	0	1	1	1	1	0		类型标识	数据单元标识
SQ 0			对象个数 *i*						可变帧结构限定词	
T	P/N	B5		传输原因			B0		传输原因	
B7		1...254，255 全局地址					B0		ASDU 公共地址	
B7							B0		信息对象地址	信息对象1
B15							B8			
IV	NT	SB	BL	0	0	0	SPI		SQI=带品质描述的单点信息	
B7			MillisEconds				B0		MillisEconds 0...59 999 ms	
B15			MillisEconds				B8			
IV	RES								IV=无效时间，RES=保留位	
		B5		MinutEs			B0		MinutEs 0...59 min	
SU	RES									
0			B4		Hours		B0		Hours 0...23h; SU=夏令时（不使用）	
Day of wEEk									Day of month 1...31	
0	0	0	B4		Day of month		B0		Day of wEEk 1...7 （不使用）	
RES				B3		Months	B0		Months 1...12	
RES	B6			YEars			B0		YEars 0...99	

147

8	7	6	5	4	3	2	1	bit		
B7							B0		信息对象地址	信息对象1
B15							B8			
IV	NT	SB	BL	0	0	0	SPI		SQI=带品质描述的单点信息	
B7			MillisEconds				B0		MillisEconds 0...59 999 ms	
B15			MillisEconds				B8			
IV	RES								IV=无效时间，RES=保留位	
		B5		MinutEs			B0		MinutEs 0...59min	
SU	RES									
0			B4		Hours		B0		Hours 0...23h; SU=夏令时（不使用）	
Day of wEEk									Day of month 1...31	
0	0	0	B4		Day of month		B0		Day of wEEk 1...7 （不使用）	
RES				B3		Months	B0		Months 1...12	
RES	B6			YEars			B0		YEars 0...99	

ASDU：M_SP_TB_1 带 7 字节时标的单点信息

8	7	6	5	4	3	2	1	bit		
0	0	1	0	1	1	0	1		类型标识	
0	0	0	0	0	0	0	1		可变帧结构限定词	数据单元标识
T	P/N B5		传输原因				B0		传输原因	
B7		1...254，255 全局地址					B0		ASDU 公共地址	
B7							B0		信息对象地址	信息对象
B15							B8			
S/E	QU					0	SCS		SCO=单点遥控命令	

ASDU：C_SC_NA_1 单点遥控命令

传输原因

在控制方向：

<6>：= 激活

在监视方向：

<7>：= 激活确认

<10>：= 激活终止

遥控报文如下：

主站：6809096873，012D01060101，60858F16　选择命令

子站：E5

主站：105B015C16

子站：6809096808，012D01070101，60852516　确认返回

主站：6809096853，012D01060101，6005EF16　执行命令

子站：E5

主站：107B017C16

子站：6809096828，012D01070101，6005C516　确认返回

主站：105A015B16

子站：6809096808，012D010A0101，6005A816　YK 操作结束

报文分析：

a. 遥控命令选用类别标志 45（2DH）报文传输。

b. 报文 2D010601016085 中的 2D 是类别标志，表示单点遥控命令；0160 表示第 6001H 点遥控对象；85 是品质描述词，其中 S/E（SE1Ect/ExEcutE）=1 表示是选择命令、性质信息位 SCS（Sing1E Command StatE）=1 表示"合"操作。如品质描述词为 84，则表示选择命令"分"操作。

c. 报文 2D010601016005 中 05 是品质描述词，其中 S/E=0 表示是执行命令、性质信息

位 SCS = 1 表示为"合"操作。如品质描述词为 04，则表示执行"分"操作。

d. 报文 2D010A 中 0A 为结束符，表示 YK 操作结束。

5）时钟同步传输。

类别标志 103（TYPE IDENT 103）：C_CS_NA_1

信息对象序列（SQ = 0）

其报文如下：

主站：680F0F68730167010601000009834220A8403046616

报文分析：

a. 时钟同步命令选用类别标志 103（67H）报文传输。

b. 报文时钟同步时间为 2004 年 3 月 4 日（星期四）10 点 34 分 13 秒 464 毫秒。

8	7	6	5	4	3	2	1	bit		
0	1	1	0	0	1	1	1		类型标识	数据单元标识
0	0	0	0	0	0	0	1		可变帧结构限定词	
T	P/N	B^5	传输原因				B^0		传输原因	
B^7	1... 254，255 全局地址						B^0		ASDU公共地址	
0	0	0	0	0	0	0	B^0 0		信息对象地址 =0	
B^{15} 0	0	0	0	0	0	0	0			
B^7 MillisEconds							B^0		MillisEconds 0...59 999 ms	
B^{15} MillisEconds							B^8			
IV	RES	B^5 MinutEs					B^0		IV=无效时间，RES=保留位 MinutEs 0...59 min	
SU 0	RES		B^4 Hours				B^0		Hours 0...23h; SU=夏令时（不使用）	
Day of wEEk									Day of month 1...31	
0	0	0	B^4 Day of month				B^0		Day of wEEk 1...7 （不使用）	
RES				B^3 Months			B^0		Months 1...12	
RES	B^6 YEars						B^0		YEars 0...99	

ASDU：C_CS_NA_1 时钟同步命令

附件一：标准应用服务数据单元的选集

在监视方向的过程信息：

（站—特定参数）

⊠ <1 >： = 单点信息　M_SP_NA_1

■ <2 >： = 带时标的单点信息　M_SP_TA_1

☒ <3> ：＝双点信息　M_DP_NA_1

■ <4> ：＝带时标的双点信息　M_DP_TA_1

☒ <5> ：＝步位置信息　M_ST_NA_1

■ <6> ：＝带时标的步位置信息　M_ST_TA_1

□ <7> ：＝32 比特串　M_BO_NA_1

■ <8> ：＝带时标的 32 比特串　M_BO_TA_1

☒ <9> ：＝测量值，规一化值　M_ME_NA_1

☒ <10> ：＝带时标的测量值，规一化值　M_ME_TA_1

☒ <11> ：＝测量值，标度化值　M_ME_NB_1

☒ <12> ：＝带时标的测量值，标度化值　M_ME_TB_1

☒ <13> ：＝测量值，短浮点数　M_ME_NC_1

☒ <14> ：＝带时标的测量值，短浮点数　M_ME_TC_1

☒ <15> ：＝累计量　M_IT_NA_1

□ <16> ：＝带时标的累计量　M_IT_TA_1

□ <17> ：＝带时标的继电保护装置事件　M_EP_TA_1

□ <18> ：＝带时标的继电保护装置成组启动事件　M_EP_TB_1

□ <19> ：＝带时标的继电保护装置成组输出电路信息　M_EP_TC_1

□ <20> ：＝带变位检出的成组单点信息　M_PS_NA_1

□ <21> ：＝测量值，不带品质描述词的规一化值　M_ME_ND_1

☒ <30> ：＝带 CP56TimE2a 时标的单点信息　M_SP_TB_1

☒ <31> ：＝带 CP56TimE2a 时标的双点信息　M_DP_TB_1

☒ <32> ：＝带 CP56TimE2a 时标的步位置信息　M_ST_TB_1

□ <33> ：＝带 CP56TimE2a 时标的 32 比特串　M_BO_TB_1

□ <34> ：＝带 CP56TimE2a 时标的测量值，规一化值　M_ME_TD_1

□ <35> ：＝带 CP56TimE2a 时标的测量值，标度化值　M_ME_TE_1

□ <36> ：＝带 CP56TimE2a 时标的测量值，短浮点数　M_ME_TF_1

□ <37> ：＝带 CP56TimE2a 时标的累计量　M_IT_TB_1

□ <38> ：＝带 CP56TimE2a 时标的继电保护装置事件　M_EP_TD_1

□ <39> ：＝带 CP56TimE2a 时标的继电保护装置成组启动事件　M_EP_TE_1

□ <40> ：＝带 CP56TimE2a 时标的继电保护装置成组输出电路信息　M_EP_TF_1

控制方向的过程信息：

（站—特定参数）

☒ <45> ：＝单点命令　C_SC_NA_1

☒ <46> ：＝双点命令　C_DC_NA_1

☒ <47> ：＝调节步命令　C_RC_NA_1

☒ <48> ：＝设定值命令，规一化值　C_SE_NA_1

☒ <49> ：＝设定值命令，标度化值　C_SE_NB_1

□ <50> ：＝设定值命令，短浮点数　C_SE_NC_1

☒ <136> ：＝多对象设定值命令（特殊 ASDU）

□ < 51 > ： = 32 比特串　C_BO_NC_1

在监视方向的系统命令：

（站—特定参数）

☒ < 70 > ： = 初始化结束　M_EI_NA_1

在控制方向的系统命令：

（站—特定参数）

☒ < 100 > ： = 总召唤命令　C_IC_NA_1

☒ < 101 > ： = 累计量召唤命令　C_CI_NA_1

☒ < 102 > ： = 读命令　C_RD_NA_1

☒ < 103 > ： = 时钟同步命令　C_CS_NA_1

☒ < 104 > ： = 测试命令　C_TS_NA_1

☒ < 105 > ： = 复位进程命令　C_RP_NA_1

☒ < 106 > ： = 收集传输延时　C_CD_NA_1

在控制方向的参数命令：

（站—特定参数）

☒ < 110 > ： = 测量值参数，规一化值　P_ME_NA_1

☒ < 111 > ： = 测量值参数，标度化值　P_ME_NB_1

□ < 112 > ： = 测量值参数，短浮点数　P_ME_NC_1

□ < 113 > ： = 参数激活　P_AC_NA_1

文件传输：

（站—特定参数）

□ < 120 > ： = 文件准备就绪　F_FR_NA_1

□ < 121 > ： = 节准备就绪　F_SR_NA_1

□ < 122 > ： = 召唤目录，选择文件，召唤文件召唤节　F_SC_NA_1

□ < 123 > ： = 最后的节，最后的段　F_LS_NA_1

□ < 124 > ： = 认可文件，认可节　F_AF_NA_1

□ < 125 > ： = 段　F_SG_NA_1

附件二：传输原因的语义

< 0 > ： = 未用

< 1 > ： = 周期、循环　pEr/cyc

< 2 > ： = 背景扫描　back

< 3 > ： = 突发（自发）　spont

< 4 > ： = 初始化完成　init

< 5 > ： = 请求或者被请求　rEq

< 6 > ： = 激活　act

< 7 > ： = 激活确认　actcon

< 8 > ： = 停止激活　dEact

< 9 > ： = 停止激活确认　dEactcon

< 10 > ： = 激活终止　acttErm

<11> : = 远方命令引起的返送信息　rEtrEm

<12> : = 当地命令引起的返送信息　rEtloc

<13> : = 文件传输　filE

<14..19> : = 保留

<20> : = 响应站召唤　inrogEn

<21> : = 响应第 1 组召唤　inro1

<22> : = 响应第 2 组召唤　inro2

<23> : = 响应第 3 组召唤　inro3

<24> : = 响应第 4 组召唤　inro4

<25> : = 响应第 5 组召唤　inro5

<26> : = 响应第 6 组召唤　inro6

<27> : = 响应第 7 组召唤　inro7

<28> : = 响应第 8 组召唤　inro8

<29> : = 响应第 9 组召唤　inro9

<30> : = 响应第 10 组召唤　inro10

<31> : = 响应第 11 组召唤　inro11

<32> : = 响应第 12 组召唤　inro12

<33> : = 响应第 13 组召唤　inro13

<34> : = 响应第 14 组召唤　inro14

<35> : = 响应第 15 组召唤　inro15

<36> : = 响应第 16 组召唤　inro16

<37> : = 响应计数量站召唤　rEqcogEn

<38> : = 响应第 1 组计数量召唤　rEqco1

<39> : = 响应第 2 组计数量召唤　rEqco2

<40> : = 响应第 3 组计数量召唤　rEqco3

<41> : = 响应第 4 组计数量召唤　rEqco4

<42..43> : = 为配套标准保留（兼容范围）

<44> : = 未知的类型标识

<45> : = 未知的传送原因

<46> : = 未知的应用服务数据单元公共地址

<47> : = 未知的信息对象地址

三、DL/T 634.5104—2002 远动规约及其应用

1. 适用范围

DL/T 634.5104—2002 采用国际标准 IEC 60870-5 的系列文件，规定了 IEC 60870-5-101 的应用层与 TCP/IP 提供的传输功能的结合。在 TCP/IP 框架内，可以运用不同的网络类型，包括 X.25、FR（帧中继）、ATM（异步传输模式）和 ISDN（综合服务数据网）。根据相同的定义，不同的 ASDU，包括 IEC 60870-5 的全部配套标准所定义的 ASDU，可以与 TCP/IP 相结合。

2. 一般体系结构

本标准定义了开放的 TCP/IP 接口的使用，包含一个由传输 IEC 60870 - 5 - 101 ASDU 的远动设备构成的局域网的例子。包含不同广域网类型（如：X. 25，帧中继，ISDN 等）的路由器可通过公共的 TCP/IP 局域网接口互联，如图 4 - 47 所示。图 4 - 47 为一个冗余的主站配置与一个非冗余的主站配置。

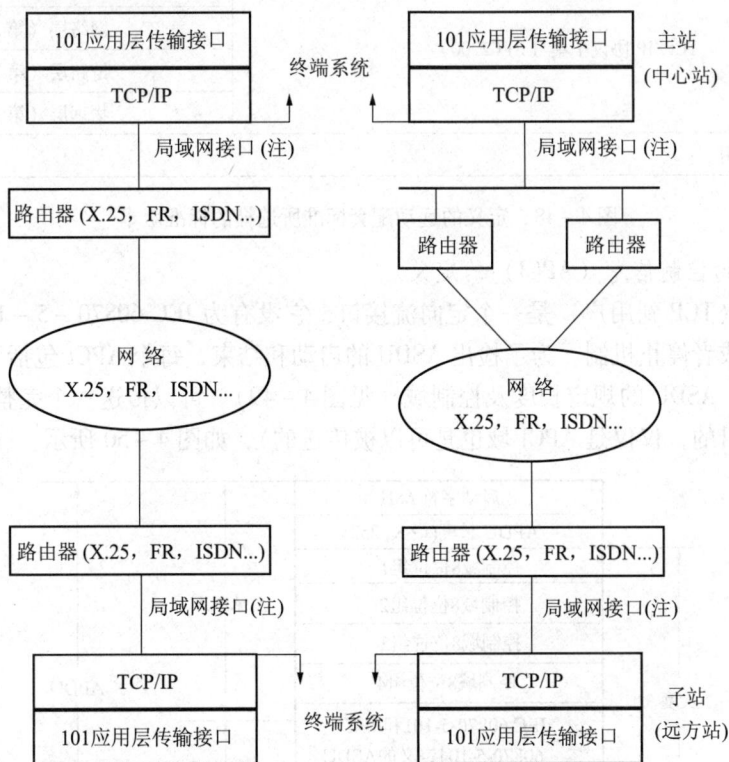

图 4 - 47　一般体系结构（例子）

使用单独的路由器有如下好处：

1）终端系统不需要特殊的网络软件；

2）终端系统不需要路由功能；

3）终端系统不需要网络管理；

4）它有利于从专门从事于远动设备的制造商处得到终端系统；

5）它便于从非专业远动设备的制造商处得到适用于各种网络的路由器；

6）只需更换路由器即可改变网络类型，而对终端系统没有影响；

7）特别适合于转换原已存在的支持 IEC 60870 - 5 - 101 的终端系统；

8）易于实现。

如图 4 - 47 例子所示，以太网 802. 3 栈可能被用于远动站终端系统，或 DTE 驱动单独的路由器。若不要求冗余，则可以用点对点的接口（如 X. 21）代替局域网接口接到单独的路由器，这样可以在对原先支持 IEC 60870 - 5 - 101 的终端系统进行转化时，保留更多现存的硬件设备。

3. 规约结构

图 4 - 48 所示为端系统的规约结构。

根据 IEC 60870 – 5 – 101 从 IEC 60870 – 5 – 5 中选取的应用功能	初始化	用户进程
从 IEC 60870 – 5 – 101 和 IEC 60870 – 5 – 104 中选取的 ASDU		应用层 （第 7 层）
APCI（应用规约控制信息） 传输接口 （用户到 TCP 的接口）		
TCP/IP 协议子集 （RFC2200）		传输层 （第 4 层）
		网络层 （第 3 层）
		链路层 （第 2 层）
		物理层 （第 1 层）
注：第 5、6 层未用		

图 4 – 48　定义的远动配套标准所选择的标准版本

4. 应用规约控制信息（APCI）的定义

传输接口（TCP 到用户）是一个定向流接口，它没有为 IEC 60870 – 5 – 101 中的 ASDU 定义任何启动或者停止机制。为了检出 ASDU 的启动和结束，每个 APCI 包括下列定界元素：一个启动字符、ASDU 的规定长度及控制域（见图 4 – 49）。可以传送一个完整的 APDU（或者，出于控制目的，仅仅是 APCI 域也是可以被传送的），如图 4 – 50 所示。

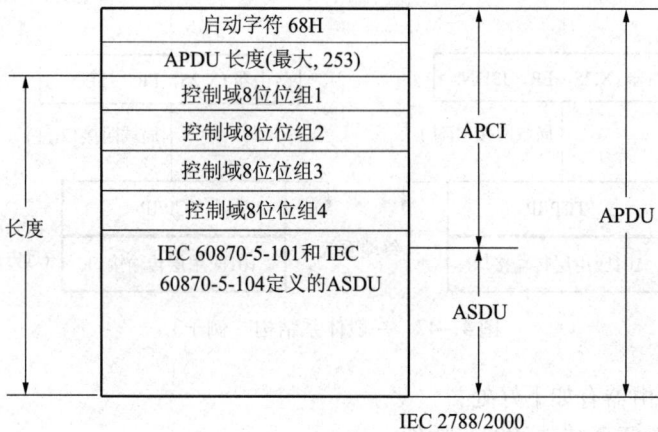

图 4 – 49　远动配套标准的 APDU 定义

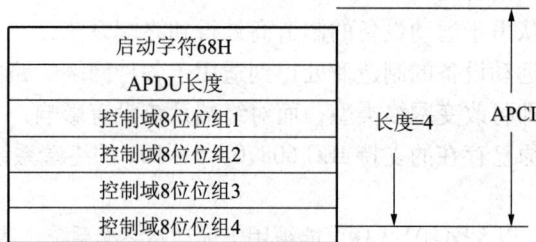

图 4 – 50　远动配套标准的 APCI 定义

启动字符 68H 定义了数据流中的起点。APDU 的长度域定义了 APDU 体的长度，它包括 APCI 的 4 个控制域、8 位位组和 ASDU。第一个被计数的 8 位位组是控制域的第一个 8 位位组，最后一个被计数的 8 位位组是 ASDU 的最后一个 8 位位组。ASDU 的最大长度限制在 249 以内，因为 APDU 域的最大长度是 253（APDU 最大值 = 255 减去启动和长度 8 位位组），控制域的长度是 4 个 8 位位组。

控制域定义了保护报文不至丢失和重复传送的控制信息、报文传输启动/停止，以及传输连接的监视等。

图 4-51~图 4-53 为控制域的定义。三种类型的控制域格式用于编号的信息传输（I 格式）、编号的监视功能（S 格式）和未编号的控制功能（U 格式）。比特格式如下：

8	7	6	5	4	3	2	1	
		发送序列号 N（S）				LSB	0	8 位位组 1
MSB			发送序列号 N（S）					8 位位组 2
		接收序列号 N（R）				LSB	0	8 位位组 3
MSB			接收序列号 N（R）					8 位位组 4

图 4-51　信息传输格式类型（I 格式）的控制域

控制域中，第一个 8 位位组的第一位比特 = 0 定义了 I 格式，I 格式的 APDU 常常包含一个 ASDU。

控制域中，第一个 8 位位组的第一位比特 = 1，且第二位比特 = 0 定义了 S 格式。格式的 APDU 只包括 APCI。比特格式如下：

8	7	6	5	4	3	2	1	
0						0	1	8 位位组 1
0								8 位位组 2
		接收序列号 N（R）				LSB	0	8 位位组 3
MSB			接收序列号 N（R）					8 位位组 4

图 4-52　编号的监视功能类型（S 格式）的控制域

控制域中，第一个 8 位位组的第一位比特 = 1，且第二位比特 = 1 定义了 U 格式。U 格式的 APDU 只包括 APCI。在同一时刻，TESTFR、STOPDT 或 STARTDT 中，只有一个功能可以被激活。比特格式如下：

8	7	6	5	4	3	2		1	
TESTFR		STOPDT		STARTDT		1		1	8 位位组 1
确认	生效	确认	生效	确认	生效				
0									8 位位组 2
0								0	8 位位组 3
0									8 位位组 4

图 4-53　未编号的控制功能类型（U 格式）的控制域

155

（1）防止报文丢失和报文重复传送

发送序列号 N（S）和接受序列号 N（R）的使用与 ITU－T X. 25 定义的方法一致。

两个序列号在每个 APDU 和每个方向上都应按顺序加一。发送方增加发送序列号，而接受方增加接收序列号。当接收站按连续正确收到的 APDU 的数字返回接收序列号时，表示接收站认可这个 APDU 或者多个 APDU。发送站把一个或几个 APDU 保存到一个缓冲区，直到它将自己的发送序列号作为一个接收序列号收回，而该接收序列号是对所有数字不大于该号的 APDU 的有效确认，这样就可以删除缓冲区里已正确传送过的 APDU。若更长的数据传输仅在一个方向进行，需在另一个方向发送 S 格式，在缓冲区溢出或超时前认可 APDU。该方法应该在两个方向上应用，在创建一个 TCP 连接后，发送和接收序列号均被设置 0。

（2）用启/停进行传输控制

控制站（例如 A 站）利用 STARTDT（启动数据传输）和 STOPDT（停止数据传输）控制被控站（B 站）的数据传输。例如，当在站间有超过一个以上的连接打开可用时，一次只有一个连接可以用于数据传输。定义 STARTDT 和 STOPDT 的功能在于，从一个连接切换到另一个连接时，避免数据的丢失。STARTDT 和 STOPDT 还可与单个连接一起用于控制连接的通信量。

当连接建立后，连接上的用户数据传输不会从被控站自动激活，即：当一个连接建立时，STOPDT 处于缺省状态。在这种状态下，被控站并不通过这个连接发送任何数据，除了未编号的控制功能和对这些功能的确认。控制站必须通过该连接发送一个 STARTDT 指令，以激活该连接中的用户数据传输，且被控站用 STARTDT 响应这个命令。如果 STARTDT 没有被确认，则该连接将被控站关闭。这意味着被控站初始化之后，STARTDT 必须总是在来自被控站的任何用户数据传输（例如，一般的询问信息）开始前发送。任何被控站的待发用户数据都只有在 STARTDT 被确认后才发送。

STARTDT/STOPDT 是一种控制站激活/解除激活监视方向的机制。控制站即使没有收到激活确认，也可以发送命令或者设定值。发送和接收计数器继续运行，它们并不依赖于 STARTDT/STOPDT 的使用。

第四节 变电站计算机监控系统通信的实现

变电站计算机监控系统通信包括间隔层设备之间、间隔层和站控层之间以及站控层与远方控制中心间的通信。本节重点介绍变电站计算机监控系统数据通信的特点和要求、传输的信息和通信的实现方式。

一、变电站计算机监控系统对数据通信的要求

1. 变电站计算机通信网络的特点和要求

数据通信是变电站计算机监控系统的重要技术支撑。为确保变电站计算机监控系统的安全稳定运行，其数据通信必须满足实时性强、可靠性高、优良的电磁兼容性能等要求。

实时性：变电站计算机监控系统的数据网络要及时地传输现场的实时运行信息和操作控制信息。在电力工业标准中对系统的数据传送有严格的实时性指标，网络必须可靠保证数据通信的实时性。

可靠性：电力系统是一个持续运行的非线性动力学系统，数据通信网络也必须连续运行。通信网络的故障和非正常工作，会影响整个变电站计算机监控系统的运行。一个设计不合理的系统，严重时甚至会造成设备和人身事故，造成较大损失。因此，变电站计算机监控系统必须有一个高可靠性的通信网络。

电磁兼容性：变电站处于强电磁干扰源的运行环境中，存在电源、雷击、跳闸等强电磁干扰和地电位差干扰，通信环境恶劣，数据通信网络必须采取相应的措施屏蔽上述干扰源的影响。

2. 信息传输响应速度的要求

变电站计算机监控系统的信息通常可分为两大类：反映事件变化的信息和普通信息。对于反映事件变化的信息要求传输速度较快，一般不大于 $1\sim2s$；对于普通信息一般按系统确定的周期传输。

二、变电站内的数据通信

在具有站控层—间隔层—过程层的分层分布式计算机监控系统中，需传输的信息可分为以下几类。

1. 站内传输的信息

（1）间隔层设备间的信息交换

在间隔层内部，各继电保护和测控单元之间交换的信息主要有测量数据、一次设备状态、间隔层设备的运行状态、有关闭锁和联锁的信息等。

（2）间隔层和站控层间交换的信息

间隔层和站控层的通信内容概括起来有以下三类：① 测量及状态信息：正常和事故情况下的测量值和计算值，断路器、隔离开关、主变压器分接开关位置，各间隔层运行状态、保护动作信息等；② 操作信息：断路器和隔离开关的分、合命令，主变压器分接头位置的调节，自动装置的投入与退出等；③ 参数信息：微机保护和自动装置的整定值等。

（3）站控层的内部通信

站控层不同设备之间的通信，要根据各设备的任务和功能特点，传输所需的测量信息、状态信息和操作命令等。

2. 站内通信的实现

（1）间隔层与站控层的连接模式

根据间隔层的测控单元与站控层之间有无主单元，可将测控单元与站控层之间的通信连接方式分为主单元连接模式和间隔层直接上网模式，如图 4 – 54 和图 4 – 55 所示。

主单元连接模式就是指从设备层采集上来的模拟量和数字量，需经过主单元才能上传到变电站的后台或远方控制中心，逆向即为下传信息。直接上网模式指间隔层的设备（如测控装置）直接经过以太网或现场总线网，连接到后台或远方控制中心，传送数据。具体结构的有关内容可参见第五章。

（2）变电站计算机监控系统站内数据流

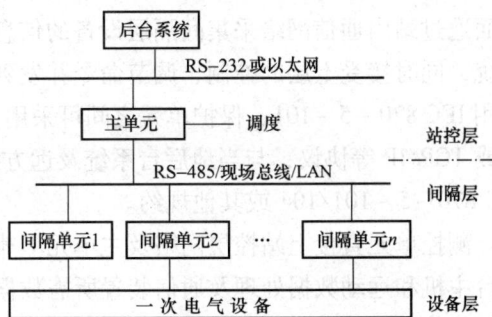

图 4 – 54 主单元连接模式

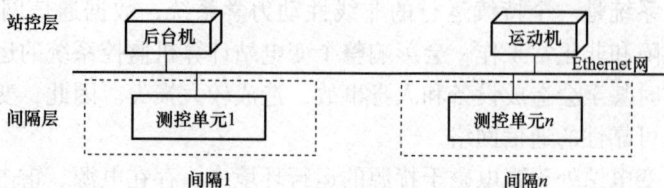

图 4-55　直接上网模式

变电站计算机监控系统的数据流流向是从设备层→间隔层→站控层和远方控制中心，下传信息类同，图 4-56 为变电站自动化系统接口模型。

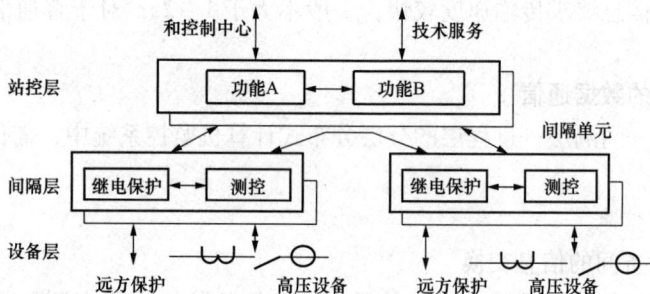

图 4-56　变电站自动化系统接口模型

1) 设备层与间隔层的连接。目前，设备层与间隔层间常采用传统二次电缆连接，将一次设备的模拟量和开关量送到间隔层的测控单元，并将相应的控制命令发送至一次设备。在具有过程层的变电站监控系统中，间隔层测控单元也可通过串行口 RS-232/422/485 以星型形式或通过现场总线网、以太网与过程层的装置通信。过程层与间隔层中继电保护、测量控制单元等 IED 的通信，IEC 61850 建议使用以太网（IEC 61850-9-1、IEC 61850-9-2），并根据模拟量采样率的不同，分别使用 10M 或 100M 以太网。

2) 间隔层设备之间的通信。间隔层的测控单元、继电保护和自动装置等 IED 之间，以及各间隔层单元之间，可通过串口 RS485、现场总线或以太网通信，传输介质一般为双绞线、电缆或光纤。

3) 间隔层与站控层的通信。间隔层测控单元可以直接上网与后台系统或控制中心通信，也可通过站控层的主单元相互通信。主单元兼作远动数据处理及通信装置时，主单元一方面通过站内通信网络采集间隔层设备的信息，另一方面将信息传送至远方控制中心和后台系统，同时接受上层的控制、调节命令并发到指定的间隔层单元。主单元和测控单元之间可采用 IEC 870-5-101，保护单元之间可采用 IEC 870-5-103，还可采用相应的现场总线协议或 TCP/IP 等协议；与当地后台系统及远方控制中心之间的通信可采用 CDT 451—1991 及 IEC 870-5-101/104 或其他规约。

测控单元直接上站控层网络及主单元不兼作远动数据处理及通信装置的模式中，站控层后台主机和远动数据处理及通信装置所需数据均直接来自测控单元或主单元，远动数据处理及通信装置和电力数据网络通信装置将收到的数据上传到各级调度，后台主机将来自主单元或测控单元的数据进行相关处理后存入数据库。传输介质可以是电缆或光纤。

间隔层之间、间隔层与站控层之间的通信，IEC 61850 建议使用以太网 IEC 61850 – 8 – 1，运行 TCP/IP 以及 IEC 61850 – 7、IEC 61850 – 8 协议。

4）站控层的通信。站控层各设备之间通过站控层网络进行通信，常采用以太网，也可采用现场总线网或光纤环网。

三、变电站与控制中心的通信

变电站是电力系统的重要组成部分，对变电站计算机监控系统的可靠性、抗干扰能力、工作灵活性和可扩展性要求很高，尤其是在无人值班变电站中，不仅要求监控系统所采集的测量信息、断路器和隔离开关的状态信息以及继电保护动作信息等能传送给县调或地调或省调（为简单起见，将各级调度中心或集控站统称为控制中心）。计算机监控系统中，各环节的故障信息也要及时上报控制中心，同时也要能接受和执行控制中心下达的各种操作和调控命令。

计算机监控系统中的上位机（或称集中管理机）或通信控制器执行远动功能，把变电站所需测量的模拟量、电能量、状态信息和 SOE 等各类信息传送至控制中心。这些信息为变电站和控制中心共用，不必专门为送控制中心而单独采集。

因此，变电站不仅要向控制中心发送测量和监视信息（称为"上行信息"），而且要从上级调度端接收数据和控制命令（称为"下行信息"）。例如，接收调度下达的开关操作命令，在线修改保护定值、召唤实时运行参数，从全系统范围考虑电能质量、潮流和稳定的控制等。如果这些功能被实现，将给电力系统带来很大效益，这也是变电站实现计算机监控的优越性和目标。

1. 远传信息

为了与变电站内部传输的信息相区别，将变电站与控制中心之间相互传送的信息统称为远传信息。远传信息应保证控制中心能检测变电站的运行状况和主要运行参数情况。对于无人值班变电站，远传信息尤其重要。根据"四遥"的基本功能，远传信息可分为遥测、遥信、遥控和遥调四种。

（1）遥测量

1）所有线路的有功功率、无功功率、双向有功电能量。

2）所有母联、分段断路器的三相电流。

3）主变压器高、中压侧的有功功率、无功功率、有功电能。

4）各电压等级各段母线电压。

5）频率。

6）无功补偿设备的无功功率、三相电流。

（2）遥信量

1）一、二次设备的异常告警信号。

2）各开关设备的状态信号。

3）继电保护和自动装置的动作信号。

4）主变压器分接头的位置信号。

（3）遥控及遥调

1）可电动操作开关设备的分、合控制。

2）主变压器分接头的调节。

以上为变电站远传的基本信息，在实施过程中，需根据具体变电站的实际情况进行增减。

2. 变电站与控制中心通信的实现

远动通道按通信介质可分为有线和无线两类，有线通道主要有电力载波、音频电缆、光缆等；无线通道主要有微波、无线电等。按传输的信号分类有模拟通道和数字通道两类，模拟通道主要有电力载波、音频电缆等；数字通道主要有光缆、数字微波等。

（1）电力通信的主要方式

电力线载波通信是电力系统传统的特有通信方式，它利用载波机将低频话音信号调制成40kHz以上的调频信号，通过专门的结合设备耦合到电力线上，信号会沿电力线传输，到达对方终端后，再采用滤波器将高频信号和工频信号分开。这种利用电力线既传送电力电流，又传送高频载波信号，称为电力线的复用。

由于光纤通信具有抗电磁干扰能力强、传输容量大、频带宽、传输衰耗小等优点，普通光纤及一些专用于电力系统的特种光纤在电力通信中已大量使用，如长距离主干光缆线路及本地传输等。电力特种光缆包括：① 地线复合光缆（OPGW），即架空地线内含光纤。这种光缆使用可靠，不需维护，但一次性投资大，适用于新建线路或旧线路更换地线时使用。② 无金属自承式光缆（ADSS）。这种光缆可以提供数量大的光纤芯数，价格适中，安装维护方便，还能避免雷击，仅容易产生电腐蚀。③ 地线缠绕光缆（GWWOP）。这种光缆用专用机械把光缆缠绕在架空地线上，其光纤芯数少，经济且简易，具有较高的可靠性。④ 其他，如相线复合光缆（OPPC）、金属铠装自承式光缆（MASS）等。

电力通信的主要方式还包括微波通信、无线通信和无线扩频通信等。

（2）变电站和控制中心的通信

变电站和各级调度主站通信有多种不同的通信方式，可以通过如载波、音频通道的模拟通道，也可通过数字通道和网络通道进行通信，如图4-57所示。

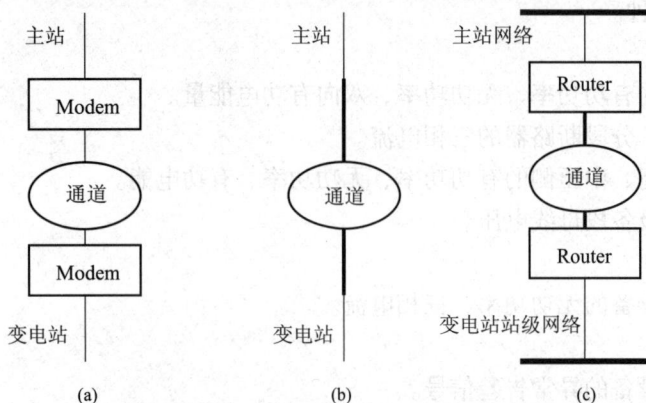

图4-57　变电站和调度主站及集控站的通信方式
（a）模拟通道；（b）数字通道；（c）网络通道

由控制中心或变电站计算机监控系统送出的原始数据信号通常包含低频率分量和直流分量，它所占用的频带称为基本频带，该数据信号称为基带信号。基带信号有两种类型，一种是连续的模拟信号，另一种是离散的数字信号。对于大多数远动通道，并不能直接传输基带信号，而应将基带信号变换后才能在通道上传输，而在信息的接收端则需将接收信号反变换成基带信号。用连续的基带信号对载波进行调制称为模拟调制，用数字的基带信号对载波调制称为数字调制，如第二节第三部分所述。

对于电力载波类的模拟通道，在远动信息传输中需将基带信号进行调制，使之成为频带信号，将频带信号发送到通道上。信号的接收端需将频带信号解调成基带信号，才能完成信号的传输，如图 4-58 所示。

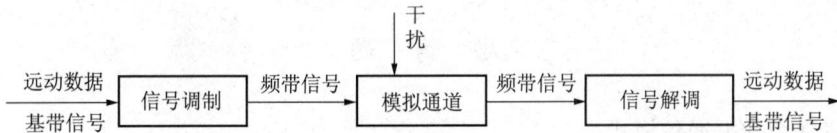

图 4-58　远动信号经过模拟通道的传输过程

对于数字通道，为了扩大传输容量和提高传输效率，通信线路传输的是高速数字信号。因此，相对低速的远动数据信号需在数字通道上传输。首先，将若干相对低速的远动信号复接成高速数字信号，并在数字通道上传输。数字信号接收端应将接收的数字信号分接为低速的远动信号，由此完成远动数据传输，如图 4-59 所示。将若干低速数字信号合并成一个高速数字信号流的技术，即数字复接技术，它是解决 PCM 信号由低次群到高次群的合成技术。

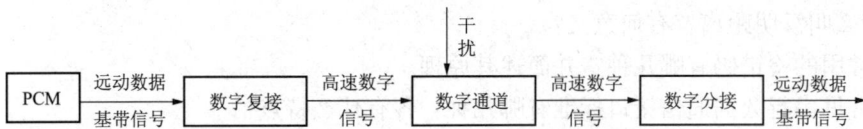

图 4-59　远动信号经过数字通道的传输过程

电力系统的数字通信系统多为光纤传输，其数字复接技术主要分为 20 世纪 80 年代末期发展的点对点传输的 PDH 系统和 90 年代中期发展的以互联网为基本特征的 SDH 系统。PDH 即准同步数字传输体制，也称异步复接，其被复接的各支路信号与本机定时信号异步（异源），依靠塞入一些额外比特实现同步，并利用成高速信号。SDH 即同步数字传输体制，其被复接的各同源（来自同一时钟源）支路信号与本机定时信号同步。因其接口、复用方式和运行维护方面的诸多优点，现多采用 SDH 同步复接技术，从而远动信号经过数字信道的传输过程可简化为 PCM—SDH—光纤—数字分接。

变电站通过模拟通道或数字通道与控制中心主站系统通信常采用 IEC 60870-5-101 规约，而网络通道采用 IEC 60870-104 规约。例如，变电站通过数据网络通信设备接入电力调度数据网络 SPDnet，通信协议采用 IEC 60870-5-104 规约。而目前还运行的规约有 CDT、RP570、8890、μ4F 规约等。

随着技术进步和网络状况的不断改善，数字数据网（DDN）逐渐在电力系统中得以应用，如电力数据网。数字数据网是向用户提供数字数据电路的网络，它是采用数字信道（时隙）来传输数据信号的数据传输网。DDN 可以向用户提供点到点和点到多点的中、高速数据通信的专用电路。在专用电路的基础上，可以提供虚电路（PVC）方式的帧中继（FR）业务，还可以向用户提供半永久性连接的电路。

在 DDN 网络中，可以直接数字透传 RTU 信息，以替换传统的 PCM 接入方式。其工作

161

流程如下：各厂站端 RTU 终端服务器 RS232 出口连接当地厂站端数据透传时隙复用设备，转换成 2M 信号中的对应时隙；该 2M 信号通过地区传输网传送到地调机房，直接接入当地 DDN 设备，经过 DDN 网络 64K 交叉，连接到省调 DDN 3645 设备某 E1 端口中的某一时隙，通过省调端数据透传时隙复用设备统一送给省调 RTU 装置的 RS232 接口。电路全程数字化、时隙化，无模数/数模转换过程，提供自动化用户稳定、可靠、实时的电信级服务，可以克服原有 PCM 专线方式的诸多问题。

思 考 题

1. 简述常用数据通信模式。
2. 常用的网络传输介质有哪些？简述其特点。
3. 光纤的特点是什么？请简单介绍其信道组成。
4. 数字信号编码方式包括哪几种？各有什么特点？
5. 调制解调器的编码方式有哪几种？
6. 数据通信工作方式有哪几种形式？
7. 数据通信的传输方式有哪几种？
8. 什么叫差错检测技术？
9. 什么叫汉明距离？有何意义？
10. 常用的检错码有哪几种？并简述其原理。
11. 常见串行数据通信接口标准有哪几种？各有什么特点？
12. 什么叫现场总线？简述其优越性。
13. 局域网协议结构与开放系统互联（OSI）参考模型的异同点是什么？
14. 常用的网络设备有哪些？各适用于哪些场合？
15. 常见的局域网有哪几种？其各自的特点是什么？
16. 以太网主要有哪几种？
17. 目前我国电力系统远动通信常采用哪两种类型的通信规约？其特点分别是什么？
18. 电力通信的主要方式有哪些？
19. 远动通信的信息有哪些？简单介绍你所在变电站远动通信的实现方式。
20. 电力系统的数字通信是如何实现的？
21. 结合你所在变电站计算机监控系统的结构分析其数据流。

第五章 ....

变电站计算机监控系统基本结构

本章概述了分层分布式变电站计算机监控系统的构成，介绍了分层分布式变电站计算机监控系统的几种基本网络结构及特点，最后重点阐述了不同电压等级变电站计算机监控系统的常见结构、配置及特点。

第一节 概 述

工业自动控制系统一般都是由多种类、异构、分散式的资源加以系统集成组态构成，其中开放的、多平台的、彼此协作的、能及时响应客户需求的网络资源是不可缺的。对于大多数工业企业来说，这样的系统一般由三层网络来构架，最高层称之为信息层或管理层，这一层的主要功能侧重于管理及信息的交换；中间层称之为控制层或监控层，其功能主要在于控制；底层为现场层，其主要功能在于现场实时数据的采集以及仪器仪表、执行机构的控制和调节。变电站计算机监控系统作为电力工业的一种自动控制系统，自然也应遵循上述规范。

根据 IECTC 57 技术委员会（电力系统控制和通信委员会）提出的变电站控制系统的基本结构，一个现代的分层分布式变电站控制系统是一个三层结构，即站控层（Station Level）、间隔层（Bay Level）和过程层（Process Level）。每一层由不同的设备或不同的子系统组成，完成不同的功能。分层分布式监控系统结构基本上与前述工业自动控制系统的结构规范一致，其中变电站控制系统中的过程层类似于现场层，间隔层类似于控制层，站控层类似于管理层。由于过程层尚处于发展阶段，因此目前的变电站计算机监控系统主要由站控层、间隔层设备以及负责两者之间数据通信的网络设备组成。分层分布式变电站计算机监控系统在设计理念上不是以整个变电站作为设备确定目标，而是以间隔和设备作为设计对象。分层分布式变电站计算机监控系统的基本结构如图 5−1 所示。

163

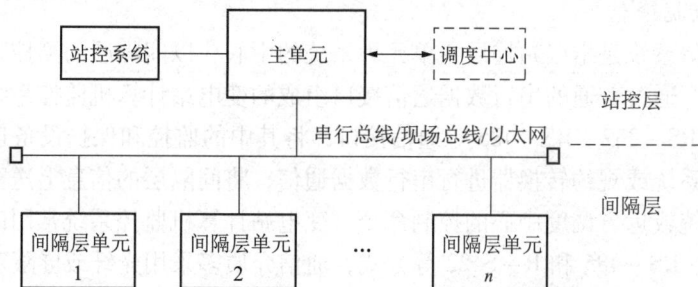

图 5−1 分层分布式变电站计算机监控系统的基本结构

站控层设备主要由各工作站、远方通信设备及主单元等组成。该层设备负责全站的信息处理，并实现当地和远方控制与监视功能，是整个系统的管理层。站控层的主要任务是：① 通过系统内部数据通信网络汇总全站的实时数据信息，不断刷新实时数据库，按时登录历史数据库；② 按既定规约将有关数据信息送向调度或远方控制中心；③ 接收调度或远方控制中心有关控制命令并转间隔层设备执行；④ 具有在线可编程的全站操作闭锁控制功能；⑤ 具有（或备有）站内当地监控、人机联系功能，如显示、操作、打印、报警，甚至图像、声音等多媒体功能；⑥ 具有对间隔层设备的在线维护、在线组态，在线修改参数的功能等。

间隔层设备由每个间隔的控制、保护或测控单元组成，实现对不同电气间隔的测量、控制、保护及其他一些辅助功能，是整个系统的执行层。间隔层设备相互独立，功能上不依赖于站控层设备，增强了系统的可靠性和可用性。间隔层设备的主要功能是：① 收集本间隔的实时数据信息并通过内部数据通信网络上送站控层；② 接收站控层指令或根据内部功能逻辑实施对间隔层一次设备保护、控制功能；③ 实现本间隔操作闭锁功能；④ 具备同期操作及其他控制功能；⑤ 对数据采集、统计运算及控制命令的发出具有优先级别的控制等。

站控层和间隔层设备分工不同、地位不同，所起的作用也不同，但两者通过内部通信网络各司其职、协调工作，实现对整个变电站的安全监视与控制。

第二节　分层分布式变电站计算机监控系统的网络结构

变电站计算机监控系统的发展与电子、计算机、通信和网络等技术的发展密切相关，网络通信技术在变电站计算机监控系统中起着至关重要的作用。对于分层分布式计算机监控系统，网络通信技术的发展直接决定着系统的网络结构形式、系统功能的实现和性能的优劣。网络通信技术的多样性决定了分层分布式计算机监控系统网络结构的丰富性。有关网络、通信协议等知识已在第四章有介绍，不再赘述。本节主要结合分层分布式变电站计算机监控系统常用的几种网络通信方式，对其网络结构形式及其特点进行介绍。

一、网络结构

由于数据通信在变电站计算机监控系统内的重要性，经济、可靠的数据通信成为系统的技术核心。当前，分层分布式变电站计算机监控系统的常用网络通信方式归纳起来主要有三大类，即串行数据通信、现场数据总线和以太网。

（一）串行数据通信

串行数据通信系统是指以站控层主单元为系统的中心，以间隔层的测控装置或测控保护合一装置为外围，通过普通的串行数据通信接口组成的变电站计算机监控系统。监控系统通常在间隔层采用 RS－232、RS－485 等通信接口，将其中的监控和保护设备连接起来，并通过主单元与后台系统或规约转换器进行串行数据通信，将间隔层的信息上送至站控层，同时下达来自后台系统或远方调度中心的控制命令。变电站计算机监控系统常用的串行数据通信主要有 RS－232、RS－485 和 R－S422 等方式，通信介质多采用光纤或屏蔽双绞线等。

1. 串行数据通信常见连接方式

串行数据通信系统一般具有主单元，由其负责与各间隔层设备通信以及站控层系统与远方调度的信息交换工作，是整个系统的核心和关键部位。根据间隔层设备与主单元的通信连接方式，串行数据总线主要有星型和总线型等连接方式。

(1) 星型网络结构

星型网络结构是指以站控层主单元为系统的中心，以间隔层的测控装置为外围，每一个测控装置与主单元之间按点对点的方式连接。星型网络结构不允许设备之间的直接通信，必须通过主单元才能实现间隔层设备间的通信。星型网络结构的连接介质多采用光纤或屏蔽电缆，一般距离为 50m 左右。星型结构如图 5-2 所示。

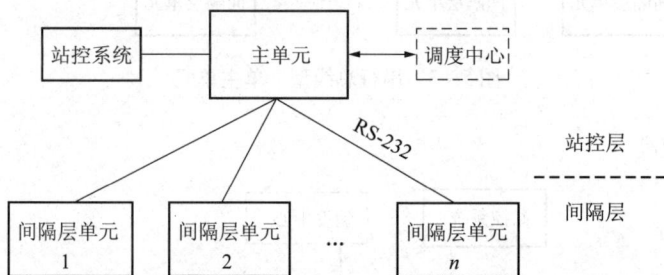

图 5-2 串行星型结构、单主单元

星型网络结构的优点主要有：① 可靠性高。单个连接点故障只影响一个设备，不会影响整个系统的通信。② 便于集中控制和故障诊断。由于每个节点都直接连到主单元，因此容易检测和隔离故障，可方便地将故障节点从系统中删除。③ 访问协议简单。任何一个连接只涉及主单元和一个间隔层设备，因此控制介质访问的方法简单。

星型网络结构的主要缺点有：① 通信介质的辐射相对比较复杂，每个装置均需要独立的通信介质，通道利用率低而且成本较高。② 瓶颈问题突出，一旦主单元出现故障，将影响整个系统的通信，多主冗余实现困难。③ 各间隔层设备之间的横向通信必须通过主单元进行，通信机制复杂且效率不高。

为了增加系统的可靠性，消除主单元带来的瓶颈现象，星型机构的变电站计算机监控系统也可采用双主控的方式。但由于系统结构复杂，软件实现难度大，故在实际工程中基本不使用该结构。

(2) 总线型结构

1) 基本结构。总线型结构是指在主单元与间隔层设备之间的通信方式采用串行总线形式的共线结构。在总线上任何时刻只允许主单元和一个间隔层设备进行通信，通信介质以屏蔽双绞线或同轴电缆为主。其基本结构如图 5-3 所示。

总线型结构的优点主要有：① 布线容易，通信介质较省；② 结构简单，运行可靠；③ 方便节点的增减，操作方便。

总线型结构的缺点主要有：① 故障诊断和故障隔离困难，故障检测必须在网上各节点逐点进行。如果是传输介质故障，则要切除整段网络。② 采用主从轮询通信机制，通信速率较星型结构慢，通信效率低，难以满足较高的实时性要求。

2) 双主单元结构。为了增加系统的可靠性，消除主单元带来的瓶颈现象，总线型的变电站监控计算机系统也可采用双主单元的方式，其系统结构如图 5-4 所示。双主单元系统的特点是主单元的冗余性，如果一台主单元发生故障，另一台备用主单元就可以由备用转为主机运行，使整个系统不致因主单元故障而陷入瘫痪状态。当然，双主单元的硬件和软件复

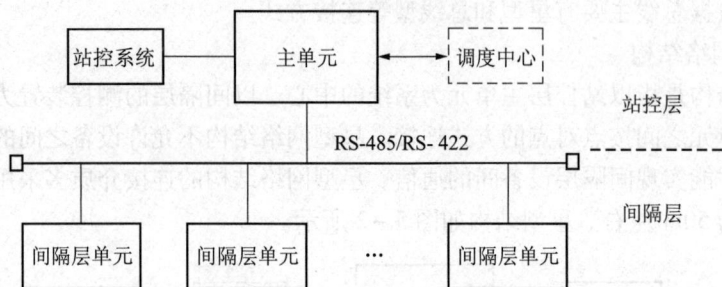

图 5 – 3　串行总线型、单主单元

杂程度及成本也较高。

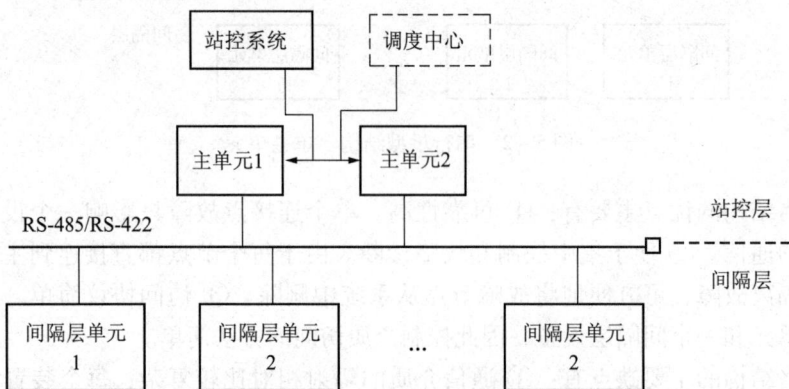

图 5 – 4　串行总线型、双主单元

3）多网段结构。考虑到可靠性及性能维护等因素，总线型结构的变电站计算机监控系统还可以将一条总线分割成多段数据总线连接各间隔层设备，以实现总线的冗余性及更大的数据传输能力。这种模式在实际工程中应用较多，如在 110kV 变电站中，通常 10kV 出线按母线分成几个网段，110kV 线路、主变压器及公用部分组成一个网段。其系统结构如图 5 – 5 所示。

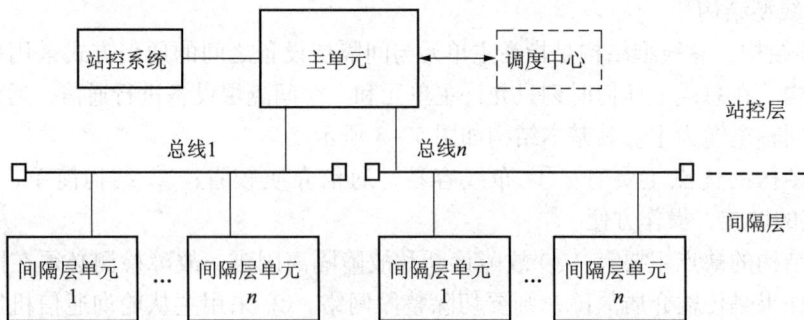

图 5 – 5　多分段、串行总线型

2. 主要特点

串行数据通信具有接口标准化、规范化和接口方便等优点，便于工程实施。但串行数据总线也存在一些固有的缺点，制约了其在变电站计算机监控系统系统中更进一步的推广使用，主要有以下几个方面：传输距离短，如 RS－232 串行通信有效传输距离较短，通常只有 15m。通信速率低，实际应用中，串行数据总线一般速率均不高于 9600b/s。通信机制相对落后，由于采用轮询方式，即由主单元询问，间隔层装置应答，特别是当某些设备退出通信，为了检测总线上这些设备的投入还需增加时间，使信息上送速度进一步受到影响，实时性受到影响。抗干扰能力差，尤其是通信速率较高时，其传输误码率较高。通信协议非标准，由于串行数据通信仅对物理接口进行了统一，应用层的通信协议缺乏统一标准，造成实际使用过程的通信协议五花八门，各种不同的通信协议导致不同厂家生产的设备很难互连，使用十分不方便。此外，采用该结构的系统要求通信节点数目比较少，一般不超过 32 个，因此不能满足较大规模变电站的使用需求。

总的来说，串行数据通信具有较好的开放性，尤其是组网简单，便于实现，已被多种系统所采用，如西门子公司 LSA678 系统采用 RS－232C 串口通信星型方式；南瑞继保公司的 RCS9000 系统采用分段 RS－485 总线方式。串行数据通信网络结构主要适用于规模较小的 110kV 和 35kV 变电站计算机监控系统。此外，在 220kV 及以上变电站的多小室结构布置方式中，在一个小室内通常也可采用这一连接方式以实现某一电压等级间隔层设备通信的局部子系统的功能。

（二）现场总线

现场总线系统是指在主单元和间隔级单元之间以某一种工业级的现场总线为连接方式进行数据通信的变电站计算机监控系统。现场总线连接方式是将所有的间隔层单元都接在一条公用的主干链路上。主单元和间隔层单元可以实现双向传输，通信介质以双绞线或同轴电缆为主，也可采用光纤。目前，在变电站计算机监控系统应用较多的现场总线有 CAN、Profibus、LonWorks 等。

（1）常见连接方式

顾名思义，由现场总线组成的变电站计算机监控系统通常采用总线型的连接方式，此外也有少部分采用环型网络结构的。现场总线系统一般也配有主单元，由其负责与各间隔层设备及站控层后台系统的信息交换工作，是整个系统的核心和关键部位；有的系统中主单元还兼有远动工作站的功能，负责与远方调度和控制中心的信息交换工作。现场总线型的连接方式如图 5－6 所示。

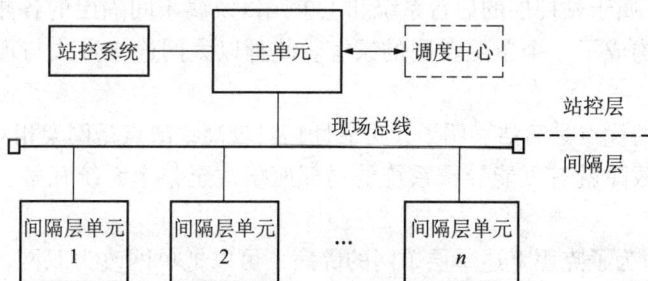

图 5－6　现场总线型、单主单元

为了增加系统的可靠性，消除主单元带来的瓶颈现象，现场总线的变电站计算机监控系统也可采用和串行数据总线相类似的双主单元和多网段网络结构。

（2）主要特点

相对于串行数据通信方式，现场总线具有协议简单、容错能力强、抗干扰性能好及高实时性的特点。尤其具有较高的实时性，适用于信息的频繁交换，较好地解决了串行数据通信的诸多问题，如传输速率慢、易受干扰、通信距离受限制而且通信方式不灵活，无法满足大量实时数据传输的要求等。

现场总线通信介质可以为双绞线、同轴电缆、光纤等。现场总线虽然具有较好的实时性和较高的可靠性，但由于各种现场总线采用专用通信协议，造成了现场总线标准不一，且互不兼容，开放性不足阻碍了现场总线的进一步发展和应用。此外，为确保数据传输的性能指标，现场总线对网络节点数量有一定的限制；对于大型变电站由于信息量大，现场总线传输速率相对较慢的弱点较突出。

目前，现场总线已在 110kV 变电站计算机监控系统系统中得到了广泛应用，如北京四方公司 CSC2000 变电站计算机监控系统系统采用 LonWorks 网络。现场总线通信网络适用于 110kV 变电站计算机监控系统系统和 220kV 及以上变电站中间隔层设备的通信。

（三）以太网

随着自动化技术在大规模超高压变电站的应用，系统网络通信节点大增，网络流量很大，基于串行总线和现场总线的计算机监控系统很难保证信息的实时性。因此，必须考虑采用具有更高速率，能满足更多网络节点通信需求的通信网络。网络技术，特别是以太网技术的成熟为分层分布式变电站计算机监控系统的网络结构优化创造了条件。以太网技术的应用，不仅提高和完善了变电站计算机监控系统的性能，也丰富了网络结构的多样性。

1. 常见连接方式

目前，以太网在变电站计算机监控系统中应用的基本模式通常有星型网和环形以太网两种结构。星型网结构模式最为常见，其网络通信节点（具备以太网接口的监控系统设备）通过交换机或集线器组成可级联的星型网。它要求网络节点分布相对集中，否则将会带来布线上的困难。环形以太网结构中，所有的网络通信节点都必须具备环型以太网接口，或通过专用的、具备环网接口的小型交换机组成环型以太网。

（1）单层次网络结构

所谓单层次网络结构就是在监控系统中只使用一种以太网，把站控层与间隔层通过网络合为一个层次，结构简洁、清晰。此种结构的系统又可细分为单层单网和单层双网两种。

1）单层单网。属于站控层的后台系统和主单元以及属于间隔层的各测控单元全部经以太网连接在一起，构成了一个单层单网的系统。此种以太网连接方式与现场总线方式基本相同。

这种体系结构的优点是简洁、明了，可靠性相对较高；缺点是网架相对薄弱，缺乏冗余性，任何地方发生故障就有可能导致系统的局部瘫痪甚至整个系统瓦解。其网络结构如图 5-7 所示。

2）单层双网。为了克服上述单层单网的弊病，可以把单网改为双网，以增加网络的冗余性。正常通信过程中，双网分别传输不同的数据内容，一旦其中的一条网络出现故障，则另一条网络担负起传输全部数据的功能，从而避免对系统产生大的影响。这样不但提高了系统的实时性，也极大提高了系统的可靠性。为了实现单层双网的网络结构，必须要求间隔层设备具有两个网络通信接口。由于普通串行数据总线和现场总线不支持双网通信方式，故只能以以太网方式组网。其网络结构如图 5-8 所示。

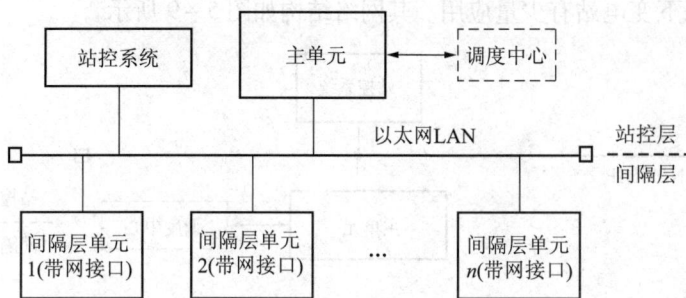

图 5 – 7　单层单网结构

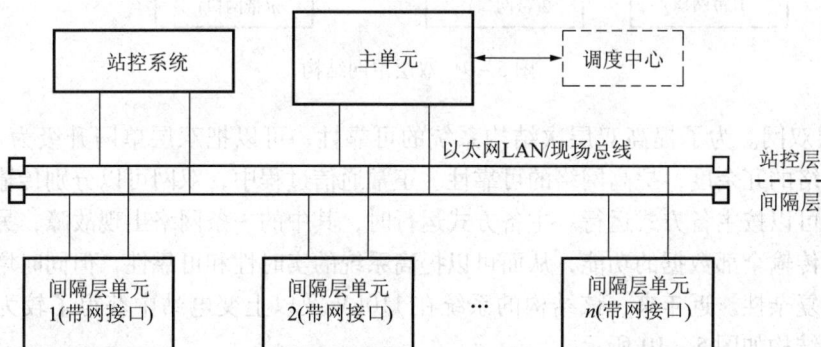

图 5 – 8　单层双网结构

　　单层次网络结构中的主单元与串行数据总线和现场总线中的主单元的作用基本相同，与间隔层的各种测控装置进行信息交换，获取各类实时数据；同时把各种命令下发给各个间隔层设备，实现各种不同的控制与调节。此外，主单元还承担着与站控层各工作站进行数据通信的任务，甚至还可兼作远动工作站完成与远方调度、控制中心之间的信息交换。在某些系统中主单元的各种功能还可分化到各个工作站中，从而无需再配置专用的主单元了。

　　（2）双层次网络结构

　　所谓双层次网络结构就是计算机监控系统的站控层各工作站和间隔层各测控装置分别属于两个不同层次的网络。这种网络结构在实际应用中主要有双层次同构网络模式和双层次异构网络模式两种形式。在双层次同构网络模式中，站控层和间隔层均采用以太网，但属于不同的网段，带宽既可以相同也可以不相同。而在双层次异构网络模式中，站控层和间隔层采用不同的网络通信，通常站控层为以太网，而间隔层则为现场总线。

　　双层次网络结构的优点是：① 网络层次分明，比较符合且对应 IEC 相关的变电站控制系统的分层结构规范。② 系统结构比较灵活，形式多样，为系统设计提供了较为丰富的配置选择和想象空间。双层次结构的缺点也是比较明显的，即结构相对复杂，且缺乏冗余性，容易给系统的可靠性与稳定性带来影响。此外，双层次之间的类似于网关的主单元设计也要求较高，否则容易造成信息交换的瓶颈，给系统的可靠性与稳定性造成很大的影响。

　　1）双层次同构网络模式。站控层和间隔层均采用单以太网通信方式。双层次同构网络模式可以有以下几种组网方式，即双层单网、双层双网和一单一双混合网络等。

　　a. 双层单网。双层单网系统结构简洁，但可靠性相对较差，在实际工程中应用较少，

169

主要在 35kV 及以下变电站有少量应用。其网络结构如图 5 - 9 所示。

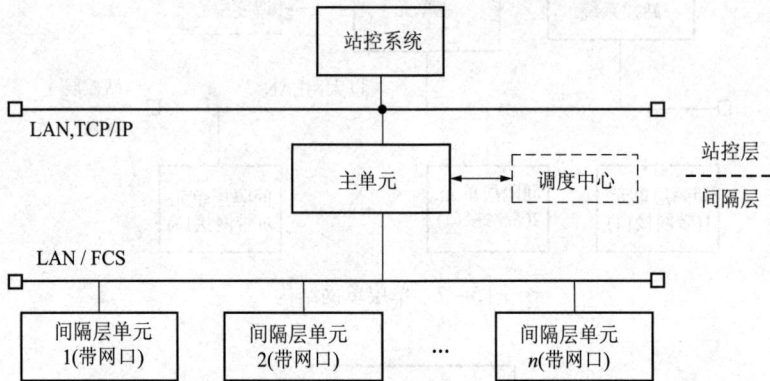

图 5 - 9　双层单网结构

b. 双层双网。为了提高双层次结构系统的可靠性，可以把双层单网升级为双层双网，从而增加网络的冗余度，提高网络的可靠性。正常通信过程中，双网可以分别传输不同的数据内容，也可以按主备方式运行。主备方式运行时，其中的一条网络出现故障，另一条网络即可担负起传输全部数据的功能，从而可以提高系统的实时性和可靠性，但同时增加了系统网络结构的复杂性。近年来，该结构的系统在 110kV 及以上变电站中获得了较为广泛的应用，其网络结构如图 5 - 10 所示。

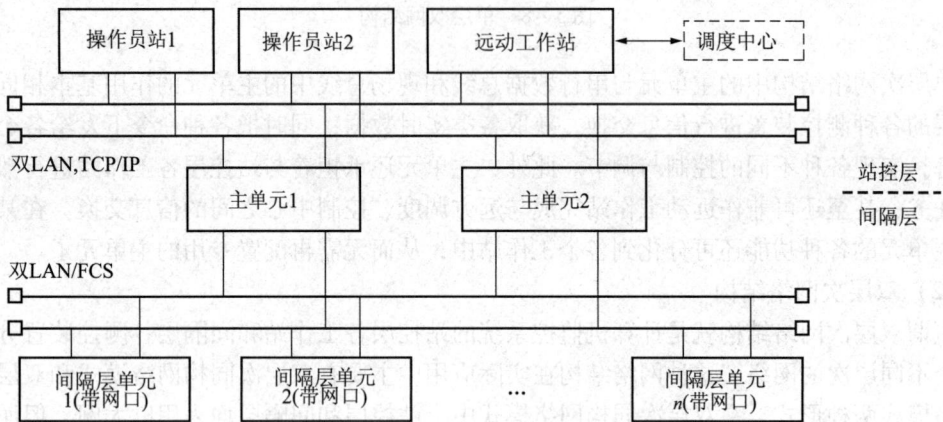

图 5 - 10　双层双网结构

c. 一单一双混合网络。有时，为了简化系统的结构，根据实际情况可将双层双网结构进行简化，将站控层或间隔层的某一层按单以太网配置，另一层仍为双以太网，形成一单一双的网络结构模式。此种模式在实际工程中应用较少。

2）双层次异构网络模式。当监控系统的站控层和间隔层采用不同性质的通信网络时称为双层次异构网络模式，共有四种形式。在实际工程中应用最广泛的是上层选用双高速以太网，而下层选用串行数据通信或现场总线形式的单网。这种网络结构通常需要保留主单元，主单元跨接于两网之间，扮演了一个网关的角色，实现两种不同网络之间的协议转换功能。该类型系统已广泛应用于 220kV 及以上变电站，主要是针对间隔层测控装置不具备以太网接口的系统来组网的。其目的是使原先不具备以太网通信功能的测控装置通过主单元的协议转换功能间接实现以太网通信功能，从而极大地提高系统的通信处理能力。其网络结构如图 5 - 11 所示。

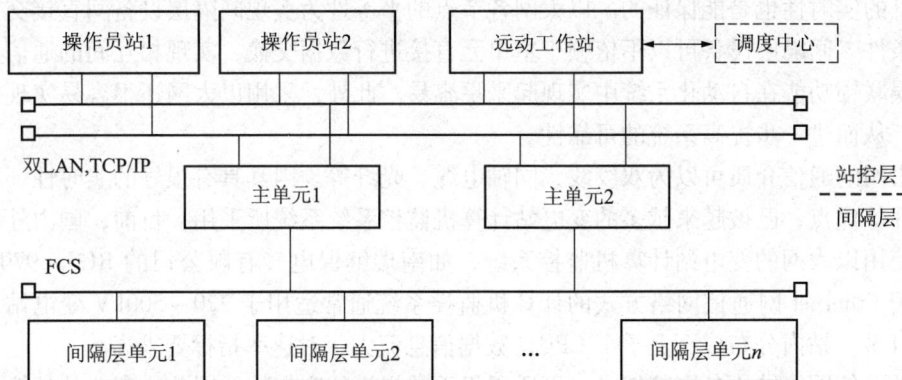

图 5 - 11　双层混合网络结构

（3）环型以太网结构

环网通信技术在其他领域的成功应用，为其在变电站计算机监控系统的应用创造了良好的条件。目前已有不少变电站计算机监控系统在间隔层设备中开始采用环型网络结构。采用环型网络结构的间隔层设备要求具有两个网络接口，其常见组网方式如图 5 - 12 所示。

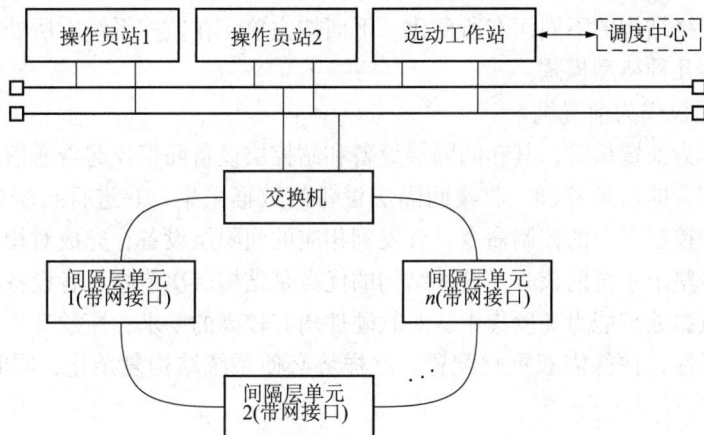

图 5 - 12　双层混合结构

环型以太网最大的特点是：正常运行时环网上各节点以某一方向的数据流进行通信。当环网上某处通道断裂或节点发生故障时，与故障点最近的环网节点可快速通过改变数据流的发送和接收方向，形成网络自愈，从而确保其他设备的正常通信，极大地提高了通信的可靠性。

2. 主要特点

以太网（Ethernet 网）为总线式拓扑结构，采用 CSMA/CD（载波侦听多路访问/冲突检测）介质访问方式。优点主要有：传输速率非常高，可高达 10Mb/s，甚至更高；节点容量大，可容纳 1024 个节点；传输距离远，可达 2.5km。采用国际通用的 TCP/IP 协议，因此其通信协议更加规范、标准，增加了系统的开放性。以太网通信方式虽然没有 LonWorks 网络或 CAN 总线的优先级设置，但其带宽到达 10Mb/s，甚至更高，因此可承受的网络负荷很大，信息的实时性也是能保证的。以太网各节点的平等性为实现间隔层设备间直接交换数据创造了条件，间隔层设备可以不依赖于主单元直接进行数据交换，实现相互间的通信，使变电站防误联锁功能在自动化系统中实现起来更容易。此外，采用以太网还很容易实现双网冗余结构，从而进一步提高系统的可靠性。

以太网的通信介质可以为双绞线、同轴电缆、光纤等。因其具有很好的实时性、可靠性及开放性等优点，已被越来越多的变电站计算机监控系统系统所采用。目前，国内外已经推出不少使用以太网的变电站计算机监控系统，如南瑞继保电气有限公司的 RCS-9700 系统等。采用 Ethernet 网通信网络方式的计算机监控系统通常适用于 220~500kV 变电站，因其节点数目多，站内分布成百上千个 CPU，数据信息流大，对速率指标要求高。

各类通信网络结构各有其特点，可适用于不同规模的变电站。因此，变电站计算机监控系统通信网络结构的多样性在今后的一段时期内还将存在，生产厂商和用户可结合实际情况进行比较，选择适合自己需求的变电站计算机监控系统。

（四）主单元

上述几种网络结构中，均提到了主单元。主单元在变电站计算机监控系统的发展过程中起着非常重要的作用，它是分层分布式计算机监控系统的一个重要组成部分，用于完成间隔层设备与站控层系统之间的信息交换，起着通信控制器的作用。主单元的配置模式和功能，随着监控系统网络结构的不同而有所变化。下面按主单元在监控系统中所处的地位及发挥的作用，简要介绍几种典型模式。

（1）主单元仅作为前置机

主单元仅作为前置机时，其在间隔层设备和站控层设备间仅仅起着通信桥梁的作用，对数据进行预处理，即负责管理、收集间隔层设备的数据采集，并进行初步处理后上送站控层；同时接收站控层下发的控制命令，分发到相应的间隔层设备，完成对相应电气设备的自动控制功能，是整个系统的核心。这种结构的优点是结构层次清晰，各设备相互影响小。缺点是主单元的数据处理能力高度集中，对软硬件均有较高的要求；瓶颈现象突出，通常为了增加系统的可靠性，往往需双重化配置。这样势必使系统结构复杂化，同时也增大了设备投资。

在 220kV 及以上规模较大的变电站中，通常还按小室配置主单元，从而出现了一个系统可能存在多个主单元的情况。此时的小室主单元仅负责本小室间隔层设备与站控层系统间的信息交换，因此通常把此类主单元归为间隔层设备。上述主单元在采用串行数据通信和现场数据总线的计算机监控系统中使用较普遍。

（2）主单元兼作远动工作站

在采用主单元作为前置机的系统中，有的主单元除在各间隔层设备和站控层设备间起着通信桥梁的前置作用外，还具有负责与远方调度（控制）中心通信的功能，即兼有远动功能。这时系统就无需配置专用的远动工作站。此类系统在早期的 110kV 变电站中使用较多。这种结构的优点是设备投资节省，系统结构简化。但缺点也很明显，主单元功能高度集中，负载大，对硬件的要求相对就更高；而且加大了站内功能与远方功能之间的相互影响，如处理与远方通信的相关问题时，通常需停用主单元，从而将影响站内信息的正常采集与处理。

（3）主单元兼作网关

采用双层次网络结构的系统中，由于间隔层设备和站控层设备分别处于不同的网络中，无法直接通信，必须经过协议转换后才能实现相互之间的信息交换。因此上述系统通常需要配置主单元。这时的主单元除了具有与间隔层的各种测控装置、保护测控一体化装置及各种智能电子装置（IED）进行信息交换外，还具有网络协议转换功能，将间隔层送来的信息重新分装打包，形成符合站控层网络通信协议的数据包，从而实现与站控层各设备间的信息交换。双层次网络结构中的间隔层与站控层两种网络可以是同构的，也可以是异构的。此时的主单元实际类似于一个网关，通过它可使不同格式、不同通信协议、不同结构类型的网络连接起来，使不同协议网络间的信息包传送和接收成为可能。

随着以太网技术在变电站计算机监控系统中的广泛应用，监控系统的网络结构也发生了深层次的演变。尤其是嵌入式以太网技术的逐步成熟，间隔层设备具备了直接上网的功能，导致网络层次进一步压缩，系统结构进一步"扁平化"，主单元的地位与作用也将发生变化，其功能将分散到各专用工作站，无需再配置专门的主单元了。

二、分层分布式计算机监控系统的布置形式及其特点

面向对象设计的分层分布式计算机监控系统的单个间隔层设备可完成对某个电气间隔的测量、控制及保护等功能，因此其布置方式十分灵活，既可分散布置也可集中布置。目前，在变电站中采用的分层分布式计算机监控系统主要有集中组屏、分散与集中相结合（局部分散）及全分散三种布置类型。

1. 集中组屏的布置形式与特点

分层分布式集中组屏的结构是把整套监控系统按其不同的功能组成多个屏（柜），例如，主变压器保护屏、高压线路保护屏、馈线保护屏、公用屏、数据采集监控屏等。一般这些屏（柜）都集中安装在主控制室中。这种结构形式简称为集中式结构，其结构框图如图5－13所示。集中式组屏结构主要有以下的特点：

1）由于保护屏、监控屏安装在控制室内，运行人员操作方便，既可通过主机进行操作，也可通过控制室中保护、监控屏上的相应装置进行操作，使事故判断的统一性强。一旦事故发生，很容易通过主机与保护监控模块的近距离布置优势，通过比较判别，确认事故的类别，查找出事故原因，在较短时间内进行事故处理。

2）分散（层）分布式系统采用集中组屏结构，全部屏柜安装在控制室内，工作环境好，电磁干扰相对开关柜附近较弱，有利于系统的正常运行。

3）由于集中组屏，数据采集均需通过电缆进行传输，增加了电缆敷设工程，加大了设计工作量及施工难度，工程造价也大大增加。另外，由于二次电缆增多，要求施工进度提前，这将增加错接、漏接现象，导致事故隐患相应增加，因此增加了安装调试的难度。

集中组屏虽然比分散式安装增加了电缆的用量，但集中组屏便于设计、安装、调试和管理，可靠性也比较高，因此比较适用于老旧变电站的改造。

2. 分散与集中相结合（局部分散）的布置形式与特点

为了减少二次电缆，简化二次回路，对于6～35kV的电压等级，通常可以将这些保护测控合一装置分散安装在各个开关柜中，然后通过通信网络对它们进行管理和信息交换，即采用所谓的分散式布置。而对于110kV及以上的高压线路和主变压器测控装置等，仍可采

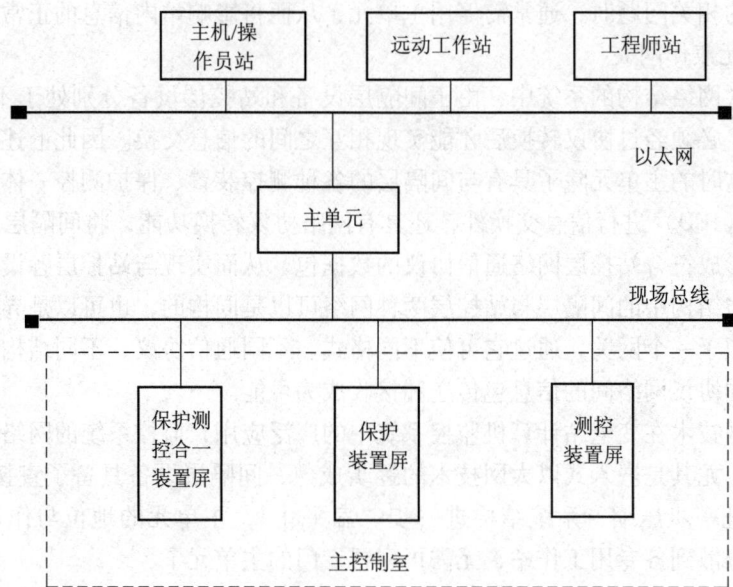

图 5-13　集中组屏的结构

用集中组屏安装在控制室内或分散的设备小间内，通过网络将这些分散的装置或屏柜连接在一起，进行信息交换。这种将低压线路的保护测控装置分散安装在开关柜上，而高压线路和主变压器的测控装置等采用集中组屏安装在控制室内的系统结构，称为分散与集中相结合的结构。此结构主要适用于 220kV 及 110kV 新建变电站，如图 5-14 所示。

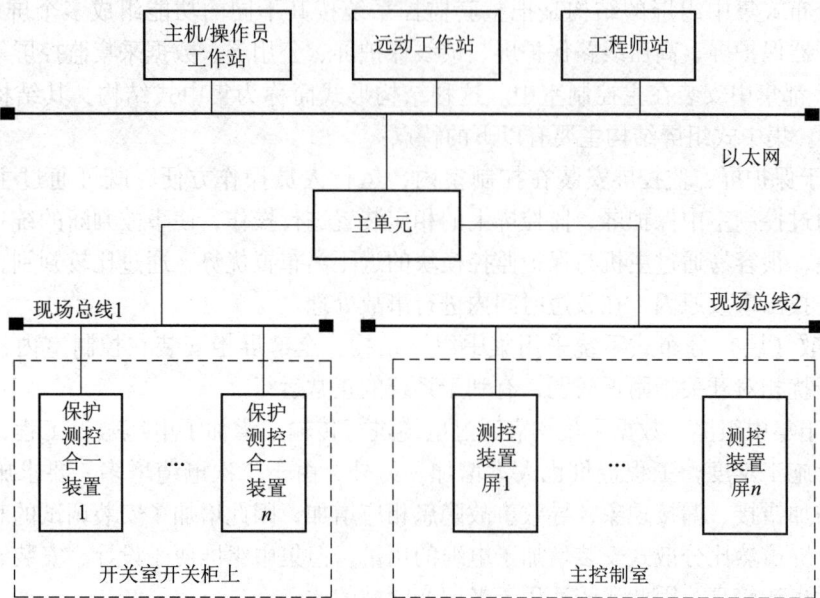

图 5-14　分散与集中相结合（局部分散）模式（一）

除上述模式外，在 500kV、220kV 等大型变电站，通常将各个电压等级的间隔单元集中组屏安装在分散的设备小间内（一般靠近相应的一次设备附近），就近管理，节省电缆；而分散的不同电压等级设备小室再通过通信系统和主控制室变电站层单元相连组成一个完整的变电站计算机监控系统。这是分散与集中相结合结构的另一种模式,其结构如图 5 - 15 所示。

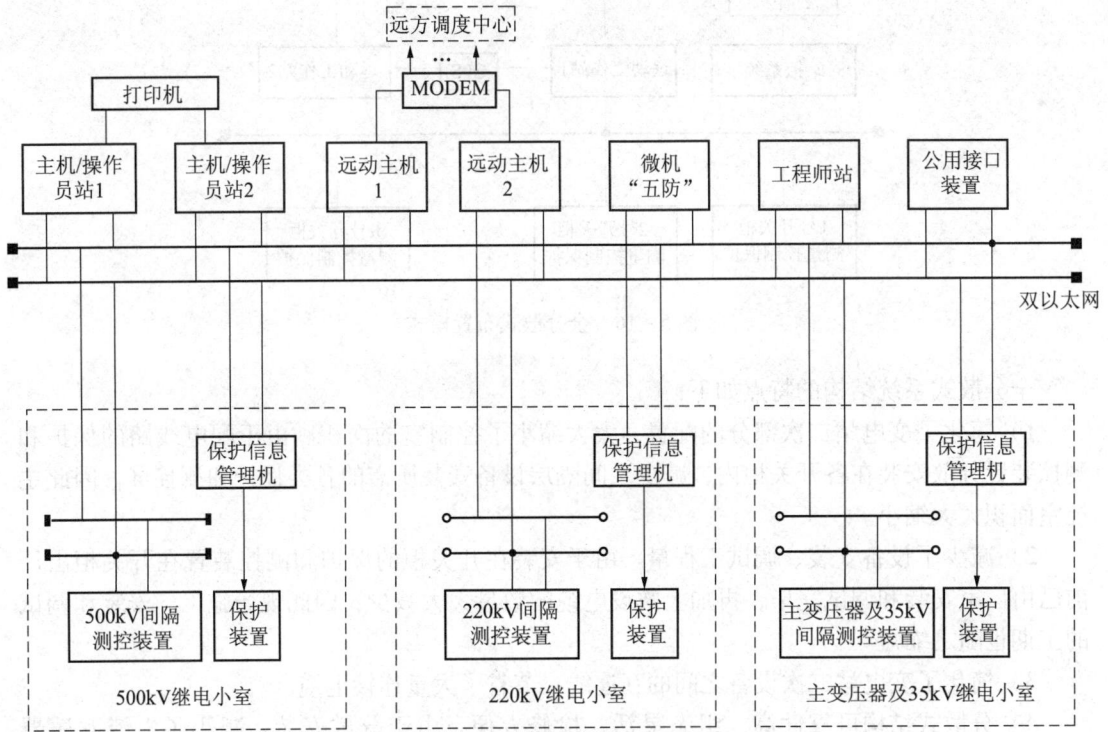

图 5 - 15 分散与集中相结合(局部分散)模式(二)

分散与集中相结合的系统结构特点如下:

1)10～35kV 配电线路保护测控装置采用分散式结构,就地安装,节约控制电缆,通过现场总线与保护管理机交换信息。

2)高压线路保护、测控装置,主变压器保护、测控装置采用集中组屏结构,保护屏安装在控制室或保护室中,同样通过现场总线与保护管理机通信,使这些重要的保护装置处于比较好的工作环境,对保护的可靠性比较有利。

3)其他自动装置,如备用电源自投装置、公用信息采集装置和电压无功综合控制装置等,采用各自集中组屏方式安装在控制室或保护室中。

4)系统通过网络相连。各小室组成一个个小网络,然后再与站控层设备构成一个完整网络系统。

分散与集中相结合的布置模式,既发挥了分层分布式监控系统可分散布置的优点,同时又兼顾了测控装置对运行环境及抗电磁干扰等方面的要求。上述模式在实际工程中获得了广泛应用。

3. 全分散式布置形式与特点

以变压器、断路器、母线等一次主设备为安装单位,将各电压等级的保护、测控装置等就地分散安装在一次主设备的开关屏或柜上,控制室内的主单元通过通信网络(为加强抗干扰能力通常采用光纤通信）与现场的各一次设备屏柜相连形成全分散式布置的监控系统，如图 5-16 所示。

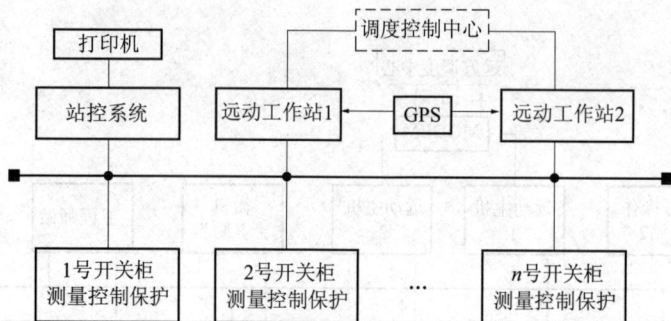

图 5-16 全分散式布置模式

全分散式系统结构的特点如下：

1）简化了变电站二次部分的配置，大大缩小了控制室的面积。由于配电线路的保护和测控装置分散安装在各开关柜内，减少了间隔层设备安装所需的各类保护和测控屏，因此主控室面积大大缩小。

2）减少了设备安装、调试工程量。由于安装在开关柜的保护和测控装置在开关柜出厂前已由厂家安装和调试完毕，再加上敷设电缆的数量大大减少，因此现场施工、安装和调试的工期也随之缩短。

3）简化了变电站二次设备之间的互连线，节省了大量连接电缆。

4）分散式结构可靠性高，组态灵活，检修方便。由于分散安装，减小了电流互感器（TA）的负担。各模块与监控主机间通过局域网络或现场总线连接，抗干扰能力强，可靠性高。

随着电—光传感新技术和光纤通信技术的发展以及数字化变电站的出现，全分散式结构的计算机监控系统布置模式将会得到越来越广泛的应用。

第三节 不同电压等级变电站计算机监控系统常见结构与特点

不同电压等级、不同规模的变电站在电网中所处的地位及其作用和重要性各不相同，因此，对变电站监控系统的结构、功能、配置等方面的要求也不尽相同。下面结合实际使用情况，按不同电压等级介绍变电站计算机监控系统的典型结构与特点。

一、500kV 变电站计算机监控系统的基本结构与特点

1. 概述

500kV 变电站是一种在电力系统中占据非常重要地位的地区级枢纽变电站，承担了区域内的电网负荷的调配。电气主接线方式：500kV 通常采用 3/2 断路器接线方式；220kV 为双母线双分段；35kV 为单母线分段接线方式，一般均为无功补偿设备，无出线。主变压器一般有 2~4 台不等。

在 500kV 变电站的自动化系统中，保护系统和监控系统通常是独立的，各电压等级的

保护和测控完全独立配置，包括 35kV 部分。由于 500kV 变电站的重要性，监控系统中的重要设备一般均按冗余配置且均为双网，如站控层设备。

虽然 500kV 计算机监控系统具备各项完整的自动控制功能，完全具备无人值班的条件，但考虑到其在电网中的重要性，到目前为止，500kV 超高压变电站基本上仍采用有人值班方式。

2. 网络结构

国内 500kV 等高电压级变电站主要采用分层分布式结构的计算机监控系统。其站控层通常采用双以太网结构，且主要设备均为双重化配置；而间隔层的网络拓扑结构则有多种，主要包括光纤星型网、双环自愈型网络及测控装置直接上网等。其常见网络结构如图 5－17 所示。

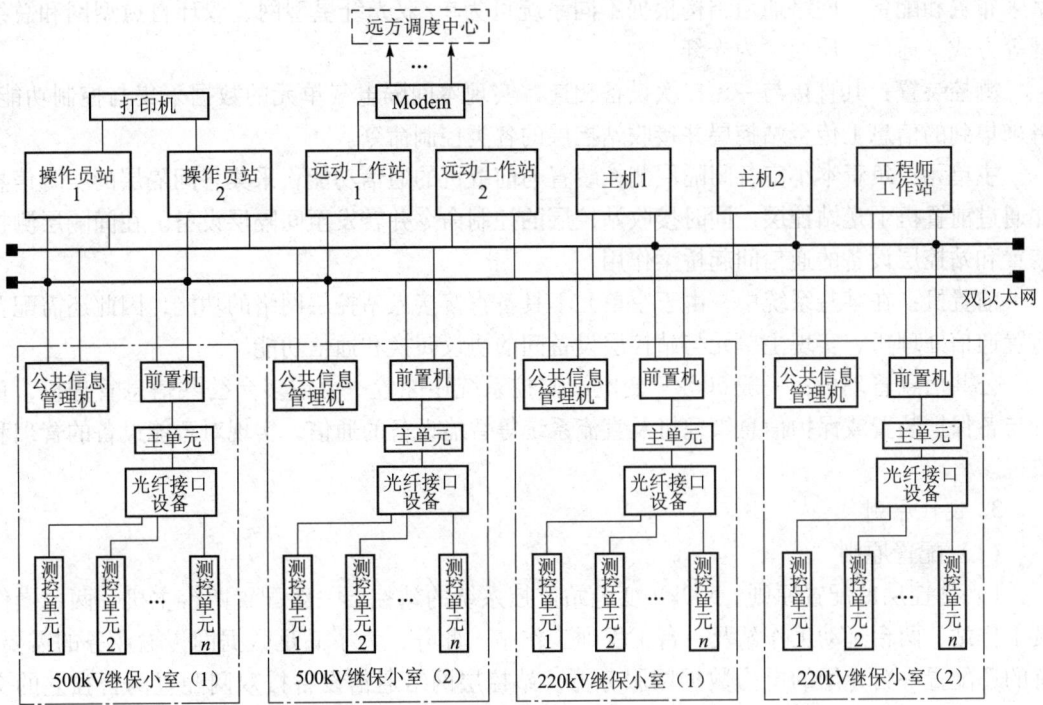

图 5－17　500kV 变电站计算机监控系统常见结构

（1）站控层结构

通常 500kV 变电站监控系统的站控层采用双以太网结构，主要完成系统的人机对话，以及全站的操作、运行和维护等功能。目前采用的操作系统主要是 Unix 的操作平台，也可以根据实际需要采用 Windows 操作平台。其主要包括操作员工作站、主机、工程师工作站、远动工作站及站控层网络设备等。

主机：两台主机以主备方式同时工作。所有的信息数据均存放在主机的数据库中，通过权限设置，任意一台计算机都可将采集来的实时数据进行分析运算、分类和处理，并可进行功能组态、软件设置及网络管理。

操作员工作站：它是运行人员对全站设备进行安全监视与执行控制操作的人机接口。运行人员通过操作员工作站对变电站全部的一次设备及二次设备进行监视、测量、记录并处理各种信息，并对变电站的主要电气设备实现远方控制。

工程师工作站：主要完成应用程序的修改和开发；修改数据库的参数和参数结构；继电保护上送信息和定值的查询；在线画面和报表及顺控程序的生成和修改；在线测点的定义和标定、系统维护和试验。

远动工作站：两套远动工作站采用主备方式运行，分别与网、省、地三级调度通信，具备远传数据库及通信规约解释程序，实现数据组态传送功能。

站控层网络：采用双以太网结构，实现各工作站的双网冗余配置，其传输介质既可为光纤也可为屏蔽双绞线。

（2）间隔层结构

间隔层设备主要由各种不同型号的测控装置、网络设备等组成，一般按照电气单元和小室来布置和配备。网络通信结构根据不同系统可为单/双光纤星型网、双环自愈型网和总线网等方式。通信介质通常为光纤。

测控装置：其直接与一、二次设备相连，实现本间隔电气单元的数据采集与控制功能，将采集到的信息上送至站控层并接收站控层的各类控制命令。

主单元：负责本小室各间隔层测控装置与前置机的通信功能，采集各间隔层的实时信息并通过前置机上送站控层，同时接收站控层的控制命令并转发至间隔层设备。在间隔层测控装置和站控层设备的通信间起桥梁作用。

前置机：在某些系统中，由于主单元不具备直接接入站控层网络的功能，因此还需配置前置通信处理机，实现主单元与站控层设备间的协议转换和通信功能。

公共信息管理机：一般500kV变电站监控系统还配置一台或多台公共信息管理机，负责与各保护装置或保护信息管理机及直流系统等智能设备的通信，实现对智能设备的管理和监视。

3. 设计原则

（1）配置原则

1）站控层的配置原则。500kV变电站监控系统的站控层一般配置两台主机、两台操作员工作站、两台远动工作站及一台工程师工作站。此外，为了满足数据网传输业务的需要，有的还配置一台专用的电力数据网服务器。站控层网络通信设备按双网配置两台独立的交换机。

2）测控装置的配置原则。间隔层测控装置严格按电气单元配置并组屏。每一个电气单元由一个测控装置完成本电气间隔的所有测控功能，满足与电气单元的独立"一对一"原则。具体为：

目前500kV主要采用3/2断路器接线方式，即500kV两段母线间有3台断路器和2条线路。通常，500kV一个完整串需配置3台独立的测控装置，其中线路保护信号接入到母线侧断路器测控装置内。也有配置5台独立的测控装置，即两条线路另配置两台测控装置。此外，主变压器本体通常也配置1台独立的测控装置。

220kV、35kV的测控装置按断路器配置，每台断路器配置1台测控装置；500kV、220kV、35kV按每段母线单独配置1台测控装置；站用电和直流系统各按实际数量一一对应配置。此外，每继电器室各配置1台公用测控装置，以采集直流系统等公用信息。

（2）组屏原则

1）站控层的组屏原则。500kV变电站监控系统的站控层设备通常布置于主控制室。两台远动工作站组两面屏，站控层网络设备和电力数据网络设备各组一面屏，其余设备通常不组屏。近年来，为了规范设计，改善计算机的运行状况，主机等装置也开始按组屏方式设计。

2）测控装置的组屏原则。通常500kV变电站监控系统的间隔层设备按500kV和220kV各两个继电器小室分别就地集中布置。测控装置的组屏原则为：500kV继电器小室按一串间隔电气单元（3/2开关接线方式）组成两或三面测控装置屏；220kV继电器小室按2个间隔电气单元单独组一面屏；每台变压器按其各侧的电压等级分别组屏，也可以单独组成一面屏；35kV电容器、电抗器间隔电气单元一般按3~4台装置分别组屏。公共信息管理机单独组屏，布置于各继电器小室。

4. 特点

（1）配置要求

由于500kV变电站在电网中的特殊地位，因此对其监控系统的要求十分严格，对设备软硬件配置均提出了很高的要求，重要设备要求按双重化配置。此外，为了减轻主机设备的工作负担，通常将主机和人机操作员站分别独立配置；同时为了便于运行维护，还需配置专用的工程师工作站。因此，500kV变电站计算机监控系统的站控层设备配置是较完备的。由于目前500kV变电站主要采用有人值班的模式，后台系统的各种报警、显示功能均按照有人值班要求来完善；上送远方的信息相对也较少，可暂不要求具备远方遥控的功能。

（2）控制功能

500kV变电站计算机监控系统的一大特点就是控制对象全面性，其控制范围一般涵盖500kV的所有断路器、电动隔离开关和接地开关、220kV的所有断路器和隔离开关、35kV的所有断路器和隔离开关及主变压器分接头等。有的500kV变电站甚至要求所有的接地开关都要求具有远方控制功能。500kV变电站控制方式一般采用四级：间隔层测控装置上的一对一操作、站控层计算机上的操作、远方调度操作和操动机构上的手动操作。这四级控制方式在任何时刻只允许用一种方式操作一个对象。为了实现间隔层测控装置上的一对一操作，测控装置一般应具备如下条件：

1）每个测控装置上应当具有较高分辨率的较大LCD显示屏，能显示相应间隔的电气一次接线图及断路器编号；

2）每个测控装置上应当具有操作键盘，能通过键盘设置间隔层设备的工作方式（就地/远方）和控制所有的被控对象；

3）当测控装置设置成就地工作方式时，后台及控制中心的远方控制权限应被闭锁；当测控装置设置成远方工作方式时，面板上就地的控制权限应被闭锁，但无论何种方式监测信息不受影响。

（3）防误操作联锁功能

由于500kV变电站监控系统的操作控制对象除断路器外还包括隔离开关和接地开关，因此其必须具备完整、严密的防误操作闭锁功能。500kV变电站的防误闭锁功能通常由计算机监控系统负责实现，而不再配置独立的微机防误系统。计算机监控系统的防误闭锁功能由间隔层和站控层两层防误功能组成，其中操作员工作站等站控层设备安装相应的防误软件，综合全站实时信息进行逻辑判断，实现全站的防误闭锁功能；而由各测控装置内部防误闭锁

179

逻辑主要负责完成本间隔的防误联/闭锁功能。

（4）同期功能

由于 500kV 变电站通常作为两个不同电网的合环点，因此 500kV 和 220kV 所有断路器（主变压器 220kV 侧开关除外）配置的测控装置均应具有检同期合闸功能。同期电压输入分别来自断路器两侧电压互感器的单相电压。当两侧均无压或一侧无压时，允许检无压合闸；当两侧有压时，只有满足同期条件才允许合闸。计算机监控系统应具备同期合闸、检无压合闸及强制合闸三种合闸功能。三种功能要求在判别方式上严格分开，并能够根据需要由操作人员主动选择。

500kV 变电站监控系统同期通常是捕捉同期，即：同期合闸时，测控装置接收到合闸命令后在规定的时间内搜索同期点，当两个待并网系统满足同期条件时，测控装置在合适的时刻发出合闸命令，如果在规定的时间内未搜索到同期点，则测控装置不发合闸命令。此外，在进行检同期操作时，监控系统应具有自动检测电压二次回路状态的功能，从而避免因同期电压二次回路故障而引起非同期合闸事故的发生。

（5）继电保护完全独立

500kV 变电站在电网中的重要地位，注定了其对继电保护装置可靠性的要求十分高。因此在 500kV 变电站中，各电压等级的继电保护装置和监控系统设备通常完全独立配置，包括 35kV 的无功补偿设备。保护装置和测控装置间仅通过二次信号回路将保护动作硬触点信号接入监控系统；同时为了确保获取详细的保护动作信息，便于事故分析和处理，通常要求配置一定数量的公共信息管理机，各保护装置通过公共信息管理机以通信方式将各类保护软报文信息送至监控系统，可使运行人员获得十分详细的保护信息。

（6）对时功能

早期的 500kV 变电站一般均按继电小室配置 GPS，而且保护设备和监控系统各自独立配置，由其负责本小室的保护和监控设备的对时功能。上述配置模式，一方面导致资源浪费，运行维护困难；另一方面也增加了全站时钟不同步的概率，不利于事故分析。基于上述原因，近年来正在逐步推行采用全站统一 GPS 对时系统，即整个 500kV 变电站二次系统只配置一套 GPS 系统，由其通过多种对时扩展接口负责站内全部保护设备和监控设备的对时功能，以达到全站时钟的统一。为了确保对时功能的可靠性，一般均配置两台 GPS 主机，主备运行。

（7）抗干扰措施

由于 500kV 变电站电磁干扰较大，受雷击和一次设备的接地短路对间隔层设备的影响大，因此计算机监控系统的间隔层设备必须具备如下性能：① 不会因与高压设备的距离近而受到损害，不因变电站一次设备的操作、保护跳闸、雷电波产生的电磁场瞬态干扰而影响设备的正常运行；② 间隔层测控装置之间、间隔层设备与同一小室的其他智能设备（如保护、故障录波器等）之间的通信，以及间隔层设备与站控层设备之间的数据通信不能因受电磁干扰而中断或影响。为了进一步提高系统的抗干扰能力，间隔层设备通常均要求采用光纤作为通信介质。此外，相对于其他低电压等级的变电站，500kV 变电站的电磁干扰等问题相对更突出，因此 500kV 变电站的各继电器小室还按屏蔽小室设计，对小室的门和墙都有严格的屏蔽要求。

二、220kV 变电站计算机监控系统结构与特点

1. 概述

220kV 变电站是一种在电力系统中占据非常重要地位的地区级枢纽变电站，承担了区域内电网负荷的调配。220kV 侧的电气主接线方式主要有单母线分段、双母线、双母线双分段和双母线带旁路等；110kV 侧的接线方式主要有单母线分段、双母线和双母线带旁路等；低压侧 35kV（或 10kV）主要是单母线分段接线方式；主变压器一般有两台到三台不等，也有两绕组和三绕组之分。

在 220kV 变电站的监控系统中，保护系统和监控系统也常常独立配置，只有 35kV（或 10kV）等低压部分才会采用保护测控合二为一的单元装置，其余配置基本等同于 500kV 变电站。

220kV 变电站计算机监控系统均按无人值班设计，并已开始推行有人留守少人值班的运行模式。因此，虽然其监控系统后台系统的配置比较全面，功能也相对比较复杂，但随着无人值班工作的逐步开展，其后台系统配置及功能将逐步简化。

2. 网络结构

220kV 变电站监控系统的结构模式与 500kV 基本相同，其典型网络结构如图 5-18 所示。

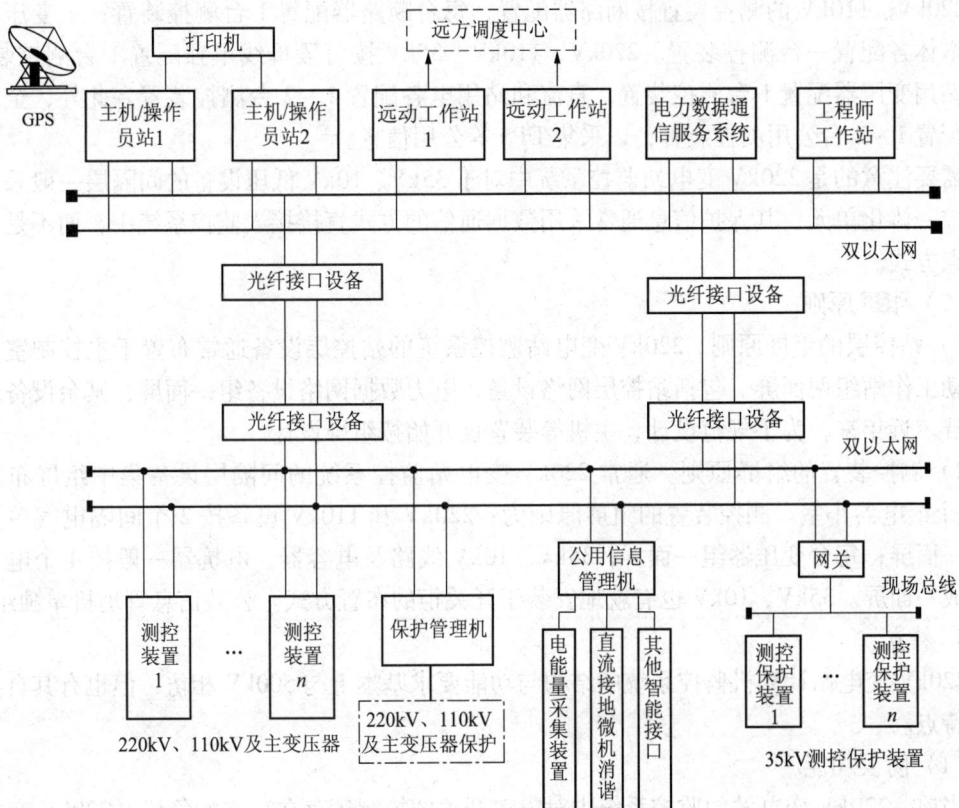

图 5-18 220kV 变电站计算机监控系统典型结构

220kV 变电站监控系统的站控层通常采用双以太网结构，但操作系统主要选用 Windows

操作平台，也有部分系统选用 Unix 平台。站控层设备主要包括操作员工作站、工程师工作站、远动工作站及站控层网络设备等。

站控层网络通信系统的设备通常采用双以太网，介质可以是光纤或网络线以完成相互之间的通信。

间隔层设备的布置和配备一般按照电气单元来实施，集中组屏于主控室，也有部分变电站按照电气设备的布置按保护小室来实施。通信方式以以太网、现场总线为主，通信介质可以是光纤或网络线。

3. 设计原则

（1）配置原则

1）站控层的配置原则。220kV 变电站监控系统的站控层与 500kV 基本相同，一般配置两台操作员工作站、两台远动工作站、一台工程师工作站。为减少投资，通常将主机和操作员工作站合并，此外，工程师工作站也作为选配。站控层网络通信设备一般按双网配置两台独立的交换机。

2）测控装置的配置原则。间隔层测控装置严格按电气单元配置并组屏。每一个电气单元由一个测控装置完成本电气间隔的所有测控功能，满足与电气单元的独立"一对一"原则，具体为：

220kV、110kV 的测控装置按断路器配置，每台断路器配置 1 台测控装置；主变压器各侧及本体各配置一台测控装置。220kV、110kV、35kV 按每段母线单独配置 1 台测控装置，每台站用变压器配置 1 台测控装置，直流和站用电各配置 1~2 台测控装置。此外，全站一般还配置 1~2 台公用测控装置，以采集 UPS 等公用信息。

需要注意的是 220kV 变电站监控系统中对于 35kV、10kV 低压设备的间隔层一般采用保护测控一体化单元，其保护信息通常采用数据通信的方式直接接入监控系统中，而不是采用硬触点方式。

（2）组屏原则

1）站控层的组屏原则。220kV 变电站监控系统的站控层设备通常布置于主控制室。两台远动工作站组两面屏，包括站控层网络设备，电力数据网络设备组一面屏，其余设备通常不组屏。近年来，为了规范设计，主机等装置也开始按组屏设计。

2）测控装置的组屏原则。通常 220kV 变电站监控系统的间隔层设备集中组屏布置于1~2 个继电器小室。测控装置的组屏原则为：220kV 和 110kV 设备按 2 个间隔电气单元单独组一面屏；每台变压器组一面屏；35kV、10kV 线路及电容器、电抗器一般按 4 个电气间隔组成一面屏。35kV、10kV 也有就地安装于开关柜的布置方式。公共信息管理机单独组屏。

4. 特点

220kV 变电站计算机监控系统的结构与功能要求基本上与 500kV 相仿，但也有其自身的一些特点。

（1）防误功能

当前，220kV 变电站的监控系统中对隔离开关的控制还存在一定的争议（220kV 变电站中隔离开关的实际操作中基本不采用遥控方式）。因此，其防误功能实现方式存在多种形式，主要有以下三种：① 采用独立的微机防误系统，其与监控系统通过串口或网络方式进行数据通信，以获得一次系统的实时运行状态。② 采用将微机防误功能作为独立的功能模块内嵌于监控系统，不配置单独的防误微机，但锁具、编码锁等仍沿用。③ 采用完全由监控系统的间隔层和站控层设备共同实现的全站防误功能，不需配备锁具、编码锁等设备。

三种防误功能实现模式各有优缺点。① 独立防误系统模式，优点是防误功能相对独立，并且具备模拟预演功能，便于改、扩建工程防误逻辑验证；缺点是功能的真正实现依靠防误和监控厂家共同完成。实践证明采用通信方式，尤其是串口通信时问题相对较多，通信中断、信息出错等导致不能正常进行遥控操作的情况时有发生。② 内嵌监控系统模式，优点是既有独立微机防误系统的特点，又避免了防误和监控厂家的配合问题；缺点是预演和实际操作界面在同一电脑上，需人为切换，存在区别不明显、容易混淆的问题。③ 监控系统自身防误功能模式，优点是具有站控层和间隔层双重防误闭锁逻辑，简洁可靠，操作方便；缺点是与传统操作和管理模式不一致，且在改、扩建工程中的防误逻辑验证较困难。

就目前的技术水平和管理模式而言，三种模式并存的现象还将维持一段时间，但从技术发展的角度来看，采用监控系统防误功能应是发展方向。

（2）继电保护相对独立

220kV 变电站中，继电保护和监控系统相对独立。通常对于 220kV、110kV 线路及主变压器的重要电气设备通常采用独立配置继电保护装置和测控装置的方式；而对于 35kV 的电气设备，包括线路和电容（抗）器等无功补偿设备，则通常采用保护测控合一装置，以减少投资、简化设计，且保护测控合一装置通常由监控系统厂家负责提供，并作为监控系统的有机组成部分。国内生产的保护测控合一装置的保护和测量电流互感器一般均分开，以适应国内的专业管理模式。此外，110kV 及以上的微机保护需通过保护信息管理机以通信方式接入监控系统。

（3）35kV 线路的距离保护功能

采用保护测控一体化装置是因为 35kV 出线的保护配置要求相对较简单，一般只要求具备三段式电流保护即可。然而，随着电网的不断发展，35kV 线路供电半径的缩短、供电容量的增大，故障时的短路容量增大了许多，普通的三段式电流保护已不能满足保护配置要求。因此，对 35kV 线路的保护配置也提出了更高的要求，如需具备距离保护功能等。然而，目前国内外厂商生产的适用于低压系统的保护测控合一装置一般不具备距离保护功能，给设备的选型带来一定的难度。因此，就目前而言，35kV 出线保护测控一体化装置的距离保护功能可根据实际需要配置。

（4）保护测控合一装置安装问题

对于 35kV、10kV 的保护测控一体化装置的安装方式主要有两种，即就地安装于开关柜和集中组屏安装于继电保护小室。就地安装可以节省大量二次电缆，简化二次回路，减少了施工和设备安装工程量，减少屏位；改造工程中还具有减少运行设备与改造设备间相互影响等优点。但就地安装也存在诸如 35kV 开关柜较高，不便于日常运行巡视；装置的运行使用环境要求较高等问题，尤其是目前 35kV、10kV 的间隔层设备已基本采用网络通信方式，其网络通信设备的安装及运行环境等问题必须妥善解决。因此，保护测控合一装置是否就地安装应根据实际情况综合考虑而定。

三、110kV 及以下变电站计算机监控系统基本结构与特点

1. 概述

随着电网的不断发展，110kV、35kV 变电站主接线越来越简单，其重要性也在逐步降

低。10kV 及以下变电站的自动化系统中，保护系统和监控系统已紧密地融合在一起，通常除 110kV 线路及主变压器的保护由独立的装置完成外，其余低电压设备的保护功能均由保护测控合一装置实现，即综合自动化系统。目前，110kV 及以下变电站均已按无人值班设计。

2. 网络结构

目前，在 110kV 及以下电压等级的中低压变电站使用较多的是总线型分层分布式变电站计算机监控系统。采用主单元来完成站控层对间隔层数据信号的采集和处理，实现与间隔层保护和测控设备之间的通信，以及与远方调度控制中心之间的通信。

分层分布式的 110kV 及以下变电站计算机监控系统虽然也包含了站控层（后台及主单元）和间隔层（间隔层保护与控制单元）两大部分，但其网络结构相对简单了许多。图 5 - 19 为 110kV 变电站计算机监控系统的典型结构图。

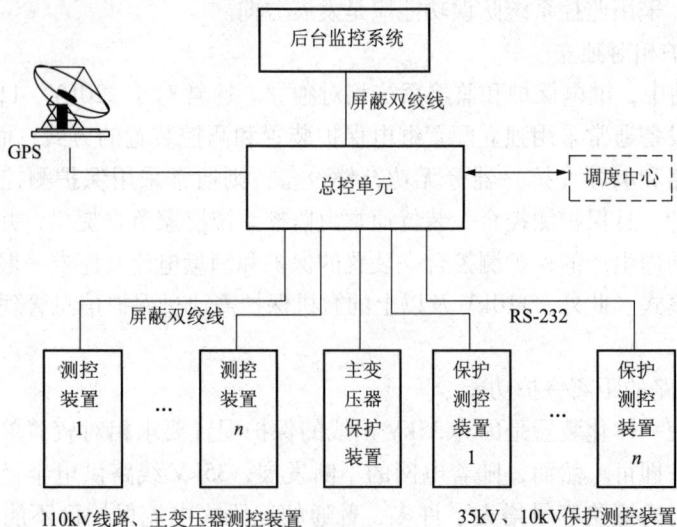

图 5 - 19　110kV 变电站计算机监控系统典型结构

站控层设备主要包括一台后台机及主单元。后台机的操作系统通常是 Windows 操作平台，主要完成系统的人机对话，全站的操作、运行和维护等功能。主单元一方面完成与站内间隔层的各种测控装置或测控保护单元以及各种智能电子装置（IED）的通信以及与站控层的后台系统之间的信息交换，同时还负责与远方调度控制中心的信息传输功能，起到远动工作站的作用。它作为后台系统与间隔层单元之间的桥梁，在整个系统中起到了承上启下的关键作用。

110kV 及以下变电站计算机监控系统的所有间隔层设备，除测控装置和保护测控合一装置外，通常主变压器保护、备自投等设备也由计算机监控系统厂家统一供应，并通过通信方式直接接入监控系统的通信网络，成为监控系统的间隔层设备。从这个意义上来讲，110kV 及以下电压等级变电站的计算机监控系统可称为综合自动化系统。

110kV 及以下变电站由于其规模较小，在电网中所处的地位相对较不重要，因此其对计算机监控系统的要求也就不如 220kV 及以上变电站高。在实际使用中，110kV 及以下变电站多采用串行数据通信或现场总线型的计算机监控系统，对通信介质的要求也相对较低。近年来，随着以太网技术在高电压等级变电站计算机监控系统的成功应用，110kV 及以下变电站也逐渐开始使用这项技术。

对于全站的智能电子装置（IED），可通过开关量或串行通信方式接入变电站计算机监控系统，实现对智能电子装置的管理和监视。

3. 设计原则

（1）配置原则

1）站控层的配置原则。110kV 及以下变电站监控系统的站控层一般只配置一台后台机及一台主单元（也可为双主单元）。在有些变电站，主单元还具有与远方通信的功能，即兼作远动工作站。在某些变电站也专门配置 1~2 台远动工作站，专门负责与远方调度的通信功能。近年来，随着 110kV 及以下变电站无人值班工作的深入开展，其后台功能越来越弱化，甚至有人已建议取消后台系统。

2）间隔层的配置原则。110kV 及以下变电站监控系统系统的间隔层设备包括 110kV、主变压器、35kV 及 10kV 电气间隔的保护和测控设备，间隔层设备完全按一次设备中的断路器间隔、主变压器间隔等单元配置间隔层的保护、测控装置设备，并配置相应的全站公用测控装置。

（2）组屏原则

110kV 及以下变电站计算机监控系统的总控单元采用集中组屏安装，布置在变电站的主控室内，当地后台监控系统宜布置在主控室内。

35kV、10kV 线路采用保护、测控合一装置，一般直接分散安装在开关柜上；110kV 线路和主变压器的保护设备和测控设备各自独立配置，采用集中组屏的方式，和主单元以及当地后台系统一起安装在主控室。

4. 特点

（1）保护与测控的高度合并

110kV 及以下变电站计算机监控系统中，保护装置与测控装置高度合一。这不仅表现在 35kV、10kV 线路采用保护测控合一装置，还表现在主变压器保护、备自投等相对独立的保护装置也通常由监控系统的生产厂家负责提供，其通过双绞线、光缆等通信介质和相同的规约以通信方式直接接入总控单元（而非普通二次电缆），完成保护信息的采集与传输，实现真正的综合自动化功能。保护和测控功能是整个变电站计算机监控系统（综合自动化系统）不可分割的基本组成部分。

（2）综合自动控制功能广泛应用

由于 110kV 及以下变电站在电网中处于相对不重要的位置，因此变电站计算机监控系统的各种综合自动控制功能得到了较为广泛的应用，如小电流接地选线功能、无功电压综合控制功能（VQC）等。

1）小电流接地选线功能。目前，各种类型的变电站监控系统均具有小电流接地选线功能，实现方式也不尽相同。例如，中德公司的 LSA67 系统直接由间隔层测控保护合一装置实现；北京四方公司的 CSC2000 系统既可由间隔层保护测控合一装置实现，也可由专用工作站和间隔层测控保护合一装置共同配合完成，以提高选线的正确性。在原理上有零序功率判别、5 次谐波法等多种。但目前各系统的小电流接地选线功能在实际过程中均不理想，尚需进一步完善。

185

2）VQC 功能。目前，各种类型的变电站监控系统均具备了电压无功综合控制（VQC）功能。当前，由监控系统实现的 VQC 功能主要有三种模式，即当地监控软件、主单元软件和独立工作站。电压无功综合控制是一个涉及某一个区域电网乃至全系统范围的综合功能，受电网实际运行的各种动态因素影响较大。因此，总的来说变电站监控系统的 VQC 功能使用情况不能令人满意。正是在这种情况下，各地区已开始在地、县两级调度 SCADA 系统中考虑区域电压无功优化功能，并取得了初步成效。随着区域电压无功优化功能的推广，110kV 及以下变电站监控系统可不再考虑 VQC 功能。

（3）适应无人值班要求、弱化当地功能

由于 110kV 及以下变电站均已按无人值班设计，因此监控系统中负责当地监控功能的后台机等功能可适当弱化，甚至可取消。但负责与远方集控中心通信的功能需进一步加强，如远动工作站需双重化配置等，确保信息传输的可靠性。此外，为了适应无人值班的需求，更好地服务变电运行工作，110kV 及以下变电站监控系统的各项功能也在不断发展和完善之中，如开放低压出线的重合闸远方投退功能、增加统计型电压表功能等。

思 考 题

1. 简述分层分布式变电站计算机监控系统基本结构及各部分的主要作用。
2. 变电站计算机监控系统的网络通信结构有哪几种？
3. 简述采用串行数据通信的变电站计算机监控系统的主要特点。
4. 简述采用现场总线的变电站计算机监控系统的主要特点。
5. 简述采用以太网的变电站计算机监控系统的主要特点。
6. 简述分层分布式结构系统的三种布置形式及其特点。
7. 简述 500kV 变电站计算机监控系统的主要特点。
8. 简述 220kV 变电站计算机监控系统的主要特点。
9. 简述 110kV 及以下电压等级变电站计算机监控系统的主要特点。

第六章

变电站计算机监控系统电磁兼容

本章主要介绍了电磁兼容的基本概念及其标准；电磁干扰的分类及其产生的主要原因和特点；变电站监控设备的抗扰度要求及变电站抗电磁干扰的措施。

第一节　电磁兼容概述

随着电子信息技术的飞速发展及电子设备的广泛应用，人类生活空间中的电磁场日益复杂，电磁能量也越来越大，电磁干扰（EMI）成为一种严重的并不断增长的环境污染，对人类的身体健康、设备功能的影响也日渐显著。电磁兼容（EMC）作为一门新兴学科也在认识、研究和控制电磁干扰的过程中得以形成，并得到迅速发展。

一、电磁兼容的概念及其标准

根据 GB/T 4365—1995《电磁兼容术语》的定义，电磁兼容就是设备或系统在其电磁环境中能正常工作，且不对该环境中任何事物构成不能承受的电磁干扰的能力。该标准等同采用 IEC 60050 – 161（国际电工词汇 IEV 第 161 章）。

从上述定义可知，电磁兼容（EMC）由电磁干扰（EMI）和电磁敏感度（EMS）构成，包括两方面的内容：① 设备和系统不受电磁干扰的影响，即其抗干扰的能力；② 设备不对周围的其他设备形成不能承受的干扰，即设备和系统发射的电磁能量的控制。电磁兼容涉及的问题有干扰源特性的研究、电磁干扰的传播特性（包括辐射及传导）、系统内及系统间的电磁兼容性、敏感设备的抗干扰特性、电磁兼容测量和试验五方面的问题。因此，电磁兼容学通过研究电磁干扰产生的原因、电磁干扰的性质及其传输的机理，系统地提出控制电磁干扰的技术措施，并通过制定标准和规范，建立电磁兼容试验和测量的体系，从而解决一系列的电磁兼容理论和技术问题。

目前国际上权威性的电磁兼容标准有 CISPR（无线电干扰国际专委会）出版物、IEC 61000 系列标准、欧共体的 EN 标准、德国的 VDE 标准、美国的 FCC 标准和军用标准 MIL-STD。我国也已制定了相应的电磁兼容性标准。国际电工委员会（IEC）有 CISPR 和 TC77（设备和网络间专委会）专门致力于电磁兼容工作。其中，CISPR 主要负责频率高于 9kHz 的所有无线电通信保护设备的产品发射标准；TC77 主要负责抗扰度标准制定和频率≤9kHz 电磁发射标准的制定，主要研究电气设备之间电磁兼容性的有关标准，与电力系统电磁兼容的关系最为密切。

IEC/TC 77 制定的 IEC 61000 – 4 – X 抗扰度标准是 IEC 801 标准的扩充，是电气与电子设备电磁兼容测试的基础性标准，它讨论了在电磁环境中的电气和电子设备的抗干扰性能测试。标准考虑了传导和辐射两方面的内容，涉及了设备与电源、控制线路及通信线路的连接问题。IEC 61000－4－X 中抗扰度试验包含有低频干扰、传导性质的瞬变及高频干扰、静电放电干扰、磁场干扰及电场干扰等。

IEC/TC 95 委员会属于产品委员会，负责"量度继电器和保护装置的电磁兼容要求"的标准制订工作。他们借鉴了 TC77、CISPR 委员会的基础标准，并结合继电保护的实际情况，相继制订了《量度继电器和保护装置》IEC 60255－X 系列产品标准。如测控/保护装置要做脉冲干扰、快速瞬变干扰、静电放电干扰及辐射电磁场干扰等试验。现行的 GB/T 14598 等同 IEC 60255－X。产品类标准的发展趋势是逐步向 IEC 61000－4－X 基础标准靠拢。

二、电磁干扰的三要素及特性分析

从电磁兼容的内容可知，电磁干扰的形成必须同时具备以下三个条件：

1）电磁干扰源，指产生电磁现象并影响其他设备、系统正常工作的设备、系统或自然现象；

2）干扰传播途径，指把电磁能量从干扰源传递到电磁敏感设备的通路或媒介；

3）电磁敏感设备，指对非期望的电磁现象产生反应并导致性能下降的设备或系统。

通常将这三个条件称为电磁干扰三要素，如图 6－1 所示。

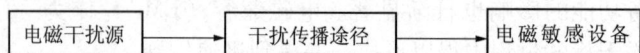

电磁干扰源 → 干扰传播途径 → 电磁敏感设备

图 6－1　电磁干扰三要素

从电磁干扰源在环境中产生的干扰效应分析，其特性主要体现于电磁干扰能量在环境空间、时间及频率上的分布。根据干扰的频率分布特性可以确定干扰的频谱宽度，从而又可细分为窄带干扰与宽带干扰。同时，干扰的波形特性也是影响干扰频谱宽度的重要因素，一般，干扰脉冲的斜率越陡，所产生的频带越宽。干扰能量的时间分布特性与干扰源的工作时间和干扰的出现率有密切关系。根据干扰的时间分布特性，干扰可分为周期性、非周期性及随机干扰等类型。

对应于电磁干扰源的特性，电磁敏感设备的特性主要体现于敏感度和抗扰度方面。无论是敏感度还是抗扰度都是用来表述敏感设备或系统对电磁干扰的响应特性，分别描述了两个截然不同的方面，即敏感度越高则抗干扰能力越差，抗干扰能力越强则敏感度越低，二者之间存在着"此长彼消"的互补关系。

电磁干扰信号从干扰源传播到敏感设备的方式通常为传导耦合和辐射耦合两种方式。传导耦合是指电磁干扰信号通过干扰源与敏感设备之间的阻抗进行传播的过程。辐射耦合是指电磁干扰信号以电磁波的形式在空间传播，通过接收回路耦合到敏感设备进行传播的过程。而具体的方式及途径如图 6－2 所示。

在很多场合下，电磁干扰信号以传导耦合和辐射耦合这两种方式同时进行传播，或通过媒介相互转换，如图 6－3 所示。

通过以上的分析，可以将电磁干扰进行分类。分类方法很多，可以根据干扰的来源划分、产生的机理划分，还可以根据传输方式、传播途径以及敏感设备的反应程度等来分类。

（1）按干扰的来源划分

1）自然源：由自然界电磁现象产生的电磁干扰，如雷电、宇宙噪声、静电；

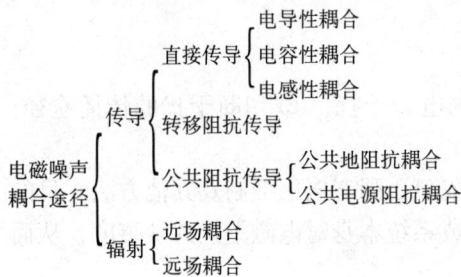

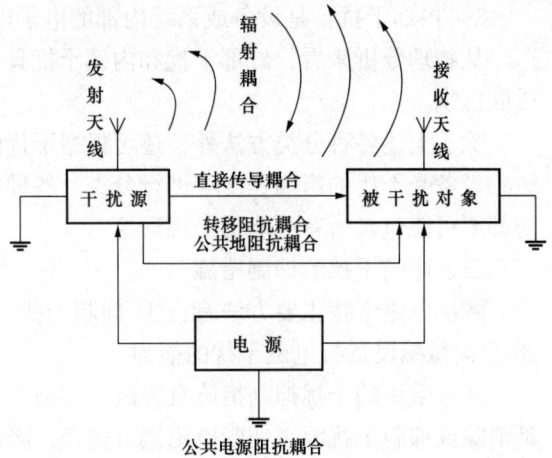

图6-2 电磁干扰耦合方式及传播途径

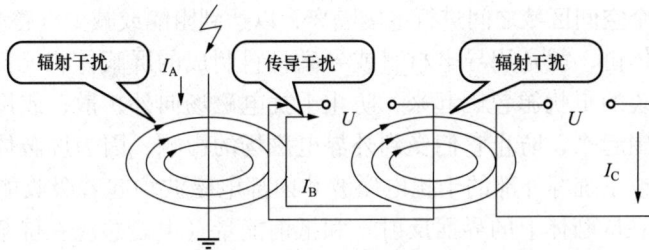

图6-3 雷电泄放中传导耦合和辐射耦合的相互转换

2）人为源：由电器设备等人工装置产生的电磁干扰。

（2）按干扰的传播途径划分

1）传导干扰；

2）辐射干扰。

（3）按干扰在传输线上的传输方式划分

1）差模干扰：指干扰幅度相等、相位相反，干扰信号与信号的路径在往返上一致的，属于对称性干扰，如图6-4（a）所示。它是导致电路中两个被测量点的电位差发生相对变化的干扰。

2）共模干扰：指干扰大小和方向一致，以地为公共回路，是信号对地的电位差，如图6-4（b）所示。其存在于任何一相对大地间。共模干扰也称纵模干扰、不对称干扰或接地干扰，是载流体与大地之间的干扰。

差模干扰和共模干扰，如图6-4所示，其中 U_s 为信号，U_{nm} 和 U_{cm} 为干扰信号。共模干扰通过不对称电路可转换成差模干扰。

图6-4 差模、共模干扰示意图

（a）差模干扰；（b）共模干扰

（4）按对敏感设备产生干扰的区域划分

1）外部干扰：与设备或系统的结构无关，而是由使用条件和外部环境因素决定的电磁干扰；

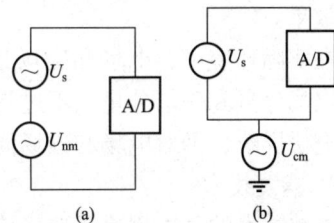

2）内部干扰：是设备或系统内部的电子电路产生的各种电磁干扰。

从物理分析来看，外部干扰和内部干扰具有同一物理性质，因而消除和抑制的方法没有质的区别。

除了上述各种分类方法外，还可根据干扰的特性、干扰的频谱范围、时域特性以及电磁敏感设备受干扰的影响程度等进行分类。各种分类方法都有其相应的理由，但每一种分类方法都不可能包含所有可能的干扰现象。

三、电磁干扰的抑制措施

解决电磁干扰主要方法有：① 抑制干扰源产生的电磁干扰；② 切断干扰的传播途径；③ 提高敏感设备抗电磁干扰的能力。

通常采用的干扰抑制措施有屏蔽、接地、滤波、隔离、瞬态电压抑制及其他方法。目的是消除或抑制干扰源，切断电磁耦合途径，降低设备或系统本身对电磁干扰的敏感度，从而提高电磁兼容性。

1. 屏蔽技术

屏蔽就是对两个空间区域之间进行电磁隔离，以达到阻隔或减少电磁波由一个区域对另一个区域传播。具体讲，就是用导电材料或导磁材料制成的屏蔽体将元部件、电路、组合件、电缆或整个系统的干扰源包围起来，防止干扰电磁场向外扩散；或用屏蔽体将接收电路、设备或系统包围起来，防止它们受到外界电磁场的影响。因为屏蔽体对来自导线、电缆、元部件、电路或系统等外部的干扰电磁波和内部电磁波均起着吸收能量（涡流损耗）、反射能量（电磁波在屏蔽体上的界面反射）和抵消能量（电磁感应在屏蔽层上产生反向电磁场，可抵消部分干扰电磁波）的作用，所以屏蔽具有减弱电磁干扰影响的功能，是一种抑制电磁干扰的有效措施。

屏蔽有多种不同的分类方法。按屏蔽源性质或屏蔽原理的不同，可分为电屏蔽、磁屏蔽和电磁屏蔽。

电屏蔽利用与大地相连的导电性良好的金属体，使金属体内部的电磁信号不外泄，外部的电磁信号不内传，减少金属体内外之间的电磁感应，起到隔离内外电场的作用。

磁屏蔽是用于抑制磁场耦合，实现隔离的一种手段。其包括低频磁屏蔽和高频磁屏蔽，两者的屏蔽原理大不相同。低频磁屏蔽是利用导磁率高、磁阻小的铁磁性材料，对磁场起分路作用来实现屏蔽效果。高频磁屏蔽是利用导电性良好的材料制成屏蔽体，通过其在高频干扰磁场作用下产生涡流，涡流产生的反磁场对高频干扰磁场有抵消或减弱作用的原理，实现屏蔽效果。

在实际环境中，电场和磁场是同时存在的，在不同的空间、时间，随干扰源特性的不同，电场分量和磁场分量只不过是主要矛盾与次要矛盾的区别。因此，通常所说的屏蔽，指的是电磁屏蔽，即对电场和磁场同时加以屏蔽。

2. 滤波技术

滤波技术的基本用途是选择信号和抑制干扰，为实现这两大功能而设计的网络都称为滤波器。滤波是压缩信号回路干扰频谱的一种方法，当干扰频谱与信号频谱不同时，通过滤波器可以将无用的干扰信号过滤减小，使传出干扰源的信号不超出给定范围，使传入敏感设备的干扰不致引起系统性能的下降甚至误动作。因此，电磁干扰滤波器的使用主要根据干扰信号的特性和系统要求。

通常按功用可把滤波器分为信号选择滤波器和电磁干扰滤波器两大类。信号选择滤波器是有效去除不需要的信号分量，同时是对被选择信号的幅度和相位影响最小的滤波器。电磁干扰滤波器是以能够有效抑制电磁干扰为目标的滤波器。电磁干扰滤波器常常又分为信号线EMI 滤波器、电源 EMI 滤波器、印刷电路板 EMI 滤波器、反射 EMI 滤波器及隔离 EMI 滤波器等。

3. 接地技术

接地是指将一个导体与另一个零电位基准的导体搭接在一起。一般，"地"有两种含义：一种是"大地"，真正的地；一种是"系统基准地"。

接地的目的主要有两个：① 为了安全，称为保护接地或安全接地；② 为了抑制干扰，通过接地使内部电荷可通过本机地释放到大地，使外部干扰因接地机壳的屏蔽作用不能进入，同时为系统内的所有电路提供一个稳定统一的工作参考零电位点，称为信号地或系统地。完善的接地系统是抗电磁干扰的重要技术措施之一。

设备接大地不一定是必须的，之所以让设备接大地，更多的是由于设备及人员的安全原因。设备接信号地则是必须的，以便在设备里建立一个稳定可靠的基准电位点。

4. 瞬态电压抑制技术

瞬态电压抑制技术是指利用变阻器等非线性器件，将通过电源线或信号线进入敏感设备的瞬态过电压信号进行衰减限制。对于正常的工作信号或电压水平，非线性器件表现为高阻；当出现一个大于其击穿电压的瞬态时，非线性器件会立即转变为低阻抗，旁路瞬态干扰信号，限制被保护设备上的瞬态电压。严格意义上而言，瞬态电压抑制技术是一种可靠性防护技术。

在千变万化的电磁环境中，必须根据具体情况，将上述各种电磁干扰抑制技术相互结合和补充，灵活应用，才能在经济上和技术上达到最优的效果。

191

第二节　变电站电磁干扰及对计算机监控系统的影响

变电站计算机监控系统内部的各个子系统均为弱电系统，其工作环境是电磁干扰极其严重的强电场所。变电站内高压电气设备的操作、低压交直流回路内电气设备的操作、输电线路或设备短路等故障时产生的瞬变过程、电气设备周围的静电场和磁场、雷电引起的浪涌电压、电磁波辐射以及人体与物体的放电等都会产生电磁干扰。这些电磁干扰会影响变电站内的计算机监控系统或其他电子设备的正常运行，严重的还可能引起计算机监控系统工作不正常，甚至损坏某些部件或元器件。因此，对于变电站计算机监控系统，良好的电磁兼容性对保证系统安全、可靠运行有着重要意义。

一、变电站内电磁干扰产生的主要原因及其特点

变电站是一次设备和二次设备最集中的场所。交、直流回路的开关操作、扰动性负荷（非线性负荷、波动性负荷）、短路故障、大气过电压（雷电）、静电、无线电干扰等现象都会产生电磁干扰，甚至二次回路中电缆之间的电磁耦合也对会对变电站计算机监控系统产生干扰。变电站内的主要电磁现象及其典型的来源和起因见表 6-1。

表 6 - 1   变电站内的电磁现象来源和起因

有关的电磁现象（参考 GB/T 17626.1）		来源和起因
低频传导	谐波	具有非线性电压/电流特性的负荷：静止变频器、周波变流器、感应电动机、电焊机等
	谐间波	
	信号电压	低压供电网中的信号电压
	电压波动	负荷的变化和负荷的接入、切除，阶跃电压变化
	交流电压暂降、短时中断和电压变化	供电网络故障和开关操作
	电源频率变化	大量切负荷、切机所产生的罕见的故障状态，其最终的频率变化超过正常允许的频率变化范围
	直流电压暂降、短时中断和电压变化	供电电源故障和开关操作，蓄电池充电不足
	直流电源的纹波	交流整流，蓄电池充电
	0 ~ 150kHz（包括电源频率）范围内的传导干扰	电力电子设备、滤波器漏电流，电源频率下的故障电流的感应等
高频传导	冲击 100/1300μs	熔丝熔断
	冲击 1.2/50μs，电压 8/20μs，电流	电力网故障、雷击
	冲击 10/700μs	雷电对通信线路的影响
	振荡波：振铃波	开关操作现象、雷电的间接影响
	电快速瞬变脉冲群	操作感性负荷、继电器触点抖动、操作 SF_6 电器设备
	振荡波：阻尼振荡波	用隔离开关操作高压回路
	射频场感应的传导骚扰	射频发射机的辐射
	静电放电	通过操作人员、器具等的静电放电
磁场	工频磁场	电源回路、接地回路及电力网中的电流
	脉冲磁场	接地线和接地网络中的雷电流
	阻尼振荡磁场	用隔离开关操作中压和高压回路
	射频辐射电磁场	射频发射机的辐射

变电站电磁干扰可以概括为：① 变电站设备的交、直流电源受低频扰动；② 传导瞬变和高频干扰；③ 场的干扰；④ 静电放电。

1. 变电站设备的交、直流电源受低频扰动现象

电源受到的低频扰动包括电压波动、电压突降和中断、谐波和间谐波及信号电压干扰。由大负荷变化引起的周期性或非周期性的电压波动，幅值一般不超过 ±10% 额定电压。电压突降指电压突然降低于90% 额定值以下；电压中断指电压消失，它们主要由大负荷突变、短路、故障切除及重合闸等引起。谐波污染由电气设备的非线性电压（电流）特性所产生，如大功率整流器、换流器、感应炉、电弧炉和某些家用电器等；而非工频整数倍数的间谐波的主要来源是电弧炉、电焊机、换流器、静态变频器等。电力部门利用供电网络的电力线，在工频电压上叠加信号电压以传送某种信号时，例如负荷控制、远方读表、分时计费、电力线载波、通信等，信号电压也会对交流电源产生干扰。

除此之外，低频传导还包括电压不平衡、电网频率变化、低频感应电压和直流网络中的交流等现象。这些低频扰动对变电站的二次设备和计算机监控系统都会产生干扰。某省一

500kV 变电站曾发生过两台 220kV（正、副母）分段断路器在无任何保护动作的情况下几乎同时发生跳闸的事故，经检查分析发现，主要是由于跳分段断路器的电缆较长，芯线对地分布电容偏大，交流量窜入直流系统后通过分布电容耦合，导致出口继电器误动作。

2. 传导瞬变和高频干扰

指通过传导进入变电站计算机监控系统和电子设备的各种浪涌和高频瞬变电压或电流，它主要由雷电、断路器和隔离开关的分合所引起。

（1）浪涌（冲击）干扰

浪涌（冲击）干扰是雷电在电缆上感应产生的干扰，或大功率开关在断开过程中产生的干扰。如，继电器、微机保护的干扰源主要是通过保护装置端子从外界引入的浪涌。浪涌干扰的特点是持续时间长、能量大，室内的浪涌电压可达到 6kV，室外可达 10kV 以上。浪涌干扰可能会影响电子设备的工作，甚至会烧毁元器件。图 6-5 为示波器记录的幅值为 500V 浪涌冲击波形。

1）1.2/50μs（电压）和 8/20μs（电流）单向浪涌。产生这类单向浪涌的原因有雷击、操作和短路故障等。除变电站遭受雷击外，还可能有沿送电线路进入的雷电浪涌。如果接收设备阻抗很高，则浪涌对设备形成电压脉冲；如果设备阻抗低，则形成电流脉冲。

2）10/700μs 浪涌。这是雷击通信线路的典型瞬变过电压波形。这类浪涌有较长的持续时间和较大的能量。

3）100/1300μs 浪涌。当大容量熔断器断开低压馈电线路时，由于电路内蓄存

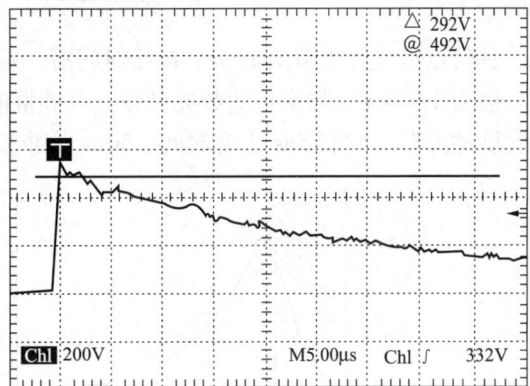

图 6-5　幅值为 500V 浪涌冲击波形

能量的释放，可能引起这类瞬变过电压，其特点是持续时间长、脉冲上升时间慢、能量大，但幅度低。

（2）阻尼振荡波干扰

在高、中压变电站，断路器和隔离开关操作或短路故障时会产生阻尼振荡波。特别是投切高压母线时，这种干扰最显著，这是由于断路器断口的电弧重燃所引起。干扰波的特性是一连串断续出现的阻尼振荡波，上升时间快、重复率高、持续时间长，振荡频率从 100kHz 至数兆赫兹。常用 1MHz 和 100kHz 阻尼衰减振荡波干扰来模拟，如图 6-6 所示。干扰试验包括共模试验及差模试验，试验时间 2s。1MHz 和 100kHz 脉冲群干扰通过传导、电容耦合和磁场耦合等方式影响监控和继电保护设备。

（3）衰减振荡波干扰

这是由于雷电、操作等波前陡峭的浪涌在低压网络内传播时，因电路中阻抗不匹配而引起反射现象形成的振荡波。典型特性是上升时间为 0.5μs、频率为 100kHz 的衰减振荡波，常出现于低压供电网及控制信号回路中。

（4）快速瞬变干扰

快速瞬变干扰是由于电路中断开小感性负载时产生的，如断开电磁式继电器、接触器

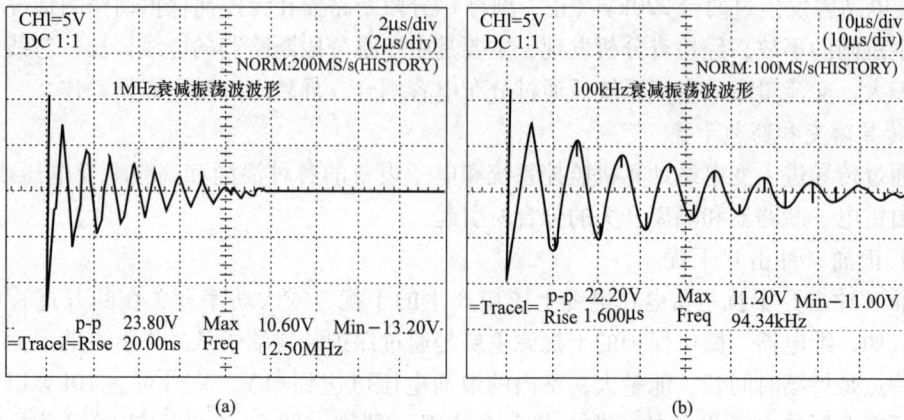

图 6 - 6 1MHz 和 100kHz 阻尼衰减振荡波形
（a）1MHz 衰减振荡波形；（b）100kHz 衰减振荡波形

等。其特点是电压上升时间快、持续时间短、重复率高，相当于一连串脉冲群，脉冲电压幅值一般为 2 ~ 7kV，频率可达数兆赫兹，脉冲群的持续时间为数十毫秒。图 6 - 7 给出了单个瞬变脉冲波形，它有 5ns 上升时间、50ns 脉冲宽度、4mJ 能量。

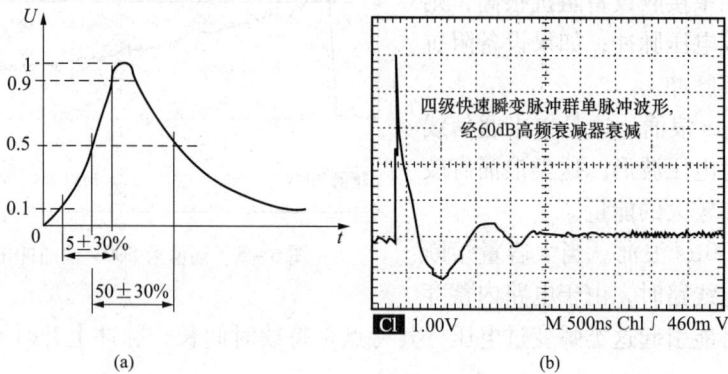

图 6 - 7 快速瞬变单脉冲波形图
（a）单个瞬变脉冲波形；（b）四级快速瞬变脉冲群单脉冲波形

　　快速瞬变脉冲群对寄生电容充电会在电路的输入端产生积累效应，使干扰电平的幅度最终可能超过电路的噪声容限。一旦侵入系统的噪声超过了某种容限，就可能造成微处理器系统出错，成为装置误动、拒动的重要原因。同时，由于脉冲群的周期较短，电路中的输入电容在未完成放电时又开始放电，因此容易达到较高的电压，从而影响电路的正常工作。快速瞬变脉冲群将引起数字系统的位错、系统复位、内存错误及死机等现象。

　　3. 电磁场的干扰

　　（1）工频磁场

　　工频磁场的产生是由导体中的电流或带电设备的漏磁引起，可分为正常运行情况下的稳态磁场和短路事故时的暂态磁场两种。前者数值较小，后者数值较大，但持续时间短。当外界工频磁场强度超过 3.2 ~ 7.2A/m 时，可能会使 CRT 显示器的画面变形扭曲、抖动和变颜色。

（2）脉冲磁场

脉冲磁场由雷击、短路事故和断路器操作产生，磁场强度为数百安/米至千安/米。磁场脉冲波的典型特征是上升时间为 $6.4\mu s \pm 30\%$，持续时间为 $16\mu s \pm 30\%$。

（3）阻尼振荡磁场

在高、中压变电站中，操作隔离开关时，将产生阻尼振荡瞬变过程，也产生相应的磁场，磁场强度由 $10 \sim 100A/m$，振荡频率从 $100kHz$ 到数兆赫兹。

（4）辐射电磁场

电磁辐射源有多种，如无线电台、电视台、移动式无线电发信机及各种工业电磁辐射源。在电力系统中，主要关心的是在电子设备附近使用无线通信设备。

4. 静电放电（ESD）干扰

作为设备的外壳端口，任何暴露部分都可能发生静电放电，常见的如在键盘、控制部件、外界电缆等部位或在直接接触的金属构件表面发生 ESD。静电向附近导体（如设备本身的非接地金属板）的放电会产生几十安培的局部瞬态电流，如果流过数字设备，很可能使数字电路发生误动作。瞬态电流通过电感或公共阻抗耦合到设备中产生感应电流。

同时，变电站计算机监控系统以微机、集成电路和电子器件为主要部件，由各种电子设备及其电缆构成，属于电磁敏感设备。系统内部电子电路可能产生的各种干扰及其敏感度限值，由计算机监控系统的结构、元件布置和生产工艺等决定，主要有：由杂散电感、电容引起的不同信号感应；交流声、多点接地造成的电位差干扰；长线传输造成的波反射；寄生振荡和尖峰信号引起的干扰等。

二、电磁干扰对变电站计算机监控系统的影响

变电站内电磁干扰的共同特点是干扰源信号频率高、幅度大、前沿陡，可以顺利通过各种分布电容或分布电感耦合，甚至直接通过电缆传递到变电站计算机监控系统中。一旦干扰侵入系统内，将对系统的正常工作造成影响，其干扰的后果主要表现在下面几个方面：

（1）数据采集误差加大

电磁干扰信号通过系统测控单元的模拟量输入通道，叠加在正常有用信号上，使采样数据错误，轻则影响采样精度和计量的准确性，重则可能引起微机保护误动，甚至还可能损坏元器件。

（2）控制状态失灵

一般监控系统输出的控制信号较大，不易受干扰影响，但其常依据某些条件的状态输入信号和这些信号的逻辑处理结果输出控制信号。若状态信号受到干扰，形成虚假状态信号，将导致控制失常。变电站内断路器、隔离开关的辅助触点都处于恶劣的强电磁干扰环境中，这些辅助触点通过长线引至开关量输入回路，必然带来干扰。常见的干扰现象有断路器或隔离开关的辅助触点抖动，甚至造成分、合位置判断错误。开关量的输出通道由装置输出至断路器的跳、合闸出口回路或现场联锁回路，电缆较长易引入的外界干扰，导致误动。

（3）电源回路易被干扰

变电站计算机监控系统的工作电源一般有两类：

1）直流电源供电：微机保护和自动装置等往往采用直流 220V 电源，取自变电站的直流屏；

2）交流电源供电：监控主机系统（包括打印机、CRT 显示器）和通信管理机一般采用交流 220V 电源，取自站用变压器。

不论采用交流电源还是直流电源供电，电源与干扰源之间的直接耦合通道都相对较多，而且电源线直接连至系统的各部分。电网的冲击，电压、频率的波动及其上电过程信号，都易将干扰通过电源回路影响到设备电源，造成系统工作不稳定，甚至死机。

（4）CPU 和数字电路受干扰的影响

电磁干扰侵入二次系统的数字电路后，影响 CPU 的正常工作导致程序运行失常，其受干扰的方式及后果有多种表现形式。如当 CPU 正通过地址线送出一个地址信号时，若地址线受干扰，使传送的地址出错，导致取错指令、操作码或取错数据，结果有可能误判断或误发命令，也可能取到一个 CPU 不认识的指令操作码而停止工作或进入死循环；如果 CPU 在传送数据过程中，数据线受干扰，则造成数据错误，逻辑紊乱，对于微机保护装置来说也可能引起误动或拒动，或引起死机。计算机的随机存储器 RAM 是存放输入输出数据、中间计算结果和重要标志的地方，在强电磁干扰下，可能引起 RAM 中部分区域的数据或标志出错，会引起严重的后果，如数据线受干扰一样。大部分测控装置的程序和各种定值存放在 EPROM 或电子盘中，如果 EPROM 受干扰而程序或定值遭破坏，将导致相应的装置无法工作。

因此，不管变电站计算机监控系统中的哪个部分受到电磁干扰，均会引起局部或整体工作不正常，甚至造成误动或死机等故障。因此，采取合理的抗干扰措施是非常必要的，相关的产品需要达到 EMC 抗扰度的要求。

三、变电站监控设备的抗扰度要求

我国的电磁兼容标准有 GB/T 17626-4-2《静电放电抗扰度》、GB/T 17626-4-3《辐射电磁场抗扰度》、GB/T 17626-4-4《快速瞬变电脉冲抗扰度》、GB/T 17626-4-5《冲击涌流抗扰度》、GB/T 17626-4-6《电磁感应的传导抗扰度》、GB/T 17626-4-8《工频电磁场抗扰度》、GB/T 17626-4-9《脉冲电磁场抗扰度》、GB/T 17626-4-10《阻尼振荡磁场抗扰度》、IEC 61000-4-11《电压暂降、电压短时中断和电压变化的抗扰度》、GB/T 17626-4-12《振荡波的抗扰度》及 IEC 61000-2-5《电磁场环境分类》等，以及 DL/Z 713—2000《500kV 变电站保护和控制设备抗扰度要求》等。

对变电站计算机监控系统的电磁抗扰性要求为：① 安装于计算机房的设备，其可参照一般工业标准；② 安装于开关室的间隔层设备及网络设备应具有该电磁环境下的抗扰性。

间隔层设备及网络设备的抗扰性宜符合以下试验等级要求：

1）对静电放电，符合 IEC 61000-4-2 3级；

2）对辐射电磁场，符合 IEC 61000-4-3 3级（网络要求4级）；

3）对快速瞬变，符合 IEC 61000-4-4 4级；

4）对冲击（浪涌），符合 IEC 61000-4-5 4级；

5）对电磁感应的传导，符合 IEC 61000-4-6 3级；

6）对工频电磁场，符合 IEC 61000-4-8 5级；

7）对脉冲电磁场，符合 IEC 61000-4-9 5级；

8）对阻尼振荡磁场，符合 IEC 61000-4-10 5级；

9）对振荡波，符合 IEC 61000-4-12 2级（信号端口）。

第三节　变电站计算机监控系统抑制电磁干扰的措施

计算机监控系统要在变电站的电磁环境中正常工作，必须做好设备及系统的电磁兼容设计。同时，电力系统的一次、二次系统是一个整体，它们既密切相关，又互相影响，在电磁兼容的设计中必须统一考虑。变电站一次系统的设计如果不考虑电磁兼容，不采取控制电磁干扰的措施（例如改善接地、采用屏蔽控制电缆等）就会在二次回路引起很大的干扰。同样，如果二次系统不考虑电磁兼容设计，不采用控制和抗电磁干扰的技术，则会对一次系统提出不经济、不合理的技术要求，二次设备本身还会因发射电磁波而污染环境。合理的电磁兼容设计应在经济上和技术上对一次和二次系统都是最优的。

变电站计算机监控系统抑制电磁干扰的措施主要围绕电磁干扰的三要素进行，抑制干扰源产生干扰、切断干扰的传播途径和提高敏感设备的抗扰度能力来完成电磁兼容性。通常采用的抗干扰措施有屏蔽、隔离、瞬态抑制保护、接地、滤波等技术。

一、屏蔽

变电站计算机监控系统的屏蔽措施主要集中在电缆屏蔽、装置机壳屏蔽、机柜屏蔽甚至建筑物屏蔽等方面。主要有：

1）一次设备与计算机监控系统输入、输出的连接，采用带有金属外皮（屏蔽层）的控制电缆，电缆的屏蔽层两端接地，对电场耦合和磁场耦合都有显著的削弱作用。

当屏蔽层一点接地时，屏蔽层电压为零，可显著减少静电感应（电容耦合）电压；当两点接地时，干扰磁场在屏蔽层中感应电流，该电流产生的磁通与干扰磁通方向相反，互相抵消，因而显著降低磁场耦合感应电压。两端接地可将感应电压降到不接地时感应电压的1%以下。

2）二次设备内，测控及保护装置等所采用的各类中间互感器的一、二次绕组之间加设屏蔽层，可起到电场屏蔽作用，防止高频干扰信号通过分布电容进入装置的相应部件。

3）采用优良、合理的机箱结构，并采用铁质材料，具有良好的屏蔽、接地功能。金属表面的反射和金属层内的吸收能抑制电磁辐射干扰。金属体应尽量封闭，连接缝隙处采用包绕迷宫式，必要时加专用的屏蔽衬垫及屏蔽接触弹簧片。而正确合理的接地能大大提高屏蔽效能，消除静电感应，同时起到静电屏蔽的作用。

4）站内建筑物采用屏蔽措施以抑制电磁辐射干扰，同时室内敷设防静电活动地板以减少屏蔽缺口。

5）模拟量输入通道中的 A/D 转换器可以采用屏蔽法来改善高频共模抑制比，从而减少共模干扰。在高频下工作时，由于两条输入线的 R、C 时常不平衡（串联导线电阻、寄生电容及放大器的内部的不平衡）会导致共模抑制比的下降。当加入屏蔽层后，此误差可以降低。

6）印刷电路板的屏蔽。印刷电路板是数据采集系统及其他子系统中器件、信号线、电源线的高度集合体，可以采用屏蔽线或屏蔽环来减小外界干扰作用于电路板或者电路板内部导线、元件之间出现的电容性干扰。

二、接地

由于大地电位分布不均，不同接地点间存在地电位差，特别是雷击或电网故障时接地电位的变化更加显著。若接地系统混乱，将对计算机监控系统的正常工作产生重大影响，因此接地是变电站一、二次设备电磁兼容的重要措施之一，也是变电站计算机监控系统抑制干扰的主要方法。在变电站设计和施工过程中，如果能把接地和屏蔽很好地结合起来，就可以解决大部分干扰问题。

（一）二次设备的接地

计算机监控系统中有三种接地，即交流电源接地、安全保护接地和工作接地，前两种又统称为保护地。工作接地要求与前两种接地之间严格绝缘，只能通过一点相连后，接到接地网上。

1）交流电源接地。交流电源接地就是将交流电源设备的中性线接地，其作用是保护人身和设备的安全，主要用于变电站主计算机系统和不停电电源接地。

2）安全保护接地。安全保护接地是将设备的外壳（包括变电站计算机监控系统的各机柜和机箱外壳）与地之间形成良好的导电连接，以防电击或静电放电。其主要目的是为了避免工作人员因设备绝缘损坏或绝缘降低时，遭受触电危险并保证设备的安全。即防止过高电压危及人身和设备的安全而接地，例如设备外壳、屏、机架、TA、TV一点接地等。安全接地的接地网通常就是一次设备的接地网。接地线要尽量短和可靠，以降低可能出现的瞬变过电压。

3）工作接地。工作接地是为了给计算机监控系统内的所有设备一个电位基准，保证其可靠运行，防止地环流引起的干扰。工作接地是系统中所有逻辑电路的共同参考点，主要用于各种保护测控单元，其接地线还可作为各级电路之间信号传输的返回通路。从电磁兼容的角度，对工作接地的要求是：

a. 工作接地网（总线）各点电位应一致；

b. 多个电路公用接地线时，其阻抗应尽量小；

c. 由多个电子器件组成的系统，各电子器件的工作接地应连在一起，通过一点与安全接地网相连，从而能降低多个电路共用地线阻抗所产生的噪声电压，避免产生不必要的地环路或造成不同接地点间有电位差。

（二）一次系统接地

一次系统接地主要是为了防雷、保安（系统中性点接地），同时也有利于二次设备的电磁兼容。如果接地合适，可以减少开关场内的高频瞬变电压幅值，尤其是可以减少接地网中各点的瞬变电位差，抑制接地网中的瞬变电位升高。

处理一次系统接地时，应注意对于引入瞬变大电流的地方设多根接地线并加密接地网，以降低瞬变电流引起的地电位升高和接地网各点电位差。具体有：

1）设备接地线要接于地网导体交叉处；

2）设备接地处要增加接地网络互连线；

3）避雷针、避雷器接地点应采用两根以上的接地线和加密接地网络。

（三）计算机监控系统内的接地

1. 工作接地的分类

工作接地是为了使计算机监控系统能可靠运行并保证测量和控制精度而设的接地，它包括：① 逻辑地，即微机电源地和数字地，是微机直流电源和逻辑开关网络的零电位；② 模拟地，是 A/D 转换器和前置放大器或比较器的零电位；③ 信号地，即信号回路接地，如各传感器、变送器的负端接地，开关量信号的负端接地等；④ 屏蔽地，即机壳接地或模拟信号的屏蔽层的接地等；⑤ 噪声地，即继电器、电动机等的噪声地。

2. 各种工作接地的处理

（1）微机电源地和数字地的处理

电磁干扰主要是通过微机电源进入计算机监控系统的弱电部分，同时电源线直接连接至各部分，包括 CPU 部分，因此来自电源的干扰很容易引起死机。微机电源的地线可以采用浮地和共地、一点共地和多点共地等接地方式。

1）微机电源地采用浮地的方法。微机电源地和数字地采用浮地方法是指微机电源的中性线不与机壳相连。这是目前变电站计算机监控系统和各种微机自动装置或微机保护装置经常采用的方法，这种方法必须尽量减少电源线同机壳之间的分布电容。此方法最大的优点是：由于干扰造成的流过电源的浪涌电流可大大减少，从而增加了抗共模干扰的能力，可明显地提高系统的安全性和可靠性。但浮地方法在电磁干扰作用下，微机电源同机壳之间将浮动。如果微机系统中某一关键部分对机壳的耦合电容较大，则可能引起逻辑判断出错。

微机电源地采用不接机壳的关键是必须保证尽量减小微机电源地对机壳的耦合。根据实践经验，可以采用方法有：

a. 微机系统的印刷电路板周围都用电源线封闭起来，这样可以隔离印刷板上的电路与机壳的耦合；

b. 印刷电路板上电路的要害部分不要走长线，特别不要引至面板；

c. 尽量减少地线长度，在允许的情况下尽量加粗线径，同时，印刷电路板上的支线、干线和总线应根据电流大小按比例加粗；

d. 印刷板中的地线应成网状，并且电源地与机壳的绝缘电阻应大于 $50M\Omega$。

2）微机电源地与机壳共地。针对微机电源地采用浮地方式存在的缺点，又提出了微机电源地与机壳和大地共地的接地方式。这种共地方式可切除放大器正反馈通道，并可消除通过分布电容间导线耦合的低频干扰的影响，适宜于含有模/数转换和高增益放大器的微机装置。

电源地与机壳共地存在的主要问题是：电源中性线与机壳接地线间总有一定的阻抗，很难避免浪涌电流流过电源线对微机系统造成干扰，而且这种干扰容易造成微机系统工作紊乱，甚至死机。

（2）数字地和模拟地的处理

A/D 转换器的数字地通常和电源地共地连接。而数字地上电平的跳跃会造成很大的尖峰干扰，从而影响 A/D 转换器的模拟地电平的波动，影响转换结果的精度。为了解决此问题，对数字地和模拟地间的关系需进行处理，其方式有以下几种。

1）数字地和模拟地共地。这种接法的特点是模拟地的电平随数字地电平同时波动，有利于保证 A/D 转换的精度，其连接方法如图 6-8 所示。有些 A/D 转换器芯片内部的数字地和模拟地本来就没有分开，其引脚上只出现一个公共的地，因此其连接方式只有上述这种共地方式。而对于一些精度比较高的 A/D 转换器芯片，提供了分开的数字地（电源地）和模拟地两个引脚，就可以用多种方法来处理两种地的关系。一种是上述数字地和模拟地共地的连接方法，另两种方法将在下面介绍。

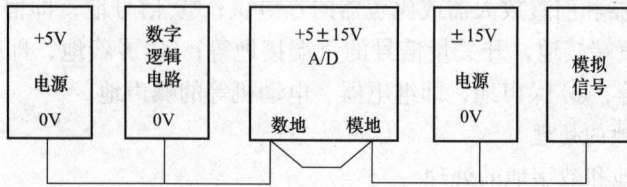

图6-8　模拟地与数字地的连接

2）模拟地浮空的接线方式。这种连接方式的特点是将模拟地和信号地连在一起并浮空，不与数字地连在一起。

3）模拟地和数字地通过一对反相二极管连接。这种接线方式使模拟地和数字地有所隔离，同时保证模拟地对数字地的电位漂移被二极管所箝制，其连接方法如图6-9所示，这种连接方式有利于保证A/D转换精度。

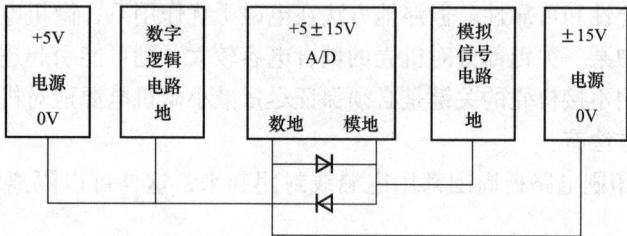

图6-9　模拟地与数字地通过二极管相连

关于模拟地的处理方法，采用哪一种方式最佳，要结合实际系统的情况，通过反复调试、试验确定。

3. 噪声地的处理

对于继电器或电动机等回路的噪声地，采用独立地的方式，不要与模拟地和数字地合在一起。

以上介绍了变电站计算机监控系统的几种接地方式。在实际应用中，往往需要根据地线分流的原则，综合运用上述几种接地方式。地线分流的原则是：强、弱信号分开；信号、噪声分开；走线时，模、数分开。

（四）变电站计算机监控系统的实际接地方式

在现场实际应用过程中，为了更有效地抑制电磁干扰，常采用以下一些接地方法：

1）根据开关场和一次设备安装的实际情况，应敷设与厂、站主接地网紧密连接的$100mm^2$的等电位接地网。

2）控制装置的屏柜下部应设有截面不小于$100mm^2$的接地铜排。屏柜上装置的接地端子应用截面不小于$4mm^2$的多股铜线和接地铜排相连。接地铜排应用截面不小于$50mm^2$的铜缆与小室内的等电位接地网相连。

3）所有隔离变压器（电压、电流、直流逆变电源等）的一、二次绕组间必须有良好的屏蔽层，屏蔽层应在控制屏可靠接地。

4）开关站引入小室的电缆要求是屏蔽型电缆，且屏蔽层的两端均应接地。应使用截面

不小于 $4mm^2$ 多股铜质软导线可靠连接到等电位接地网的铜排上，连接方式无论是用焊接，压接或熔接等工艺，必须接触电阻小，连接牢靠，确保安全。

5）公用电流互感器二次绕组的二次回路只允许且必须在相关保护柜屏内一点接地。公用电压互感器的二次回路只允许在控制室内有一点接地，为保证接地可靠，各电压互感器的中性线不得接有可能断开的开关或熔断器等。

三、隔离

所谓隔离干扰，就是从电路上把干扰源与敏感电路部分隔离开来，使它们之间不存在电的联系，或者削弱它们之间的联系。采取良好的隔离和接地措施，可以减小干扰传导侵入。在变电站计算机监控系统中，行之有效的隔离措施有以下几种。

1. 光电隔离

（1）光电隔离的原理

光电隔离是利用光电耦合器件实现电路上的隔离。光电耦合器由发光二极管和光敏三极管组成，如图 6-10 所示。发光二极管为输入端，光敏三极管为输出端，两者之间绝缘且封装于同一芯片中，通过光传递信息，故不会受到外界光的影响。

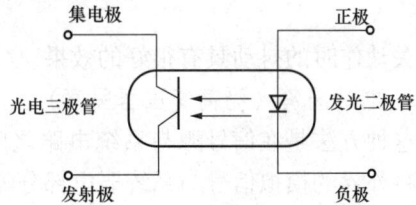

图 6-10　光电耦合器的原理

光电耦合器的输入阻抗很低，一般在 $100 \sim 1000\Omega$ 之间，而干扰的内阻一般很大，通常为 $10^5 \sim 10^6\Omega$。根据分压原理可知，这时能馈送到光电耦合器输入端的噪声自然很小。尽管干扰噪声源能提供较大幅度的干扰电压，但由于其内阻一般很大，故其能提供的能量很小，即只能形成微弱的电流。而光电耦合输入端的发光二极管，只有当流过的电流超过其阈值时才能发光，输出端的光敏三极管只在一定光强下才能工作。因此即使是电压幅值很高的干扰，由于没有足够的能量而不能使发光二极管发光，从而被抑制掉。同时由于光电耦合器的输入与输出之间的寄生电容极小，一般仅为 $0.5 \sim 2pF$，而绝缘电阻又非常大，通常为 $10^{11} \sim 10^{13}\Omega$，因此输出和输入之间的电耦合途径被切断。

（2）光电隔离的应用

由于光电耦合器的以上优点，使光电耦合器在计算机监控系统中被大量用于系统与外界的隔离和系统电路之间的隔离。例如，开关量的输入主要是断路器、隔离开关的辅助触点和主变压器分接头等的信息。这些断路器和隔离开关都处于强电回路中，如果与计算机监控系统直接相连，必然会引入强的电磁干扰，而通过光电耦合器隔离可以取得较好的效果。开关量的输出启动继电器出口控制一次设备的动作，可以有效地防止继电器线圈的感性负载对系统电路的影响。

2. 继电器隔离

变电站现场的断路器、隔离开关的辅助触点和主变压器分接开关位置等信号输入至系统时，也可通过继电器隔离，其原理接线图如图 6-11 所示。

利用现场断路器或隔离开关的辅助触点 S1、S2 接通，去启动小信号继电器 K1、K2，然后再由 K1、K2 的触点 K1-1 和 K2-1 等输入至计算机，从而起到很好的隔离作用。

将现场的开关辅助触点先经过继电器隔离，继电器的辅助触点再经过光电耦合器隔离，然后再输入至计算机，这种继电器和光电耦合器共同作用的双重隔离对提高抗干扰能力和消

201

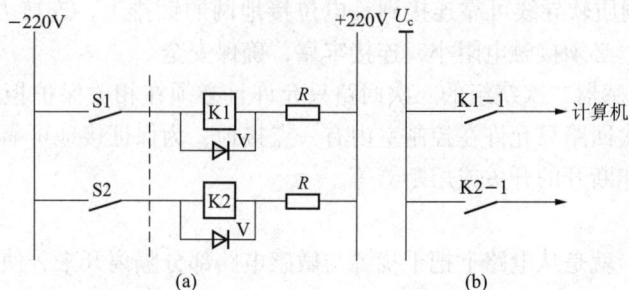

图 6 – 11 采用继电器隔离的接线

（a）现场开关辅助触点输入电路；（b）继电器触点输出

除开关动作时的抖动具有很好的效果。

3. 电磁隔离（隔离变压器隔离）

这种方法是在信号源与系统电路之间加入一个隔离变压器，利用隔离变压器的电磁耦合，将外界的模拟信号与系统弱电部分隔离后进行传送。

（1）模拟量的隔离

变电站的计算机监控系统装置所采集的模拟量，大多数都来自一次系统的电压互感器和电流互感器，它们均处于强电回路中，不能直接输入至计算机监控系统，必须经过设置在计算机监控系统各种交流输入回路中的隔离变压器（常称辅助电压变换器和辅助电流变换器）隔离后传递，这些隔离变压器一、二次之间必须有屏蔽层，而且屏蔽层必须接安全地，才能起到比较好的屏蔽效果。也可以在传感器与数据采集电路之间加入一个隔离放大器，外界的模拟信号由隔离放大器进行放大，然后以高电平、低阻抗的特性输出至多路开关，从而起到隔离外界干扰的作用。

（2）微机电源的隔离

为防止共模干扰进入计算机监控系统，系统所用的电源要与供电系统隔离开来，交、直流电源不可共用一根电缆。目前大多数间隔层的设备电源为直流 220V/110V，一般通过两级 DC – DC 变换，变换出与供电系统隔离的各种电压。而变电站层的计算机系统要用到交流 220V 电源，一般通过隔离变压器给计算机系统供电，或采用不间断电源（UPS）向计算机系统供电。

在微机电源的输入侧，安装隔离变压器，由隔离变压器的输出端直接向计算机供电，这是很有效的抗干扰措施。它可以减少由于电源与计算机系统两者地线之间的电位差引起的共模干扰。隔离变压器的变比可取 1∶1。由于高频率噪声通过变压器是靠一次和二次间寄生电容的耦合，所以在一次和二次间采用双屏蔽技术，一次屏蔽层（用漆包线或铜线等非导磁材料绕一层，但电气上不能短路）接中线，以隔离来自电网或站用变的干扰；二次屏蔽层与微机机箱或机柜共地。

4. 其他隔离措施

回路布线时，应考虑隔离，减少互感耦合，避免干扰由互感耦合侵入。

（1）强、弱信号电缆的隔离。强、弱信号不应使用同一根电缆；信号电缆应尽可能避开电力电缆；尽量增大与电力电缆等动力大负载信号线的距离，并尽量减少其平行长度。

（2）二次设备配线时，应注意避免各回路的相互感应。

（3）印刷电路板上的布线要注意避免互感。

（4）模拟量信号对高频脉冲信号的抗干扰能力很差，一般要求用屏蔽双绞线连接，而且这些信号线必须相对独立走线。

（5）通信线连接着监控系统各类装置，因此该线路抗干扰尤其重要，最好使用光缆作为通信媒介。

四、滤波

滤波是抑制传导干扰的主要手段之一，理想的电磁干扰滤波器应具有如下特性：① 在阻带范围内具有足够高的衰减量，将传导干扰电平降低到规定的范围内；② 对传输的有用信号或电源工作电流的损耗应降低到最低程度。

1. 滤波器的应用

在变电站计算机监控系统中，对信号及电源输入均应装设滤波器。

（1）模拟量输入通道的滤波

模拟量输入通道受到的干扰有差模干扰和共模干扰两种。对于串入信号回路的差模干扰，采用滤波的方法可以有效地滤除。因此，各模拟量输入回路都需要先经过一个滤波器，以防止频率混叠。滤波器能很好地吸收差模浪涌。如果差模干扰信号 U_{nm} 的频率比被测信号 U_s 的频率高，则采用低通滤波器来抑制高频差模干扰；若 U_{nm} 的频率比 U_s 的频率低，则采用高通滤波器；若干扰信号 U_{nm} 的频率落在 U_s 频率的两侧，则采用带通滤波器。

对于共模干扰可采用双端对称输入以达到抑制的效果。图6-12表示一个双端输入的采样回路。

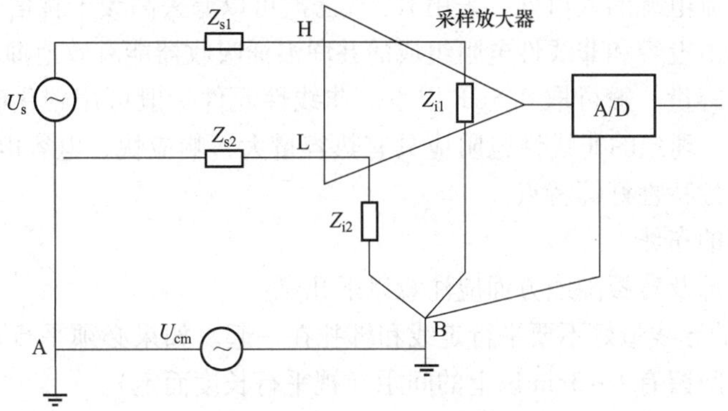

图6-12　双端输入采样回路示意图

U_s—被采样信号；Z_{s1}、Z_{s2}—信号源传输线总阻抗；

Z_{i1}、Z_{i2}—分别为输入高端 H 和低端 L 对 B 的阻抗；

U_{cm}—共模干扰信号

如果 $Z_{s1} = Z_{s2}$，$Z_{i1} = Z_{i2}$，就可抑制干扰。为了使 Z_{s1} 和 Z_{s2} 尽量相等，有效的办法是尽量缩短信号线长度，而且采用双绞屏蔽线。双绞屏蔽线两线长度基本相同，对屏蔽层的分布电容也基本相同，不仅可使 Z_{s1} 和 Z_{s2} 很接近，而且使沿线上的干扰电流互相抵消，因此对抑制共模干扰和串模干扰都有效。如果输入信号为电流型信号（0～10mA 或 4～20mA），双绞线屏蔽层在接收端接保护地，则抑制干扰的效果更好。

（2）电源滤波

系统装置电源的输入侧常安装电源滤波器，可以滤去电源输入的高频干扰和电源高次谐波。电源滤波器实质上由 R、L、C 元器件组成，安装时需注意：

1）滤波器安装在机柜内，其接地线要用粗线与机箱（或机柜）的保护接地相连；

2）滤波器的输入、输出端引线必须分开走线；

3）为减少耦合，所有导线要靠近地面走线；

4）滤波器的位置应尽量靠近需要滤波的地方，其间的连线也要进行屏蔽。

2. 常用滤波器的种类及作用

（1）电容滤波器

旁路电容是最简单的低通滤波器，利用电容的频率特性使高频串模干扰旁路。在变电站计算机监控系统的交流输入回路中，辅助电压互感器和辅助电流互感器的输入端子上和印刷电路板上常采用这种电容滤波器。电容式滤波器接在线间，对抑制差模干扰有效；接在线与地之间，对消除共模干扰有效。

（2）电感滤波器

电感滤波器常称扼流圈，按其作用分差模扼流圈和共模扼流圈两种。差模扼流圈串接在电路中，用于扼制高频噪声；共模扼流圈有两个线圈，当出现共模噪声时，两线圈产生的磁通方向相同，通过耦合使电感加倍，起到很强的抑制作用。但是，共模扼流圈对差模噪声基本上不起抑制作用。

（3）R、C 滤波器

R、C 滤波器是最常采用的滤波器。在交流输入回路的辅助电压变换器和辅助电流变换器的二次侧以及直流电源的入口处，采用 R、C 滤波可以滤去高频干扰信号。对于电磁干扰严重的环境，采用由电容和非线性电阻组成的并联浪涌吸收器能有效地抑制共模和差模暂态干扰。电容器的电容量一般可取 $0.5\mu F$ 以下。非线性元件一般可用碳化硅（SiC）、氧化锌（ZnO）、放电管等。理想的非线性电阻应具有热容量大、响应快、电容电流及泄漏电流小、启动电压低和非线性特性好等特点。

五、采用合理的布线

在二次设备内部及背板配线方面应注意以下几点：

1）强弱电平的导线最好不要平行走线和绑扎在一起。如果必须平行走线，平行长度应当尽量短，并且中间留有 1~3cm 以上的间距（视平行长度而定）。

2）如果不同电平的导线平行紧靠，则有必要在关键的部位使用屏蔽线。

3）各个插件的相互连接应尽可能短，用同一回路引入和引出的导线应尽量靠在一起。

六、其他抗干扰方法

1. 减少强电回路的感应耦合以抑制外部干扰源的影响

抑制干扰源的措施除了屏蔽还可采用如下方法来减少由一次设备带来的感应耦合。

1）控制电缆尽可能离开高压母线和暂态电流的入地点，并尽可能减少平行长度。高压母线往往是强烈的干扰源，因此，增加控制电缆和高压母线间的距离是减少电磁耦合的有力措施。避雷器和避雷针的接地点、电容式电压互感器、耦合电容器等是高频暂态电流的入地点。控制电缆要尽可能离开它们，以便减少感应耦合。

2）电流互感器回路的 A、B、C 相线和中性线应在同一根电缆内，避免出现环路。

3）电流和电压互感器的二次交流回路电缆，从高压设备引出至监控和保护安装处时应尽量靠近接地体,以减少进入这些回路的高频瞬变漏磁通。

2. 计算机监控系统的抗干扰及其自诊断和自纠错

计算机监控系统具有较强的抗干扰能力,除了与外界联系的环节均装设光电隔离元件外,还要采用总线不出芯片等技术。系统的软件自身也可能产生干扰,需采取一定的措施,如用软件或数字滤波等进行抑制。可以利用 CPU 的逻辑判断能力和智能性对模拟量进行自纠错;对计算机监控系统内部各主要部件进行自检查、故障自诊断,包括:RAM、EPROM、模拟量输入通道/输出通道的自检,运行过程重要数据校核及程序出格的自恢复,从而提高整个计算机监控系统的可靠性。

上述抗干扰措施是常采用且很有效的方法,几种方法并不是都要同时采用,可根据具体情况选用。例如,系统供电部分的抗干扰措施可以采用隔离变压器、电源滤波器、交流稳压器,还可以采用电源模块单独供电、馈线的合理布线和不间断电源 UPS 及氧化锌压敏电阻,氧化锌压敏电阻安装在交流电源输入端,其作用是吸收交流供电网络的过电压。可根据系统承担任务的重要性情况和供电电源的干扰环境等实际情况选用其中一、二种措施。对于一些不具备采用 UPS 电源和隔离变压器的用户,可考虑只采用电源滤波器。

思 考 题

1. 什么是电磁兼容?
2. 电磁干扰的三要素是什么?
3. 电磁干扰可分为哪几类?
4. 从干扰源分析,电磁干扰主要有哪几种现象?
5. 电磁干扰耦合的途径有哪些?
6. 在变电站计算机监控系统中,电磁干扰会造成怎样的后果?
7. 对于变电站计算机监控系统,通常采用的抗干扰措施有哪些?
8. 在变电站计算机监控系统中有哪几种接地方式?其作用分别是什么?
9. 变电站计算机监控系统在实际工程上常用的接地方式有哪些?
10. 隔离措施有哪几种?
11. 光电隔离的原理是什么?在变电站计算机监控系统中,它常应用在什么地方?
12. 滤波的作用是什么?理想的电磁干扰滤波器应具有怎样的特性?
13. 常用的滤波器有哪几种?有何特点?
14. 计算机供电系统的抗干扰措施有哪些?
15. 简述开关量的抗电磁干扰措施。

第七章

基于IEC 61850标准的变电站自动化系统

本章简要介绍了国际电工委员会 TC57 制定的《变电站通信网络和系统》系列标准，对基于通用网络通信平台的变电站自动化系统唯一的国际标准 IEC 61850 作了基础知识入门介绍，并简要介绍了目前国内外数字化变电站设备的研究现状。

第一节 变电站自动化系统现状

目前，基于网络通信的分层分布式变电站自动化系统在我国各个电压等级的变电站获得了普遍的应用，但随着技术的进步和运行水平的提高，这种分层分布式变电站自动化系统仍然存在一些不足之处，归纳起来主要有以下几个方面。

一、二次设备互联的问题

用于变电站监视、控制、保护功能的智能电子设备（IED）虽然已实现了数字化，但由于国际电工委员会标委会机构是以制定和修改标准为主，规约的解释实施则主要依靠制造厂和用户。各制造厂对规约的理解不同，而且为了满足应用的要求，对标准进行了各自的扩展，因此各设备制造厂虽然都采用了标准体系，但相互并不完全兼容。为实现不同制造厂设备的互联，必须采用大量的规约转换，增加了系统复杂性和设计、调试、维护的难度，降低了系统的性能，同时工程改扩建、设备选型等受到很大约束，从而不利于变电站自动化系统的长期维护和运行。

变电站自动化系统站内采用的 IEC 60870 – 5 – 103 标准（简称 103 标准）是基于 RS – 485 串行通信的，本质上是一种问答式规约；而 2000 年及以后各制造厂推出的第二代分层分布式变电站自动化系统是基于网络通信的，不能完全采用 103 标准。为了提高系统重要信息的实时响应速度甚至需要增加设备主动传输重要事件的通信机制，不同制造厂实现这一机制的方法也存在一定的差异，这些都妨碍了设备的互联性。此外，IEC 制定 103 标准时提出了继电保护装置等智能电子设备通过采用通用报文来实现"自解释"的概念，但标准缺乏通用报文具体应用时的指导性规范。为了考虑标准与此前开发并已实际应用的智能电子设备相兼容，在等同采用 IEC 标准时，相应的电力行业标准在其附录中补充了很多不符合互操作性原则的专用报文，造成无法解决互操作性问题。

二、信息共享的问题

变电站自动化系统可以接入很多有用的信息，这些信息大致可以分为：

1）电力系统运行信息；
2）变电站自动化系统自身的健康状态信息；
3）继电保护运行与故障信息；

4）一次设备健康状态信息。

目前运行的变电站自动化系统一般只接人和处理前两类信息供调度和变电站值班人员使用和管理，其他的信息独立组成各自的应用系统，由相应的技术管理部门负责运行和管理。网络通信技术的发展已经使变电站自动化系统接入和共享其他一些有用信息成为可能。为减少设备重复投资，提高电力系统运行和管理的效率，需要对变电站各种信息的对象进行统一建模，把目前仍然分别属于不同的技术管理部门、各自相对独立发展的其他一些技术集成到变电站自动化系统中，使变电站的这些有用信息在相应的运行和管理部门之间得到充分共享。

三、应用需求与技术继承的矛盾

现有常用的变电站自动化系统传输规约，缺乏对变电站系统模型、二次功能模型的描述，没有将系统应用与通信技术进行分层处理，其应用受到通信技术的限制，无法适应计算机技术、网络通信技术和控制技术的发展以及设备技术的升级更新。由于各自约定的通信规约信息定义层次较低，原有系统的软硬件继承性不足，制约了新技术、新装置的进一步应用。另一方面，现有通信规约能传输的信息的完整性、可靠性和实时性有限，不能满足变电站自动化系统长期安全运行和维护，以及适应越来越高的应用需求。

四、复杂的一、二次设备接口

由于数字电子技术的发展，二次设备的继电保护、测量、控制及计量设备实现了数字化，但一次设备的断路器、隔离开关没有实现智能化，电压和电流互感器没有实现数字化，二次接线复杂的问题依然存在。开关站至保护小室之间存在大量的二次电缆来传输电压、电流等模拟量、断路器和隔离开关等状态量和控制命令。存在下列问题：

1）抗干扰能力差；

2）运行、维护的工作量大；

3）工程调试周期长；

4）存在潜在的危险，如电磁型电流互感器出现二次线圈开路，二次侧产生高电压；电磁型电压互感器出现短路或二次反送一次设备时，均危及设备和人身的安全；

5）防误闭锁实现复杂；

6）投资大。

以上问题表明，已出现制定标准通信协议的强烈需求，以支持不同制造厂生产的智能电子设备能够在同一个网络上或者通信通路上共享信息和命令。为此，国际电工委员会 TC57制定了《变电站通信网络和系统》系列标准，该标准是基于通用网络通信平台的变电站自动化系统唯一国际标准。

第二节　IEC 61850 系列标准简述

IEC 61850 系列标准的全称是《变电站通信网络和系统》（Communication Networks and Systems in Substations），它规范了变电站内智能电子设备（IED）之间的通信行为和相关的系统要求。分层的智能电子设备和变电站自动化系统根据电力系统的特点，制定了满足实时信息和其他信息传输要求的服务模型；采用抽象通信服务接口、特定通信服务映射以适应网络技术迅猛发展的要求；采用对象建模技术，面向设备建模和自我描述以适应应用功能的需要和发展，满足应用开放互操作性要求；快速传输变化值；采用配置语言，配备配置工具，在信息源定义数据和数据属性；定义和传输元数据，扩充数据和设备管理功能；传输采样测量值等。并制定了变电站通信网络和系统总体要求、系统和工程管理、一致性测试等标准。

IEC 61850 标准吸收了多种国际最先进的新技术，并且大量引用了目前正在使用的多个领域内的其他国际标准作为 61850 系列标准的一部分，所以它是一个十分庞大的标准体系，而不仅仅是一个通信协议标准。

它采用面向对象的建模技术，面向未来通信的可扩展架构，来实现"一个世界，一种技术，一个标准"的目标。

IEC 61850 系列标准是由国际电工委员会第 57 技术委员会（IEC TC57）从 1995 年开始制订的，目前，IEC 61850 共 10 个部分且全部为国际标准，我国等同采用了该国际标准。

一、TC57 标准

在过去的大多数 TC57 标准活动中，标准的建立是由下而上的，而不是从 TC57 的标准体系结构出发的。在"电力系统控制及其通信"的意义下，由一个 TC 成员国家启动申请一个新的工作项目而组成工作组。TC57 标准体系结构的目标是描述所有已存在的对象模型、服务、协议以及它们之间的关系，然后开发一种策略来显示哪儿需要公共模型，并推荐如何实现电力系统统一的公共模型。当有些标准已经形成且大量使用时，推荐适当的适配器来完成模型间的必要转换。同时，在将来标准的修订和新标准的开发中使用统一的电力系统对象模型和建模技术，使 TC57 标准系列日趋完美。图 7-1 为 TC57 标准在电力系统中的应用。

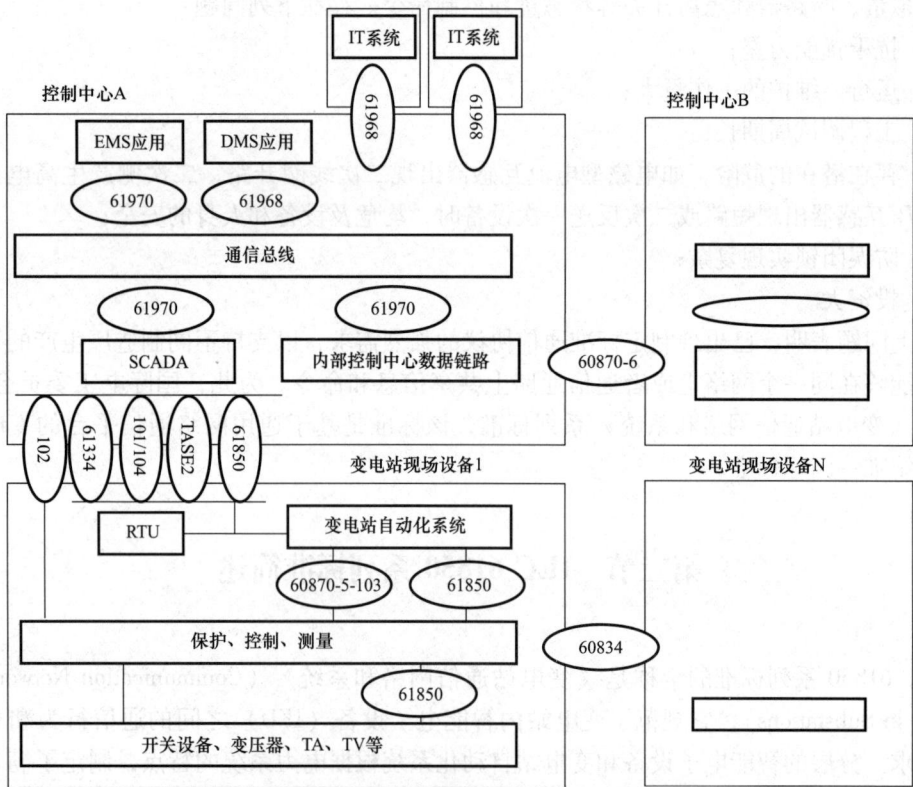

图 7-1　TC57 标准在电力系统中的应用

TC57 工作组活动情况及与之相关的标准化如下。

WG3：在 SCADA 主站和变电站间通过窄带串行数据链路或 TCP/IP 网络进行可靠的数据采集和控制 IEC 60870-5 系列标准。

WG7：通过广域网（WAN）的控制中心间的实时数据交换 IEC 60870-6 系列标准。

WG9：采用配电线载波系统的配网自动化数据通信 IEC 61334 系列标准。

WG 10-12：变电站自动化设备的数据通信 IEC 61850 系列标准。

WG13：控制中心应用程序集成的标准，也包括与外部配电交互操作以及与外部其他需要实时收发信息的系统交互操作的 IEC 61970 系列标准。

WG14：配电管理系统与其他 IT 系统的信息交换开发接口 IEC 61968 系列标准。

二、国内 DL/T 860 系列标准

我国的标准化委员会对 IEC 61850 系列标准进行了同步的跟踪和翻译工作，迅速将此国际标准转化为电力行业标准，制定了 DL/T 860 系列标准，等同采用国际电工委员会 IEC 61850 系列标准。DL/T 860 系列标准如下：

DL/Z 860.1 变电站通信网络和系统第 1 部分：概论

DL/T 860.2 变电站通信网络和系统第 2 部分：术语

DL/T 860.3 变电站通信网络和系统第 3 部分：总体要求

DL/T 860.4 变电站通信网络和系统第 4 部分：系统和项目管理

DL/T 860.5 变电站通信网络和系统第 5 部分：功能和设备模型的通信要求

DL/T 860.6 变电站通信网络和系统第 6 部分：与变电站有关的 IED 的通信配置描述语言

DL/T 860.71 变电站通信网络和系统第 7-1 部分：变电站和馈线设备基本通信结构原理和模型

DL/T 860.72 变电站通信网络和系统第 7-2 部分：变电站和馈线设备的基本通信结构抽象通信服务接口（ACSI）

DL/T 860.73 变电站通信网络和系统第 7-3 部分：变电站和馈线设备基本通信结构公用数据类

DL/T 860.74 变电站通信网络和系统第 7-4 部分：变电站和馈线设备的基本通信结构兼容的逻辑节点类和数据类

DL/T 860.81 变电站通信网络和系统第 8-1 部分：特定通信服务映射（SCSM）映射到 MMS（ISO/IEC 9506 第 2 部分）和 ISO/IEC 8802-3

DL/T 860.91 变电站通信网络和系统第 9-1 部分：特定通信服务映射（SCSM）通过串行单方向多点共线点对点链路传输采样测量值

DL/T 860.92 变电站通信网络和系统第 9-2 部分：特定通信服务映射（SCSM）通过 ISO/IEC 8802.3 传输采样测量值

DL/T 860.10 变电站通信网络和系统第 10 部分：一致性测试

三、变电站自动化系统接口模型

变电站自动化系统的功能是控制和监视，以及一次设备和电网的继电保护和监视。其他（系统）功能是和系统本身有关的，例如通信的监视。

功能分成三层：变电站层、间隔层、过程层。图 7-2 为变电站自动化系列接口模型，

209

即本标准系列的基础。

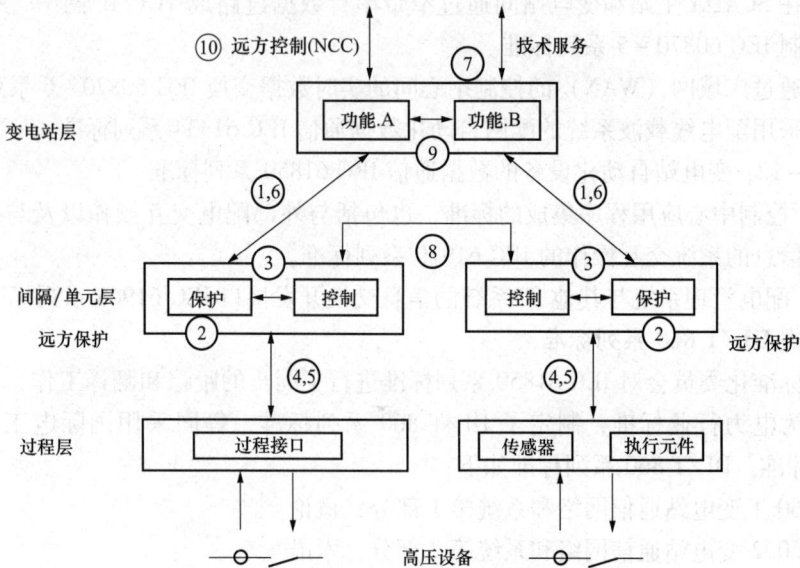

图 7-2　变电站自动化系统通信接口

图 7-2 中各接口的意义如下：

1) 在间隔层和变电站层之间交换保护数据；

2) 在间隔层和远方保护之间交换保护数据（超出本标准系列范围）；

3) 在间隔层内交换数据；

4) 在过程层和间隔层之间 AT 和 VT 瞬时数据交换（例如采样值）；

5) 在过程层和间隔层之间交换控制数据；

6) 在间隔层和变电站层之间交换控制数据；

7) 在变电站层和远方工程师工作站之间交换数据；

8) 在间隔层之间直接交换数据，特别是快速功能（例如联锁）；

9) 在变电站层之间交换数据；

10) 在变电站层和控制中心之间交换控制数据（超出本标准范围）。

变电站自动化系统设备可物理地安装在不同功能层（站、间隔、过程）。在通信环境下功能分布可采用广域网、局域网、过程总线技术实现。功能不受单一通信技术的约束。过程层设备典型的为远方 I/O、智能传感器和执行器，间隔层设备由每个间隔的控制、保护或监视单元组成，变电站层设备由带数据库的计算机、操作员工作台、远方通信接口等组成。

为了达到上述标准化的目的，所有变电站自动化系统的已知功能被标识并分成为许多子功能（逻辑节点 LN）。逻辑节点常驻在不同设备内和不同层内。功能、逻辑节点和物理节点（设备）之间的关系如图 7-3 所示。

位于不同物理设备的两个或多个逻辑节点所完成的功能称为分布的功能。因为所有功能在一些通路内通信。当地功能或者分布功能的定义不是唯一的，它依赖于执行功能步骤的定义，直到完成功能。当实现分布功能，丢失一个 LN 或丢失包含的通信链路时引起的反映为，功能可完全地闭锁或（如果合适）将功能降级以弱化故障的影响。

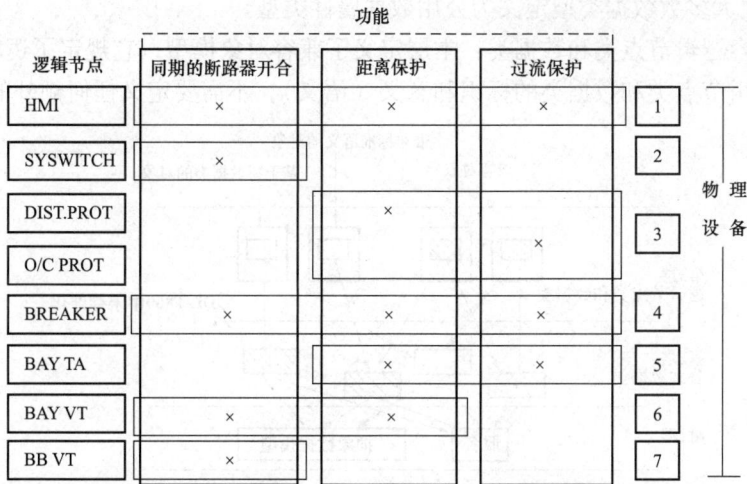

逻辑节点	功能			物理设备
	同期的断路器开合	距离保护	过流保护	
HMI	×	×	×	1
SYSWITCH	×			2
DIST.PROT		×		3
O/C PROT			×	3
BREAKER	×	×	×	4
BAY TA		×	×	5
BAY VT	×	×	×	6
BB VT	×			7

图 7-3 功能、逻辑节点和物理节点之间的关系

1—变电站计算机；2—同期开关设备；3—带过流功能的距离保护；
4—间隔控制单元；5、6—电流和电压仪用互感器；7—母线电压仪用互感器

四、IEC 61850 主要特点

IEC 61850 的全称是变电站通信网络和系统，它是目前关于变电站自动化系统及其通信的最完整的国际标准。与 IEC 60870-5 系列的通信协议相比，IEC 61850 具有如下特点。

1. 信息分层

IEC 61850 按照变电站自动化系统所要完成的控制、监视和继电保护三大功能，从逻辑上、物理上和通信上将系统分为 3 层，即变电站层、间隔层和过程层，并定义了 3 层之间的接口。

2. 面向对象的统一建模

IEC 61850 标准采用面向对象的建模技术，定义了基于客户机和服务器结构的通信数据模型，从信息交换的角度把物理设备及其应用功能分为逻辑设备（LD）、逻辑节点（LN）、数据对象（DO）和数据属性（DA）。每个物理设备由服务器组成，按功能分为 13 个组和91 个逻辑节点。物理设备内包含服务器（Server）和应用。从应用方面来看，服务器包含通信网络和输入/输出接口（I/O）。从建模层次上分，服务器包含逻辑设备，逻辑设备包含逻辑节点，逻辑节点包含数据对象和数据属性；从通信的角度来看，服务器通过子网和站网相连，每一个 IED 既可扮演服务器角色，也可扮演客户的角色。

应用的数据和服务可按 3 个层次建模（见图 7-4）。第 1 层描述抽象模型以及在逻辑节点间交换信息的通信服务；第 2、3 层定义应用域特定对象模型，它包括数据类及其属性和与逻辑节点之间关系的规范。

第 1 层抽象通信服务接口（ACSI）：抽象通信服务接口规定了模型和访问域（变电站自动化）特定对象模型单元的服务，通信服务提供的机能不仅为了读和写对象值，并可进行其他的操作，例如控制一次设备。

第 2 层公用数据类：定义了公用数据类（CDC）。公用数据类定义了由一个或多个属性组成的结构信息。属性的数据类型可为基本类型（例如 INTEGER，在 DL/T 860.71 中定

义），在第 2 层大多数数据类型定义为公用数据属性类型。

第 3 层兼容逻辑节点类和数据类：本层定义了兼容对象模型，它规定了逻辑节点类和数据类。兼容逻辑节点类和数据类的标识和意义（语义），不需要定义任何额外的规范。

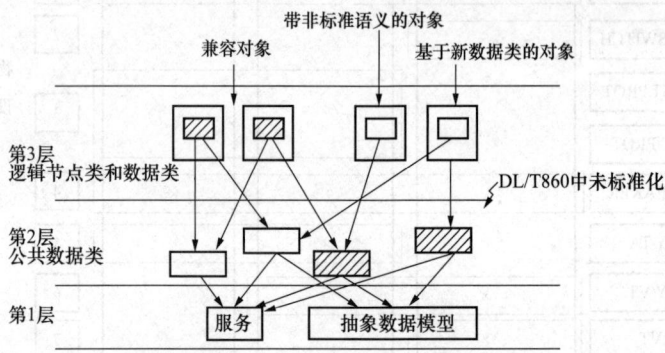

图 7 - 4　DL/T 860 建模方法

过去人们更多关注的是数据如何传输的，即为数据传输定义了协议。随着对象技术的发展，我们已经从关心数据"如何传输"转移到关心数据"传输的内容"。IEC 61850 标准中使用的"面向设备模式"，不同与 IEC 60870 - 5 标准采用"面向点模式"识别收到的值和控制设备，数据值的来源是 RTU 的点数或名字。IEC 61850 标准中开发了直接对现场设备的访问接口，即现场设备直接按对象的属性和方法建立模型，不同制造厂按公共的方法来访问设备以实现工程任务。IEC 61850 标准中采用客户/服务模式，客户直接用现场设备的对象模型以便访问并读取属性值，例如：铭牌数据、测量值或控制现场设备。IEC 61850 系列标准中逻辑设备模型描述了真实设备的行为（见图 7 - 5）。这是通过定义标准的类和对象（类的实例）来完成的，这些类和对象是从抽象通信服务器接口（ACSI）类定义的公共集通过继承和聚集的方法来得到的。

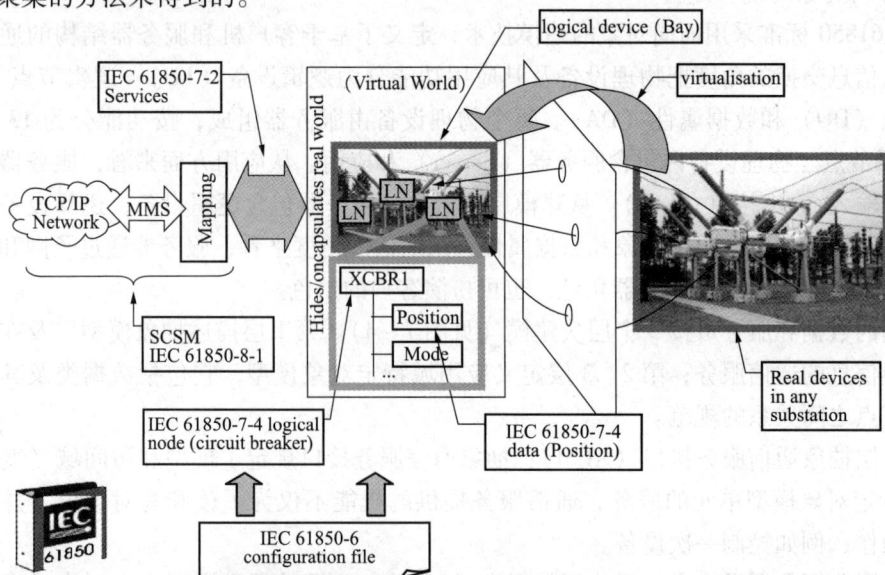

图 7 - 5　面向变电站对象的统一建模

3. 数据自描述

在 IEC 61850 中使用数据自描述被表述为："设备包含它的配置方面的信息。这些信息的表示必须标准化，并且（在这个标准系列范围内）通过通信可以访问"。与 IEC 60870 – 5 面向点的描述方法不同，IEC 61850 对于信息均采用面向对象自我描述的方法，虽然传输时开销增加，由于网络技术的发展，传输速率提高，使得面向对象自我描述方式成为实现。目前所使用的传输协议传输信息的方法是变电站的远动设备的某个信息，要和调度控制中心的数据库预先约定、一一对应，才能正确反映现场设备的状态。在现场验收前，必须将每一个信息动作一次，以验证其正确性，这种技术是面向点的。由于新的技术的不断发展，变电站内的新应用功能不断出现，需要传输新的信息，已经定义好的协议可能无法传输这些新的信息，使新的功能的应用受到限制。采用面向对象自我描述方法就可以适应这种形势发展的要求，不受预先约定的限制，什么样的信息都可以传输。采用面向对象自我描述的方法，传输到调度控制中心的数据都带说明，马上建立数据库，使现场验收的验证工作简化，数据库的维护工作量大大减少。

4. 使用抽象通信服务接口 ACSI

在 IEC 61850 中使用的抽象服务接口 ACSI 被表述为："一种虚拟接口，它为智能电子设备提供了抽象通信服务，例如连接、变量访问、非请求数据传输报告、设备控制以及文件传输服务，和所采用的实际通信栈和协议集独立"。IEC 61850 – 7 – 2 部分定义了抽象通信服务接口。ACSI 定义了与实际所用的通信协议无关的应用，它定义了相关通信服务、通信对象及参数。ACSI 提供如下 6 种服务模型：连接服务模型；变量访问服务模型；数据传输服务模型；设备控制服务模型；文件传输服务模型及时钟同步服务模型。这些服务模型定义了通信对象以及如何对这些对象进行访问。这些定义由各种各样的请求、响应及服务过程组成。服务过程描述了某个具体服务请求如何被服务器所响应，以及采取什么动作在什么时候以什么方式响应。ACSI 定义的服务、对象和参数通过特殊通信服务映射（SCSM）映射到下层应用程序。

5. 互操作性

在 IEC 61850 中互操作性被表述为："一个制造厂或不同制造厂提供的两个或多个 IED 交换信息和使用这些信息正确执行特定功能的能力"。其中，信息交换需要通信协议栈的支持；信息的正确使用依赖于信息的相互理解，需要信息语义的支持；而协同操作与变电站自动化系统的功能分布相关，依赖于过程数据的共享和对通信实体的规划。

DL/T 860.72 定义的 GOOSE 服务模型使系统范围内快速、可靠地传输输入、输出数据值成为可能。本特定通信服务映射使用一种特殊的重传方案来获得合适级别的可靠性。当 GOOSE 服务器产生一个发送 GOOSE 报文请求时，当前的数据集值被编码进了 GOOSE 报文并作为传输一数据在多播关联上发送。引起服务器触发一个发送 GOOSE 服务的事件如 DL/T 860.72 所示，是一个当地事务。通过重发相同数据来获得额外的可靠性（增加 SqNum 和传输时间）。图 7 – 6 对这个过程进行了示意。

注：应用可能选择发布瞬态或脉冲数据属性值。否则应用只选择重要事件发布。

重传序列中的每个报文都带有允许生存时间参数，用于通知接收方等待下一次重传的最长时间。如果在该时间间隔内部没有收到新报文，接收方将认为关联丢失。

GOOSE 发布者所使用的专门时间间隔是个当地事务。允许生存时间参数通知订阅者需

传输时间

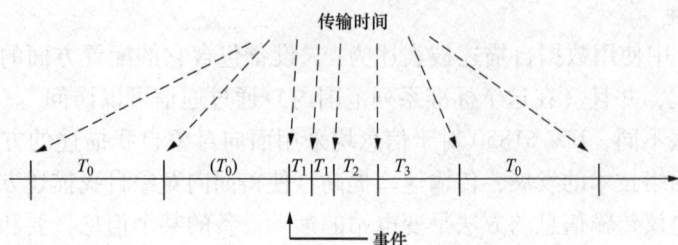

图 7-6　事件传输时间

T_0—稳定条件（长时间无事件）下重传；(T_0)—稳定条件下的重传可能被事件缩短；

T_1—事件发生后，最短的传输时间；T_2，T_3—直到获得稳定条件的重传时间

要等待多长时间。

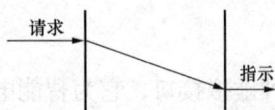

图 7-7　发送 GOOSE 报文服务原语

DL/T 860.72 中定义的发送 GOOSE 报文服务允许客户以未经请求和未确认方式发送变量信息，如图 7-7 所示。

变电站所有设备的功能和数据按 IEC 61850 建模，采用映射到 MMS（制造报文规范）的 ACSI（抽象通信服务接口）、GOOSE（面向变电站事件的通用对象）、SV（采样值）、SNTP（时间同步）等通信协议实现各种通信功能。由于所有设备使用统一的功能模型、数据模型和通信协议，实现了不同制造厂设备间的可互操作性。

第三节　基于 IEC 61850 的变电站自动化系统

一、国外现状

国外厂商已经在开发符合 IEC 61850 要求的智能电子设备，不但有保护装置，还有符合该标准的过程层设备，如智能断路器、带数字接口的光 TA 和 TV 等。从标准制订初期，就有数家大公司开始进行设备互操作试验，到目前为止已进行了数次试验。

1998~2000 年，ABB、ALSTOM 和 SIEMENS 合作在德国进行了 OCIS（Open Communication in Substations）计划，完成了间隔层设备和主控站之间的互操作试验。试验中由 ABB 完成主控站通过在以太网上实现 IEC 61850-8-1 来连接 ABB、ALSTOM 和 SIEMENS 的设备。

2001 年，在加拿大，ABB 和 SIEMENS 进行了间隔层设备的互操作试验，由 SIEMENS 的保护装置向 ABB 的断路器模拟器发送跳闸信号，ABB 的断路器模拟器收到信号后将断路器打开并将断路器打开的 GOOSE 信息发给其他设备，配置为重合闸装置的 ABB 保护向断路器发送重合命令。

2002 年 1 月，ABB 和 SIEMENS 在美国，进行了采样值传输互操作试验，同年 9 月，这两个公司又进行了跳闸和采样值互操作性试验，试验都很成功。

2002~2004 年，ABB、ALSTOM 和 SIEMENS 在德国柏林进行了间隔层设备的互操作试验，这次试验证明了互操作性和简化工程难度的可行性。

二、国内现状

在我国 IEC 61850 这一新标准的研究进度相对滞后。从 1999 年开始，国内开始对 IEC 61850 标准进行研究，到目前为止，尚未开发出完全产品化的 IEC 61850 变电站自动化系统。

为了尽快在国内实施 IEC 61850 标准，同时对符合 IEC 61850 标准的系统进行验证，2004 年 11 月 30 日，国调中心组织了 IEC 61850 系列国际标准互操作试验准备会。会议就互操作试验的计划、安排、试验大纲等内容进行了讨论，提出许多建设性意见，会议认为互操作试验应分阶段、多次进行的方式来开展，并确定互操作试验应在 2 年内完成。

2005 年 5 月 10~11 日和 10 月 18~19 日，国调中心分别组织国内有关电力系统自动化产品研制、开发的厂家进行了 IEC 61850 国际标准的第一次和第二次互操作试验。

按照互操作试验测试大纲制定的试验要求和项目，第一次互操作试验进行了基本功能的互联互通测试。经过 2 天的测试，达到了第一次互操作试验的目的，即通过了以下测试：各厂家设备之间链路层互连的实现，基本 ACSI 服务互操作功能的实现，以及就简单功能所建立模型的互操作性和初步实践 IEC 61850 互操作实验的监视分析方法等的实现。

第二次互操作试验进行了数据模型配置、模型的描述和交换以及特定服务的互操作，主要有报告（BRCB、URCB）和控制（SBO CONTROL）。本次试验完成了预定内容，达到试验前制定的目标。

2006 年 1 月 16~18 日，在北京进行了第三次 IEC 61850 互操作试验，本次试验的主要项目有配置文件验证、文件操作、SV、SG、LOG 和 SNTP 功能。

2006 年 3~4 月，进行了第 4 次互操作试验（基本功能要比较完善）；5~6 月，进行了与国外厂商的产品进行互连试验；7 月，进行了第 5 次互操作试验；9 月，进行了工程实用化；10 月，进行了第 6 次互操作试验（所有主要功能均要实现）。

三、主要特点与应用

1. 智能化一次设备的应用

基于 IEC 61850 数字化变电站（简称数字化变电站）中，智能一次设备的信号输出和控制输入采用了数字技术，变电站二次回路设计中常规的继电器及其逻辑回路被可编程软件代替，常规的模拟信号被数字信号代替，常规的控制电缆被光缆代替。简洁的二次回路设计使变电站自动化系统的可靠性得到了进一步提高。

2. 智能设备的互操作性

数字化变电站的智能设备采用了对象建模技术、抽象通信接口技术和设备自描述规范，智能设备之间实现了通信协议和通信接口的一致性，具有比现在更好的互操作性。

3. 变电站信息共享

数字化变电站对一次设备进行统一建模，变电站站内及变电站与控制中心之间实现了无缝通信体系，真正实现了信息共享。

4. 支持系统与运行系统协调工作

数字化变电站中，基于信息共享的各种运行支持系统（如一次设备运行状态检测系统等）可以功能优化并与变电站的运行系统协调工作。

目前完全基于 IEC 61850 数字化变电站国内还未投运，主要原因是：① 调度主站或集控站尚无与基于 IEC 61850 数字化变电站通信及信息交换的调度自动化系统，目前采用监控系统的远动机依据 IEC 60870-5-104 与调度通信；② 国内基于 IEC 61850 智能一次设备尚处于研发阶段。因此，目前基于 IEC 61850 数字化变电站国内尚处于探索阶段。

四、系统结构

1. 系统结构

从物理上看，数字化变电站仍然是一次设备和二次设备（包括保护、测控、监控和通信设备）两个层面。由于一次设备的智能化，数字化变电站一次设备和二次设备之间的结合比现在更加紧密。

从逻辑上看，数字化变电站的结构可以分为三层，即过程层、间隔层和站级层。

数字化变电站的过程层主要是指智能化电气设备的智能化部分，其功能包括电气量参数检测、设备健康状态检测和操作控制执行与驱动。

数字化变电站的间隔层设备在自动化方面比现在有很大的变化，主要表现为对象的统一建模、通信信息的分层、通信接口的抽象化和自描述规范等技术的应用。

数字化变电站的站级层除实现变电站与控制系统的无缝通信外，基于信息共享的站级运行支持功能可以与变电站运行功能协调工作。

2. 数字化变电站的实现条件

现代计算机技术、现代通信和网络技术为改变变电站目前监视、控制、保护和计量装置及系统分隔的状态提供了优化组合和系统集成的技术基础。

过去若干年内，数字化变电站所依赖的技术基础已经取得了长足的进步，实现数字化变电站已经具备了以下条件：智能一次设备已被逐步采用；电子式互感器已进入实用阶段；光纤通信及以太网技术已被普遍采用；电力行业面向对象的统一建模技术逐步被采用；IEC 为数字化变电站制定的无缝通信体系已基本完成。

国外已经开始数字化变电站的试点工作，为我国数字化变电站的实现积累了一定的经验。

五、IEC 61850 应用难点和局限性

1. 软件复杂性

IEC 61850 系列标准充分吸收了计算机信息处理中的面向对象模型技术，并通过抽象通信接口等方法进行层次型设计，希望能够及时容纳不断发展中的通信新技术。这种设计固然保证了标准在较长时间内具有良好的通用性，然而也不可避免地给标准的实现带来相当的复杂性。就现状而言，研发出符合 IEC 61850 标准的产品难点主要在 MMS（制造报文规范，被引用的另一个独立标准）、SCL（变电站描述语言，基于扩充的 XML 扩展标记语言）和 GSSE/GOOSE（通用变电站事件，用于替代控制电缆进行开关状态和跳闸命令的传输）等方面。这些都是国际上比较通用的技术，但国内的软件缺少积累，目前大多都采用了进口中间件的办法。

2. 硬件升级代价

由于软件的复杂性大大增加，导致对 CPU 速度以及内存的需求和 103 等传统规约相比有了数量级的飞跃。为了实现 MMS 通信，100M 的 CPU 速度和 8M 动态内存应该是基本配置，这导致各设备制造商必须升级已有硬件方能实现 IEC 61850 功能，一定程度上也会导致用户初期采购成本的增加（但由于减少了后期维护及改扩建费用，生命期内总体拥有成本会减少）。

3. GOOSE 应用凸显网络重要性

传统保护跳闸等应用通过控制电缆来实现，各种保护是自足并且可能在站内实现某种程度的备用（如主变压器保护作为出线的后备等），一旦所有跳闸及联络都通过通信来实现，那么通信设备的可靠性将可能成为全站安全的瓶颈。如果大量通过点对点直接电缆连接的方式来实现 GOOSE 通信，似乎又有违 IEC 61850 初衷，达不到减少控制电缆以降低系统复杂性的目的。

4. 国内需求的切合度

IEC 61850 模型更多地考虑了欧洲和北美的需求，并在某种程度上按照西门子、ABB 等厂家的习惯设计，当在国内装置上实现时，与国产传统装置的实现差别较大。尤其关于保护逻辑节点及定值等方面，必需按照标准做较大的扩充和变化方能实现。另外，IEC 61850 关于工程管理、变电站配置语言等方面，也必须和国内的习惯磨合后方能探索出切实可行的办法。

5. 目前 IEC 61850 标准存在问题

首先是关于保护信息处理方面（定值、带参数信息的保护动作事件、录波），目前版本的 IEC 61850 规定得不够具体甚至相互矛盾（在这方面，欧洲产品基本上在产品调试软件中实现，回避了该问题）；其次在 SCL 变电站描述语言部分已被发现若干错误；另外，关于采样值通信部分有些超前当前网络及 CPU 硬件水平。IEC 目前正在编写、酝酿 IEC 61850 的第二版。

六、适应数字化变电站的运行、维护和管理方法

数字化变电站由于广泛地采用智能设备，对现有运行、维护和管理方法提出了挑战。例如，许多设备的输入、输出接口都由传统的模拟接口和硬接线变为数字通信接口，必须有新的调试和检验设备及相应规程。还有许多原来由不同部门管理的功能由同一设备实现也造成一些问题。所以，规划数字式变电站时应充分考虑运行、维护和管理的因素，同时也应根据数字化变电站的特点适当调整运行、维护和管理的规程。

▍第四节 前景与挑战

基于 IEC 61850 变电站自动化的基本概念为变电站的信息采集、传输、处理、输出过程全部数字化，基本特征为设备智能化、通信网络化、模型和通信协议统一化、运行管理自动化等。数字化变电站建设的关键是实现能满足上述特征的通信网络和系统。IEC 61850 标准包括变电站通信网络和系统的总体要求、功能建模、数据建模、通信协议、项目管理和一致性检测等一系列标准。按照 IEC 61850 标准建设通信网络和系统的变电站，可以将不同厂商的设备协调运作，节约运行及维护成本，使系统简化、降低复杂程度。数字化变电站是由智能化一次设备和网络化二次设备分层构建，建立在 IEC 61850 通信规范基础之上，能够实现变电站内智能电气设备间信息共享和互操作的现代化变电站。数字化变电站应用对传统的一、二次设备，以及二次专业中保护、自动化、仪表专业界限划分将重新组合，对人员的技术要求进一步提高，数字化变电站应用对各专业的划分和管理将产生深刻的变革，为高效率的变电站管理开辟了全新的空间。

思 考 题

1. 传统分层分布式变电站自动化系统存在哪些问题?
2. 什么是 IEC 61850 标准?
3. 按照 IEC 61850 标准,变电站的功能有哪几层?
4. 采用全数字变电站对一、二次系统专业会带来哪些影响?

第八章 ....

变电站计算机监控系统产品介绍

本章介绍了国内常用的国电南瑞 NS – 2000、南瑞继保 RCS 系列、北京四方 CSC – 2000 和浙江创维 ECS – 800 变电站计算机监控系统的产品特点，特别是对站控层和间隔层设备之间的通信过程及通信报文进行解析，对维护人员进一步熟悉并掌握变电站计算机监控系统的通信规约提供了范例。

第一节　NS – 2000 变电站计算机监控系统

一、系统概述

NS – 2000 变电站自动化系统（简称 NS – 2000 系统）是国电南瑞科技股份有限公司推出的集测量、监视、控制和保护功能于一体，适用范围覆盖 10 ~ 500kV 所有电压等级的开关站、变电站和集控站，为各电压等级的变电站自动化系统提供全面的解决方案。

NS – 2000 系统由 NS – 2000 后台监控系统、NSC – 200 系列通信控制单元、NSD – 200 系列通用测控装置、NSD – 500 系列超高压线路测控装置、NSR – 201R 和 NSR – 301 系列微机线路保护装置、NSR – 600R 系列保护测控装置、NSR – 800 系列超高压变压器保护装置等构成。

二、系统结构

1. 结构

NS – 2000 系统采用分层分布式结构，系统结构分两层：站控层和间隔层。

（1）站控层

站控层设备由监控工作站（主机、操作员工作站）、远动工作站、网络设备、工程师工作站、"五防"工作站、数据网服务器和 NSC – 200 通信控制器等组成。系统按监控、"五防"一体化设计，内含"五防"规则，确保正常操作的安全。

（2）间隔层

间隔层设备包括测控装置、保护装置及保护测控一体化装置等。

（3）通信网络

NS – 2000 支持 CAN 现场总线网及以太网两种网络方式。

（4）典型配置图

如图 8 – 1 和图 8 – 2 所示。

2. 操作系统及数据库

变电站监控系统站控层服务器、操作员站、工程师站等可以选用 DELL、HP、IBM、

变电站计算机监控系统及其应用

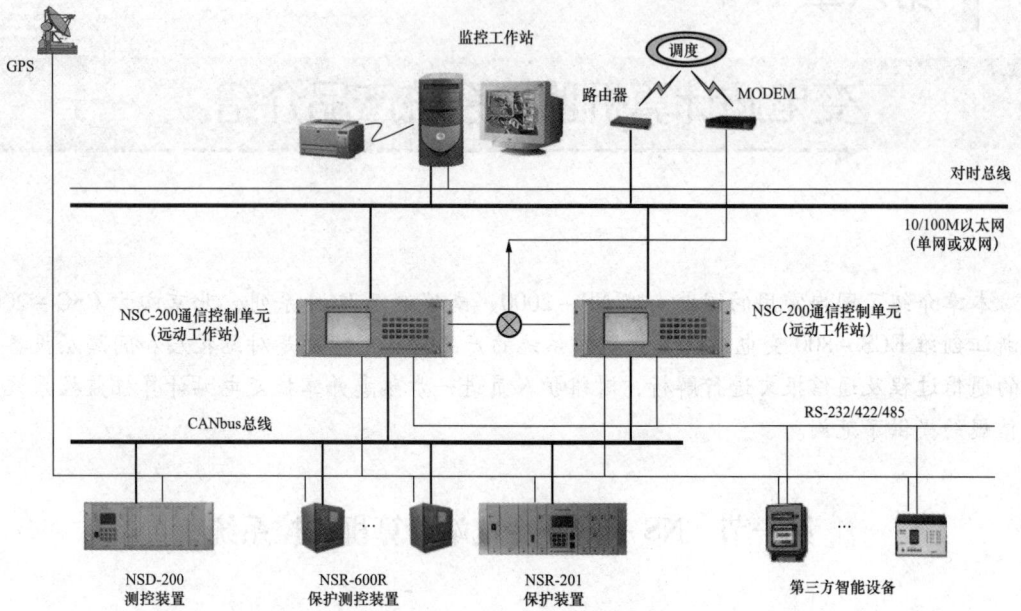

图 8-1　NS-2000 变电站自动化系统典型结构（一）

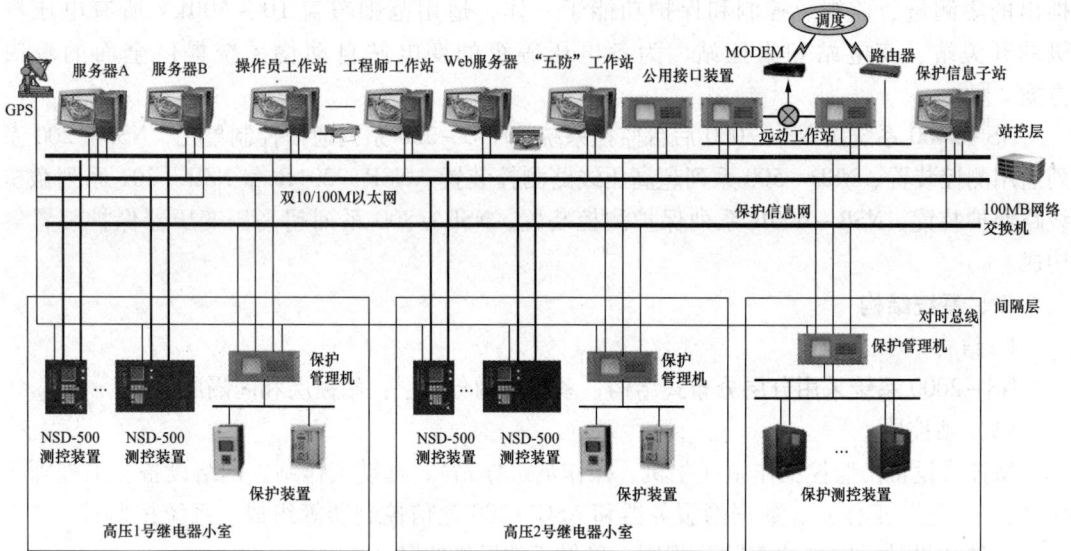

图 8-2　NS-2000 变电站自动化系统典型结构（二）

SUN、SGI、COMPAQ 等服务器、工作站和微机，操作系统选用 Unix 或 Windows，采用风格一致的图形化界面，方便运行人员使用。系统的历史数据库可选用成熟的商用库 SQL Server、Oracle、Sybase 和 DB2。

三、系统通信

（一）站控层与间隔层通信

站控层与间隔层通信采用网络 103 规约，应用层 ASDU 在完全采用 IEC 60870-5-103

的基础上做了适当扩展，并做到了向下兼容。对通信报文进行严格的有效性校验，避免出现错误报文导致系统崩溃。通过大量非法报文的冲击试验，确保了系统的稳定性。通信报文处理分为遥测遥信、遥控、保护数据和扰动数据四个模块。遥测遥信模块处理各种遥测、遥信、变化遥测、变化遥信和对时报文。单独的遥控模块处理遥控请求、执行、超时、并发冲突等情况。保护模块负责保护事件和保护定值处理。扰动数据因为较低的优先级和较长的持续时间，为了不影响快速数据的处理，也单独组成一个模块。通过合理划分，最大限度地保证了数据的实时性和可靠性。

1. 通信过程

（1）通信初始化

站控层设备与间隔层采用 UDP 方式进行通信，后台启动（装置上电）后即主动发送并接收心跳报文和其他各类数据报文，不需要事先建立握手联系。

为了保证数据传输的可靠性，发送方发送完重要数据（如事件顺序记录）后将其放入备份缓冲区，当接收方发现数据包丢失或网络中断后恢复时，自动向发送方申请重发所有丢失的数据包，发送方从备份缓冲区查找被申请的数据包后重新发送。由于备份缓冲区只存放最新的可能需要重发的重要数据，因此被申请的丢失数据包在这里一般都能找到，否则继续放大备份缓冲区。通过变电站雪崩试验，将重发次数设为一次即可保证数据的可靠传送。

接收设备收到数据包后，首先判别数据类型是重要数据还是普通数据，然后比较其序列号（假设为 X）和上一个已处理数据包的序列号（假设为 Y）的大小，比较后处理如下：

1）当前数据包为重要数据时：

a）$X = Y$：当前数据包无效，丢弃当前数据包，当前数据包已从另一网络接收。

b）$X = Y + 1$：当前数据包有效，继续处理。

c）$Y + 1 < X \leqslant Y + 17$：当前数据包有效，继续处理，同时判定 $(Y + 1) \sim (\hat{X}1)$ 数据包丢失，申请丢失数据包重发；RTCP 中最多同时申请 16 包丢失数据，发送设备缓冲区足够大时可增加重发数据包数量。

d）$X > Y + 17$：当前数据包有效，继续处理。此种情况可能是网络发生长时间中断或发送设备重新启动，发送设备缓冲区中可能已没有丢失的数据包，因此不再申请丢失数据包重发。

e）$\hat{Y}16 \leqslant X < Y$：当前数据包无效，丢弃当前数据包，通过变电站雪崩试验和变电站网络负载测试，同一数据包在双网上传送延迟最多相差 16 包数据（当 A 网已经收到序列号为 $X \sim X + 16$ 的数据包时，B 网才收到序列号为 X 的数据包）。

f）$X < \hat{Y}16$：当前数据包有效，继续处理。此种情况可能是网络发生长时间中断或发送设备重新启动。

2）当前数据包为普通数据时与重要数据做相同处理，只是不再申请数据包重发。

（2）网络报文

1）网络报文结构如下：

68H
长度
68H
源节点类型
源节点 IP 或 ID
源 LN 部分地址
工程序列号
目标节点类型
目标节点 IP 或 ID
目标 LN 部分地址
Reserved
报文类别（Class）
厂站号
数据编号
重发标志
控制参数
报文数据区

源节点类型：1 个字节，表示后台节点、测控装置节点等。

0——后台节点；

1——测控装置节点；

5——后台 SCADA 节点；

10——前置节点。

源节点 IP 或 ID：4 个字节，如源节点、目标节点类型都为 SCADA 机或工作站，则填 ID，否则填 IP；如为 IP 地址，按照 IP4、IP3、IP2、IP1（IP1. IP2. IP3. IP4）从低字节到高字节排列。

源 LN 部分地址：2 字节，为逻辑节点部分地址，低字节为串口号、高字节为间隔地址。不用时缺省为 FFFFH。

工程序列号：2 个字节（WORD），后台监控系统间专用。

目标节点类型：1 个字节，表示后台节点、测控装置节点和所有点等。

0——后台节点；

1——测控装置节点；

2——所有后台节点；

3——所有测控装置节点；

4——所有节点。

目标节点 IP 或 ID：4 个字节，如源节点、目标节点类型都为 SCADA 机或工作站，则填 ID，否则填 IP；如为 IP 地址，按照 IP1、IP2、IP3、IP4（IP1. IP2. IP3. IP4）从低字节到高字节排列。

目标 LN 部分地址：2 字节，为逻辑节点部分地址：低字节为串口号、高字节为间隔地址。不用时缺省为 FFFFH。

Reserved：2 个字节，填 0，保留用。

报文类别：1 个字节（Class），目前有三种：

1——后台监控系统与间隔层间 IEC 60870 – 5 – 103 报文。

2——预留给后台监控系统间报文。

3——后台监控系统与间隔层间非 IEC 60870 – 5 – 103 报文。

厂站号：1 个字节，系统为集控中心时指明报文中的数据属于哪个厂站。当逻辑节点直接上网时，厂站号填 0。

数据编号：2 个字节。按照源 LN 部分地址、报文性质（不需要申请重发和需要申请重发的报文）发送报文分别进行计数（0 ~ 65535 之间循环）。

重发标志：2 个字节。Bit0 = 1 表示本报文为重发的报文，Bit0 = 0 表示本报文是正常通信报文；Bit1 = 0 表示报文不需要申请重发，Bit1 = 1 表示报文需要申请重发。

控制参数：2 个字节。Bit0 = 1 表示本报文为控制信息报文，Bit0 缺省值为 0；Bit1 ~ Bit15 为控制参数版本号，缺省值为 0。

报文数据区：实际应用层报文。

应用层报文说明：应用层报文包括后台监控系统与间隔层间 IEC 60870 – 5 – 103 报文（Class = 1）、后台监控系统与间隔层间非 IEC 60870 – 5 – 103 报文（Class = 3）和预留给后台监控系统间报文（Class = 2）三种。

后台监控系统与间隔层 IEC 60870 – 5 – 103 报文采用 IEC 60870 – 5 – 103 中 ASDU 报文格式。测控装置通过 UDP、TCP/IP 方式传送 IEC 60870 – 5 – 103 报文。

考虑到后台监控系统与间隔层间 IEC 60870 – 5 – 103 UDP 广播报文太多，网络容易发生碰撞、冲突，需将 ASDU 进行组装，方式如下：

长度 1（1 个字节，指 ASDU 报文 1 的长度，不包括本身长度）
ASDU 报文 1
⋮
长度 n（1 个字节，指 ASDU 报文 n 的长度，不包括本身长度）
ASDU 报文 n

后台监控系统与间隔层非 IEC 60870 – 5 – 103 报文通信格式如下：

主动方：

Type
Code
内容

被动方：

Type
Return Code
Status
内容

其中，Type 为报文类型，一个字节（BYTE），后台监控系统与间隔层间非 IEC 60870 - 5 - 103 报文的报文类型共分为系统管理类报文、操作类报文、参数类报文和保护类报文。

Code、ReturnCode 为功能码，一个字节（BYTE），表示不同的功能报文。双方所用的 Type 必须相同，Code 和 ReturnCode 不同，ReturnCode = Code | 80H。

Status = 0 表示成功，Status！= 0 表示失败，两个字节（short），不同的值表示不同的含义；Status = 1 表示失败，多于一种失败原因时 Status 的具体含义详见具体报文。

被动方可根据报文要求是否回答报文。

WS 表示工作站、SCADA 表示 SCADA 机，LN 表示逻辑节点。

2）报文示例：以下为某 220kV 变电站监控系统从后台监视的在正常情况下后台监控与测控装置通信的报文：

收——68 3a 00 3a 00 68 01 7a c8 09 c0 00 16 00 00 04 ff ff ff ff ff ff 00 00 01 00 00 00 00 00 01 00 1f 2c 05 09 01 01 95 00 00 00 00 00 00 00 00 00 00 00 00 00 00 00 40 00 40 00 00 00 00 00 00

ASDU 单点全遥信（44）；VSQ = 0；信息体数 5；传送原因总查询（总召唤）(9)；ASDU_ADDR = 1；FUN = 1

遥信 1.149 = 0　　遥信 1.150 = 0　　遥信 1.151 = 0　　遥信 1.152 = 0……遥信 1.228 = 0

收——68 26 00 26 00 68 01 7a c8 09 c0 00 16 00 00 04 ff ff ff ff ff ff 00 00 01 00 01 00 00 00 00 00 0b 2c 01 09 00 01 95 28 12 28 12 28

ASDU 单点全遥信（44）；VSQ = 0；信息体数 1；传送原因总查询（总召唤）(9)；ASDU_ADDR = 0；FUN = 1

遥信 1.149 = 0　　遥信 1.150 = 0　　遥信 1.151 = 0　　遥信 1.152 = 1　　遥信 1.153 = 0

遥信 1.154 = 1　　遥信 1.155 = 0　　遥信 1.156 = 0　　遥信 1.157 = 0　　遥信 1.158 = 1

遥信 1.159 = 0　　遥信 1.160 = 0　　遥信 1.161 = 1　　遥信 1.162 = 0　　遥信 1.163 = 0

遥信 1.164 = 0

收——68 51 00 51 00 68 01 7a c8 09 c0 00 16 00 00 02 ff ff ff ff ff ff 00 00 01 00 03 00 00 00 00 00 36 32 18 02 01 01 5c 08 c0 00 00 00 00 00 00 00 00 00 00

00 00 00 00 00 00 00 00 00 00 00 00 00 00 00 00 00 00 00 00 00 00 00 00 00 00 08 c0 00 00 00 00 00 00 00 00 00 00 00

ASDU 顺序遥测（50）；VSQ = 0；信息体数 24；传送原因循环（2）；ASDU_ADDR = 1；FUN = 1

遥测 1.92 = - 2047.00 ［fffff801］遥测 1.93 = 0.00 ［0000］遥测 1.94 = 0.00 ［0000］

遥测 1.95 = 0.00 ［0000］遥测 1.96 = 0.00 ［0000］遥测 1.97 = 0.00 ［0000］

遥测 1.98 = 0.00 ［0000］遥测 1.99 = 0.00 ［0000］遥测 1.100 = 0.00 ［0000］

遥测 1.101 = 0.00 ［0000］遥测 1.102 = 0.00 ［0000］遥测 1.103 = 0.00 ［0000］

遥测 1.104 = 0.00 ［0000］遥测 1.105 = 0.00 ［0000］遥测 1.106 = 0.00 ［0000］

遥测 1.107 = 0.00 ［0000］遥测 1.108 = 0.00 ［0000］遥测 1.109 = 0.00 ［0000］

遥测 1.110 = - 2047.00 ［fffff801］遥测 1.111 = 0.00 ［0000］遥测 1.112 = 0.00 ［0000］

遥测 1.113 = 0.00 ［0000］遥测 1.114 = 0.00 ［0000］遥测 1.115 = 0.00 ［0000］

收——68 27 00 27 00 68 01 7a c8 09 c0 00 16 00 00 02 ff ff ff ff ff ff 00 00 01 00 01 00 02

00 00 00 0c 29 81 01 01 01 d3 01 b4 04 00 00 00

ASDU 单点 SOE（41）；VSQ = 1；信息体数 1；传送原因突发（1）；ASDU_ADDR = 1；FUN = 1

［1］SOE211 = 1 00：00：01.204

收——68 33 00 33 00 68 01 7a c8 09 c0 00 16 00 00 04 ff ff ff ff ff ff 00 00 03 00 04 00 00 00 00 00 01 03 00 00 00 00 00 00 00 02 00 00 00 16 01 00 01 00 00 16 01 00 01 00

2. 测控装置之间通信

NSD－500 系列测控装置采用应用层遵循国际标准 IEC 60870－5－103 的扩展 103 通信规约。

NSD－500 系列测控装置与后台及远动工作站之间采用交换式快速以太网通信，任何一个单元测控装置可以监听到网上其余装置的以太网报文，得到变电站内全部的状态信息，从而使完全实时控制闭锁成为可能，它包括：① 控制闭锁的完备性，可以使用变电站内任一个断路器、接地器或网门等信息参与控制闭锁；② 控制闭锁的实时性，测控装置的实时刷新保证了控制闭锁的实时性，从而提高了控制的可靠性；③ 控制闭锁的独立性，控制闭锁逻辑存放于测控装置内，与后台计算机系统无关，即使无后台系统也可实现全站的控制闭锁，特别有利于无人值班变电站；④ 相关装置通信故障闭锁控制。

通信初始化：装置上电后即主动发送并接收心跳报文等各种数据通信报文，不需要事先建立握手联系。详细过程同上。

图 8－3 为 NSD－500 系列测控装置控制闭锁流程框图。

（二）远动装置主要功能和特点

NSC－200 系列通信控制单元通过提供不同的通信介质和通信协议，将站内各种设备的信息进行采集处理，形成标准的信息传送到当地监控系统和远方电网调度自动化系统。接受当地和远方调度发出的控制命令，向站内保护、测控等装置转发，实现控制功能。变电站自动化系统中，信息的采集和传送是根据优先级进行划分的，这要求通信控制器具有很高的实时处理能力和高可靠性。NSC－200 就是采用实时操作系统开发的嵌入式多任务通信控制装置。

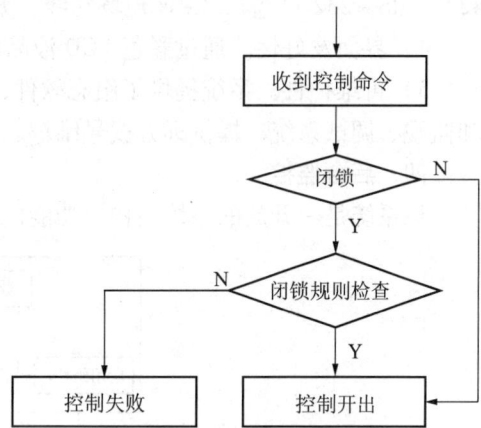

图 8－3 控制闭锁流程框图

（1）主要功能

1）系统配置组态功能；

2）系统调试测试功能；

3）提供彩色图形接口，可以监视系统运行情况和进行各种操作；

4）通过梯形图完成顺序控制和逻辑闭锁控制；

5）实现电压无功自动控制；

6）实现各种测控装置的通信和控制；

7）实现国内、国外各种保护控制设备的通信、控制及规约转换功能；

8）采用 GPS 完成站内设备的时间统一；

9）实现双机、双网的冗余控制；

10）通过数据通道或光纤接口实现远方通信；

11）支持多种国内、国外通信协议，如 IEC 60870 – 101/102/103/104 等、ABB Spabus、Modbus 等；

12）支持多种国内、国外智能设备的接入，如电能表、消弧线圈、直流屏等；

13）提供 Http、FTP、Telnet 等服务；

14）远程维护诊断功能。

（2）主要特点

1）实时性。NSC – 200/300 系列是在 32 位实时多任务操作系统软件平台和多处理器硬件平台下开发的多任务实时通信控制系统。

2）可靠性。NSC – 200/300 系列是在 Intel 工业 CPU 硬件平台和实时操作软件平台基础上开发的通信控制系统，保证了系统开发平台的可靠性。在硬件和软件设计上采用多种技术手段，如硬件看门狗、软件看门狗、系统任务监护等来保证系统的可靠性，并可以配置双通信控制器来构成冗余和主备系统来加强系统的可靠性。

3）接口多样性。NSC – 200/300 可以提供多路串行通信接口（接口类型 RS – 485、RS – 422、RS – 232 可选）、CAN 现场总线、太网接口。

4）界面友好性。通过彩色 LCD 液晶屏提供图形化的人机接口单元。

5）可维护性。系统提供了组态软件，通过组态软件可以灵活配置系统参数、设备参数和监视、调试系统，提供远方拨号维护。

四、后台监控

该系统是一开放的系统结构，功能模块可自由组合。系统软件结构如图 8 – 4 所示。

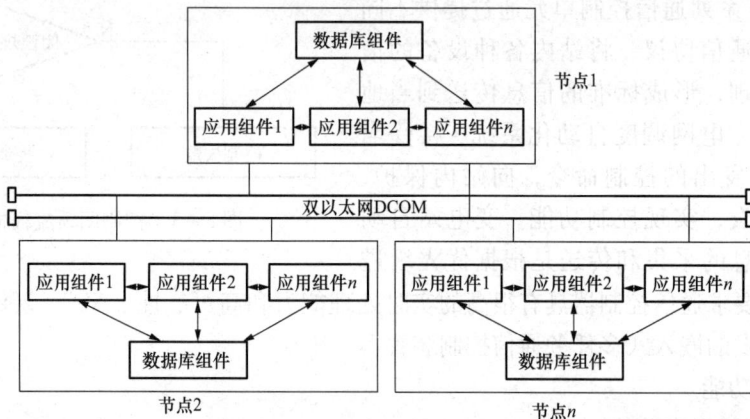

图 8 – 4　系统软件结构简图

数据库组件使用 ATL 产生的多线程公寓模式的进程内和进程外 COM 服务器，提供一致的读写接口，为分布式实时数据库。

应用组件包括系统控制台、通信管理、数据库组态、图元编辑、图形编辑、图形调用和操作界面、报表管理、实时数据浏览、告警窗、历史事件浏览、保护操作界面、电压无功自动控制系统、"五防"规则管理、操作票管理等。其中，只有数据库组件与通信管理组件是必须的，其余应用组件可以根据需要任意组合。不同的节点计算机可以使用不同的组件作为操作员站、工程师站、"五防"机、AVQC 机等。

1. 主要特点

1) 智能化报警。提供智能化告警处理，包括值异常、不刷新等处理，对遥信有计时、计次、自保持、延时过滤等处理，对遥测有滤波、统计、越限处理。报警分类、分等级。检修信息自动屏蔽；事故信号按间隔、电压等级分类；保护事件转遥信，光字牌显示。

2) 拓扑着色（有电、停电、接地）。

3) 自动旁路代路功能。

4) 图模库一体。以一次设备为单元，间隔为设备组构造变电站模型，图形设备制导辅助建库。主接线图的绘制过程就是建库的过程。登录事件按模型分类检索；全在线维护，任何修改不用重启系统；所有配置入商业数据库，参数库、画面、报表网上自动同步；关系型数据库设计，取消冗余配置信息，可确保只在一处修改，处处生效。

2. 主要功能

系统主要功能包括：

1) 数据采集与处理功能；

2) 控制操作；

3) 数据库在线组态功能；

4) 画面编辑、显示和打印功能；

5) 报表编辑、显示和打印功能；

6) 历史数据保存和查询功能；

7) 电压无功控制；

8) 综合量计算；

9) 网络拓扑和动态着色功能；

10) 智能化报警功能；

11) Internet/Intranet 上的 WEB 浏览及远程诊断；

12) 集成前置处理软件，可直接与调度系统、集控中心和智能设备通信。

3. 监控界面的遥控操作

在操作员工作站的监控界面可以进行遥控操作，遥控操作过程如下：

第一步：在遥控前首先检查当前登录用户是否具有遥控操作权限，具有权限才允许操作。

第二步：如果配置了"五防"系统，还要对被操作对象进行"五防"规则检查，满足条件才可操作。

第三步：发遥控选择命令，等待测控装置返校，返校成功才可进行下一步操作。

第四步：发遥控执行命令，确认执行命令发出后，判断被操作对象对应的遥信是否变为操作后达到的状态。如果遥信变为操作后达到的状态，认为操作成功，否则认为操作失败。

在发遥控选择命令后可以撤消遥控。

227

4. 无功电压自动控制（AVQC）

AVQC 控制策略采用 17 区域方案，每个指向正常区域的箭头代表一种调节方案。

说明：

ΔU_{u}——分节头调节一挡引起的电压最大变化量；

ΔU_{q}——投切一组电容器引起的电压最大变化量；

ΔQ_{u}——分节头调节一挡引起的无功最大变化量；

ΔQ_{q}——投切一组电容器引起的无功最大变化量。

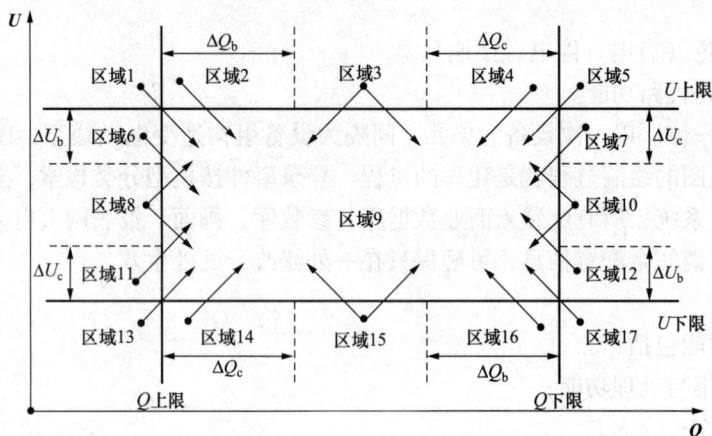

VQC 调节方式分以下几种：

——只调电压；

——只调无功；

——电压优先（当电压与无功不能同时满足要求时，优先保证电压正常）；

——无功优先（当电压与无功不能同时满足要求时，优先保证无功正常）；

——智能（当电压与无功不能同时满足要求时，保持现状）。

对于只调电压和只调无功的系统，调节方式较为简单，这里不讨论，以下就第 3 ~ 5 调节方式具体讨论调节对策。

在有些变电站，由于设备方面的原因，调电压时，需要优先电容器动作，以下调节策略考虑到在电容器优先的方式不同的策略。

各个区域的调节策略如下：

区域 1：U 越上限，Q 越下限；

调节对策：退出电容器；

备用方案：分接头下调（电压优先方式）。

区域 2：U 越上限，Q 正常偏小；

调节对策：退出电容器；

备用方案：分接头下调（电压优先方式）。

区域 3：U 越上限，Q 正常；

调节对策：分接头下调或退出电容器（电容器优先）；

备用方案：退出电容器或分接头下调（电容器优先）。

区域 4：U 越上限，Q 正常偏大；

调节对策：分接头下调；

备用方案：退出电容器（电压优先方式）。

区域5：U 越上限，Q 越上限；

调节对策：分接头下调；

备用方案：退出电容器（电压优先方式）或投入电容器（无功优先方式）。

区域6：U 正常偏大，Q 越下限；

调节对策：退出电容器。

区域7：U 正常偏大，Q 越上限；

调节对策：分接头下调；

备用方案：投入电容器（无功优先方式）。

区域8：U 正常，Q 越下限；

调节对策：退出电容器。

区域9：U 正常，Q 正常；

一切正常，保持现状。

区域10：U 正常，Q 越上限；

调节对策：投入电容器。

区域11：U 正常偏小，Q 越下限；

调节对策：分接头上调；

备用方案：退出电容器（无功优先方式）。

区域12：U 正常偏小，Q 越上限；

调节对策：投入电容器。

区域13：U 越下限，Q 越下限；

调节对策：分接头上调；

备用方案：退出电容器（无功优先方式）或投入电容器（电压优先方式）。

区域14：U 越下限，Q 正常偏小；

调节对策：分接头上调；

备用方案：投入电容器（电压优先方式）。

区域15：U 越下限，Q 正常；

调节对策：分接头上调或投入电容器（电容器优先）；

备用方案：投入电容器或分接头上调（电容器优先）。

区域16：U 越下限，Q 正常偏大；

调节对策：投入电容器；

备用方案：分接头上调（电压优先方式）。

区域17：U 越下限，Q 越上限；

调节对策：投入电容器；

备用方案：分接头上调（电压优先方式）。

5. 系统"五防"功能

NS - 2000 监控系统的"五防"功能有两种实现方式："五防"系统与监控系统合一和独立"五防"系统。

（1）"五防"系统与监控系统合一

这种方式是 NS－2000 自带的变电站防误操作票生成和规则管理系统。采用这种方式的好处是"五防"系统完全与监控系统结合在一起，"五防"系统与监控系统可以共用同样的画面和数据库，因此只需要创建一次画面和数据库，就可以同时满足"五防"系统与监控系统的需求，并且"五防"系统与监控系统共享的实时数据。结构简图如图 8－5 所示。

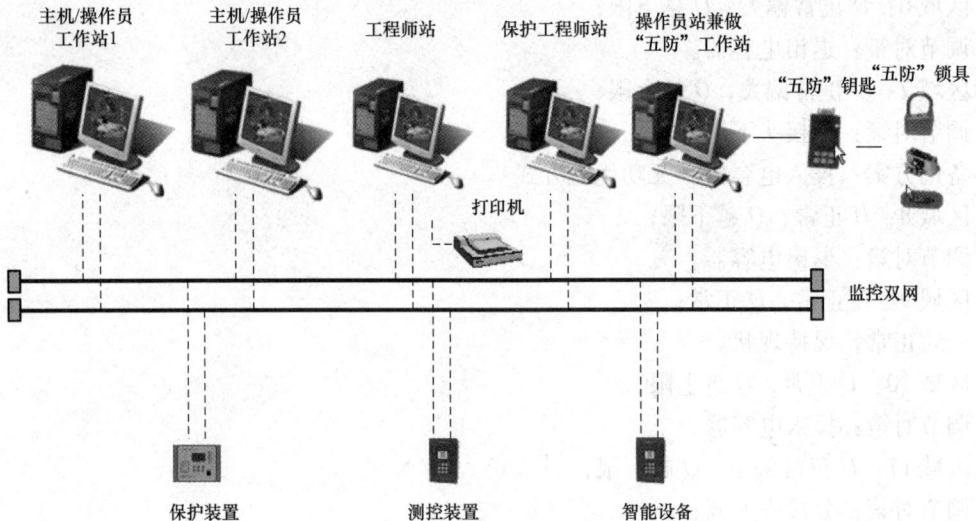

图 8－5　NS－2000 变电站计算机监控系统配置图

（2）独立"五防"系统

这种方式是利用其他厂家的"五防"系统和监控系统组成。这种方式的缺点是"五防"系统与监控系统的画面和数据库不能通用，分别对"五防"系统与监控系统建立画面和数据库，由监控系统将实时数据转发到"五防"系统。通信方式可以采用两种方式：一种是"五防"系统与后台主机进行连接，另一种是"五防"系统与监控系统网络进行通信。在遥控操作前发送报文询问"五防"主机是否允许请求的操作，"五防"主机应答允许或不允许操作的报文。

历史数据库将操作票系统的各种信息存储在其中，如操作票库、操作术语库、操作任务库等，同时为各应用软件提供读写访问接口。

操作票软件的主要功能是实现对操作票的维护和管理功能，可以通过该软件维护操作术语、操作任务名称，也可以通过该软件手工开列新的操作票和模板票，或对已存储在历史数据库中的操作票和模板票进行编辑维护。模板票是针对同样的间隔类型设计的一种通用票，由于变电站中同一电压等级侧进线和出线间隔的接线方式是一样的，因此针对同样的操作任务，对这些进线和出线间隔所进行的操作步骤必然也是相同的，因此对这些类似的操作任务，可以只定义一张通用模板票而代表所有同样的线路操作任务。通过在开票时用具体的间隔代替抽象的间隔来生成实际的操作票。操作票软件也可以对存储在历史数据库中的操作票进行统计查询。

图形界面软件可以通过模拟预演进行图形开票，也可以调用操作票软件预先开好的预存票，或者调用模板票生成具体的操作票。对开出的操作票还可以进行操作预演，操作预演功能是操作员参照所生成的操作票，人工在主接线图上进行操作预演。在预演过程中，若操作步骤与参照操作票不一致，程序将给以提示，同时，每一步都进行规则校验，若违反"五防"规则，也给予提示。实际"五防"操作是对操作票的执行过程，执行可以选择通过遥控方式或与"五防"钥匙通信进行就地操作。一张操作票可以配置成部分通过遥控执行，部分通过与"五防"钥匙通信进行就地操作，也可以配置成全部通过一种操作方式完成。系统的软件结构如图 8-6 所示。

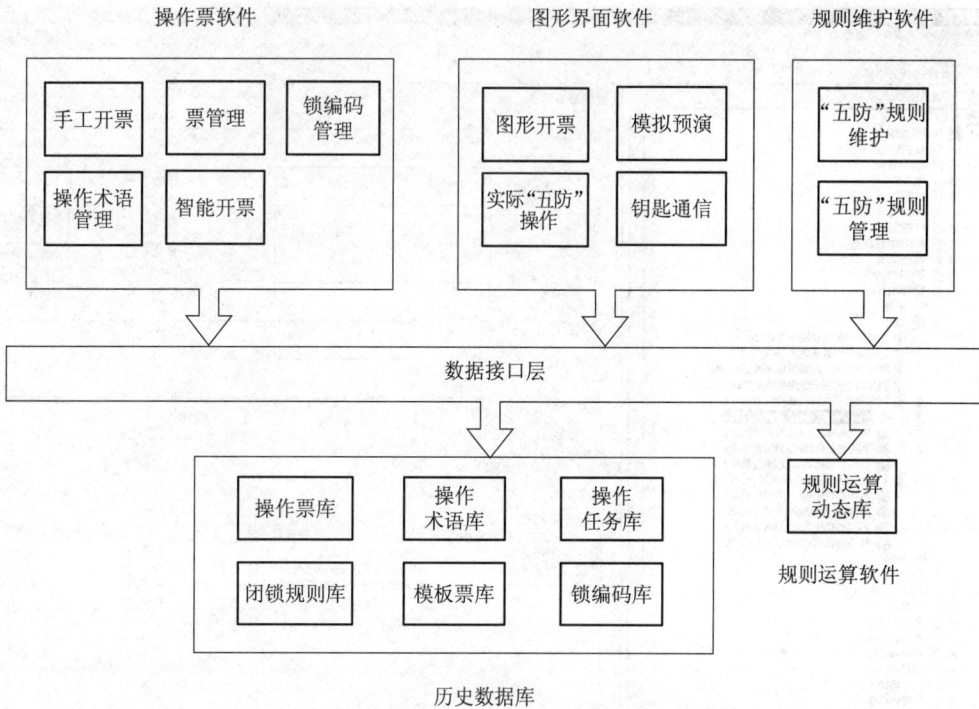

图 8-6 系统的软件结构图

与"五防"钥匙通信进行就地操作的过程如下：监控主机将开好的操作票通过串行口传给电脑钥匙。与电脑钥匙相配合，实际操作将被强制必须严格按照生成的操作票步骤进行。现场操作需用电脑钥匙去开编码锁和确认提示性操作。只有当编码锁与电脑钥匙中存放的操作票所对应的锁号与类型完全一样时，开锁才能成功，进行操作。此项操作完毕后，电脑钥匙才能去开与操作票下一步操作所对应的编码锁。这样就将操作票与硬件操作一一对应起来，杜绝了误走间隔操作事故的发生，保证操作的正确性。电脑钥匙在操作到应该上机操作或现场操作完毕时，须将电脑钥匙插到监控主机（或"五防"机）串口上。监控主机根据电脑钥匙上送的操作步数，得到被操作设备的虚遥信，更新已操作设备状态至当前实际状态。

规则维护软件是用于建立和维护"五防"规则的软件。在 NS-2000 系统中的"五防"功能是通过定义规则来实现的，规则分为两类，一类是专用规则，另一类是通用规则。专用规则中定义的闭锁条件中的对象是变电站、电厂中具体的设备，如利沟 4152 断路器位置；通用规则中定义的闭锁条件中的对象是抽象的设备，只指定了设备组（间隔）类型和设备子类型，如出线设备组线路侧隔离开关。如果某类设备组（间隔）的操作对象的闭锁条件只涉及本间隔中的设备，这样同一类的设备组（间隔）可以共用一组逻辑闭锁规则。

规则还按操作性质进行划分，如分规则和合规则。

对同一个设备和同一种操作性质可以定义多条规则，这些规则之间是或的关系，即只要满足一条规则就认为满足操作条件；而每条规则中可以定义多个条件，这些条件之间是与的关系，即其中只要有一个条件不满足就认为不满足操作规则。通过对规则和条件的定义可以构成复杂的逻辑闭锁关系。具体可参看图 8 -7。

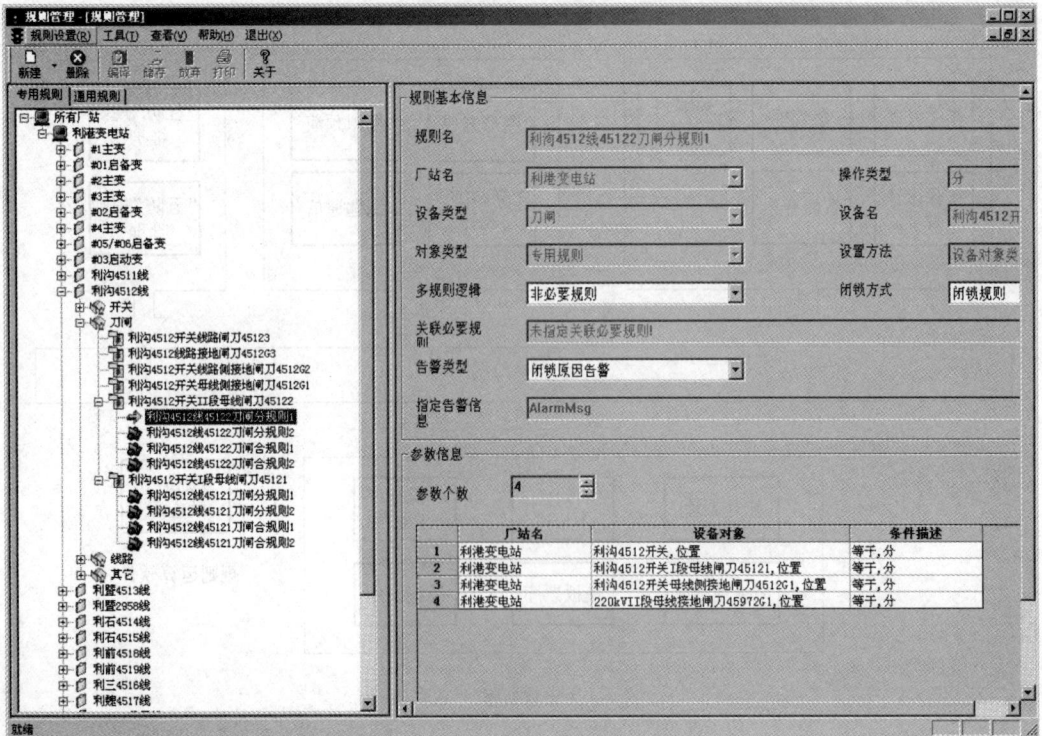

图 8 -7　系统联/闭锁设置界面

图 8 -7 中，左侧的窗口中显示了厂站中所有的设备节点，右键点击站内的某个设备，将弹出操作菜单。选择"新建分规则"或"新建合规则"，可以建立一条针对该设备分操作或合操作的闭锁规则。在窗口中显示了正在编辑的闭锁规则的具体内容，其中规则的基本信息不可修改，规则的参数是规则闭锁的判断条件，每个参数之间是逻辑与的关系，即每个参数都是该规则要满足的闭锁条件。单击规则参数表格中的某个参数行，将弹出参数条件定义对话框。

其中，厂站、设备类型、设备名定义了参数设备对象，测点名定义了参数对象具体对应的测点，系统支持设备对象的四种测点（遥信测点、遥测测点、电能测点和挡位测点）中定义的设备对象测点是遥信表中 220kV 龙江线开关的位置遥信测点。注意：如果系统无该测点存在时，规则校验将失败。

规则参数也可以定义遥测量，定义的设备对象测点是遥测表测点。

在监控系统进行遥控操作前、操作预演时、执行操作票时，都需要进行"五防"检查，这是通过规则运算软件检查现场设备的实时状态（对操作预演是模拟状态）是否满足规则维护软件建立的规则条件来实现的。

五、测控装置

1. 结构及特点（主要技术参数）

测控装置硬件可根据现场需求灵活组态，适应各种测控模式。NSD－500 系列测控装置采用背插式结构，有两种类型的机箱：6U 半机箱和 6U 整机箱。6U 半机箱可安装 3 块 I/O 标准模件，6U 整机箱可安装 8 块 I/O 标准模件。图 8－8 是半机箱前视图，图 8－9 是半机箱背视图。测控装置采用了多 CPU 结构，CPU 型号主要有 MPC860、INTEL296 和 INTEL196。交流量信号采集时，每周波采集 32 点，见表 8－1。

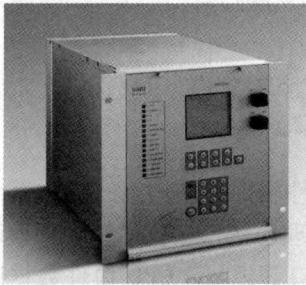

图 8－8　半机箱前视图

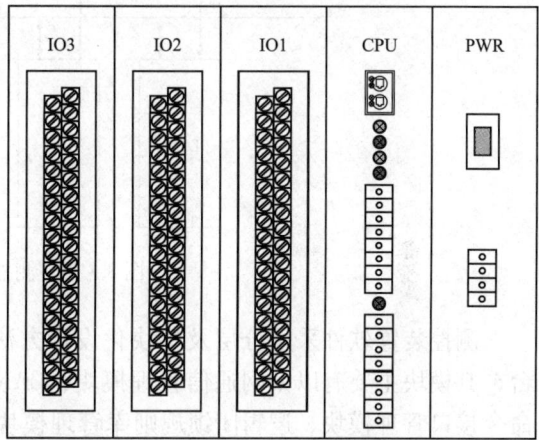

图 8－9　半机箱背视图

表 8－1　　　　　　　　　　　　　　测控装置主要技术参数

序号	名　　称	性　　能
1	交流信号采集精度	电压、电流、频率，0.2%；功率、功率因数，0.5%
2	直流信号采集精度	0.5%
3	SOE 分辨率	≤1ms
4	同期操作功能	具有
5	全站逻辑闭锁功能	具有
6	电磁兼容	快速瞬变，4 级；抗浪涌，4 级；静电放电，4 级；辐射电磁场，3 级；传导骚扰，3 级；工频磁场，5 级；脉冲磁场，5 级；阻尼振荡磁场，5 级；振荡波（振铃波），4 级；阻尼振荡波，3 级
7	电源电压	220VAC ± 20% 或 DC85 ~ 242V
8	功耗	<50W
9	工作条件及环境	1）工作温度范围：－10℃ ~ +45℃； 2）相对湿度：≤95%（无凝结）； 3）大气压：86 ~ 106 kPa

2. 原理框图及软件流程图

NSD－500 系列测控装置包括 CPU 模件、总线背板、电源模件、MMI 人机界面模件和标准 I/O 模件。

测控装置原理框图见图 8 - 10。图中 CPU 模件通过 CAN 网与其他智能 I/O 通信，分同步脉冲、同步 I/O 模件时钟。

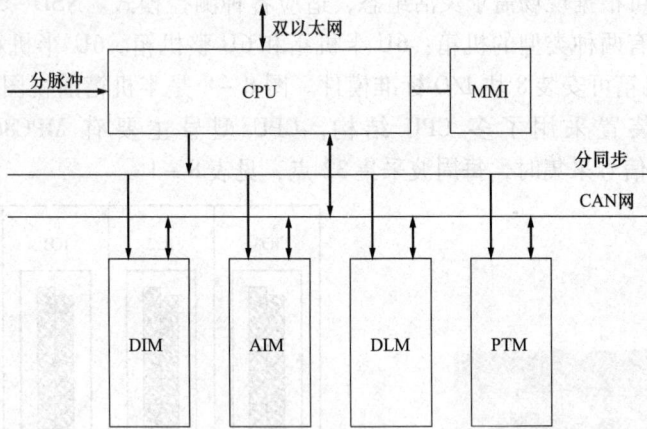

图 8 - 10   测控装置原理框图

测控装置软件采用分层及模块化设计方法，CPU 模件软件采用嵌入式操作系统软件平台，其模块主要有以太网通信管理模块、CAN 网通信管理模块、人机接口管理模块、控制命令接口管理模块、逻辑闭锁规则库管理模块和控制出口等模块。CPU 模件数据库有三部分：实时数据库，全局共享数据库和逻辑闭锁规则库。各模块之间的关系见图 8 - 11。

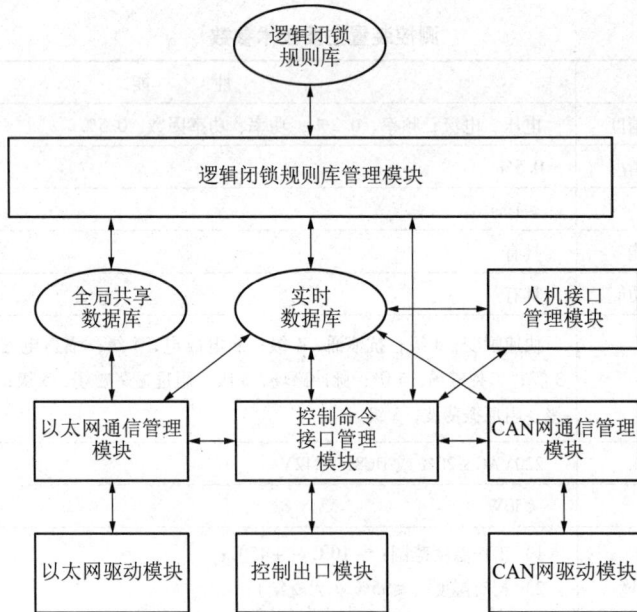

图 8 - 11   软件模块关系框图

3. 组态软件和工程样例

针对具体的现场配置，通过组态软件生成相应的数据结构，并将生成的数据结构输入到测控装置中，使测控装置适应各种测控模式。图 8 - 12 是装置模件的组态界面。

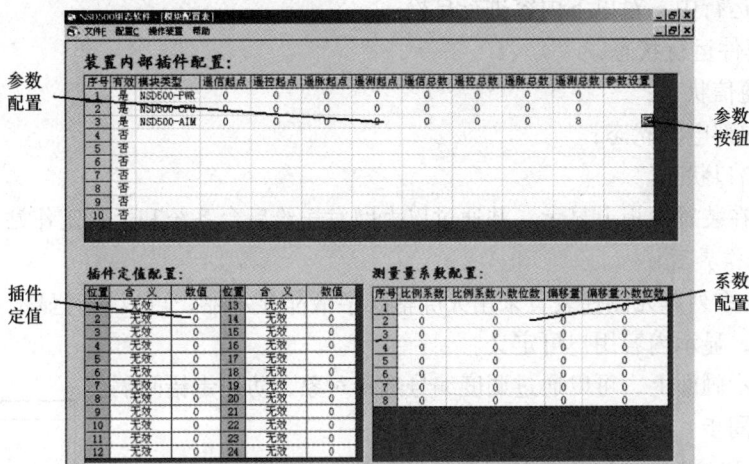

图 8 - 12　装置模件组态界面

4. 控制功能

测控装置可进行断路器控制及电动操作隔离开关或其他对象的控制，如变压器分接开关、风机组及保护装置远方复归等。输出继电器容量为 8A、250VAC、8A、30VDC。

变电站是电力系统供电的关键环节，控制的安全性始终是首要考虑的问题。控制安全性包括以下两个方面的内容：

1）控制闭锁的可靠性：变电站内设备的控制应遵循"五防"原则。

2）控制出口回路的可靠性：控制出口应具备极高的可靠性，一方面能在装置正常工作时正确动作，另一方面应能在装置异常时不误出口。

NSD - 500 系列单元测控装置在控制的可靠性方面做了多重考虑。采用了双 CPU 的设计思想，由 CPU 模件控制出口继电器的操作电源，由 DLM 模件或 PTM 模件执行控制操作，从而保证了控制的绝对可靠。图 8 - 13 是控制出口回路框图。

5. 测量功能

NSD - 500 系列单元测控装置具有完善的数据采集功能：

1）开关量信号采集与处理，如断路器、隔离开关的位置触点信号、保护及各种告警信号等。

2）交流信号采集与处理。

3）直流信号采集与处理：如主变压器温度、室温、直流母线电压等经过变送器后输出的 0 ~ 5V 或 0 ~ 20mA（或 4 ~ 20mA）的信号。

测量点数可以通过硬件组态。

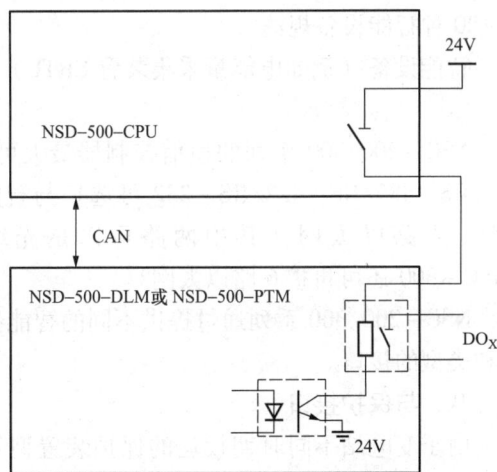

图 8 - 13　控制出口回路框图

6. 自检功能

测控装置运行中，对以下内容进行自检：

1）I/O 模件运行状态；

2）网络通信状态；

3）装置内部电源状态；

4）控制出口状态。

自检信息在装置面板上显示，并通过以太网发送给后台系统和运动工作站。

7. 测控操作界面

NSD – 500 系列单元测控装置采用大屏幕汉字液晶显示器，可以实时显示本间隔一次接线图和模拟量，显示内容用户可定义。

在操作显示画面上，可以通过调度编号选择对象，防止走错间隔。

六、时钟同步

为了保证变电站自动化系统时间同步和实现全站 SOE 分辨率达到 1ms，测控及保护装置必须接受 GPS 对时信号。

NSD – 500 系列测控装置对时方式：① GPS 脉冲信号 + 以太网软件对时；② IRIG_B 码对时。

GPS 脉冲信号要求 5～24V 有源脉冲输入，一个 GPS 脉冲输出端口一般连接两个测控装置。GPS 脉冲信号连接到图 8 – 14 中 CPU 模件的（CLK +、CLK –）输入端口。

IRIG_B 码对时是一种总线对时方式，一条总线上连接的装置个数与 GPS 装置 IRIG_B 码端口的负载能力有关。IRIG_B 码连接到图 8 – 14CPU 模件的（IRIG-B +、IRIG-B –）输入端口。

七、与智能设备接口

NS – 2000 变电站自动化系统可以通过以太网、CANBUS 总线、Lonworks、ProfiBus、RS – 232、RS – 485、RS – 422 及光纤接口与国内外各厂家的智能设备进行互联，NS – 2000 变电站自动化系统支持约 180 种智能设备规约。

智能设备（例如电能量采集装置 ERTU）的通信规约为 102 规约等。

NSC – 200/300 系列的通信控制器最大可以提供 16 路的串行总线（RS – 485/RS – 422/RS – 232 可选）与智能设备通信，2 路 CAN 总线，4 路以太网（其中两路可以是光纤）与智能设备通信（NSC – 300 还可再扩 6 路以太网）。

NSC – 200/300 系列通过提供不同的智能接口板组合提供不同数量和类型的接口。

八、与保护接口

由于变电站不同时期投运的保护装置型号较多，就是同一型号的保护装置不同时期的通信版本也存在差异，各种保护通信规约不统一。如何将站内各种保护装置进行通信互联，实现保护信息统一

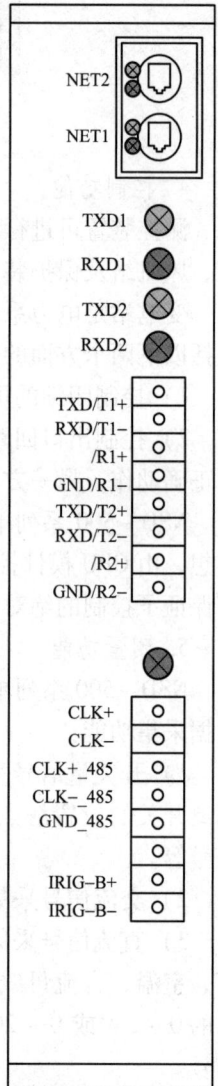

图 8 – 14　CPU 模件
外部接口

管理和远程安全访问，是改造变电站需要解决的问题。监控系统与保护接口如图 8 – 15 所示。

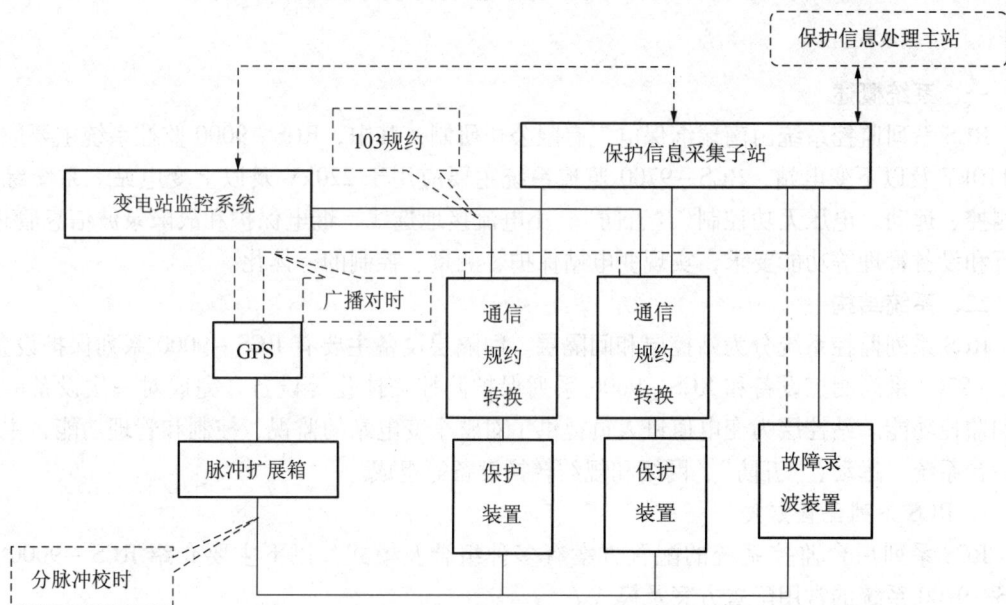

图 8 – 15　监控系统与保护接口

　　由于当前变电站微机保护和故障录波装置的通信相对封闭、难于扩充，称采用同一种规约的厂家也由于对规约理解不同或大量使用自定义报文，也造成各保护装置不能直接通信互联。因此，改造方案由各保护厂家提供与保护装置通信的保护通信规约转换器，将各厂家微机保护接入各自通信规约转换器，转换成 IEC 870 – 5 – 103 规约后，与保护管理机及计算机监控系统通信。规约转换器提供两个通信口，一个通信口与保护管理机通信，另一个与计算机监控系统通信。

　　在保护管理机上通过对故障录波装置和每个保护装置通信，实现对微机故障录波信息查询、微机保护定值信息处理、软连接片投退及保护装置统一对时。调度端通过电话拨号或网络方式取得变电站故障录波信息和保护装置动作内容，实现远程访问。

　　站内微机保护统一对时方式：先由卫星对时装置 GPS 与各保护通信管理装置通信对时，再由各保护通信管理装置与其连接保护装置通信对时，也称"软对时"。对时内容为"年、月、日、时、分、秒"，网络对时存在约几十毫秒甚至上百毫秒误差。为消除保护装置网络通信对时误差，采用与 GPS 连接同步脉冲信号扩展装置一对一接线方式与保护装置脉冲端口连接，用脉冲校时手段达到与 GPS 时间同步，也称"硬对时"。一般微机保护采用分脉冲对时方式，即由脉冲信号扩展装置每分钟发一次脉冲对时信号，保护装置收到正分钟脉冲信号后将秒、毫秒清零，理论上能达到小于 2ms 对时精度，但实际测试对时精度取决于保护装置固定对时脉冲处理时间和脉冲波前后沿陡度。因此，保护装置统一时钟只有采取"软硬兼施"手段，才能满足站内保护装置的自动对时与精度要求。

237

第二节　RCS 系列变电站计算机监控系统

一、系统概述

RCS 系列监控系统由南瑞继保电气有限公司研制，其中，RCS－9000 监控系统主要应用于 110kV 及以下变电站，RCS－9700 监控系统主要应用于 220kV 及以上变电站。系统综合了测控、远动、电压无功控制、"五防"、小电流接地选线、继电保护和故障录波信息管理、运行和设备管理等功能要求，实现变电站保护、测量、控制的一体化。

二、系统结构

RCS 系列监控系统分为站控层和间隔层。间隔层设备主要有 RCS－9000 系列保护设备、RCS－9700 系列测控设备和 RCS－9600 系列保护测控一体化等设备，完成对一次设备的测量和监控功能。站控层为变电值班人员提供了对整个变电站的监视、控制和管理功能，主要由后台系统、远动、"五防"、网络和规约转换设备等组成。

1. RCS 系列配置方案

RCS 系列后台监控系统的配置方案有多种组合及模式，以下主要介绍 RCS－9000 和 RCS－9700 系统的常用配置方案及模式。

（1）RCS－9000 典型配置

测控和保护装置通过 RS－485 网络与总控单元（RCS－9698A/B）通信，由总控单元以以太网方式与站控层通信，其他智能通信装置通过总控单元的 RS－232/485 接口进行规约转换与站控层通信，如图 8－16 所示。

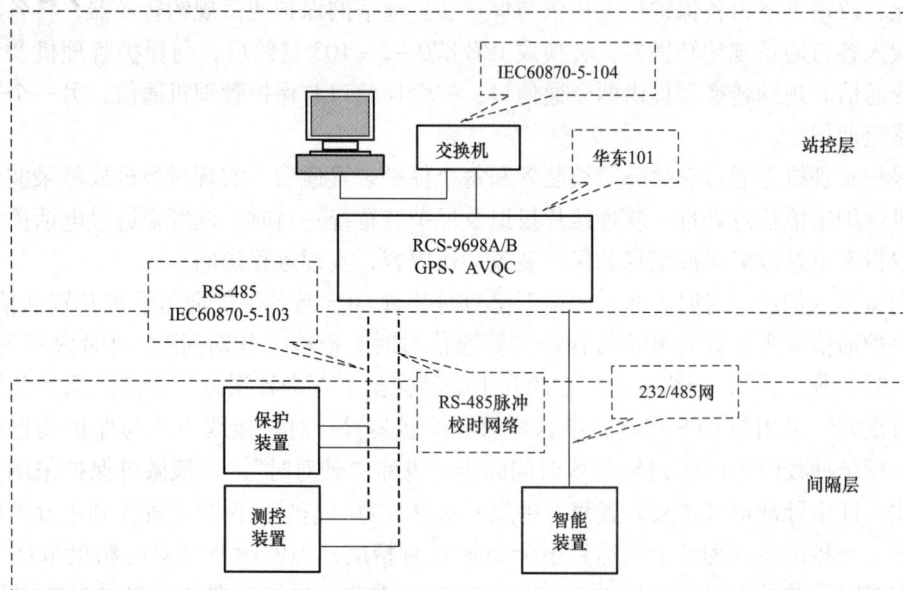

图 8－16　RCS－9000 网络结构

RCS－96 系列测控和保护装置组成多个 RS－485 环与总控单元通信，通信规约采用

IEC 60870-5-103 规约；直流控制器、小电流接地选线等智能装置通过 RS-232/485 接口与总控单元通信，实现规约转换功能；总控单元通过以太网与站级设备通信，网络通信规约采用 TCP/IP，应用层规约采用 IEC 60870-5-103 规约；AVQC 可以独立装置，也可以嵌入总控单元。当采用独立的 AVQC 装置与总控单元通信获取数据，进行无功电压自动控制功能；与调度通信由总控单元提供 6 个 RS-232 或 MODEM 接口与调度主站通信；与调度网络通信，由总控单元 IEC 60870-5-104 经站级以太网络，通过路由设备与调度实现网络通信；总控单元自带 GPS 插件通过 RS-232/485 网络进行软报文对时，同时采用总线方式对保护和测控装置进行硬脉冲校时。

（2）RCS-9700 典型配置

该方案将变电站内间隔层的测控装置、保护测控一体化装置与站控层设备采用双以太网交换信息，保护装置通过保护信息系统接入监控系统，见图 8-17。

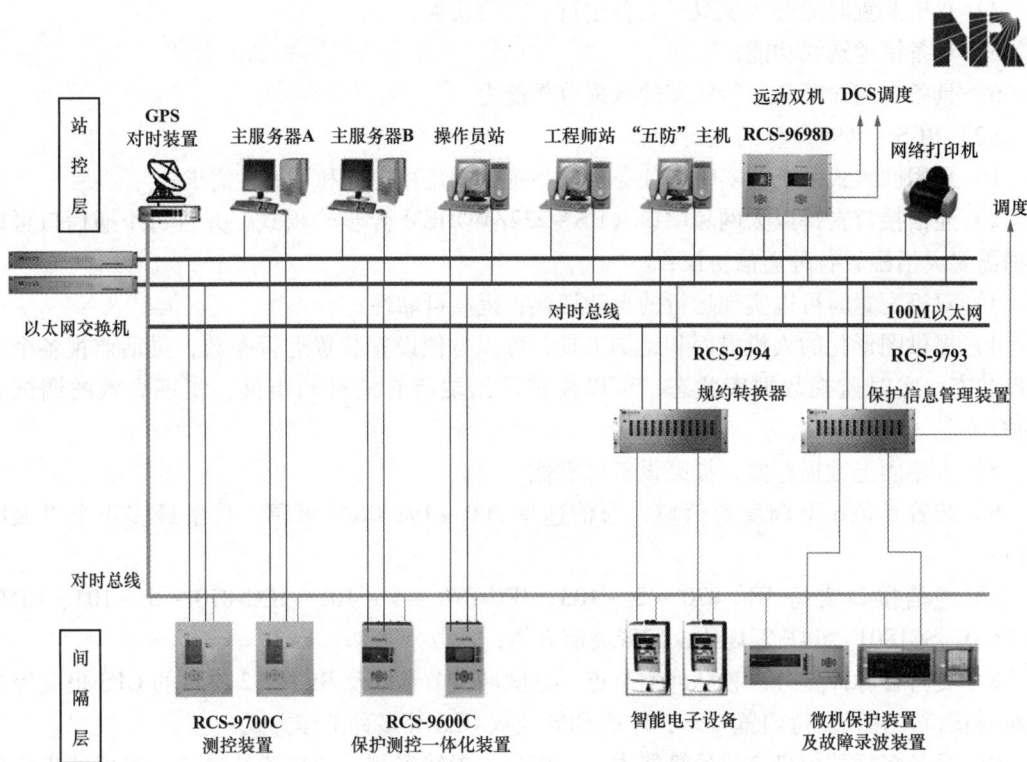

图 8-17　RCS-9700 网络结构

2. RCS-9700 操作系统及数据库

变电站自动化系统站控层设备采用跨平台设计，在同一个系统中可以同时采用多个操作系统，并实现不同操作系统的跨平台操作。服务器可以选用 UNIX 操作系统，操作员站、工程师站等选用 UNIX 或 WINDOWS 操作系统。不同的操作系统采用风格一致的图形化界面，方便运行人员使用。系统的历史数据库可选用成熟的商用库，包括 SQL、ORACLE、SYBASE 等。

三、系统通信

1. 远动装置 RCS-9698C/D 介绍

RCS-9698C/D 远动通信装置是变电站自动化系统的重要组成部分，实现变电站自动化系统与调度自动化系统之间的信息交换和远程监控，实现变电站无人值班。RCS-9698C/D 采用直采直送模式，远动信息直接来源于间隔层设备，其功能不依赖于后台系统。

远动装置有多种配置方式，其中 RCS-9698C 为单机配置，RCS-9698D 为双机配置。

（1）RCS-9698C/D 的主要功能

1）采集变电站各种微机保护、测控单元、自动装置、智能电能表及其他智能设备的信息，实现变电站和集控中心以及调度之间的远动通信；

2）内置 GPS 模块，可以灵活实现多种变电站内的对时方式；

3）根据需要进行信息的编辑和合成；

4）双机配置时能够实现双机主备运行、自动切换；

5）具备接地选线功能；

6）具备自我诊断和运行状态的数据分析能力。

（2）RCS-9698C/D 的主要特点

1）采用嵌入式系统和实时多任务操作系统，满足稳定性和可靠性需求；

2）通信接口支持以太网和串口（RS-232/MODEM 异步）模式，并且每个通信口可以根据需要灵活配置各种通信协议；

3）双机配置时可以实现运行的自动切换，提高可靠性；

4）提供图形化的人机界面和维护工具，可以方便设置装置运行参数，灵活监视各个通信口状态，实时监视数据库状态，可以模拟厂站端所有的远动事件，实现高效的调试和维护；

5）采用固态数据存储，提高设备可靠性；

6）装置具备 6 个调度通信口，通信速率 300~19200b/s 可调，具备最多 4 个以太网接口；

7）通信接口支持 IEC 870-5-103、IEC 870-5-101、IEC 870-5-104、CDT、DNP3.0、SC1801、μ4F 等规约，配置灵活方便；

8）支持秒脉冲差分、秒脉冲空节点、分脉冲空节点以及 RS-232 串口的 GPS 报文等多种对时接口，并且支持内置 GPS、外置 GPS 及双 GPS 等多种工作方式；

9）具备多样的信息合成运算能力，支持步位置转遥测、步位置转遥信、遥信转步位置等转换功能，支持事故总信号、预告总信号的合成，支持"与""或""非"等多种逻辑运算能力；

10）良好的工作环境适应能力：电源 DC88~270V 自适应，温度 -20~+60℃。

2. 站控层与间隔层通信

通信过程解析：

1）站控层设备与间隔层的保护测控装置的通信是基于以太网实现的，间隔层装置是服务器端，站控层设备为客户端。

2）RCS-9698C/D 和间隔层保护测控装置的通信规约采用 IEC 870-5-103 通用分类服务以及南瑞继保电气公司的《变电站以太网传输规范 V1.0 版》和《变电站通信应用层规

范 V 1.0 版》。

3）通信过程：

a. 心跳维护：每隔 10s 发送 TCP、UDP 心跳报文维持连接。TCP 心跳超时时间为 50s，UDP 心跳超时时间为 30s。

b. 通信初始化（见图 8－18）：

- 保护测控装置和站控层设备相互广播 UDP 心跳报文；
- 站控层设备根据收到的装置 UDP 心跳报文发起向装置的 TCP 连接；
- TCP 连接成功后，开始相互发送 TCP 心跳报文；
- 站控层设备开始查询装置所有被定义的组标题；
- 站控层设备开始总查询通用分类服务数据；
- 站控层设备和装置的通信建立完成。

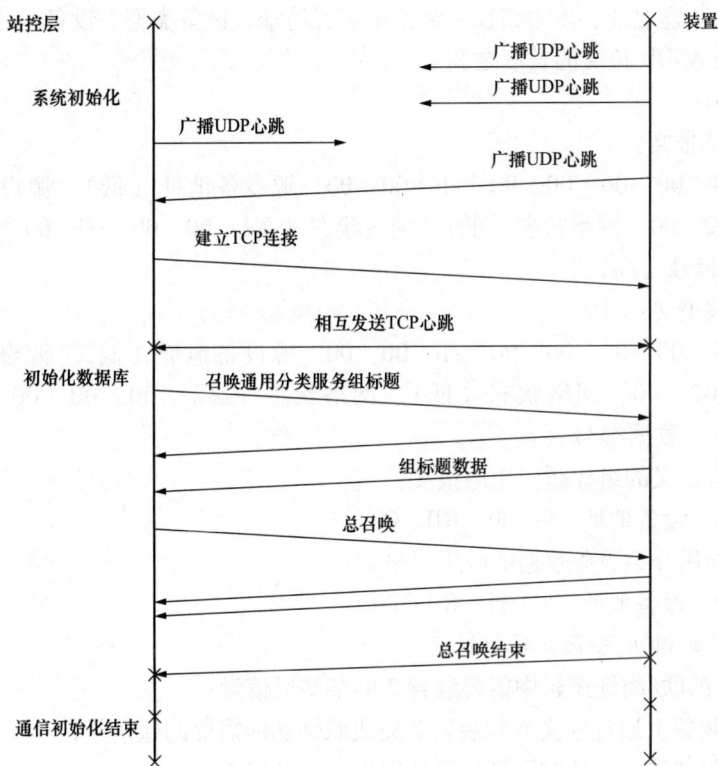

图 8－18 通信初始化

c. 报文格式

0xeb90H
数据长度（DWORD）
0xeb90
源厂站地址（WORD）
源设备地址（WORD）

目标厂站地址（WORD）
目标设备地址（WORD）
数据编号（WORD）
设备类型（WORD）
设备网络状态（WORD）
传输路径首级路由装置地址（WORD）
传输路径末级路由装置地址（WORD）
保留字节（WORD）
应用层报文

报文的数据长度为源厂站号、源设备地址、目标厂站号、目标设备地址、数据编号、传输路径首级路由装置地址、传输路径末级路由装置地址、设备类型、设备网络状态、一个保留字节和应用层 ASDU 报文的长度之和。

d. 报文实例：

• UDP 心跳报文：

90 eb 14 00 00 00 90 eb 00 00 源设备地址（低） 源设备地址（高）00 00 ff ff 02 00 网络状态（低） 网络状态（高） 00 00 00 00 ff ff 数据编号（低） 数据编号（高）

• TCP 心跳报文：

90 eb 14 00 00 00 90 eb 00 00 源设备地址（低） 源设备地址（高）00 00 ff ff 02 00 网络状态（低） 网络状态（高） 00 00 00 00 ff ff 数据编号（低） 数据编号（高）

• 查询所有定义的组标题应用层报文：

15 81 2a 设备地址 fe f0 RII 00

• 总查询通用分类服务数据的应用层报文：

15 81 09 设备地址 fe f5 RII 00

3. 测控装置间相互联/闭锁通信过程

假设装置 1 的联/闭锁逻辑中需要装置 2 的某些遥信量：

1）上电后装置 1 通过报文通知装置 2 完成联锁功能需要的遥信量；

2）装置 2 将装置 1 所需的联锁信息实时发送给装置 1；

3）如果这些遥信量发生了变位，则装置 2 立即主动发给装置 1，否则装置 1 每 10s 查询一次。

四、后台监控

1. 主要功能

（1）图形编辑功能

编辑一次接线图、二次系统配置图、曲线、表格、棒图、饼图等。

（2）数据采集功能

系统采集的数据包括模拟量、开关量、电能量、扰动数据、保护信息等，并且能够对所采集的数据进行统计分析。

模拟量采集包括电流、电压、有功功率、无功功率、功率因数、频率及温度等信号，并实现了实时采集、越限报警和追忆记录功能。

开关量包括断路器、隔离开关以及接地开关的位置信号、继电保护装置和安全自动装置动作及报警信号、运行监视信号、变压器有载调压分接头位置信号等，并实现了实时采集、设备异常报警、事件顺序记录和操作记录功能。

电能量的采集包括有功电能量和无功电能量数据，并实现了分时累加等功能。

（3）数据存储与管理功能

系统通过实时数据库和历史数据库进行数据的存储和管理。实时数据库装载变电站自动化系统采集的实时数据，其数值根据运行工况的实时变化而不断更新，记录被监控设备的当前状态；历史数据库存储需要长期保存的重要数据，能在线存储 12 个月，所有历史数据都能转存至光盘作长期存档。

（4）在线监控功能

包括图形浏览、报表浏览、事件浏览、告警浏览、报文监视等功能。

（5）告警功能

报警方式分为事故报警和预告报警两种。前者为非操作引起的断路器跳闸和保护装置动作信号，后者为一般性设备变位、状态异常信号、模拟量越限、自动化系统的事件异常等。事故报警和预告报警采用不同颜色、不同音响给以区别。事故信号采用电笛报警，预告信号采用电铃报警。对重要模拟量越限或发生断路器跳闸等事故时，自动推出相关事故报警画面和提示信息，并自动启动事件记录打印机。

（6）事件顺序记录及事故追忆功能

能够将变电站内重要设备的状态变化列为事件顺序记录，主要包括断路器、隔离开关和保护动作信号等。事件顺序记录报告所形成的各项内容是重要的原始数据，作为一次事件的报告，它的任何信息都不能被修改。可以对多次事件进行选择、组合，以利于事后分析。事件顺序记录功能的分辨率小于 2ms。事故追忆的时间跨度、记录点的时间间隔能够自行方便设定。

（7）电能量处理功能

系统能够对采集到电能量进行处理：进行分时段的统计分析计算；适应运行方式的改变而自动改变计算方法并在输出报表上予以说明，如旁路代线路时的电能量统计。

（8）电压无功自动调节（VQC）功能

VQC 功能是系统的一个应用模块。VQC 模块通过系统接受各种数据，同时通过系统发送各种调节命令对变电站内电压、无功进行综合调节控制。

VQC 适用于任何一种接线方式，能自动适应系统运行方式的改变。电压考察目标应选择中压侧或低压侧，能自动判别低压侧和中压侧主变压器的并列情况，在主变压器并列时，并列运行的变压器分接头实现同升同降。控制策略采用成熟的控制原理为基础，并能根据实际需要进行策略优化。具有只监视不调节的功能，在需调节时能提示运行人员手动操作。

（9）安全防误操作闭锁功能

"五防"功能作为系统的功能模块，既可以与监控系统一体化配置，也可以单独配置，构成独立的"五防"系统。

243

（10）统计及计算功能

能按运行要求，对电流、电压、频率、功率及温度等量进行统计分析。① 对电能量分时段、分方向累计；② 对监控范围内的断路器正常操作及事故跳闸次数、分接头调节结果及次数、设备的投退、通道异常、主要设备的运行小时数及各种操作进行自动记录和统计；③ 变压器的停用时间及次数统计；④ 站用电率计算；⑤ 安全运行天数累计。

（11）制表打印功能

根据运行人员要求定时打印值报表、日报表、月报表及年报表；召唤打印月内任意一天的值报表、日报表和年内任意一月的月报表；事故时自动打印预告信号报警记录、测量值越限记录、开关量变位记录、事件顺序记录、事故指导提示和事故追忆记录，并实现了显示器画面硬拷贝；能组织运行日志和各类生产报表、事件报表及操作报表的打印。

（12）管理功能

根据运行要求，实现各种管理功能。包括运行操作指导、事故分析检索、在线设备管理、操作票、模拟操作、其他日常管理等。

事故分析检索：对突发事件所产生的大量报警信息进行筛选和分析。对典型的事故可直接推出相应的操作指导画面。

在线设备管理：对主要的设备的运行记录和历史记录数据进行分析，提出设备运行情况报告和检修建议。

操作票：根据运行要求完成操作票的生成、预演、打印、执行和记录。

模拟操作：提供电气一次系统及二次系统有关布置、接线、运行、维护及电气操作前的预演，并通过相应的操作画面对运行人员进行操作培训。

其他日常管理：进行操作票、工作票、运行记录及交接班记录的管理，设备运行状态、缺陷管理、维修记录、规则制度等。

（13）自诊断与自恢复

系统在线运行时，能对本系统内的软、硬件定时进行自诊断，当诊断出故障时应能自动闭锁或退出故障单元及设备，并发出告警信号。自诊断的范围包括测控装置、主机、操作员工作站、工程师工作站、远动装置、各种通信装置、网络及接口设备故障、通道故障、系统时钟同步故障、各类外设故障等。

双机系统其中一台主机发生软、硬件故障，应能自动切换至另一台机工作，故障消除后应能自动恢复至主机工作。各类有冗余配置的设备应能自动切换至备用设备。发生电源掉电故障应及时报警，电源恢复时本系统应能重新启动。具备软硬件的自恢复（如监控定时器）功能。

2. 操作界面

参见《RCS－9700 变电站自动化系统后台监控系统技术使用说明书》。

3. 无功电压自动控制（AVQC）

AVQC 控制策略流程如图 8－19 所示。

读取实时数据（主变压器、容抗器、母线的遥测、通信量）

网络拓扑（主变压器、母线、容抗器的接线关系）

判别主变压器、容抗器各种闭锁信息

根据有功或时间判别主变压器当前分段，得到主变压器电压无功上下限

判别主变压器无功状态、母线电压状态（过高、过低、正常）

根据网络拓扑和主变压器无功、母线电压状态判别各主变压器九区图的位置

第一策略
投切容抗器 ← | → 升降主变压器
无操作

根据策略（投/切）搜索可以投切的容抗器

存在满足条件的容抗器 —否→

等待延时 —是→

VQC 调节

中压侧电压越限 —是→

分接头调节软压板退出 —是→

否

分接头闭锁 —是→

否

正在调节 —是→

否

30/70区调档预判(可选) —失败 / 成功→ 等待延时 —否→ VQC调节

是

第二策略
投切容抗器 ← | → 升降主变压器
无操作

根据策略（投/切）搜索可以投切的容抗器

存在满足条件的容抗器 —否→

等待延时 —是→

VQC调节

中压侧电压越限 —是→

分接头调节软压板退出 —是→

否

分接头闭锁 —是→

否

正在调节 —是→

否

30/70区调档预判(可选) —失败 / 成功→ 等待延时 —否→ VQC调节

是

延时1秒

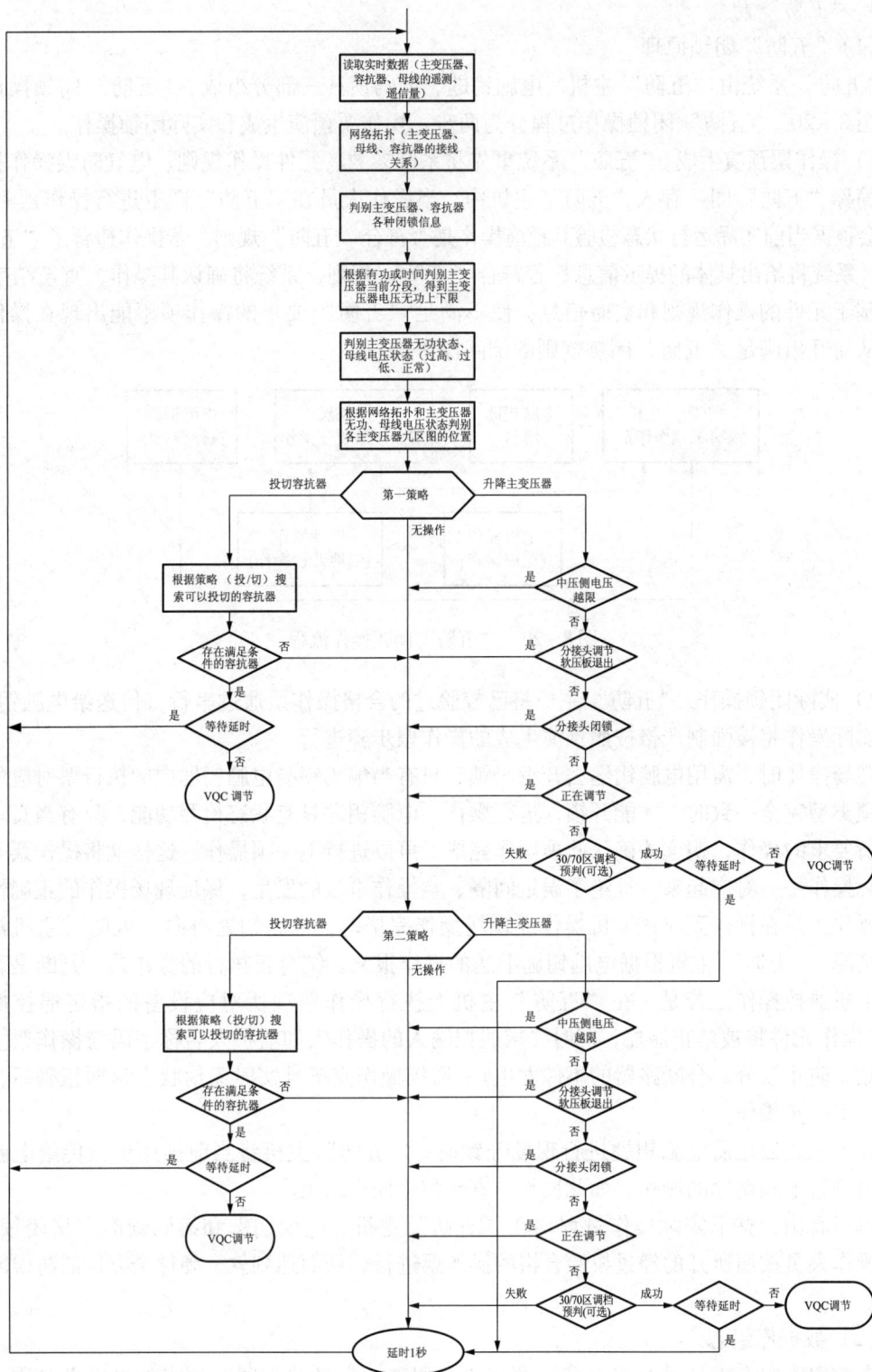

图 8-19 AVQC 控制策略流程

245

第八章　变电站计算机监控系统产品介绍

4. "五防"功能

(1) "五防"闭锁原理

"五防"系统由"五防"主机、电脑钥匙、编码锁具三部分组成。"五防"闭锁操作流程见图8-20。"五防"闭锁操作过程分为两步：操作票预演生成和实际闭锁操作。

1) 操作票预演生成。"五防"系统事先将系统参数、元件操作规则、电气防误操作接线图（简称"五防"图）存入"五防"主机中，当操作人员在"五防"图上进行操作预演时，系统会根据当前实际运行状态检验其预演操作是否符合"五防"规则。若操作违背了"五防"规则，系统将给出具体的提示信息；若符合"五防"规则，系统将确认其操作，直至结束。

基于元件的操作规则和实时信息，使不满足"五防"要求的操作项不能出现在操作票中，从而开出满足"五防"闭锁规则的倒闸操作票。

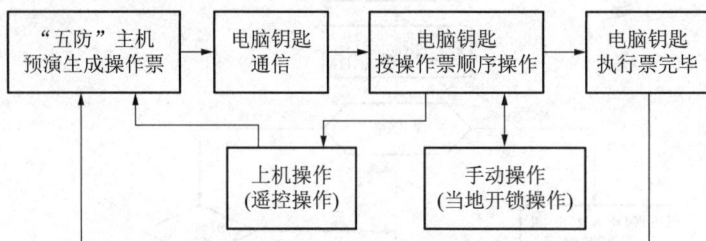

图8-20 "五防"闭锁操作流程

2) 实际闭锁操作。"五防"主机将已校验过的合格操作票通过串行口传送给电脑钥匙，全部实际操作将被强制严格按照预演生成的操作票步骤进行。

现场操作时，需用电脑钥匙去开编码锁，只有当编码锁与电脑钥匙中的执行票对应的锁号与锁类型完全一致时，才能开锁，进行操作。电脑钥匙具有状态检测功能，只有当真正进行了所要求的操作，钥匙才确认此项操作完毕，可以进行下一项操作。这样就将操作票与现场实际操作一一对应起来，杜绝了误走间隔、空操作事故的发生，保证现场操作的正确性。

操作人员在操作到应该上机操作或现场操作完毕时，电脑钥匙将向"五防"主机汇报操作情况。"五防"主机根据电脑钥匙上送的操作报文，结合正执行的操作票，判断是否该进行上机遥控操作。若是，在"五防"主机上执行操作票项所对应设备的指定遥控操作（选错操作元件将被禁止遥控，同时要求遥控输入的操作人和监护人名称密码与操作票生成时一致，防止误分、合断路器的事件发生）。遥控操作完毕且实时遥信状态返回正确后，才可进行下一步操作。

在遥控之后还需电脑钥匙进行现场开锁时，"五防"主机将当前操作步骤传给电脑钥匙，再进行电脑钥匙的操作。如此反复，直到整个操作结束。

可以看出，整个实际操作过程均在"五防"主机、电脑钥匙和编码锁的严格闭锁下，强制操作人员按照所开的经过校验合格的操作票进行，从而达到软、硬件全方位的防误闭锁操作。

(2) 数据库组态

在数据库组态工具里对"五防"测点进行组态，定义"五防"测点的自定义名称、测点描述、设备编号、操作术语、分合规则、锁类型、锁号等信息，如图8-21所示。

(3) 规则编辑

规则编辑的目的是编辑并生成遥控校验公式。在遥控操作时，通过计算校验公式结果来判断操作是否允许操作，以防止误操作。采用图形化的编辑工具，使用方便，操作直观，用户界面友好。

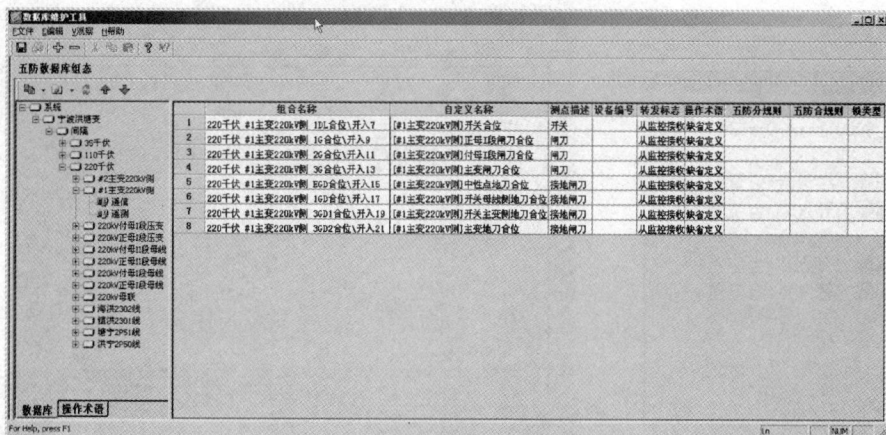

图 8 – 21　联/闭锁图形化的编辑工具界面

规则编辑内嵌于数据库组态中。数据库组态工具的遥信列表和遥控列表中，有两个字段"分规则"和"合规则"，用于编辑遥信点的规则校验，如图 8 – 22 所示。

图 8 – 22　联/闭锁规则校验界面

点击这两个字段，进入规则的编辑，规则库编辑界面如图 8 – 23 所示。

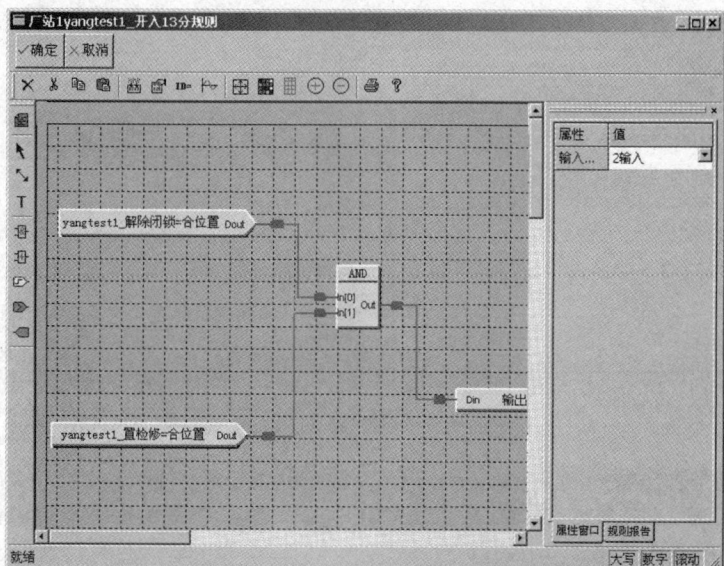

图 8 – 23　联/闭锁规则库编辑界面

规则报告窗口显示规则图所表示的校验规则报告，如图 8 - 24 所示。

编辑好规则后，通过仿真可以排除逻辑上的错误。仿真结果如图 8 - 25 所示。

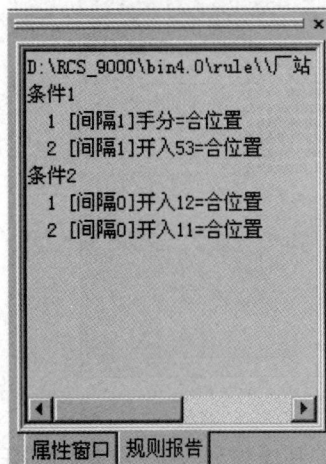

图 8 - 24　联/闭锁校验规则报告界面

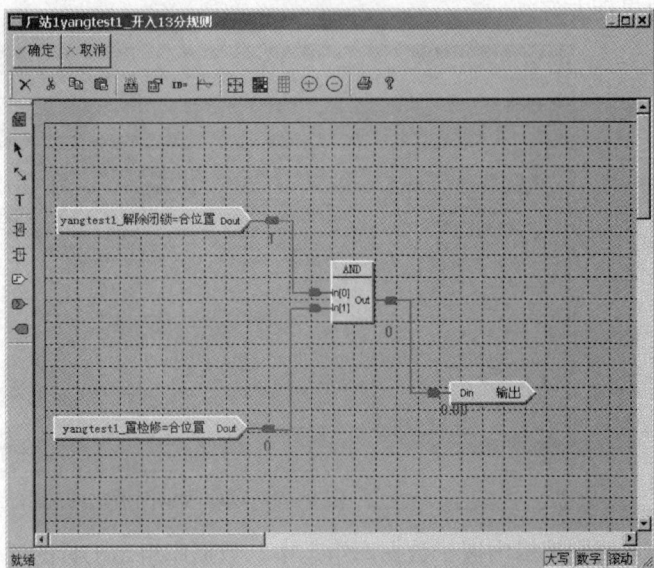

图 8 - 25　联/闭锁规则仿真界面

（4）操作票的生成

生成一张操作票有三种方法：① 打开编辑界面直接编辑生成，生成的每一步不经过规则校验；② 打开主接线图在图上进行模拟操作生成，生成的每一步都经过规则校验；③ 从一个模板票导入生成。预演开票如图 8 - 26 所示。

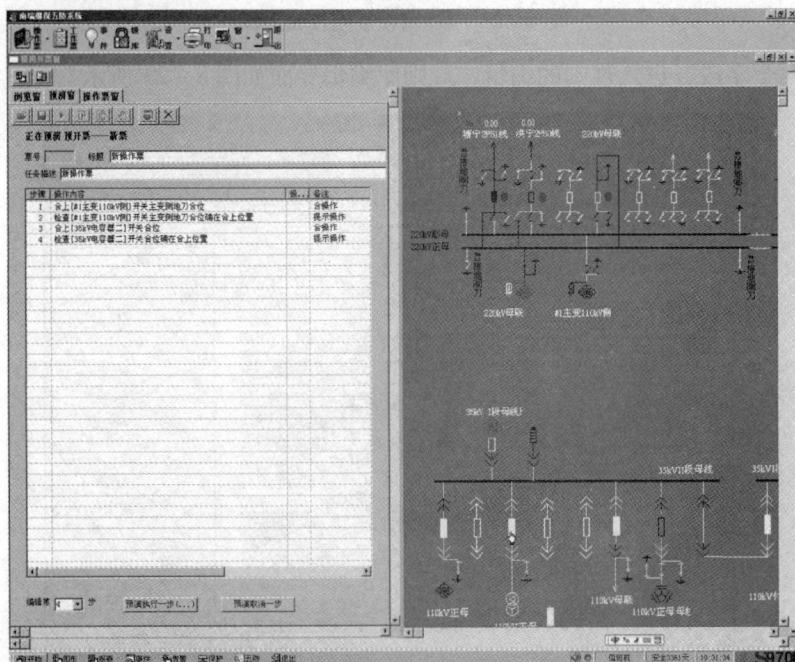

图 8 - 26　预演开票界面

转执行票必须进行规则校验，合格后方可实现。校验可手动单步或自动进行。要执行操作票时，"五防"系统通过串行口将已校验成功的操作票下传给电脑钥匙。整个实际操作过程在"五防"系统、电脑钥匙和编码锁的严格闭锁下，强制操作人员按照所开操作票中的步骤进行，从而能够达到软、硬件全方位的防误操作闭锁。

五、测控装置

测控装置的外观如图 8-27 所示。

1. 结构及特点

RCS-9700C 测控装置采用总线背板式插件结构，装置基于 32 位 CPU 和 DSP 硬件平台，采用实时多任务操作系统，实现变电站间隔层对数据采集、处理的需要，如图 8-27 所示。

图 8-27　测控装置外观图

多路 14 位高精度模数转换器同时采样，无需进行通道切换工作，保证了所有交流输入信号同时采样，也保证了模拟量测量的一致性和精度。

对时方案采用软件对时和硬件对时方案相结合，硬件对时支持秒脉冲和 IRIG-B 等方式，对时精度小于 1ms，保证了 SOE 的分辨率。

各遥控回路采用独立的遥控选择和遥控执行继电器，遥控可以检查到出口。当遥控选择完成后，选择继电器动作，装置对选择继电器的出口触点状态直接进行回采，并与选择命令进行比对，保证选择继电器动作的正确性，同时如果存在多路选择继电器动作的情况能够可靠闭锁操作；装置不同的遥控回路采用独立的执行继电器，与选择继电器串联，从硬件上保证了选择和执行过程的严格区分，确保装置不会出现误出口。同时配合基于网络通信的间隔层联锁功能，进一步确保了遥控操作的安全性。

大屏幕图形液晶提供了图形、汉字相结合的人机界面，可以图形化方式实时显示间隔内各设备状态，并可在间隔图上直接进行就地操作。装置提供高速现场总线 WorldFIP 或者 100M 光纤/双绞线高速工业级以太网，双网冗余。

装置采用整体面板，背插式结构，强弱电严格分开，具有良好的抗电磁干扰能力，功耗低、工作温度范围宽，可就地安装。

2. 技术参数

（1）容量

遥测：最高可达 15 路变送器。

　　　多达 26 路电压采集或 2 组 CT+2 组 PT 采集量。

遥信：最多可达 134 路。

遥控：16 路。

（2）测量

U、I：　　　　$\leqslant \pm 0.2\%$

P、Q、S、$\cos\varphi$：　$\leqslant \pm 0.5\%$

工频频率：　　　$\leqslant \pm 0.01\,\mathrm{Hz}$

输入信号范围：　$0 \sim 120\% \, U_{\mathrm{N}}$，$U_{\mathrm{N}} = 100\mathrm{V}$

$$0 \sim 120\% I_N, \quad I_N = 5A/1A$$

输入方式：   TV、TA 隔离

（3）信息速率

测量刷新周期： $\leqslant 1s$

信号刷新周期： $\leqslant 1s$

（4）信号

事件分辨率： $< 1ms$

信号输入方式：   无源触点

（5）通信接口

接口标准：   以太网支持 DL/T 667—1999（IEC 60870 – 5 – 103）规约；

             Worldfip 现场总线支持 DL/T 667—1999（IEC 60870 – 5 – 103）规约。

（6）工作电源

输入电压：   220V，110V，允许偏差 + 15% 、 – 20%

功耗： $< 25W$

（7）交流参数

电压： $100/\sqrt{3}V$，$100V$

电流：   5A，1A

频率：   50Hz

电压功耗： $< 0.5VA/相$

电流功耗： $< 1VA/相 \ (I_N = 5A)$

             $< 0.5VA/相 \ (I_N = 1A)$

（8）物理特性

正常工作温度： $-25 \sim 60℃$

抗干扰：   满足 IEC 255 – 22 – 4

湿度和压力：   满足 DL 478

3. 原理结构框图

原理结构框图如图 8 – 28 所示。

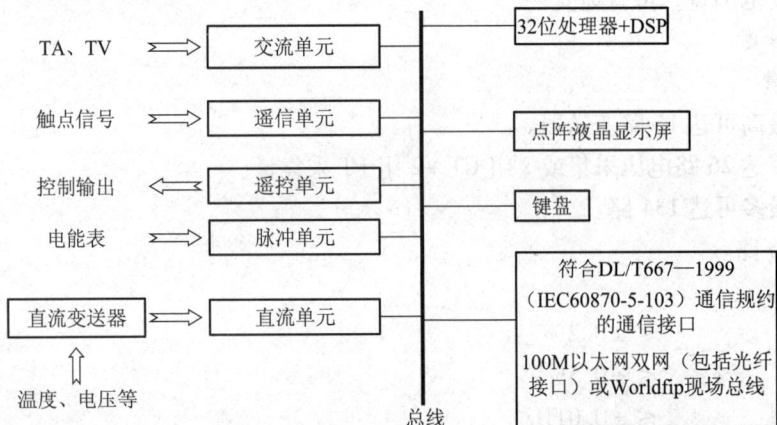

图 8 – 28   原理结构框图

4. 组态软件和工程样例

C 型测控装置组态软件包括液晶组态软件和联锁组态软件。

液晶组态工具用于对 RCS – 9700C 型系列测控装置（RCS – 9701C、RCS – 9702C、RCS – 9703C、RCS – 9704C、RCS – 9705C、RCS – 9706C、RCS – 9707C、RCS – 9708C、RCS – 9709C）液晶显示界面的组态，这些显示界面包括各种菜单界面、测点显示界面、遥控界面、报告界面及主接线图界面等。通过对它们的合理组合，形成一个完整的显示系统，并通过网络口直接下装到测控装置中，实现测控装置的灵活显示。

C 型测控装置液晶组态软件主界面如图 8 – 29 所示，包括四个部分：菜单工具栏、液晶文件列表、页面列表及页面显示栏。

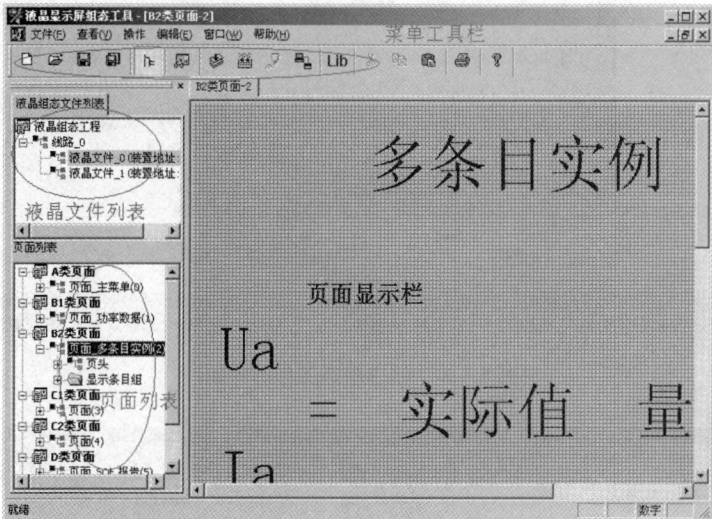

图 8 – 29　组态软件主界面

其中，液晶文件列表按照现场工程、线路和测控装置液晶文件的层次列表，页面按照页面类型列表，当选择了一个页面后，在页面显示栏将以类似实际液晶显示的方式显示该页面内容。更详细操作请参见厂家相关说明书。

C 型测控装置联锁组态软件用于对 RCS – 9700C 型测控装置内部联锁逻辑的组态，这些联锁逻辑包括与、或、非及比较等基本逻辑运算，通过对它们的合理组合，完成测控装置中遥控点的分合操作规则组态，并通过网络口直接下装到测控装置中，实现联锁的灵活组态。

图 8 – 30 为联锁组态工具的主界面，包括四个部分：菜单工具栏、装置列表、规则列表及文本输出窗口。

联锁组态软件的规则编辑图形界面如图 8 – 31，通过直观的图形界面编辑来实现分、合规则的图形化和可视化。更详细操作请参见厂家相关说明书。

5. 控制功能

测控装置控制单元主要负责完成接受命令并根据命令输出相应的控制信息。为了保证遥控输出的可靠性，每一对象的遥控都由 3 个继电器完成，输出由两个 CPU 执行，并增加了相应闭锁控制电路，由控制电路来控制遥控的输出。对象操作严格按照选择、返校、执行三步骤，实现出口继电器校验，保证安全、可靠地执行遥控。测控装置最多可以提供 16 路 I/O

251

第八章　变电站计算机监控系统产品介绍　▶■■■

输出，遥控输出模式可以选择单跳单合、双跳双合及闭锁模式。另外，本装置具有硬件自检闭锁功能，以防止硬件损坏导致误出口。

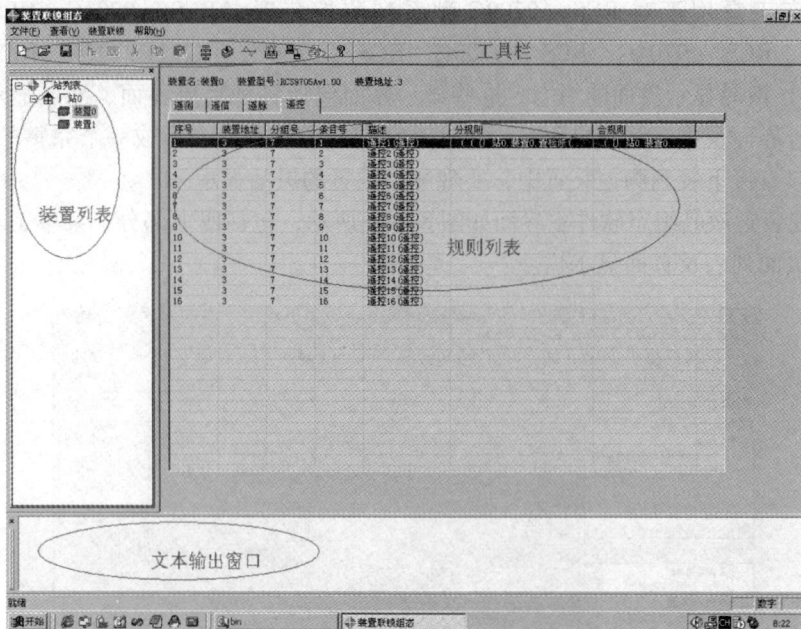

图 8 – 30　联锁组态工具的界面

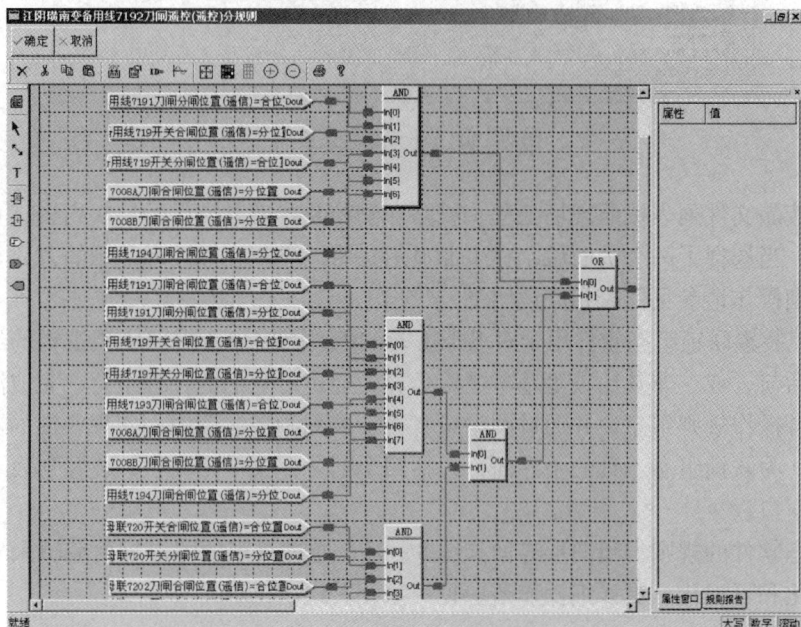

图 8 – 31　联锁规则编辑图形界面

6. 测量功能

现场 TA、TV 来的 5A/1A、100V 的交变波形经高精度的变换器转换成适合计算机采集的小信号，经滤波后送入 A/D 变换成数字信号，最后进入 CPU 进行计算。测控装置按每个周波采集32点，对 TA、TV 和直流变送器进行交直流采样，并按 N 次等间隔采样的离散表达式计算电流、电压、有功、无功、有功电能、无功电能、功率因数、频率等交流测量值和温度、电压、电流等直流测量值。

测控装置还可以提供最多15次谐波测量以及4路 4~20mA 模拟量输出。

7. 自检功能

测控装置自检功能包括软硬件看门狗、ROM 自检、RAM 自检、定值越限报警等功能。当硬件自检发现有误时能够闭锁装置以防止硬件损坏导致误出口，软件自检出错时也停止运行，防止误操作。

8. 操作界面

RCS-9700C 型测控装置菜单如图8-32所示。在菜单每一层子菜单下可以对装置的一些参数进行修改和设置，包括遥控保持时间、装置地址、子网掩码、IRIG-B 码对时、遥控闭锁、遥信防抖时间等，可以查看装置采集的模拟量、数字量以及相关的 SOE 和操作报告等。在每一层子菜单下都有良好的人机界面提供操作步骤及操作指引，更详细的各子菜单操作界面可参见厂家相关说明书。

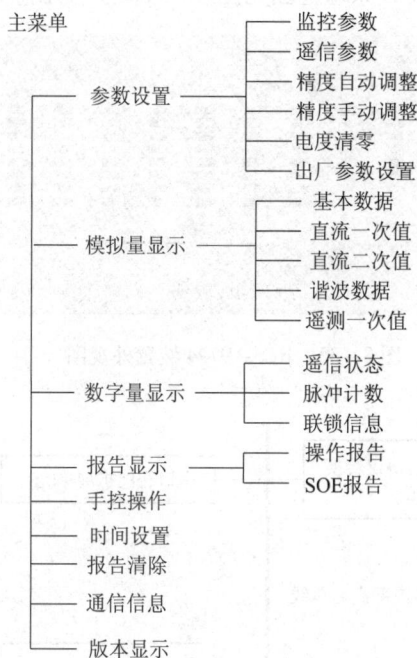

```
主菜单
         ┌─ 参数设置 ──┬─ 监控参数
         │            ├─ 遥信参数
         │            ├─ 精度自动调整
         │            ├─ 精度手动调整
         │            ├─ 电度清零
         │            └─ 出厂参数设置
         ├─ 模拟量显示 ─┬─ 基本数据
         │            ├─ 直流一次值
         │            ├─ 直流二次值
         │            ├─ 谐波数据
         │            └─ 遥测一次值
         ├─ 数字量显示 ─┬─ 遥信状态
         │            ├─ 脉冲计数
         │            └─ 联锁信息
         ├─ 报告显示 ──┬─ 操作报告
         │            └─ SOE报告
         ├─ 手控操作
         ├─ 时间设置
         ├─ 报告清除
         ├─ 通信信息
         └─ 版本显示
```

图8-32　测控装置面板界面

六、时钟同步

RCS-9700 变电站自动化对时系统采用硬件对时和软件对时相结合的方式进行。硬件对时指的是将支持秒脉冲（差分、空触点方式）、分脉冲（空触点方式）及 IRIG-B（DC、AC 方式），同时支持采用光纤方式将对时硬信号远传，采用硬件对时实现将时间信息精确到毫秒。软件对时是指 GPS 装置通过对时报文向全站广播时间信息，但由于采用通信方式，其对时精度只能达到秒级，必须与硬件对时相结合才能实现全站精确对时。对于 RCS-9700 系列装置来说，接受秒脉冲和 IRIG-B 两种硬件对时方式，电气接口采用 RS-485 接口标准。

在 RCS-9700 系统中 GPS 时钟有多种方式，一种是远动机集成 GPS 对时功能，即远动机内内置 GPS 对时模块，双机系统 RCS-9698D 可实现 GPS 模块冗余配置，由远动机负责全站的对时。另一种方式是选用独立 GPS 对时装置，独立 GPS 对时装置也可实现双机冗余配置，提高 GPS 对时系统的可靠性。

当采用变电站内就地 GPS 对时设备时，对于调度端对时也可采用多种方式，一种是就地 GPS 优先，即当本地 GPS 系统正常时，时间就取当地 GPS 时间，只有本地 GPS 异常时才取调度时间；另一种是调度优先，即当调度端对变电站发对时令时，变电站内时间以调度端时间为准，调度端不发对时命令时才取本地 GPS 时间。但无论采取何种方式，硬件对时信号均取自站内 GPS 系统。

七、与智能设备接口

RCS-9794 通信及规约转换装置通过多种类型的标准通信接口与微机保护、故障录波器、电能表、直流屏等装置进行通信，再通过网络或串口，将收集到的信息经规约转换后送往当地监控。装置采用智能扩展插件的方式，串口智能扩展单元经内部高速总线进行信息交换，经规约转换后统一以以太网方式上送 RCS-9700 监控系统和远动机。RCS-9794 装置外观见图 8-33，RCS-9794 装置原理框图见图 8-34，工程示意如图 8-35 所示。

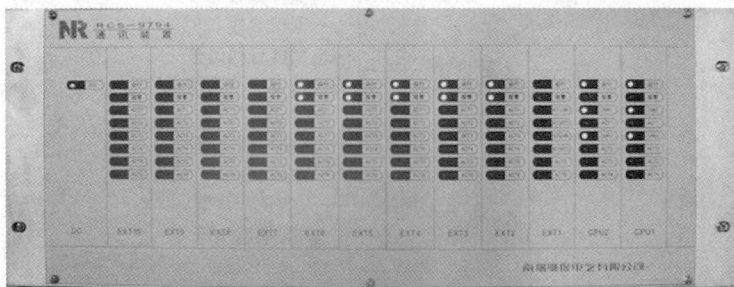

图 8-33　RCS-9794 装置外观图

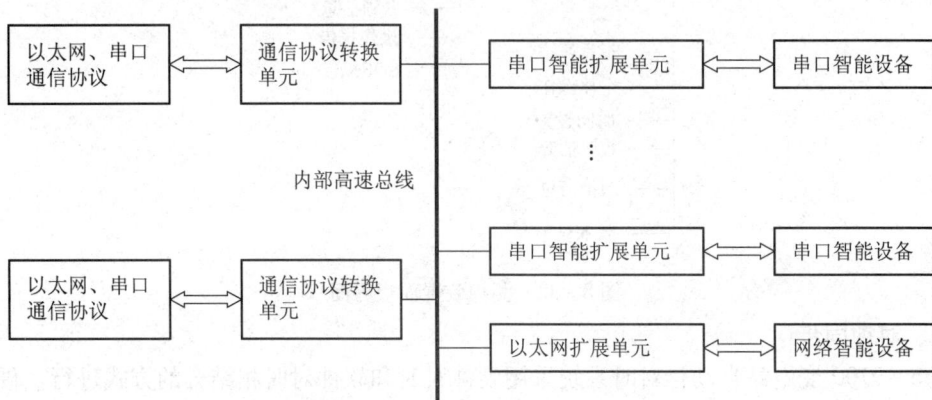

图 8-34　RCS-9794 装置原理框图

1. 提供的接口类型

RCS-9794 对上的通信接口类型有以太网接口（双绞线或光纤）及 RS-232 串口。最多可以提供 4 个光纤或双绞线以太网接口、2 个 RS-232 串口，最多同时挂接 6 种不同

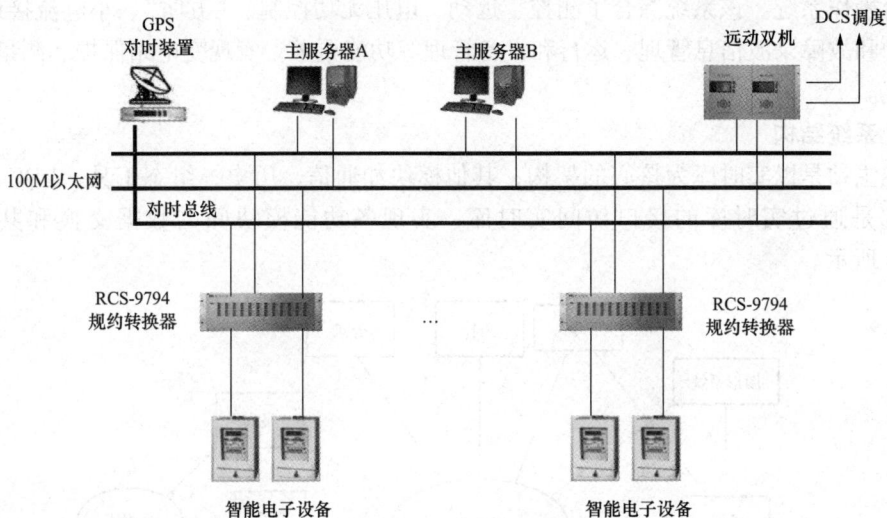

图 8 – 35　工程示意图

协议。

RCS – 9794 对下的通信接口类型有 RS – 232/RS – 485/RS – 422（双绞线或光纤）、LON网、以太网（双绞线或光纤）通信，最多提供 2 个以太网（双绞线或光纤）、54 个串行双绞线接口（或者 36 个光纤串行接口）、2 个 LON 网接口。根据协议的复杂程度，可以同时挂接 11 种以上的协议。

2. 接口的配置

RCS – 9794 最多配置 2 个 CPU 板（CPU1、CPU2）和 10 个扩展板（EXT1 – EXT10）。每块 CPU 板拥有 2 个 100M 以太网接口、1 个 RS – 232 串口。CPU1 负责和扩展板通信、维护数据库以及对上的协议处理。CPU2 为可选插件，负责对上的协议处理，仅当 RCS – 9794需要对上提供多个接口（以太网接口多于 2 个或 RCS – 232 串口多于 1 个）而 CPU1 板无法满足时才提供。RCS – 9794 对上最多可以同时连接 4 种以太网协议、2 种串口协议。

EXT1 – EXT10 负责对下的规约处理。其中，EXT1 拥有 2 个 100M 以太网接口和 1 个RS – 232 串口，可以同时支持 2 种以太网协议及 1 种串口协议。EXT2 – EXT10 可以是串口接口板或 LON 网接口板，串口接口板每块具有 6 个串口（2 个 RS – 232/485/422 串口，4 个RS – 232 串口），LON 网接口板每块具有 2 个 LON 网接口。

RCS – 9794 可以接收 GPS 的串口以及差分秒脉冲对时信号。装置通过最多 54 个串口与保护等装置通信，其中每个扩展板的前两个串口为 RS – 232/485/422 接口，后 4 个串口为RS – 232 口。

第三节　CSC – 2000 变电站计算机监控系统

一、系统概述

CSC – 2000 监控系统由北京四方继保自动化股份有限公司研发，支持 UNIX/WINDOWS

255

混合平台操作系统。该系统综合了测控、远动、电压无功控制、"五防"、小电流接地选线、继电保护和故障录波信息管理、运行和设备管理等功能要求，实现变电站保护、测量、控制的一体化。

二、系统结构

监控主站是以实时库为核心的架构，其他模块如通信、历史、组态工具、VQC、拓扑、报警等都是通过实时库的接口访问实时库，实现各功能模块间的数据交换和共享，如图 8 - 36 所示。

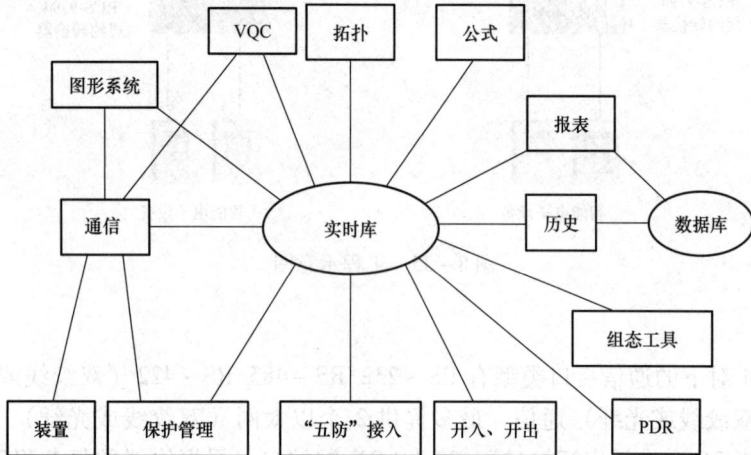

图 8 - 36 系统内部结构图

1. 典型配置图

CSC - 2000 变电站监控系统采用全分布式结构，系统所具有的功能是以进程的方式体现的，因此可以实现系统功能的灵活配置：可以将相同的功能在不同节点上配置为互相备用；可以将不同的功能分散配置在几台主机上；也可以将不同的功能集中配置在一台主机上。图 8 - 37 是全分布式方案的示意图。

2. 操作系统及数据库

（1）操作系统

CSC - 2000 变电站监控系统支持 Windows/UNIX 混合操作系统模式。其中，UNIX 支持版本 V9.0 的 Solaris，而 Windows 支持 Win2000/XP/2003。

（2）数据库

CSC - 2000 变电站监控系统采用功能强大的商用数据库 Oracle、postgres、MS SQLServer。这些数据库的很多显著特征使其位于信息管理群体的前列。

1）决策支持系统，联机分析处理（OLAP）产品成为管理的首选；

2）海量数据管理，拥有处理海量数据的能力；

3）完善的保密机制；

4）方便的备份与恢复；

5）灵活的空间管理；

6）开放式连接，有各种编程语言的 API 接口，可以与别的数据库如 SQLSever 方便的互换数据；

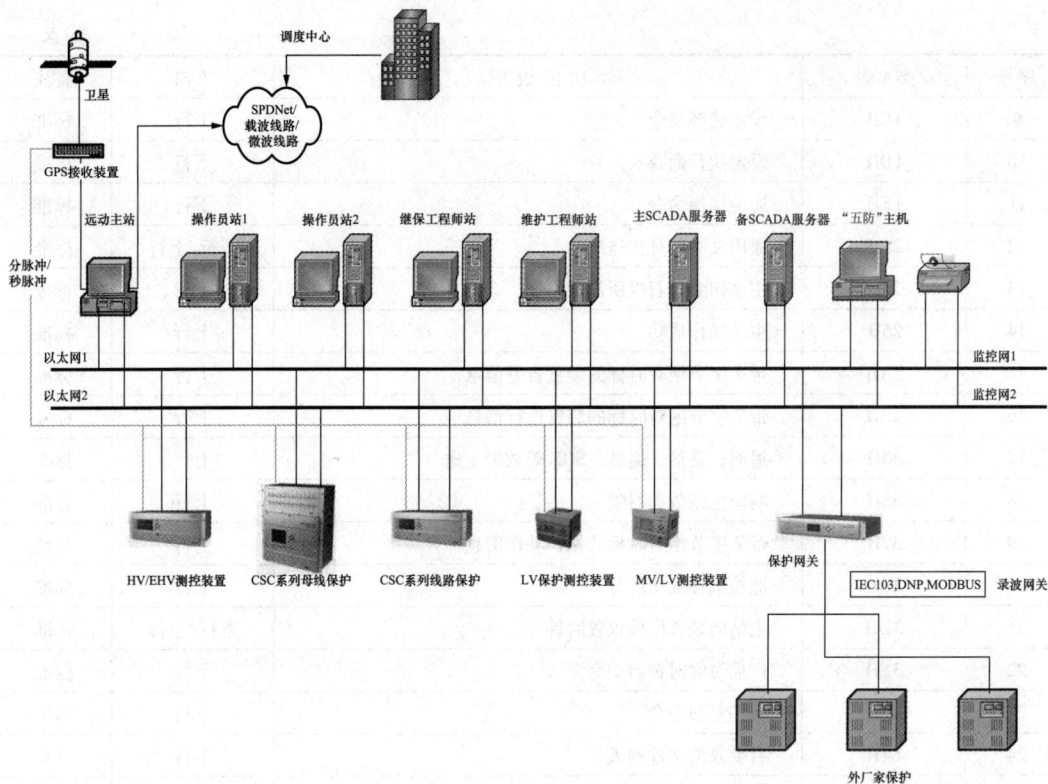

图 8 - 37　全分布式方案示意图

7）众多的开发工具，其中 postgres 是免费的数据库。

三、系统通信

1. 站控层与间隔层通信

站级层与间隔层通信是以以太网或 LonWorks 为基础的，目前支持 IEC 61850 标准和 CSC - 2000 规约。

1）通信初始化。以 CSC - 2000 为例，CSC - 2000 规约建立在 UDP 基础上，装置采用组播方式主动上送报文，因此该规约的初始化就是初始化 UDP。

2）主要报文的解析如表 8 - 2 所示。

表 8 - 2　　　　　　　　　　　　主要报文的解析

序号	类型码	功 能 说 明	方向	备注
1	02H	召唤多帧报文后继帧	下行	标准
2	03H	请求重发丢失帧	下行	标准
3	04H	停送当前多帧报文	下行	标准
4	08H	下装扩展装置定值	下行	标准
5	0BH	给装置下装4字节电能量初始值	下行	标准
6	0CH	下传装置定值	下行	标准
7	15H	主站操作（遥控或召唤）失败回答	上行	标准
8	1AH	下达遥控执行命令	下行	标准

第八章　变电站计算机监控系统产品介绍　▶

序号	类型码	功 能 说 明	方向	备注
9	1CH	设定选择命令	下行	标准
10	1DH	设定执行命令	下行	标准
11	1EH	遥控选择命令	下行	标准
12	21H	通用文本信息传送	下行/上行	标准
13	23H	主站向装置召唤所需数据	下行	标准
14	26H	主站操作成功	上行	标准
15	2AH	带 7 字节绝对时标的装置告警信息	上行	标准
16	2BH	带 7 字节绝对时标的装置运行信息	上行	标准
17	30H	遥测、遥信、遥脉、SOE 等数据上送	上行	标准
18	33H	响应主站数据召唤	上行	标准
19	37H	带 7 字节绝对时标的保护动作信息	上行	标准
20	3CH	遥控选择成功回答	上行	标准
21	3DH	主站向装置广播预置时钟	下行/上行	标准
22	3EH	广播对时时钟启动命令	下行	标准
23	3FH	保护复归命令	下行	标准
24	64H	召唤录波文件列表	下行	标准
25	65H	上送录波文件列表	上行	标准
26	66H	指定即将召唤的录波文件	下行	标准
27	67H	确认即将上送的录波文件	上行	标准
28	68H	召唤录波文件	下行	标准
29	69H	上送录波文件	上行	标准
30	7EH	特殊转发报文（仅用于 MBPC）	上行	标准
31	7FH	特殊转发报文（仅用于 MBPC）	下行	标准

3）报文示例：

a. 地址为 10H 的装置发送的遥测报文，数值是 10：

07 0f 10 30 50 00 a0 04

b. 地址为 10H 的装置发送的遥信报文：

07 0f 10 30 07 01 00 00

c. 地址为 02H 监控后台发给地址为 10H 的装置的遥控选择报文，遥控对象号是 1，合闸操作：

05 10 02 1e fe 2d

10H 地址回答遥控选择成功：

05 02 10 3c 01 d2

监控后台发遥控执行命令：

05 10 02 1a 01 d2

10H 地址回答遥控成功：

03 02 10 26

2. 测控装置之间通信

根据控制逻辑中的设置，参与间隔间联锁的装置间通过 CSC－2000 规约中的 30 07 报文传送开入状态信息，根据开入的实际状态和相应的控制逻辑实现装置间的联/闭锁。联/闭锁报文流程见图 8－38。

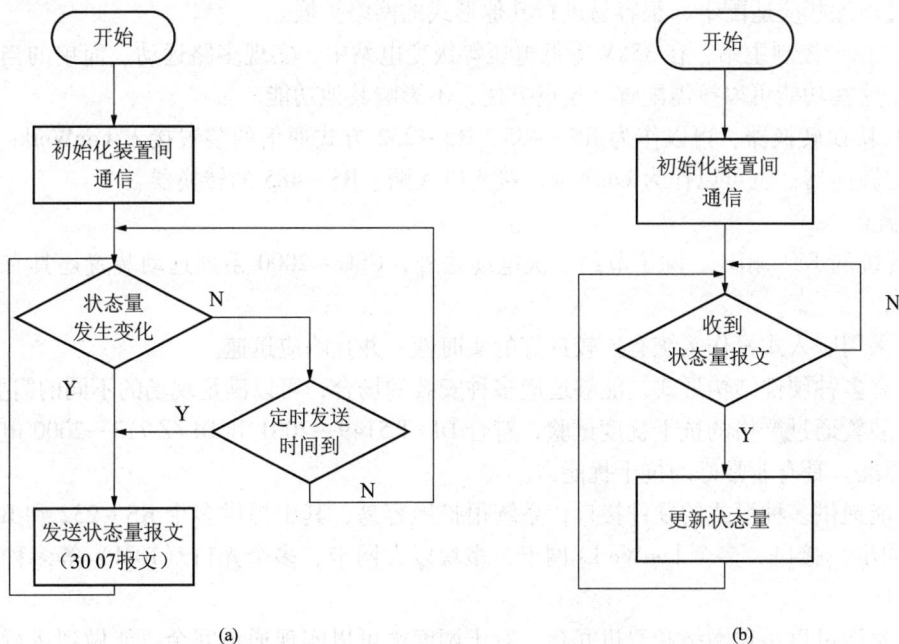

图 8－38 联/闭锁报文流程
（a）联/闭锁报文发送方流程；（b）联/闭锁报文接收方流程

根据控制逻辑中的设置，参与间隔间联锁的装置间通过 CSC－2000 规约中的 30 07 报文传送开入状态信息，根据开入的实际状态和相应的控制逻辑实现装置间的互锁。其具体的通信过程为：

1）初始化间隔间联锁的配置信息，确定本间隔需要参与间隔间联锁的信息；

2）根据联锁信息状态量的变化，主动或定时 10s 发送其他间隔所需的属于本间隔的信息；

3）接收本间隔所需的联锁信息，刷新实时数据库；

4）根据实时数据库中的数据，结合 PLC 逻辑，实现全站的"五防"联锁功能。

四、远动装置

CSC－2000 系列远动装置是一种新型的变电站自动化信息综合管理设备，适用于各种电压等级、不同规模、不同功能要求的变电站。

1. 应用

CSC－2000 系列远动装置有以下应用：

（1）单纯分布式 RTU：CSM－300E 与调度通信，1 台 CSM－300E 可以实现多个通道、多种远动规约同时运行，同一通道可以有多至 6 个逻辑 RTU。其数据来源包括 LonWorks 网和以太网，与前置保护装置之间可以通过 CSC – 2000 协议、DL/T 667—1999（IEC 60870 – 5 –103）协议以及其他特殊站内设备通信协议通信。目前支持部颁 CDT、DL/T 634—2002（IEC 60870 – 5 – 101）、DNP3.0、N4F、SC1801、8890CDC – TYPEII、FERRANTI VAN-COMM、DL 476—1992 等常用远动规约，串行通信方式支持异步/同步方式。

（2）扩展网络化 RTU：CSM –300E 具备以太网接口，可以很方便地接入局域网和广域网。通过增加相应适配卡，很容易进行其他形式的网络扩展。

（3）综合控制主站：在35kV 等低电压等级变电站中，实现多路远动、简单的当地监控等功能。这些功能可以按需配置，投退方便，不影响其他功能。

（4）协议转换器：可以作为 RS –485、RS –232 方式通信的装置接入 LonWorks 网络或以太网的转换器，也可以作为 LonWorks 接入以太网、RS –485 的转换器。

2. 优点

与传统的 RTU 相比，除了节约二次电缆之外，CSC – 2000 系列远动装置还具有以下优点：

1）采用嵌入式操作系统有比较良好的实时性，并且响应迅速。

2）有多种硬件结构形式，能够适应多种安装的场合，可以满足现场的不同的需要。

3）装置通过严格的抗干扰度试验，符合 DL/T 5149—2001 和 DL/Z 713—2000 电力抗干扰度的标准。具有非常好的抗干扰能力。

4）能提供多种形式的硬件接口，系统很扩展容易，其中提供多个 RS –232 和 RS –485（异步/同步）接口、多个 LonWorks 网卡、多块以太网卡、多个光口（10M）等多种通信介质的接口。

5）站端可以实现网络和双机冗余，对于调度端可以实现通道冗余，能做到运行时自动切换，满足运行期间可靠性和稳定性的需求。

6）系统按照高度模块化结构设计，并提供简单、易用的 API 接口；可以根据用户需要增加相应功能，具有良好的开放性。

7）通信接口协议支持 IEC 870 – 5 – 103、IEC 870 – 5 – 101、IEC 870 – 5 – 104、CDT、DNP3.0、SC1801、μ4F、Modbus 等常用规约，并且还支持 GB – TASE2 和 DL 476—1992 等调度间互连的规约。

8）具有调度操作和当地监控操作的相互制动的功能，并且能够与多个厂家的"五防"通信（优特、共创厂家），实现远方防护功能。

9）具有远动和当地监控系统之间的信息交换功能，能够实现变电站层的数据共享。

10）能够支持多个厂家的 GPS 装置多种对时接口，对时的精度可以达到毫秒。

11）具备多样的信息合成和逻辑运算能力，可以实现信息点的"与"、"或"、"非"的逻辑。

12）能够提供调试工具，调试简便、界面友好。通过调试工具，可以方便的设置遥测、遥信、遥脉信息点，并且能够进行报文录制和报文分析。

13）能够提供远程的 FTP、Telnet 等服务，可以实现远程维护的需要。

14）具有良好的自诊断和自恢复功能，可以实现 log 文件记录和异常问题处理。

五、后台监控

1. 主要功能

CSC－2000 监控系统具有以下功能特色：

（1）全面支持 IEC 61850 标准

系统除了正常的规约接入外，还可以全面支持 IEC 61850 标准；可以同时接入目前已有的规约和 IEC 61850，彻底解决新旧系统兼容性的问题，特别是在 Windows/Unix 混合平台上都可以支持 IEC 61850 标准。

（2）跨操作系统平台的分层、分布计算系统

系统屏蔽了硬件平台、操作系统的差异性。对主流的操作系统编程接口进行了健壮、高性能的封装，从而保证了上层应用获得更好的灵活性、效率、可靠性和可移植性。可单独运行于大多数版本的 Unix 系统、Win32 系统之上，同时也支持 Unix 操作系统、Windows 操作系统的异构、分布、混合模式运行。该系统是一种先进的分布式计算系统，支持不同的业务应用逻辑运行在系统网络中不同的计算机节点上。

（3）开放的高性能实时数据库管理系统

实时数据库管理系统是建立在高效内存管理及索引机制之上，是面向对象的大容量、高性能、开放的实时关系数据库管理系统，其目标是保证实时性、一致性、可预见性及大吞吐量要求。

（4）灵活的图模一体化图形组态技术

系统以绘图为先导，实现电力设备建模及建库。在图形绘制的过程中，通过画面中电力图元的定义及创建，完成电力应用系统中所需的电力设备及其应用属性的定义；通过电力图元之间的图形连接关系定义，完成设备与设备之间的电气连接关系定义。

对外提供灵活的图形组态软件，包括图元定义、图形绘制、物理对象及其属性定义、图形显示及数据刷新、事件定义、用户操作等。

（5）系统内一体化应用集成

系统基于面向对象的关系数据库模型、开放的实时数据库管理系统电力应用业务软件提供了"即插即用"的工作框架及运行环境。目前可以支持的高级应用有拓扑分析、VQC、"五防"闭锁、操作票管理等。

（6）用户可定制的智能告警

系统具有开放的、智能告警定制功能。告警类型、告警方式、确认方式的定义均可由用户定制。支持发声、语音、打印、中央信号等多种告警输出方式，也可以由用户定制。支持对告警信息进行智能化分析，过滤不必要的从属告警，避免运行人员被大量从属告警输出所淹没。

（7）系统集成"五防"操作票专家系统的功能

"五防"系统和监控系统共用相同的数据库和图形，能够灵活方便地设置"五防"逻辑，生成操作票进行图形预演，并且具有完备的电脑钥匙和锁具接口。

2. 监控界面的遥控操作

单击断路器、隔离开关、连接片、分接头升降停、复归按钮等，则弹出遥控操作画面。以连接片为例，如图 8－39 所示，根据系统设置中的遥控设置进行验证，验证通过后，再进行遥控选择和遥控执行，最右边有进度条显示进程。

261

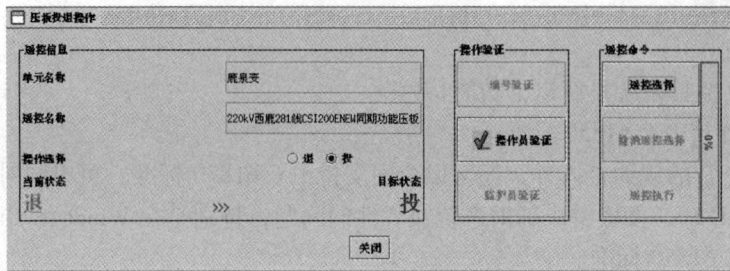

图 8 - 39　遥控界面

3．无功电压自动控制

VQC 主要通过改变主变压器分接头挡位和投切无功设备，使主变压器控制侧母线电压与主变压器高压侧（或进线）功率因数（或无功）处于正常范围内。其中，投切电容器组能够同时影响电压和无功的大小。投入电容器后，系统输送无功减小，功率因数升高，电压升高；切电容器后，系统输送无功增大，功率因数降低，电压降低（假设主变压器的 P、Q 传输方向相同）。投切电抗器时，作用相反。

调整分接头不计电压变化对功率因数的影响，因此仅考虑对电压的影响。中低压侧电压在高压侧绕组数增大时，电压降低，高压侧绕组减小时电压变高（以下默认：升分接头时，中低压侧电压升高）。

CSC - 2000 变电站自动化系统后台监控系统的 VQC 子系统有以下特点：

1）支持与后台同机运行和单机运行两种模式。

2）所控设备个数无限制。

3）自适应各种主接线运行方式，实现自动识别。

4）所有闭锁功能对用户开放，可任意选择、修改、增减闭锁项目。

5）控制方式有手动、自动和半自动。

6）控制策略：标准九区、优化九区、允许高压侧电压作为约束条件的双九区控制、500kV 变电站 25 区 AVC、500kV 变电站 25 区 AVQC。

7）提供三种控制优先设置：电压优先、无功优先和综合优化。

8）主变压器并列时采用联动调整，如果并列的两台主变压器有挡位差，但是在并列允许挡位差范围内，当发生电压越限时，系统具备自动纠挡。

9）补偿设备的调整策略有四种可供选择：循环投切、指定顺序投切、按电容器的串抗容量大小投切和按补偿设备的容量投切。

10）提供时段和负荷段两种定值整定模式。

11）可整定多套定值，按所设季节进行自动切换。

12）补偿设备投切策略：循环投切、指定顺序投切、按电容的串抗容量大小投切及按补偿设备的容量投切。

13）模拟装置，可传送闭锁状态、动作结果、预动作指令等，并支持后台或调度对 VQC 装置的投退遥控操作、对单个变压器或电容器的投退遥控操作。

14）日志记录：VQC 动作前后状态记录、VQC 动作次数统计。模拟装置发送报文。发送的报文包括闭锁状态、动作结果、定值、预动作指令。

262

4. "五防"功能

一体化"五防"功能使监控和"五防"共用同一套数据和图形，可以有效防止因为监控和"五防"数据不一致引发的误操作。本监控系统集成的一体化"五防"有以下功能和特点：

（1）图形、数据库完全一体化

即画好监控系统的图形，便可运行"五防"，不存在维护多幅图的情况。不过"五防"有一部分自己的图形元素，如地线、网门等。针对这个问题，引入类似图层的概念，仅仅"五防"使用的图形元素只有在进入"五防"操作票模式下才会显示，在正常的监控状态下是不显示的。

"五防"操作票知识库数据提供了丰富的模板化工具：间隔模板、打印模板和票模板。

根据间隔模板创建间隔及其各设备操作规则等信息，根据票模板开票，根据打印模板打印票。各模板都可以灵活设置。

"五防"操作票运行界面和监控图形完全结合在一起的，不影响其他 SCADA 应用。

从监控图形可以进入操作票的手动开票状态，点击图上的断路器、隔离开关，即可加入当前票中，并且图形上的表格式窗口可提示当前票内容；也可以进入模拟开票状态，点击图上的断路器、隔离开关，即可改变断路器、隔离开关的操作票的模拟状态；断路器、隔离开关的模拟状态数据设置在实时库的"五防"库中，并不影响实时库的其他数据（如 SCADA 数据）；同时其他进程（如报警、写历史等）依然处理的是实时数据，其他计算机上所有功能都不受影响。

（2）完备的遥控"五防"判断功能

设备进行遥控时，首先判断是否满足"五防"逻辑。若不满足，提示原因，如图 8 - 40 所示；若满足，则进行用户权限判断，继续遥控。

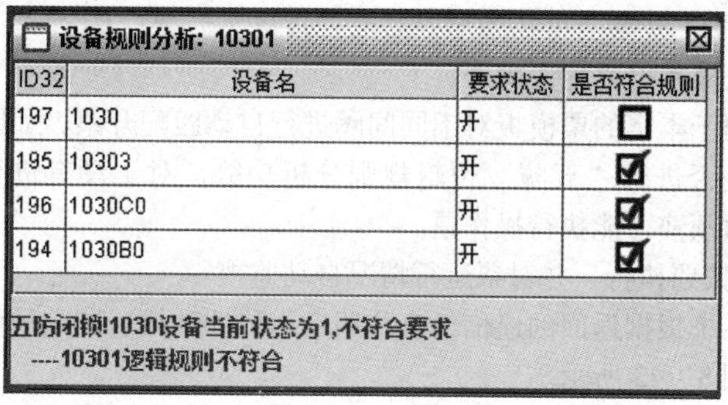

ID32	设备名	要求状态	是否符合规则
197	1030	开	☐
195	10303	开	☑
196	1030C0	开	☑
194	1030B0	开	☑

五防闭锁!1030设备当前状态为1,不符合要求

----10301逻辑规则不符合

图 8 - 40 "五防"逻辑界面

（3）具有完备的电脑钥匙和锁具

以监控的图形环境和实时库为数据基础，带有操作票智能生成与管理并对变电站一次设备的远方及就地操作进行"五防"闭锁功能的监控模块。

一次设备的后台遥控操作可以凭借与"五防"模块的实时数据共享与交换可靠地实现逻辑闭锁功能。而对于一次设备的就地操作则需要将操作票内的相关操作内容传输到电脑钥匙中，通过电脑钥匙强大的功能实现一次设备就地操作的"五防"闭锁功能。

（4）灵活票模板功能（通用票、典型票）

　　通用票模板：应用到不同间隔就可以开出不同操作票，对于相同接线和设备的同电压等级的线路间隔只需开一套非固定票模板（一般就十多张票模板），这样大大降低了操作票的设置工作，如图8-41所示。

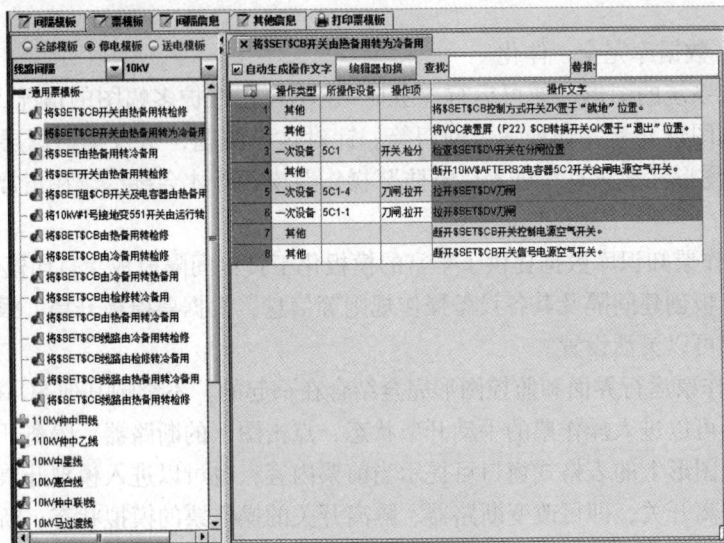

图8-41　通用票模板界面

　　已有典型操作票可快速转成该系统的典型票模板，通过简单设置就可应用。

　　1）引进关联锁：设备操作前后需要操作的锁具。对于操作某间隔内的断路器或隔离开关时，需要先操作对应的把手或网门，可以通过配置关联锁的方式来简化配置和开票工作，防止开票过程中忘记先操作把手和网门。

　　2）支持自动、手工开票。可在图形界面上直接手工开票，如图8-42所示。开票中进行逻辑规则判断，从根本上避免误操作。

　　自动开票可以利于丰富的票模板对不同间隔进行自动匹配开票，如图8-43所示。自动开票时，可以选择是否进行"五防"逻辑规则分析功能，对于没有进行"逻辑规则分析"的操作票，要求必须预演才能执行操作票。

　　3）可配置是否按票执行，并对票运行情况自动监视：

　　传票执行后，系统根据返回的遥信信息和钥匙回传的地线、网门的信息，自动对票运行情况进行监视，如图8-43所示。

　　六、测控装置

　　1. 结构

　　图8-44为CSI测控装置正面图。

　　装置设计以插件为单元，按照功能划分交流采集、开入、开出、通信管理、直流温度采集、电源插件、MMI插件等几种标准化的插件类型。插件之间通过CAN网通信，以背板形式实现。可以根据现场实际要求灵活配置装置各个智能插件的数量，达到装置规模平滑伸缩的目的。装置内部结构如图8-45所示。

　　装置采用前插拔组合结构，强、弱电回路分开。弱电回路采用背板总线方式，强电回路直接从插件上出线，进一步提高了硬件的可靠性和抗干扰性能。装置内各插件的配置

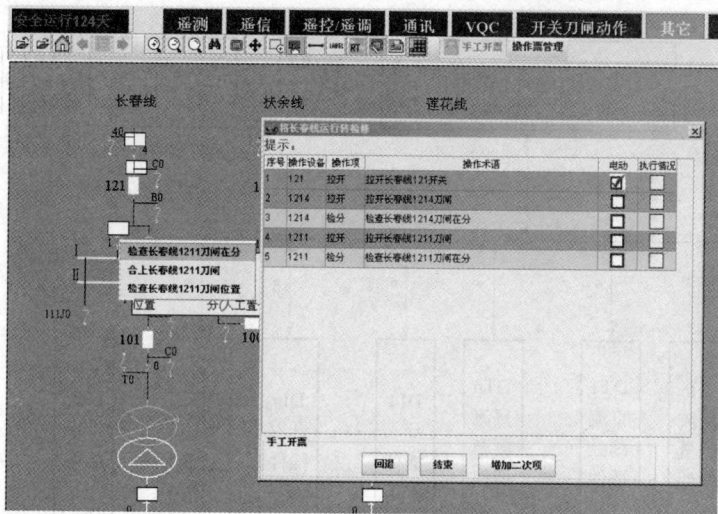

图 8 – 42　手工开票界面

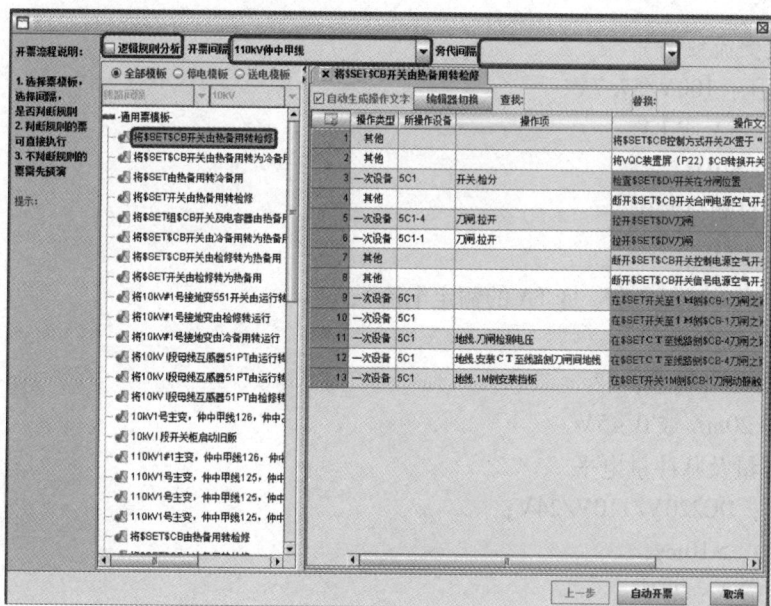

图 8 – 43　自动开票界面

是非常灵活的，宽度相同的插件理论上可完全互换。但对某种具体型号的装置而言，其插件位置是固定的，这样方便装置配置的标准化和管理。

2. 技术参数

（1）额定直流电压

额定直流电压输入：220V 或 110V；

额定直流电压输出：5V、24V（1）、24V（2）、±12V。

图 8 – 44　测控装置正面图

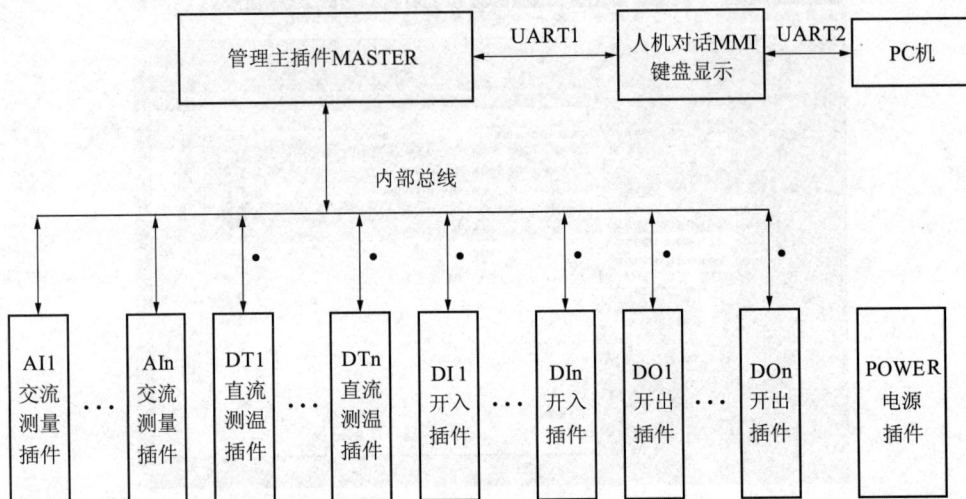

图 8-45　装置内部结构图

（2）额定交流数据

交流相电压：100V/57.7V；

交流电流：5A 或 1A；

额定频率：50Hz。

（3）模拟量测量范围

电压：0~120V；

电流：（0~1.2）I_N（I_N 是 TA 的额定电流）；

频率：45~55Hz；

温度：-20~150℃；

直流：4~20mA 或 0~5V。

（4）状态量及脉冲量电平

输入电压：DC220V/110V/24V；

脉冲宽度：≥10ms；

GPS 对时输入：24V。

（5）模拟量测量回路精度

交流电流、电压：≤0.2 级；

功率、电度：≤0.5 级；

温度误差：≤±1℃；

直流：≤0.2 级。

（6）事故顺序记录（SOE）分辨率

SOE 分辨率：≤2ms。

（7）上传数据反映时间

遥信响应时间：<1s；

遥测响应时间：<2s。

3. 主要特点

（1）配置灵活

本装置的一大特点就是可灵活配置，它能满足用户的不同需求。

装置内部各插件做成模块化，相互之间靠内部总线连接，可根据实际工程需要简单地进行积木式插接。装置软件功能也可灵活配置，用户在 PC 机上运行测控装置管理软件，根据梯形图生成 PLC 逻辑图下传给装置，即可完成间隔"五防"、同期及其他用户自定的逻辑功能。

（2）通信功能强大

本装置可对外提供 3 个电/光以太网或 LonWorks 网。

（3）就地操作功能

装置面板上配有就地紧急操作按键，紧急情况下高级用户可直接进入就地状态，对主接线图上对应的断路器、隔离开关等直接进行分合操作。

（4）间隔管理功能

站内通信网为以太网结构时，可与本间隔内公司的其他综合自动化装置联网，完成主站下行遥控命令及综合自动化装置上传信息的转发工作。

（5）完整的事件记录

装置配有大容量 Flash 芯片，可保存相关操作及事故、告警记录，掉电后数据不丢失，便于事故原因分析。

（6）自动检测

装置各插件出厂前经过专用设备的自动检测，无人工干预，可靠性高。

（7）自我诊断

装置具有完善的自诊断功能，运行过程中一旦有某块插件工作异常，能马上通知运行人员，并指明故障所在。

（8）现场免调

本装置无任何可调电位器，装置各插件通过出厂前的自动检测后现场无需任何调节，避免了人为因素对产品性能造成的影响，可靠性高。

（9）结构特点

内部插件设计为前插拔方式，现场调试、故障维修极其方便。强弱电端子分开，同样具备背插拔方式的优点。装置接线方式为后接线方式，通过 32 针端子引出，直接接屏端子，取消了横梁端子，减少了中间环节，提高了可靠性。

（10）其他特点

通用硬件平台，易升级，扩展性强。

4. 主要功能

（1）间隔主接线图显示

本装置采用全中文大屏幕液晶显示，可显示本间隔线路主接线图。

用户在 PC 机上运行测控装置管理软件，根据不同间隔要求从元件库里挑选所需元件（断路器、融离开关、电抗器、电容器、连线等），画出主接线图；该软件即可翻译成装置能识别的主接线图配置表代码，再通过面板上的 RS－232 串口输入本装置，液晶屏上即可显示出本间隔的主接线图。

267

（2）遥信

每组开入可以定义成多种输入类型，如状态输入（重要信号可双位置输入）、告警输入、事件顺序记录（SOE）、脉冲累积输入、主变压器分接头输入（BCD 或 BIN）等，具有防抖动功能。

（3）遥控

可接受主站下发的遥控命令，完成控制断路器及其周围隔离开关，复归收发信机、操作箱等操作。装置还提供了一排就地操作按钮，有权限的用户可通过按钮直接对主接线图上对应的断路器及其周围隔离开关进行分合操作。

（4）交流量采集

根据不同电压等级要求能上送本间隔三相电压有效值、三相电流有效值、$3U_0$、$3I_0$、有功、无功、频率、2 ~ 13 次谐波等。

（5）直流、温度采集

本装置可采集多种直流量，如 DC220V、110V、24V、0 ~ 5V 及 DC4 ~ 20mA 等，还能完成主变压器温度的采集上送。

（6）电能量采集

能完成脉冲电能量采集功能。

（7）有载调压

本装置可采集上送主变压器分接头挡位（BCD 码或十六进制码），能响应当地主站发出的遥控命令（升、降、停），调节变压器分接头位置。

（8）同期功能

可根据需要选择检无压、检同期或自动捕捉同期方式，完成同期功能。

（9）小电流接地选线

本装置可上送 $3U_0$ 越限告警报文给后台 VQC，并转发 VQC 发出的召唤命令，由 VQC 判断出是哪一路接地。

5. 组态软件和工程样例

在 CSI - 200E 管理软件主画面可进入装置配置分页面，见图 8 - 46。

采用 PC 辅助软件定义装置采集的模拟量、信号量及"五防"闭锁逻辑，实现软件功能的灵活组态。装置间可以通过以太网相互交换信息，采用 PLC 技术，根据实际工程的需要，利用 PC 辅助软件编制"五防"逻辑的梯形图，下载到装置中，即可以实现"五防"逻辑判断功能。同样，通过编制相应的 PLC 逻辑，装置可以完成同期和分接头调压的功能。

6. 控制功能

（1）遥控

可接受主站下发的遥控命令，通过用户编制"五防"逻辑判断，完成控制断路器及其周围隔离开关，复归收发信机、操作箱等操作。装置还提供了一排就地操作按钮，有权限的用户可通过按钮直接对主接线图上对应的断路器及其周围隔离开关进行分合操作。

（2）有载调压

本装置可采集上送主变压器分接头挡位（BCD 码或十六进制码），能响应当地主站发出

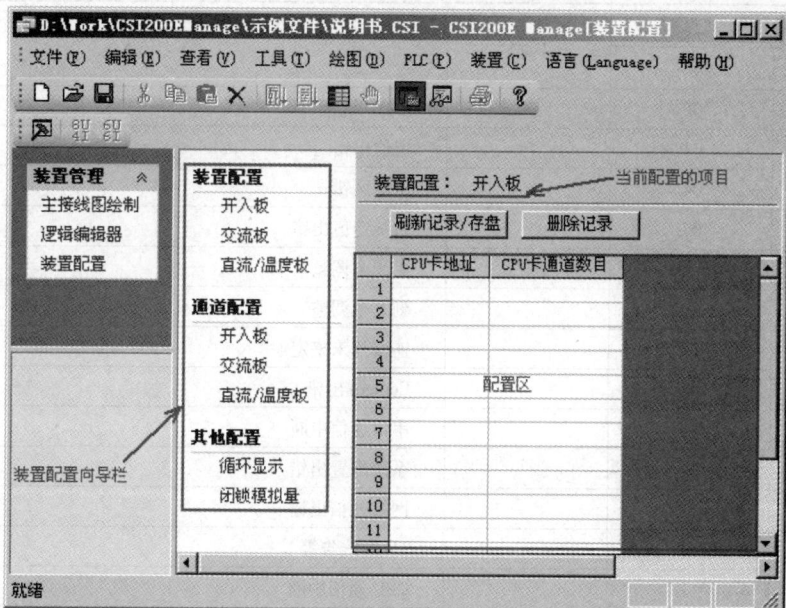

图 8-46 装置配置分页面

的遥控命令（升、降、停），调节变压器分接头位置。

7. 测量功能

（1）遥信

每组开入可以定义成多种输入类型，如状态输入（重要信号可双位置输入）、告警输入、事件顺序记录（SOE）、脉冲累积输入、主变压器分接头输入（BCD 或 BIN）等，具有防抖动功能。

（2）交流量采集

每周波 36 点采样，根据不同电压等级的要求可计算本间隔三相电压有效值、三相电流有效值、$3U_0$、$3I_0$、有功、无功、频率、2~13 次谐波等。

（3）直流、温度采集

本装置可采集多种直流量，如 DC220V、110V、24V、0~5V 及 DC4~20mA 等，还能完成主变压器温度的采集上送。

（4）电能量采集

能完成脉冲电能量采集功能。

8. 自检功能

自检功能如表 8-3 所示。

表 8 – 3   测控装置的自检功能

编号		代码	含 义
(10)	(16)		
02	02		ROM 出错
03	03		定值出错
04	04		定值区错
07	07		系统定值出错
08	08		零漂未调整
09	09		刻度未调整
10	0a		连接片未整定
12	0c		Eeprom 出错
13	0d		串口通信中断
14	0e		系统配置出错
15	0f		网络通信出错
18	12		TV 断线告警
23	17		CPU 通信中断
44	2c		配置表出错
45	2d		逻辑表出错
51	33		开出检验出错
52	34		双位置遥信变位不一致
53	35		零漂校验出错
54	36		Flash 出错
55	37		系统运行异常
56	38		断路器偷跳
59	3b		间隔间通信中断
60	3c		间隔间通信恢复

9. 操作界面

装置的主菜单如表 8 – 4 所示。

表 8 – 4   测控装置的主菜单

主菜单		扩展菜单	
设置	整定时间	网络地址	
	连接片投退	设置 CPU	开出板
	密码修改		开入板
	电度设置		直流板
运行值	零漂		交流板
	谐波		管理板
	有效值		
	开入值		

主菜单			扩展菜单
报告	运行报告	最新报告	IP1 地址
		时间索引	IP2 地址
		日期索引	IP3 地址
	操作记录	最新报告	通道校正
		时间索引	遥测校正
		日期索引	
定值	选择定值区号	检同期定值	
		开入定值	
		$3U_0$ 越限定值	
		常规定值	
		调压定值	
调试	进入调试		
	退出调试		
	开出传动		
帮助	版本号	开出板	整定比例系数
		开入板	
		直流板	
		管理板	
		交流板	
		面板	
	操作说明		
	对比度		
	当前温度		
	背光设置		

271

七、时钟同步

CSC – 2000 变电站监控系统支持三种对时方式，分别为：

1）软件时钟同步。由站内的远动装置接收 GPS 装置的时间，在通过远动装置在网络上广播时间同步和时间校对报文，来完成站内所有装置的时间同步。

2）软件时间同步 + GPS 脉冲对时相结合。由站内的远动装置接收 GPS 装置的时间，在通过远动装置在网络上广播时间同步报文，各个装置通过检测 GPS 的硬脉冲信号来校对装置时间，实现站内所有装置的时间同步。

3）硬件 IRIGB 对时。装置直接接收来自 GPS 的差分 IRIGB 信号，通过对 IRIGB 码信号的解码，完成装置与 GPS 之间时钟的同步。

如果采用方式二和方式三，则装置的时间准确度小于 1ms。

八、与智能设备接口

CSC – 2000 变电站监控系统与其他智能设备的接口：如果采用 CSC – 2000 规约，其他智能设备需要经过一个规约转换装置，转换成 CSC – 2000 规约，并接入系统。

第四节　ECS – 800 变电站计算机监控系统

一、系统介绍

ECS – 800 变电站监控系统是一个基于 Windows 平台的可编程的分布式监控和数据采集（SCADA）系统。系统站控层采用 ABB 公司的 MicroSCADA（或南瑞科技 BSJ2200 系统）系列技术产品作为通用平台，以双以太网作为站控层网络结构，间隔层采用 ABB 公司的 REF 54_ 系列装置，以 LONworks 总线作为间隔层现场总线。

ECS – 800 变电站监控系统采用按电气间隔设计的思想，电气间隔可以是线路、变压器等。每个电气间隔的测控、保护设备可分散安装在本电气间隔上（如开关柜上），或组屏安装在一个或多个的保护控制屏上，功能上互相配合。系统功能分布于一些独立硬件，由多个设备协同完成，以满足系统可信赖性、可靠性及容错功能。

间隔层设备实现以下功能：间隔层控制，数据采集，间隔层联锁，检同期及检无压，自动重合闸等。

对 35kV 及以下电压等级，间隔层配置保护测控综合单元，测控及保护功能均由"四合一"综合单元实现。对 220kV 及 110kV 电压等级，由于可靠性及独立性原因，保护功能均配置独立单元，通过串行通信（光纤）与变电站监控系统连接。从监控系统方面看，这些保护单元为间隔层的一部分。

二、系统结构

（1）概述

ECS – 800 变电站监控系统采用分布式结构集中组屏的形式。系统结构分为两层：站控层和间隔层。

间隔层设备包括 REF54_ 系列测控装置及通信主控单元 COM500。测控装置负责电气间隔的测量及监视，断路器和隔离开关的操作、控制和联/闭锁及事件顺序记录等。通信主控单元负责连接间隔层测控装置和站级层主机。此外，间隔层还包括公用信息管理机负责接入保护装置及其他智能设备的信息。

站控层实现变电站系统的监视、控制及数据处理功能，站控层设备包括监控主机、人机工作站和远动工作站、数据网服务器等。

（2）主机兼人机工作站 SYS500

SYS 500 作为 ECS – 800 系统的主机，主要用于数据库存储和数据处理。此外，它还处理操作人员和控制系统之间的交互，提供操作员操作界面及系统管理员配置管理界面。SYS500 可安装在任何一台装有 Windows 操作系统的计算机上。

（3）通信主控单元 COM500

通信主控单元 COM500 实现间隔层网络和站控层网络之间的数据通信转发功能，即将间隔层 LONWorks 通信转换成站控层基于 TCP/IP 的以太网通信。COM500 是一台安装有通信主控单元软件的工控机，最新的通信主控单元 COM610 则是采用嵌入式系统的专用硬件设备。

（4）远动工作站 RTU560

远动通信工作站提供了和上级调度的通信功能。远动通信工作站支持以下多种远动通信规约：IEC 60870 – 5 – 101、华东版 101、IEC 60870 – 5 – 104、CDT、DISA。

（5）公用信息管理机 COM100/COM200

公用信息管理机提供了保护及其他第三方智能设备接入监控系统的功能。公用信息管理机一般采用串行 RS – 232 或 RS – 485 总线和智能设备进行通信，也可以采用以太网和智能设备进行通信。COM100 是安装公用信息软件的工控机，而 COM200 则是基于嵌入式系统的专用硬件设备。

（6）间隔层测控装置 REF54_

REF54_ 系列测控装置用于变电站监控系统保护、控制、测量和监视，可用于不同的主接线方式，如单母线、双母线及多母线接线。保护功能也支持不同类型的电网，如中性点不接地系统、经消弧线圈接地系统和小电阻接地系统。除了具有保护、测量、控制和状态监视功能之外，REF54_ 系列装置还提供完善的 PLC 可编程逻辑功能，PLC 功能使变电站自动化系统所需要的自动化功能和顺序逻辑控制功能集成到一个装置中。REF54_ 系列装置还可以使用 SPA 总线或者 LONworks 总线实现与上层设备的通信。而且，借助于 LONworks 总线所支持的点对点通信功能，REF54_ 系列装置之间可以通过水平通信交换信息，实现联/闭锁功能，减少了馈线终端之间的硬接线。

（7）典型配置图

图 8 – 47 为 ECS – 800 系统的典型配置方案。

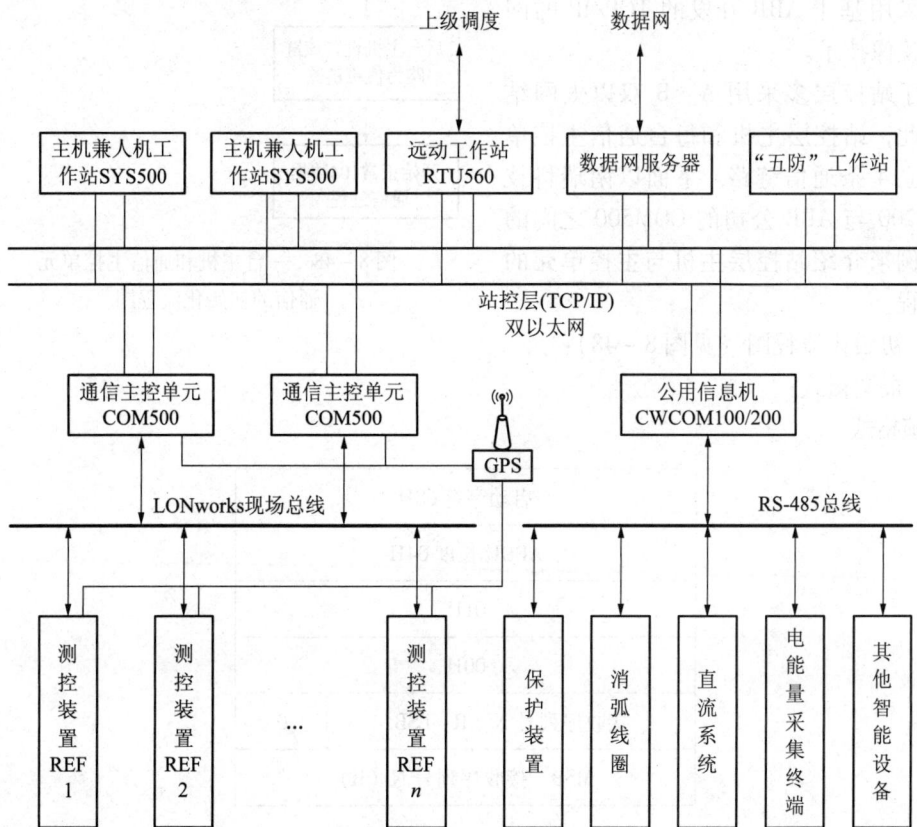

图 8 – 47　典型配置图

第八章　变电站计算机监控系统产品介绍

三、操作系统及数据库

1. 操作系统

ECS - 800 变电站监控系统支持以下操作系统平台，Microsoft Windows NT、Microsoft Windows 2000 Server 或 Microsoft Windows 2000 Professional。

2. 数据库

ECS - 800 变电站监控系统采用 ABB 公司自行研发的文件数据库，包括实时数据库、参数数据库和历史数据库。实时数据库用于存储实时的遥测、遥信数据，参数数据库用于存储遥测、遥信等数据对象的参数定义，历史数据库用于存储报表、历史事件等历史数据。数据库最大可存储 500000 个数据点。

四、系统的通信

1. 站控层与间隔层间的通信

（1）站控层主机和通信主控单元间的通信

站控层主机和通信主控单元之间的通信实现采用基于 ABB 开发的 TCP/IP 的网络数据镜像技术。

由于站控层多采用 A、B 双以太网结构，因此，站控层主机和每台通信主控单元将建立 4 条通信链路。下面以南瑞科技的 BSJ2200 与 ABB 公司的 COM500 之间的通信为例来介绍站控层主机与主控单元的通信过程。

1）初始化流程图（见图 8 - 48）：

2）报文格式：

S 帧格式

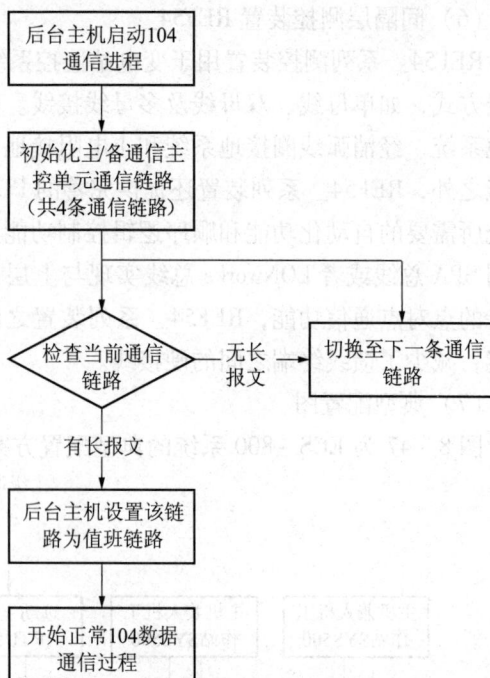

图 8 - 48   一台主机和通信主控单元通信的初始化流程图

启动字符 68H	
APDU 长度 04H	
01H	
00H	
接收序列号 N（R）LSB	0
MSB 接收序列号 N（R）	

U 帧格式

启动字符 68H					
APDU 长度 04H					
TESTFR		STOPDT		STARTDT	
确认	生效	确认	生效	确认	生效

00H
00H
00H

（注：TESTFR 与 STOPDT 之间、STARTDT 右侧分别有"1""1"两列）

I 帧格式

启动字符 68H
APDU 长度
控制域 8 位位组 1
控制域 8 位位组 2
控制域 8 位位组 3
控制域 8 位位组 4
IEC 60870 – 5 – 101 和 IEC 60870 – 5 – 104 定义的 ASDU

其中 S 帧和 U 帧为链路帧，不包含信息数据。I 帧即所谓的长报文帧，包含信息数据。

3）流程图说明：

a. 设备配置情况：主机 1、主机 2、ABB 总控 1、ABB 总控 2。其中主机 1 与主机 2 为双网卡配置，互为主备；ABB 总控 1 与 ABB 总控 2 为双网卡配置，互为备用。

b. 连接模式：主机 1 分别与 ABB 总控 1 及 ABB 总控 2 的 A 网、B 网通信，共 4 个连接；主机 2 分别与 ABB 总控 1 及 ABB 总控 2 的 A 网、B 网通信，共 4 个连接。

c. 工作模式：主机 1 与 ABB 总控的四个连接中，均有数据链路进行交换，其中有 1 个或 1 个以上的连接有有效的数据报文，主机选取其中有长报文（有效数据报文）的作为值班连接，值班连接上的数据交换写入数据库，遥控操作也从值班链路上进行操作。主机 2 与 ABB 总控的连接也是如此。

d. 切换模式：主机 1 会不断地对主机 1 与 ABB 总控的 4 个连接的工作状态、有无有效数据的状态进行标记。切换条件 1，当值班链路无有效数据时，主机 1 的值班链路循环切到其他有有效数据的链路上工作（若 4 个链路均无有效数据，则不断进行循环），其切换时间为 8s；切换条件 2，当值班链路通信中断时，主机 1 的值班链路循环切到其他有有效数据的链路上工作，其切换时间为 2s 或 8s（若操作系统能检测到对侧端口关闭的中断信号为 2s，否则为 8s）。主机 2 的切换模式与此同。

e. 主机 1 与主机 2 的切换模式：

——主机 1 与主机 2 收到手动切换命令时（从操作员站的操作界面上）；

——值班主机的 A 网与 B 网同时中断或值班主机出现工作故障。值班主机与 ABB 总控的 4 个连接同时中断或 4 个连接全无有效数据，而非值班的至少有一个连接有有效数据。

4）工程实例通信报文与解析：

2006/10/27 10：48：22. 903 – – 68 0E 00 00 00 00 64 01 47 00 01 00 00 00 00 14

2006/10/27 10：48：24. 906 – – 68 0E 02 00 00 00 46 01 04 00 01 00 00 00 00 01

　　I 帧报文　发送序号：1　接收序号：0

　　M_ EI_ NA_ 1　初始化结束

　　　　01　– > SQ:0　信号个数：1

　　　　04 00　– > 传送原因：（4）初始化

　　　　01 00　– > 公共地址：1

　　　　00 00 00　– > 信息地址：0

　　　　01　– > 初始化原因：当地手动复位（不改变当地参数初始化）

2006/10/27 10：48：24. 976 – – 68 0E 00 00 04 00 64 01 06 00 01 00 00 01 00 00 14

　　I 帧报文　发送序号：0　接收序号：2

　　C_ IC_ NA_ 1 总召唤

　　　　01　– > SQ:0　信号个数：1

　　　　06 00　– > 传送原因：（6）激活

　　　　01 00　– > 公共地址：1

　　　　00 00 00　– > 信息体地址：0

　　　　14　– > QOI:（20）站点总召唤

2006/10/27 10：48：24. 976 – – 68 0E 04 00 02 00 64 01 07 00 01 00 00 00 00 14

　　I 帧报文　发送序号：2　接收序号：1

　　C_ IC_ NA_ 1 总召唤

　　　　01　– > SQ:0　信号个数：1

　　　　07 00　– > 传送原因：（7）激活确认

　　　　01 00　– > 公共地址：1

　　　　00 00 00　– > 信息体地址：0

　　　　14　– > QOI:（20）站点总召唤

2006/10/27 10：48：25. 106 – – 68 0E 06 00 02 00 01 01 14 00 01 00 23 00 00 00

　　I 帧报文　发送序号：3　接收序号：1

　　M_ SP_ NA_ 1　不带时标的单点信息

　　　　01　– > SQ:0　信号个数：1

　　　　14 00　– > 传送原因：（20）响应总召唤

　　　　01 00　– > 公共地址：1

　　　　23 00 00 00　– > 信息体地址：35　状态:0　IV:0　NT:0　SB:0　BL:0

2006/10/27 10：48：25. 116 – – 68 0E 08 00 02 00 01 01 14 00 01 00 21 00 00 00

　　I 帧报文　发送序号：4　接收序号：1

　　M_ SP_ NA_ 1　不带时标的单点信息

01　->　SQ:0　信号个数：1

14 00　->　传送原因：(20) 响应总召唤

01 00　->　公共地址：1

21 00 00 00　->　信息体地址：33　状态：0　IV：0　NT：0　SB：0　BL：0

2006/10/27 10：48：25.126　--　68 12 0A 00 02 00 0D 01 14 00 01 00 CD 3F 00 00 00 00 00
80

I 帧报文　发送序号：5　接收序号：1

M_ ME_ NC_ 1　测量值，短浮点数

01　->　SQ:0　信号个数：1

14 00　->　传送原因：(20) 响应总召唤

01 00　->　公共地址：1

CD 3F 00 00 00 00 00 80　->　信息体地址：16333　值：0.0000000　IV：1　NT：0
SB：0　BL：0　OV：0

2006/10/27 10：48：25.136　--　68 0E 0C 00 02 00 03 01 14 00 01 00 22 00 00 01

I 帧报文　发送序号：6　接收序号：1

M_ DP_ NA_ 1 不带时标的双点信息

01　->　SQ:0　信号个数：1

14 00　->　传送原因：(20) 响应总召唤

01 00　->　公共地址：1

22 00 00 01　->　信息体地址：34　状态：1　IV：0　NT：0　SB：0　BL：0

2006/10/27 10：48：25.146　--　68 0E 0E 00 02 00 03 01 14 00 01 00 24 00 00 01

I 帧报文 发送序号：7　接收序号：1

M_ DP_ NA_ 1 不带时标的双点信息

01　->　SQ:0　信号个数：1

14 00　->　传送原因：(20) 响应总召唤

01 00　->　公共地址：1

24 00 00 01　->　信息体地址：36　状态：1　IV：0　NT：0　SB：0　BL：0

2006/10/27 10：48：25.166　--　68 12 10 00 02 00 0D 01 14 00 01 00 CE 3F 00 00 00 00
00 00

I 帧报文　发送序号：8　接收序号：1

M_ ME_ NC_ 1　测量值，短浮点数

01　->　SQ:0　信号个数：1

14 00　->　传送原因：(20) 响应总召唤

01 00　->　公共地址：1

CE 3F 00 00 00 00 00 00　->　信息体地址：16334　值：0.0000000　IV：0　NT：0
SB：0　BL：0　OV：0

2006/10/27 10：48：25.176　--　68 0E 12 00 02 00 64 01 0A 00 01 00 00 00 00 14

（2）通信主控单元和测控装置间的通信

间隔层采用 LonTalk 为通信规约的现场总线。LonTalk 规约是按控制网络通信来设计的。

LONworks 总线为星型结构，点对点通信，每节点地址由子网和节点号决定。LONworks 总线速度最高速度可达 1.25Mb/s。通信主控单元通过和间隔层测控装置的垂直通信实现数据的采集、控制功能，同时还可对装置的定值参数进行读取和下装。

（3）间隔层的水平通信

ECS－800 变电站监控系统可通过测控单元的内部 PLC 逻辑实现本单元电气操作闭锁功能，同时通过 REF 54_ 测控装置间点对点直接通信，以及相互交换闭锁信息，实现不依赖站控层系统的间隔层联/闭锁功能。

2. 通信及应用层规约初始化的流程和报文解析

通信初始化过程如图 8－49 所示。

1）客户端（即通信主控单元）启动事件会话连接，此时服务端（即测控装置）并不发送事件到客户端。

2）客户端发送事件订阅命令到服务端。命令包含以下内容：事件过滤等级，0 表示不过滤任何事件；是否请求历史事件标志位；请求的历史事件时间。

3）服务端响应事件订阅命令，发送历史或自发事件到客户端。

4）客户端发送总召唤命令。

5）服务端响应总召唤命令。

6）初始化过程结束。

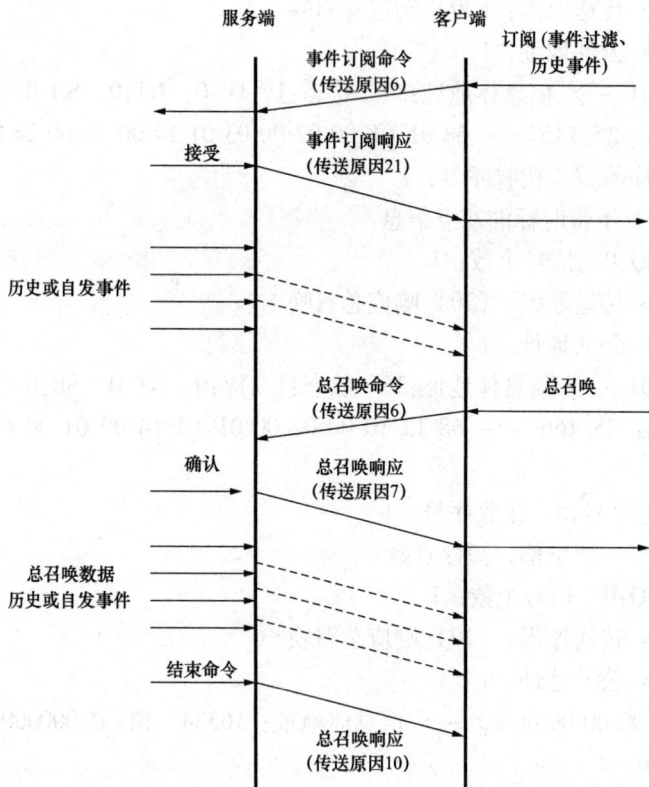

图 8－49　初始化过程

3. 测控装置之间联锁通信及流程和报文解析

测控装置间的联锁通过 LONworks 总线水平通信实现。LONworks 总线水平通信报文通过网络变量传送。网络变量传送可以使用以下四种服务模式中的任何一种（取决于应用要求）。四种服务模式分别是无确认服务、无确认重发服务、确认服务及请求响应服务。

网络变量报文格式为：

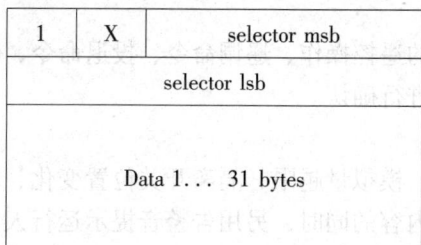

1	X	selector msb
selector lsb		
Data 1... 31 bytes		

X：消息标志位，1bit。

0——更新消息标志或响应查询消息标志；

1——查询消息标志。

Selector：网络变量地址，14bit，msb 为高位，lsb 为低位。

Data：数据，31bytes。

4. 远动装置主要功能和特点

（1）RTU560 的主要功能

1）中心组件可冗余配置，中央通信单元和电源均可配置成冗余方式，增强系统的可靠性；

2）支持串行通信和以太网通信模式；

3）支持多种通信规约，与主站的规约有 IEC 60870 – 5 – 101、IEC 60870 – 5 – 104、CDT、DISA、华东 101 等，与下级 RTU、IED 通信的规约有 IEC 60870 – 5 – 103、SPA – bus、Sub CDT 等；

4）模块化的软硬件配置，硬件结构紧凑；

5）最多可接 8 个调度中心；

6）基于 WEB SERVER 进行配置和诊断；

7）支持 PLC 功能。

（2）工程配置

RTU560 系统的工程配置需要专门的配置软件 RTUtilNT。通过 RTUtilNT 配置通信规约、硬件参数及生成工程的下装文件。

五、后台监控

1. 主要功能

（1）数据采集

系统可以采集以下数据：

模拟量包括电压、电流、有功功率、无功功率、功率因数、频率、温度、电能量等信号。

开关量包括：断路器、隔离开关、接地开关的位置信号，有载调压变压器分接头的位置信号，继电保护装置动作及报警信号等。

（2）事件顺序记录

事件顺序记录包括断路器跳、合闸记录、保护及自动装置动作记录、各种异常告警记录等。以事件发生的时间为序进行自动记录。

（3）数据监视与控制操作

人机界面以间隔为显示单位，画面集合实时数据监视和控制操作功能模块。其中，数据监视包括各间隔的电压、电流、有功、无功及断路器、隔离开关位置状态、信号告警状态、装置工况等。

控制操作包括控制对象的遥控操作、遥调命令、投退命令、保护定值召唤操作。

操作需输入用户和密码进行确认。

（4）告警列表

监控系统能对遥信动作、模拟量越限、隔离开关位置变化、事故跳闸进行告警处理。在画面中告警栏显示具体告警内容的同时，另用告警音提示运行人员，在告警画面记录。不同级别的告警内容可分级设定，支持语音告警。

（5）事件列表

监控系统中提供事件列表的功能，事件列表记录了监控系统所有的动作事件；其另一重要功能是事故的追忆，运行人员可以使用事件过滤器，输入查询条件，即可追忆某个间隔的事故过程中发生的动作记录。支持打印。

（6）防误功能

控制模块根据闭锁情况模拟防误功能，当闭锁逻辑不满足操作时，操作界面灰化，无法进行操作；同时提供闭锁列表，显示闭锁原因。

（7）用户管理

系统提供不同用户不同等级的操作权限。管理员用户有添加/删除用户、修改维护密码的权限。

用户交接班须更换用户登录。

（8）事故推画面与母线着色

事故信号是整个系统最为重要的告警信号，所以监控系统提供事故推画面功能，当某个间隔发生事故跳闸，人机界面会即时跳转到该分间隔的监控画面，第一时间反映事故信息。

母线着色是主接线图上的连接线的指示功能，该功能可以根据主接线图上隔离开关位置的变化以及综合母线上电压、功率等判断量来指示各间隔的供电情况。可按不同电压等级进行着色。

（9）运行报表、趋势图

系统可根据各站的要求对不同模拟量提供运行报表，分为日报表、周报表、月报表和年报表。各种报表能满足多种时间间隔记录的要求，可按每 15min 制记录或每小时制记录。另外，根据运行报表数据监控系统衍生了趋势图，用坐标和曲线直观地标明各间隔的模拟量趋向。

（10）故障录波

用于观察继电保护装置在监测到电力事故时的电力波形，以及设备在某状态时期内的电力波形变化。在后台监控画面中提供直观波形。

（11）AVQC

AVQC 画面提供电压无功控制功能，根据已确定的策略对电容、电抗以及主变压器挡位进行调节，以达无功的平衡和电压的调节。该功能界面提供切换按钮来实现 AVQC 自动调节和运行人员手动调节的切换。各分连接片提供单个设备是否可调的切换。

（12）峰值负荷报警

针对线路所带的负荷峰值，系统提供峰值负荷设置界面，运行人员可根据不同主变压器挡位、不同时间段（冬、夏令时）来设置各条线路的正常运行的负荷范围。当越限时，系统告警，并在事件列表中进行记录。

2. 操作界面

参见《ECS-800变电站自动化系统后台用户说明书》。

3. AVQC

AVQC控制策略见表8-5。

表8-5   AVQC控制策略

区域	调节目标	调节方法
1	只调电压	切电容器，无下降时下调主变压器分接头
	只调无功	不调节
	优先调节电压	切电容器，无下降时下调主变压器分接头
	优先调节无功	切电容器，无下降时下调主变压器分接头
10	只调电压	下调主变压器分接头，无下降时切电容器
	只调无功	不调节
	优先调节电压	下调主变压器分接头，无下降时切电容器
	优先调节无功	下调主变压器分接头，无下降时不调节
11	只调电压	切电容器，无下降时下调主变压器分接头
	只调无功	不调节
	优先调节电压	切电容器，无下降时下调主变压器分接头
	优先调节无功	切电容器，无下降时不调节
2	只调电压	下调主变压器分接头，无下降时切电容器
	只调无功	下调主变压器分接头，无下降时投电容器
	优先调节电压	下调主变压器分接头，无下降时切电容器
	优先调节无功	下调主变压器分接头，无下降时投电容器
3	只调电压	不调节
	只调无功	投电容器
	优先调节电压	投电容器
	优先调节无功	投电容器
30	只调电压	不调节
	只调无功	投电容器，Q无下降时下调主变压器分接头
	优先调节电压	下调主变压器分接头，Q无下降时不调节
	优先调节无功	下调主变压器分接头，Q无下降时投电容器
31	只调电压	不调节
	只调无功	投电容器，Q无下降时下调主变压器分接头
	优先调节电压	投电容器，Q无下降时不调节
	优先调节无功	投电容器，Q无下降时下调主变压器分接头

区域	调节目标	调节方法
4	只调电压	投电容器，U无上升时上调主变压器分接头
	只调无功	投电容器，Q无下降时下调主变压器分接头
	优先调节电压	投电容器，U无上升时上调主变压器分接头
	优先调节无功	投电容器，Q无下降时下调主变压器分接头
5	只调电压	投电容器，U无变化时上调主变压器分接头
	只调无功	不调节
	优先调节电压	投电容器，U无上升时上调主变压器分接头
	优先调节无功	投电容器，U无上升时上调主变压器分接头
50	只调电压	投电容器，U无上升时上调主变压器分接头
	只调无功	不调节
	优先调节电压	上调主变压器分接头，U无上升时投电容器
	优先调节无功	上调主变压器分接头，U无上升时不调节
51	只调电压	投电容器，U无上升时上调主变压器分接头
	只调无功	不调节
	优先调节电压	投电容器，U无上升时上调主变压器分接头
	优先调节无功	投电容器，U无上升时不调节
6	只调电压	上调主变压器分接头，U无上升时投电容器
	只调无功	上调主变压器分接头，Q无上升时切电容器
	优先调节电压	上调主变压器分接头，U无上升时不调节
	优先调节无功	上调主变压器分接头，Q无上升时切电容器
7	只调电压	不调节
	只调无功	切电容器
	优先调节电压	切电容器
	优先调节无功	切电容器
70	只调电压	不调节
	只调无功	上调主变压器分接头，Q无上升时切电容器
	优先调节电压	上调主变压器分接头，Q无上升时不调节
	优先调节无功	上调主变压器分接头，Q无上升时切电容器
71	只调电压	不调节
	只调无功	切电容器，Q无上升时上调主变压器分接头
	优先调节电压	切电容器，Q无上升时不调节
	优先调节无功	切电容器，Q无上升时上调主变压器分接头
8	只调电压	切电容器，U无下降时下调主变压器分接头
	只调无功	切电容器，Q无上升时不调节
	优先调节电压	切电容器，U无下降时下降主变压器分接头
	优先调节无功	切电容器，Q无上升时上调主变压器分接头

4. "五防"功能

"五防"系统由"五防"主机、电脑钥匙、编码锁具三大部分组成。

（1）基本功能

1）操作闭锁具有"五防"功能：

a. 防止带负荷拉合刀闸；

b. 防止误操作断路器；

c. 防止带电挂接地线；

d. 防止误入带电间隔；

e. 防止带地线送电。

2）有操作票管理系统功能。采用全图形方式，人机界面友好，简便易学，操作迅速可靠。提供灵活的开票手段生成操作票，并可采用手动或自动方式预演、校验该操作票。

a. 调用预生成的典型操作票；

b. 在接线图上直接模拟开票；

c. 根据起始/目标状态自动开票；

d. 人工输入操作票。

电脑钥匙自动记录每一操作步骤和实际操作时间，并可在任何时间将操作票回送至主机系统。系统接收电脑钥匙回送的操作票，并在显示屏上刷新自动实际操作过的设备状态。系统将电脑钥匙回送的已执行的操作票自动存入历史票库，提供对历史票的浏览、统计及打印工具。历史库的保存时间可人工设置，并有定期清理及备份功能。

（2）"五防"系统结构图

"五防"系统结构图如图 8-50 所示。

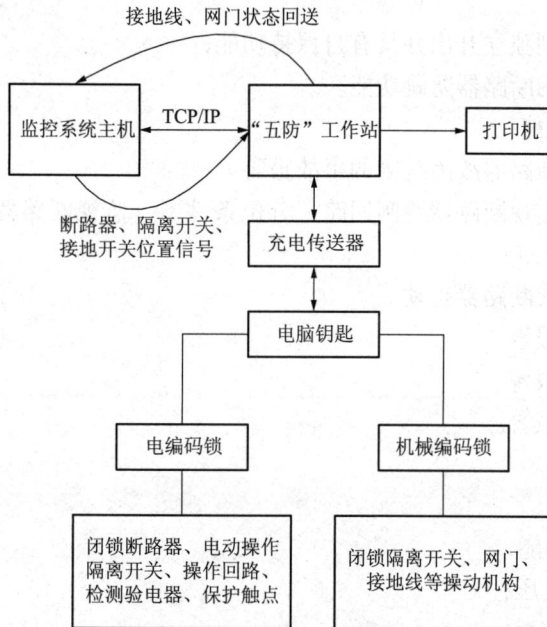

图 8-50 "五防"系统结构图

六、测控装置 REF 54_ 系列结构

1. 装置特点

本装置采用图形化编程界面和模块化的逻辑编程方式实现全部功能。各主要功能封装为模块，可灵活调用，配置简单。

（1）可靠的保护功能

1）三段无方向电流保护，Ⅰ、Ⅱ段可选带低电压闭锁；

2）三段方向电流保护，Ⅰ、Ⅱ段可选带低电压闭锁；

3）两段无方向接地故障保护；

4）两段方向接地故障保护；

5）两段零序过电压保护；

6）三相过电压保护；

7）三相低电压保护；

8）复合电压保护；

9）三相不平衡电流保护；

10）频率保护；

11）自动重合闸功能（最多实现五次重合）；

12）备用电源自动投入功能；

13）后加速保护。

（2）实用的控制功能

1）控制回路断线：带合位监视的跳闸、跳位监视的合闸控制；

2）断路器的控制有远方（调度主站）、站级（监控后台）和就地（装置面板或 KK 开关）三种方式；

3）控制、保护分别独立开出并具有自保持功能；

4）软、硬件结合的断路器防跳功能。

（3）完善的监视功能

1）无控制命令时断路器故障跳闸的事故报警。

2）合位条件下，监视断路器跳闸回路；分位条件下，监视断路器合闸回路，如有异常并发出报警信号。

3）出口回路异常或断路器拒动。

4）电压回路失压报警。

5）电压回路断线报警。

6）电流回路断线报警。

7）线路接地报警。

8）保护动作报警。

（4）精确的测量功能

1）母线 TV 三相电压；

2）TA 三相电流；

3）线路 TV 相间电压；

4）零序 TA 电流；

5）有功、无功功率、功率因数测量；

6）频率测量。

（5）先进的现场总线

LON 或 SPA，最大传输速率 1.2Mbps，实时传送运行状态及数据；采用高抗干扰单模光纤传输方式，能迅速准确反映现场实时信息。

（6）完善的自检功能

装置上电时，检查全部内存、模拟量通道、输出触点；自动测试 I/O 元件、功能程序和人机界面程序。自检系统能准确定位设备故障点，通过人机界面显示，并通过 LON/SPA 通信接口上传。

（7）灵活的安装方式

可集中组屏也可分散安装于开关柜。

（8）人性化设计

1）采用大屏幕液晶，可显示一次系统接线、设备位置状态、电压、电流、功率数据，方便运行人员巡检；

2）面板配置光通信口，方便维护和参数整定；

3）可独立整定两套保护定值，方便切换。

2. 装置结构

REF54_ 系列装置的内部硬件主要包括电源模板、CPU 系统、模拟量采集处理元件、信号量采集处理元件、装置输出处理元件、装置通信元件和人机界面。

该装置的原理结构框图如图 8-51 所示。

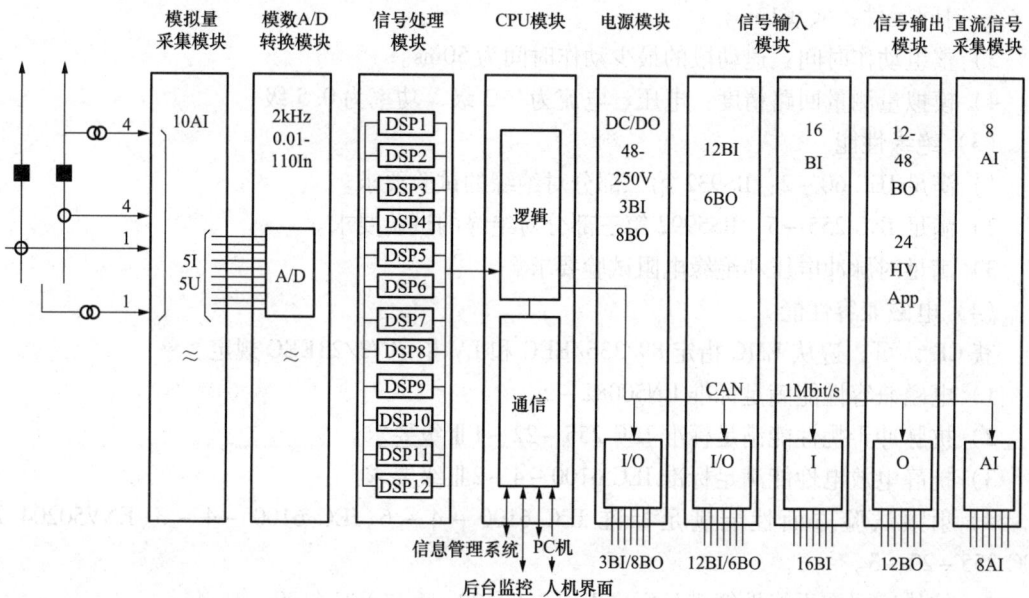

图 8-51 装置的原理结构框图

3. 技术参数

（1）额定参数

1）额定工作电压：直流 110V/220V，交流 110V/220V。

2）装置 TA、TV 额定数据：

a. 电压：100V/110V/115V/120V（可配置），允许长期加压 240V。

b. 电流：5A 或 1A（连接相应端子，装置自适应）。额定电流 5A 时允许长期通过电流最大 20A，500A 持续时间 1s，1250A 持续时间半个波长；额定电流 1A 时允许长期通过电流最大 4A，200A 持续时间 1s，250A 持续时间半个波长；TA 阻抗：5A，20mΩ；1A，100mΩ。

c. 频率：50Hz 或 60Hz。

3）功耗：

a. 装置工作回路：不大于 40W。

b. 交流电压回路：每相小于 0.5VA。

c. 交流电流回路：额定 5A 时，输入阻抗小于 20mΩ。

额定 1A 时，输入阻抗小于 100mΩ。

4）状态信号触发电平：直流 80~265V，每路电流 2~25mA，功耗小于 0.8W。

（2）主要技术参数

1）触点容量：

a. 最大额定电压：交/直流 250V。

b. 小容量触点载流容量：可长期通 5A；8A，3s；10A，0.5s。

c. 大容量触点载流容量：可长期通 5A；15A，3s；30A，0.5s。

2）各类元件精度：

a. 电流元件：< ±0.2%。

b. 电压元件：< ±0.2%。

c. 时间元件：< ±1ms。

3）整组动作时间：速动段的最少动作时间为 50ms。

4）模拟量测量回路精度：电压、电流为 0.2 级，功率为 0.5 级。

（3）绝缘性能

1）满足 IEC 60 - 2：BS932 第二部分对绝缘的试验要求。

2）满足 IEC 255 - 5：BS5992 第三部分对绝缘的试验要求。

3）满足对脉冲电压和绝缘电阻试验要求。

（4）电磁兼容性能

获 CE 认可，遵从 EMC 指定 89/336/EEC 和 LV 指定 73/23EEC 规定。

1）电磁兼容性能满足标准 EN50082 - 2。

2）抗脉冲干扰性能满足标准 IEC 255 - 22 - 1 Ⅲ级要求。

3）抗静电放电性能满足标准 IEC 6100 - 4 - 2 Ⅲ级要求。

4）射频试验方面性能满足标准 IEC 6100 - 4 - 6、IEC 6100 - 4 - 3、ENV50204 及 IEC 255 - 22 - 3。

5）抗快速瞬变干扰性能满足标准 IEC 255 - 22 - 4 和 IEC 6100 - 4 - 4。

6）抗浪涌性能满足标准 IEC 6100 - 4 - 5。

7）抗电磁辐射性能满足标准 EN55011 和 EN50081 - 2。

（5）机械性能

正弦振动试验性能 IEC 255 - 21 - 1，Ⅰ级；冲撞试验性能 IEC 255 - 21 - 2，Ⅰ级。

（6）环境条件

1）正常工作范围：0 ~ +45℃。

2）极限工作温度范围：-10 ~ +55℃。

3）运输和贮藏温度范围：-40 ~ +70℃。

4）湿度要求：<95%。

4. 原理框图及软件流程图

装置原理图如图 8-52 所示。逻辑框图如图 8-53 所示。

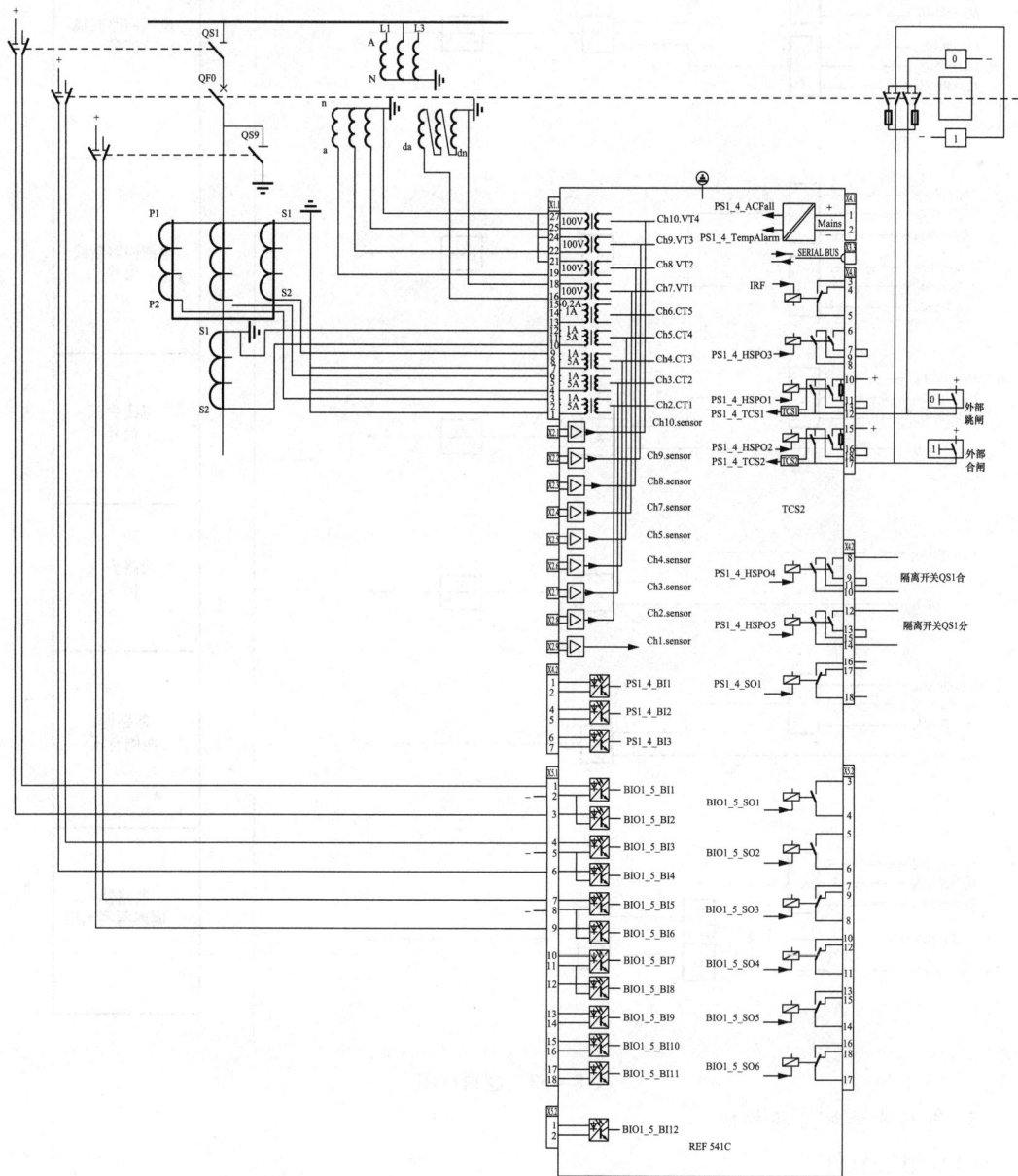

图 8-52 测控装置的原理图

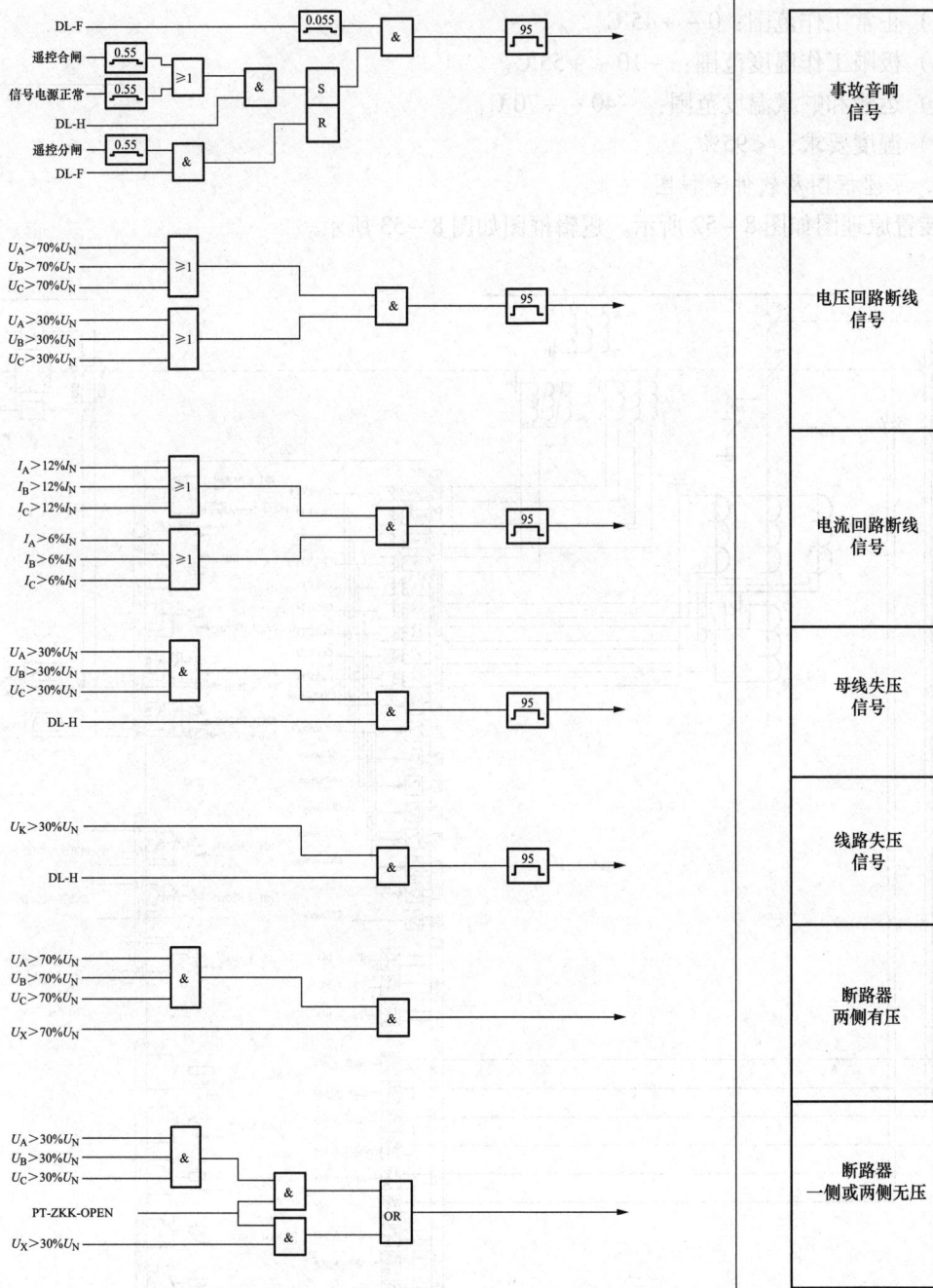

图 8-53　逻辑框图

5. 组态软件和工程样例

（1）组态软件

1）继电器整定工具 CAP501 的主要功能：继电器内部参数设置和修改；参数导入和导出；参数上传和下装；故障录波信息上传和查看；实时测量数据观察；参数对比。

2）继电器配置工具CAP505。CAP505工程参数化软件用于实现基本终端的保护功能、逻辑功能、控制功能、测量功能、计时器和其他属于逻辑功能范畴的功能工程参数化。工程参数化软件基于IEC 61131－3标准，REF54_系列装置的编程系统允许输出触点根据保护、控制、测量和状态监视功能的逻辑输入、输出状态进行工作。PLC功能（如电气联锁和报警逻辑）可以用布尔代数、计时器、计数器、比较器和触发器进行编程，该编程通过使用工程参数化软件内的图形化功能模块语言实现。

主要功能：系统参数设定；继电器型号选择；通信配置；PLC逻辑编程；参数整定；图形编辑；逻辑的上传和下装；查看继电器内部事件。

6. 工程实例

图8－54为REF 54_装置逻辑下装界面。

图8－55为REF 54_装置定值参数配置界面。

图8－56为REF 54_装置图形组态界面。

图8－57～图8－59为REF 54_装置逻辑组态界面。

图8－60～图8－62为间隔层水平通信组态配置界面。

7. 控制功能

控制及位置指示元件从开入点接收断路器及其隔离开关位置信号，检查是否有断路器控制命令。若有控制合闸或分闸命令，同时相关逻辑条件允许，装置就输出相应的控制脉冲。

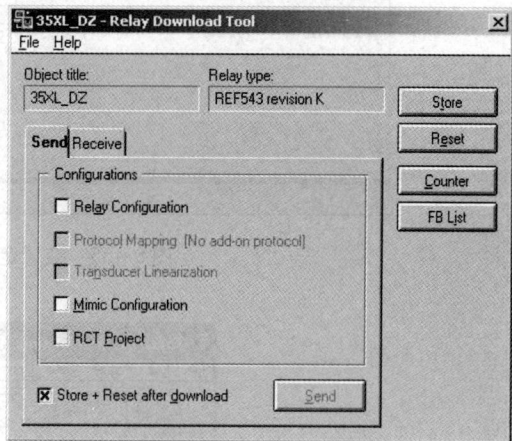

图8－54　装置逻辑下装界面

控制命令有两种：后台或调度主站（远方）控制命令信号、就地控制命令信号。

控制命令的优先级：就地控制优先级高，后台或调度主站控制优先级低。

控制方式的切换：① 装置在"就地"位置只支持就地控制；② 装置在"远方"位置只支持后台或调度主站（远方）控制。

装置在开入信号中引入了"就地控制信号"、"就地合闸信号"和"就地跳闸信号"，用于配合沿用转换开关（QK）和控制开关（KK）作为就地控制方式的运行方式。

8. 测量功能

REF54_系列装置可采集母线电压（U_1、U_2、U_3 或 U_{12}、U_{23}、U_{31}）、线路电压 U_{12b}（或零序电压 U_0）、单相电压频率 f、三相电流（I_1、I_2、I_3）及两个单相电流（I_0、I_{0s}）。装置还可以通过矢量计算获得相间电压（U_{12s}、U_{23s}、U_{31s}，此时TV输入必须为3个单相电压 U_1、U_2、U_3）、$3U_0$、$3I_0$、有功功率 P、无功功率 Q、功率因数 $\cos\varphi$ 等。

9. 自检功能

REF54_馈线终端具有完善的自检系统。装置上电时，检查全部内存、模拟量通道、输出触点，自动测试I/O元件、功能程序和人机界面程序。自检系统能准确定位设备故障点，通过人机界面显示，并通过LON/SPA通信接口上传。

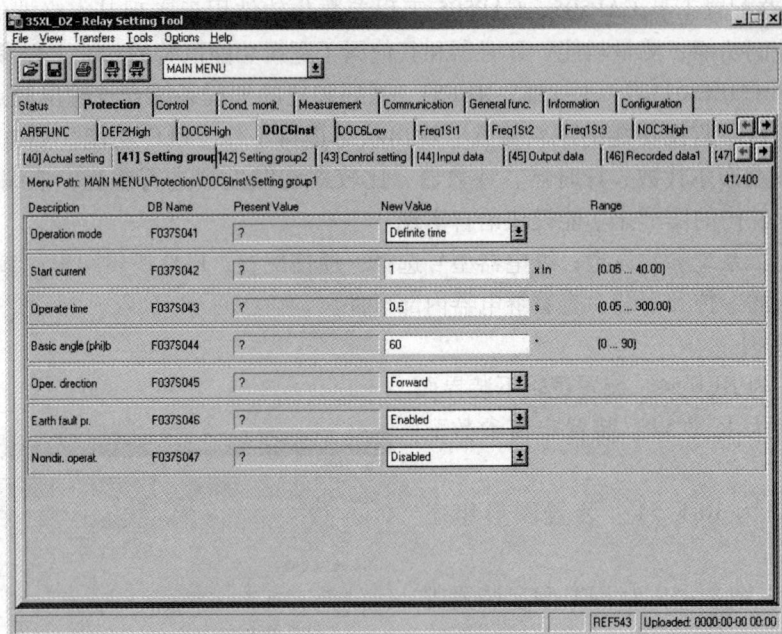

图 8-55 装置定值参数配置界面

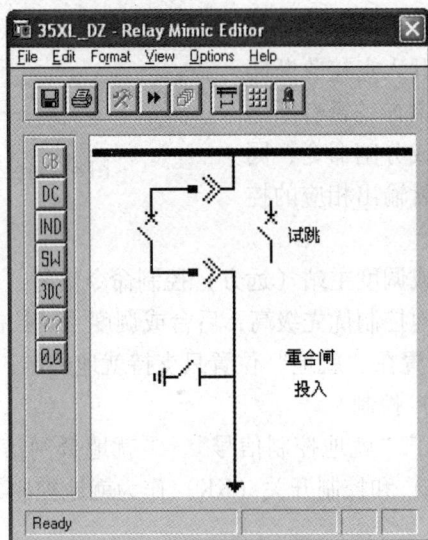

图 8-56 装置图形组态界面

当检测到装置内部故障时，绿色的 Ready 指示灯开始闪烁，并在就地人机界面上显示故障信息代码。与此同时，装置把故障信号传递给自检输出继电器，并闭锁保护跳闸输出。

故障信息代码被存进非易失性存储器内，即使短时掉电也不会丢失，用户可通过主菜单进行阅读。

10. 操作界面

REF54_ 系列装置操作界面包括（见图 8-63）：

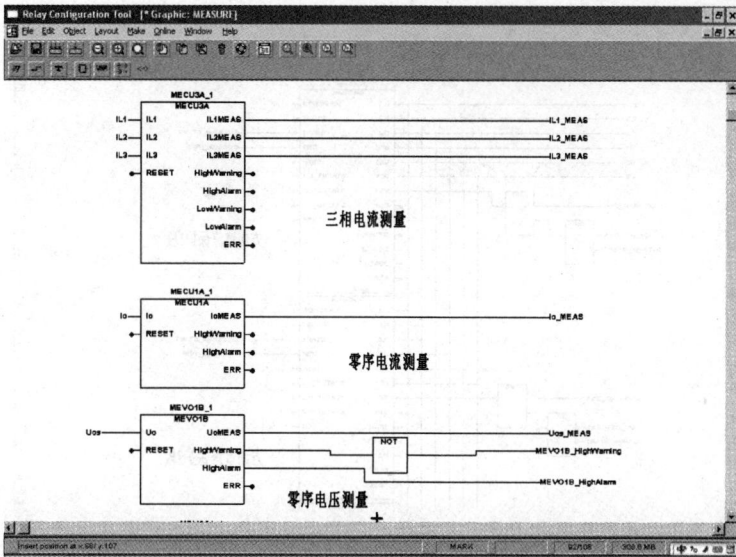

图 8 – 57 测量模块组态界面

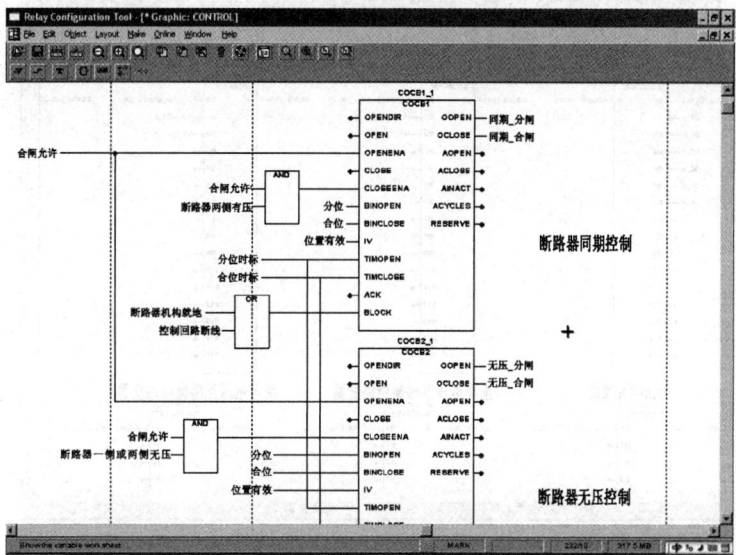

图 8 – 58 控制模块组态界面

1）图形化 LCD 显示，分辨率为 128×160 像素，共可以显示 19 行，分 2 个窗口。

2）主窗口（17 行）提供关于 MIMIC、对象、事件、测量量、控制报警及终端参数的详细信息。

3）辅助窗口（2 行）用于显示终端相关的保护指示和报警，以及帮助信息。

4）3 个用于对象控制的按钮。

5）8 个可自由编程的报警 LED 灯，可根据配置设定为不同的颜色和模式（灭、绿色、黄色、红色、信号保持常亮、信号保持闪亮）。

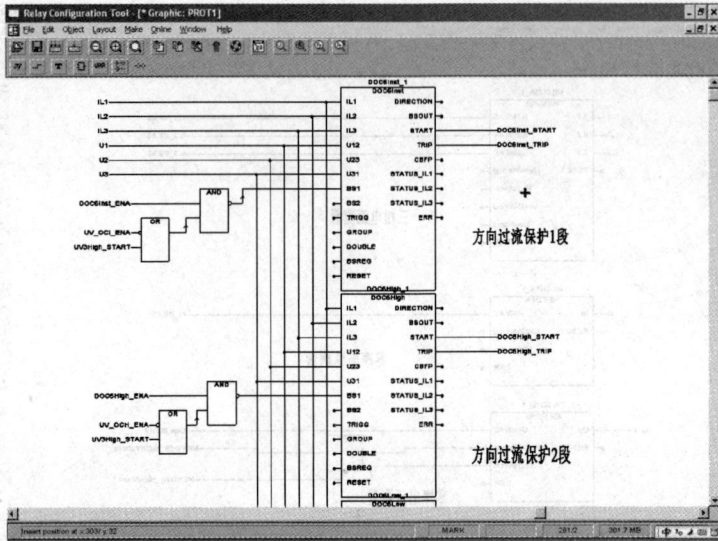

图 8-59 保护模块组态界面

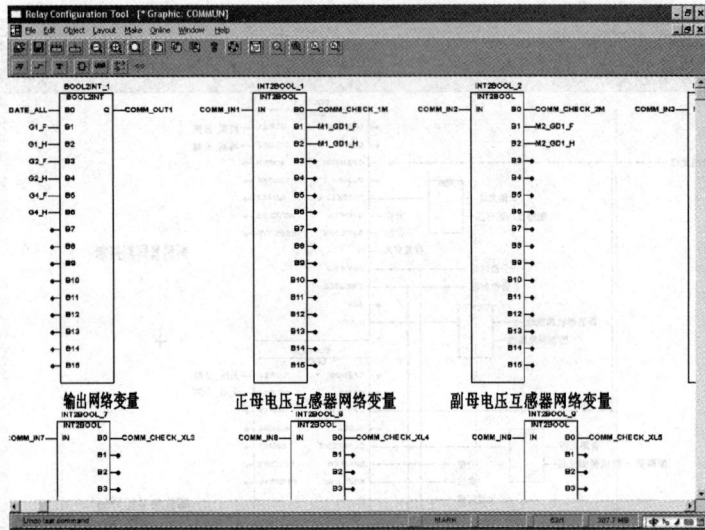

图 8-60 水平通信参数组态界面

6）用于控制检测和电气联锁的 LED 指示灯。

7）3 个保护信息 LED 指示灯。

8）由 4 个箭头按钮、1 个清除按钮［C］和 1 个确认按钮［E］组成的人机对话按钮区。

9）光隔离的串行通信口。

10）背光和对比度控制。

11）可自由编程的按钮［F］。

12）用于远方/就地控制的按钮（控制位置按钮［R＼L］）。

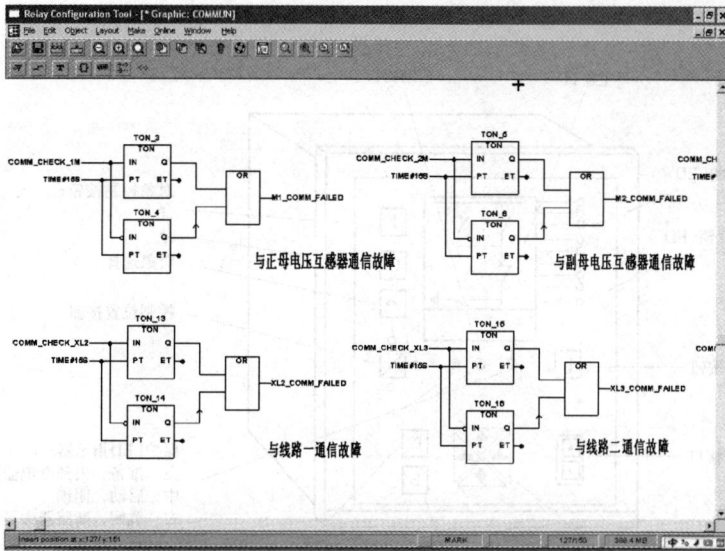

图 8-61　水平通信检测组态界面

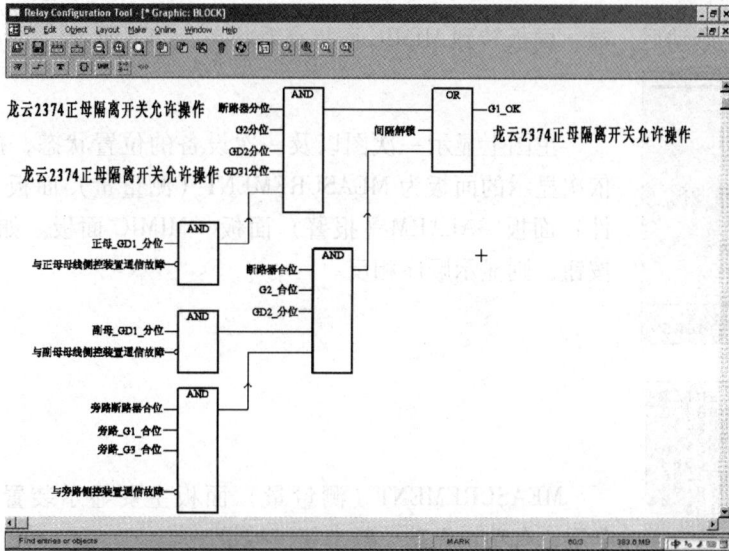

图 8-62　联/闭锁逻辑组态界面

　　REF54_ 系列装置操作界面提供两种操作权限：用户浏览级和控制级。用户浏览级用于查看和监视状态信息，而控制级用于终端编程和参数化。

　　在用户浏览级，数据以主窗口的四种不同的面板查看方式进行接收：MIMIC 面板查看；MEASUREMENT（测量量）面板查看；EVENT（事件）面板查看；ALARM（报警）面板查看。

　　辅助窗口给出了关于如何滚动显示的一般信息。在用户浏览级如下所述使用箭头按钮：按〔→〕或〔←〕按钮在主窗口的显示面板之间进行切换。当显示的内容超过一屏时，按〔↑〕或〔↓〕按钮滚动事件和测量量列表。

第八章　变电站计算机监控系统产品介绍

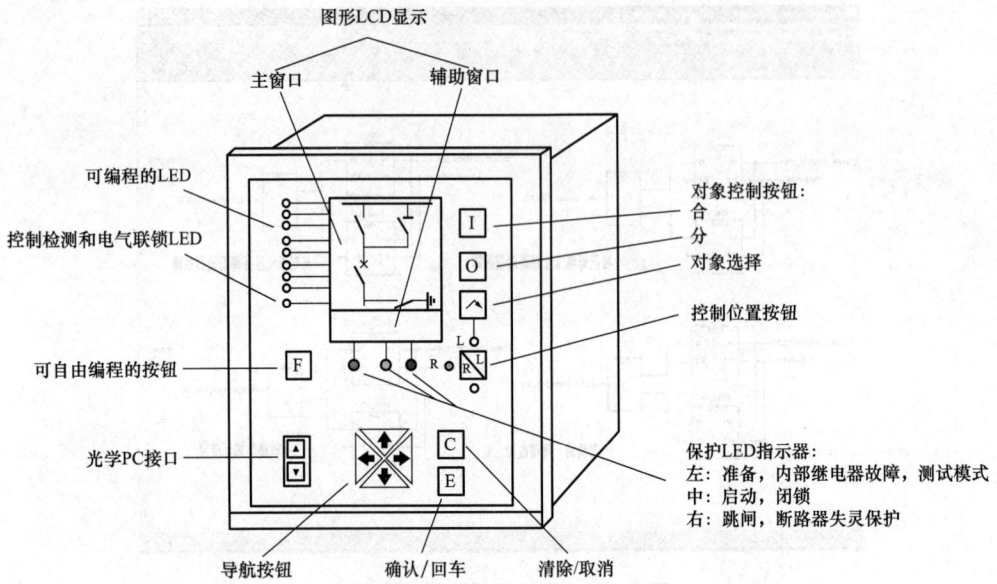

图 8 – 63　REF54_ 系列装置操作界面

当装置上电启动后，显示面板转到 MIMIC 面板查看状态，如下所示。

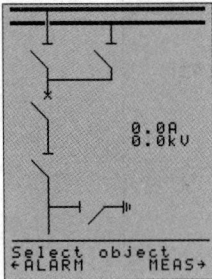

主图上显示一次图以及一次设备的位置状态，按［→］按钮依次显示的面板为 MEASUREMENT（测量量）面板→EVENT（事件）面板→ALARM（报警）面板→MIMIC 面板。如连续按［←］按钮，则显示顺序相反。

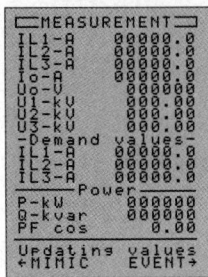

MEASUREMENT（测量量）面板主要显示装置当前的电流、电压、有功、无功、频率等模拟量。

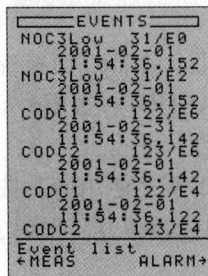

EVENT（事件）面板主要显示装置的内部模块的启动、动作、复归等动作情况。

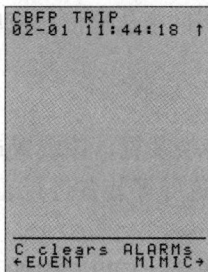

ALARM（报警）面板主要反映告警灯的报警内容。

用户和装置之间在控制级上交互式的通信是基于菜单的，菜单包括了对终端进行编程的信息。

如果是用户浏览级，在 MIMIC 窗口，按住［E］按钮 2s，通过"↑""↓"按钮键入密码"3"以控制级进入 Main Menu（主菜单）。如要返回用户浏览级，在 Main Menu 中按住［E］按钮 1s。

在 Main Menu 上通过"↑""↓"按钮可以选择相应的子菜单，按［→］按钮进入相应的组菜单。若要修改定值，则通过"↑""↓"按钮选择相应的定值，按［E］按钮进入。定值在修改时需要键入密码"2"，通过"↑""↓"按钮修改相应定值。改好后按［E］按钮确定。按［C］按钮则取消刚才的修改。

连续按｜←｜按钮退回到 Main Menu，按"E"按钮可以退回到 MIMIC 面板查看状态。

液晶界面最下边的辅助窗口中的信息具有一定的优先级。如果不同类型的指示信息同时被激活，将会显示具有最高优先级的信息。信息的优先级如下：

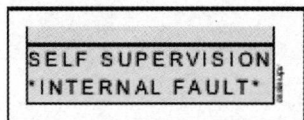

第 1 类：内部错误

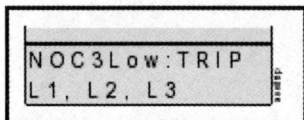

第 2 类：保护模块跳闸、断路器失灵保护

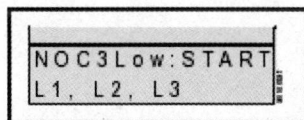

第 3 类：模块启动或闭锁、监控（状况监视）

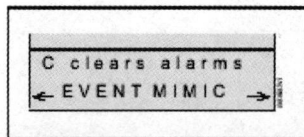

第 4 类：帮助信息

对于第 1 类信息和第 2 类信息，第 1 条激活的指示信息将会显示在辅助窗口，然而对于第 3 类信息和第 4 类信息，辅助窗口将会显示最新激活的指示信息。

七、同步时钟

系统 GPS 时钟同步分为间隔层测控装置的时钟同步和站级层计算机的时钟同步。对于间隔层测控装置可以使用硬件 GPS 分脉冲同步方法，也可通过现场总线由通信总控单元对装置进行报文对时。对站级层计算机可以使用网络对时，或通过站级层网络从通信总控单元获取时间。

八、与其他智能设备的接口

CWCOM100/200 是用于接受站内其他智能设备的通信及规约的转换装置，该装置通过多种类型的标准通信接口与微机继电保护、故障录波器、电能表、直流屏等装置进行通信，再通过 TCP/IP 网络将收集到的数据送往站控层主机或通信主控单元。

CWCOM100/200 支持网络口以及串行通信口（RS – 232 和 RS – 485）。CWCOM100/200 支持 IEC 60870 – 5 – 103 规约、网络 103、IEC 60870 – 5 – 101/104、CDT、DISA 规约，并提供通信开发接口程序，可自由开发各种规约。

参 考 文 献

1. 谢希仁编著．计算机网络．大连：大连理工大学出版社，2000.
2. 唐涛等编著．发电厂与变电站自动化技术及其应用．北京：中国电力出版社，2005.
3. 王远璋主编．变电站综合自动化现场技术与运行维护．北京：中国电力出版社，2004.
4. 黑龙江省电力调度中心编．变电所自动化实用技术及应用指南．北京：中国电力出版社，2004.
5. 黄益庄编著．变电站综合自动化技术．北京：中国电力出版社，1991.
6. 邹逢兴主编．电磁兼容技术．北京：国防工业出版社，2005.
7. 张永健主编．电网监控与调度自动化．北京：中国电力出版社，2004.
8. 路文梅主编．变电站综合自动化技术．北京：中国电力出版社，2004.
9. 孟祥忠等编著．变电站微机监控与保护技术．北京：中国电力出版社，2004.
10. 丁书文编著．变电站综合自动化原理及应用．北京：中国电力出版社，2003.
11. 谭文恕．远动的无缝通信系统体系结构．电网技术，2001，8.
12. 谭文恕．电力行业标准 DL/T 667—1999 简介．电力系统自动化，2000（24）.